아이작 뉴턴의 광학

차례

아이작 뉴턴의 서문 1 ·· iv
아이작 뉴턴의 서문 2 ·· vi
제4판 서문 ··· vi

제1권 ·· 1
   제1부 ·· 2
   제2부 ·· 107

제2권 ·· 183
   제1부 ·· 184
   제2부 ·· 215
   제3부 ·· 234
   제4부 ·· 279

제3권 ·· 307
   제1부 ·· 308

미주 ··· 396

역자 해제 / 397

• **일러두기** •

1. 이 책은 뉴턴의 광학 개정판 중 마지막으로 1730년에 출판된 제4판을 번역하였다.
2. 원본은 다음 인터넷 주소에 공개되어 있다.
   http://strangebeautiful.com/other-texts/newton-opticks-4ed.pdf
3. 원본의 각주를 번역본에서는 미주로 돌리고 원문자①로 표기했으며
   역자의 주를 각주로 포함시켰다.
4. 원본에 나오는 그림과 표는 번역하지 않고 원본에 나온 것을 그대로 실었다.

아이작 뉴턴의 서문 1[1]

　빛에 관해 오랜 기간에 걸쳐 발표한 강연 일부를 왕립학회[2] 일부 회원의 요청으로 1675년에 논문으로 작성한 뒤 왕립학회 총무에게 송부하고, 왕립학회 회의에서 강독했으며, 나머지는 이론을 완성하고자 약 12년 뒤에 추가했다. 다만 이 책 제3권과 제2권 마지막 명제는 포함되어 있지 않았는데, 그 부분은 여러 논문에서 취합해 나중에 합본했다. 이 책에서 다룬 내용이 논쟁에 휘말리는 것을 피하려고, 나는 지금까지 인쇄를 미루고 있었는데, 친구들이 나를 끈질기게 재촉하지 않았다면 지금도 여전히 인쇄를 미루고 있었을 것이다. 만일 이 책에서 다룬 주제와 관련된 다른 어떤 논문이라도 내게서 나온 것이 있다면, 그 논문에는 결함이 있으며, 아마도 이 책에 기록한 실험을 모두 시도하고, 굴절 법칙과 색깔의 구성에 관해 내가 충분히 만족하기 전에 작성한 것일 것이다. 나는 이제 발표하는 것이 적절하다고 생각한 것을 출판하는데, 내 동의를 얻지 않고는 이 책이 다른 언어로 번역되지 않기를 바란다.

　나는 태양의 둘레와 달의 둘레에서 때때로 나타나는 여러 색깔로 된 햇무리와 달무리가 왜 생기는지 설명하려 애썼지만, 관찰 자료가 충분하지 못해 그 문제는 더 조사할 수 있도록 남겨두었다. 이 책의 제3권에서

---

[1] 원본에 'advertisement'(공지)라고 되어 있는 것을 역자는 '서문'이라고 번역했다.
[2] 왕립학회(Royal Society)는 17세기 영국의 과학자들이 자연과 기술에 대한 유용한 지식을 발전시키기 위해 1660년에 조직했으며, 그곳에서 학자들이 연구한 내용을 발표했다.

다룬 주제도, 내가 처음 이 문제들을 접하면서 의도한 실험을 모두 시도해보지 못하거나, 시도한 일부 실험들에서는 그 실험들의 모든 조건에 대해 만족할 정도로 반복하지 못해서, 역시 불완전한 채로 남겨 두었다. 나는 내가 시도한 것들을 전하고, 그리고 나머지는 더 연구할 수 있도록 다른 사람들에게 남겨놓으려고 이 논문들을 출판할 계획을 했다.

내가 1679년에 라이프니츠에게[3] 보냈고 월리스 박사가[4] 출판한 편지에서, 나는 곡선 도형들을 제곱하거나, 또는 원추 단면을 이용하여 그 도형들을 비교하거나, 또는 그 도형들을 비교할 수 있는 다른 가장 간단한 도형에 대해 일반적으로 성립하는 몇 가지 정리(定理)를 발견하는 데 이용한 한 가지 방법을 언급했다. 그리고 수년 전에 나는 그 정리(定理)들을 포함한 원고를 빌려주고 그 뒤에 복사된 그 원고 일부를 발견했는데, 나는 이 기회에 그 내용 앞에 서론을 첨가하여 공표하고 그 방법에 관하여 주석을 달았다. 그리고 그것에 두 번째 종류의 곡선 도형에 관한 또 다른 하나의 짧은 소논문도 결합했는데, 그 소논문 역시 수년 전에 쓴 것으로 친구 몇이 읽고는 그 내용도 공개하라고 간청했다.

1704년 4월 1일
아이작 뉴턴

---

[3] 라이프니츠(Leibnitz, 1646~1716)는 뉴턴과 같은 시대를 산 독일의 철학자, 수학자, 자연과학자이다.
[4] 월리스(John Wallis, 1616~1703)는 영국의 수학자로 뉴턴과 친근하게 지냈고 수학, 천문학, 음향학, 음악 등 다방면에 걸친 저술을 남겼다.

아이작 뉴턴의 서문 2

『광학』제2판에서 나는 제1판 끝부분에 수록했던 이 책의 주제에 속하지 않는 수학에 대한 소논문을 제외했다. 그리고 제3권 끝에 몇 가지 질문을 추가했다. 그리고 나는 중력이 물체가 지닌 필수적인 성질이 아니라고 생각하고 있음을 보이고자, 중력의 원인에 대한 질문 하나를 추가했는데, 그것을 질문이라는 방법으로 제안한 이유는 실험으로 밝혀낸 것이 아직 부족해서 내가 아직 그 내용에 만족하지 않기 때문이다.

1717년 7월 16일
아이작 뉴턴

제4판 서문

아이작 뉴턴 경이 저술한 이『광학』의 새로운 개정판은 저자가 제3판을 직접 수정한 후 저자 사망 직전에 출판사에 제출되어 신중하게 인쇄되었다. 아이작 뉴턴 경이 1669년과 1670년 그리고 1671년에 케임브리지 대학에서 공개로 강독한 내용을 담은 광학 강의가 최근에 출판되었으므로, 해당 내용이 있는 면(面)의 아래쪽에 관련된 광학 강의에 대해, 저자 자신은 포함하지 않은, 몇 번의 인용을 추가했는데, 거기서 증명 과정을 볼 수가 있다.

제1권

OPTICKS:
OR, A
TREATISE
OF THE
Reflections, Refractions, Inflections and Colours
OF
LIGHT.

The FOURTH EDITION, corrected.

By Sir ISAAC NEWTON, Knt.

LONDON:
Printed for WILLIAM INNYS at the West-End of St. *Paul's.* MDCCXXX.

TITLE PAGE OF THE 1730 EDITION

제1부

나는 이 책에서, 가설에 의해 빛의 성질을 설명하기보다는, 이치와 실험에 의해 빛의 성질을 제안하고 증명하려고 계획하고 있다. 그렇게 하고자 나는 다음과 같은 정의와 공리를 전제(前提)로 한다.

정의 모음

정의 1.

나는 광선(光線)이란 최소한의 부분과, 동일한 선에서 연결된 부분, 그리고 몇 개의 선으로 동시에 존재하는 부분을 포함한다고 이해한다.

빛은 공간상에서 서로 연결된 부분과, 시간상에서 동시에 존재하는 부분으로 구성되어 있음이 분명한데, 그 이유는 동일한 장소에서 한순간에 온 빛을 막았다가 다음 순간에 그 빛을 보낼 수 있고, 또한 동일한 순간에 어떤 한 장소에서 빛을 막았다가 그 빛을 어떤 다른 장소로도 보낼 수 있기 때문이다. 그리고 빛 중에서 처음 막은 부분이 나중에 보낸 부분과 같을 수 없기 때문이다. 빛 중에서 나머지 부분과는 상관없이 막을 수 있는 최소한의 부분을, 또는 빛 중에서 나머지 부분과는 상관없이 전달될 수 있는 최소한의 부분을, 또는 빛 중에서 나머지 부분은 하거나 당하지 않는데 하거나 당하는 최소한의 부분을 나는 광선이라고 부른다.

정의 2.

광선의 굴절성(屈折性)이란, 광선이 어떤 투명한 물체 즉 매질에서 나와 다른 투명한 물체 즉 매질로 들어가면서 진행하는 경로가 바뀌는 성질이다. 그리고 광선의 굴절성이 더 크거나 더 작다는 것은, 광선이 같은 매질에 똑같이 입사할 때, 광선의 경로가 원래보다 더 많이 또는 더 적게 휘어지는 성질을 의미한다.

수학자들은 흔히 빛이 나오는 물체에서 빛을 받은 물체까지 이은 선을 광선이라고 생각하고, 광선의 굴절은 광선이 한 매질에서 나와 다른 매질로 들어가면서 구부려지거나 쪼개지는 것이라고 생각한다. 그리고 그렇게 설명된 광선과 굴절은 빛이 순간적으로 전달된다는 가정 아래서만 생각할 수 있는 광선이며 굴절이다. 그러나 목성의 위성에서 관찰된 월식(月蝕)이 일어나는 시간에 대한 논의에 따르면, 빛은 시간을 두고 전달되는 것처럼 보이며, 빛이 태양에서 우리까지 오는 데 약 7분의 시간이 걸린다.[5] 그래서 나는 두 경우 모두에서 빛에 부합하도록 이렇게 일반적인 용어를 골라서 광선과 굴절을 정의하기로 정했다.

정의 3.

광선의 반사성(反射性)이란 어떤 매질을 지나가던 광선이 어떤 다른 매질의 표면에 도달하더라도 원래 매질로 반사되는 즉 되돌아오는 성질이다. 광선은 거의 모두 반사성이 있어서 대부분 쉽게 되돌아온다.

---

[5] 덴마크의 천문학자인 올레 뢰머(Ole Rømer, 1644~1710)는 1668년에서 1674년까지 목성의 달의 월식과 월식 사이의 간격을 측정하고 지구가 목성에서 멀어질 때의 간격과 가까워질 때의 간격이 같지 않다는 것을 발견했다. 뢰머는 그 결과에서 빛이 순간적으로 전달되지 않고 빛의 속력은 유한하다는 것을 최초로 밝혔고, 그가 계산해서 얻은 빛의 속력은 21만 4000km/s이었다.

빛이 유리에서 나와 공기로 들어가는 경우처럼, 빛이 유리와 공기의 경계가 되는 표면에 점점 더 기울어지면, 빛은 그 표면에서 결국 모두 반사되는데, 같은 입사에서 가장 많이 반사되는 종류의 광선, 또는 가장 조금 기울어져서 모두 반사되는 종류의 광선이 가장 반사성이 높다.

정의 4.

입사각(入射角)이란 입사된 광선이 지나가는 선과 반사시키거나 굴절시키는 표면에 입사한 점에서 그 표면에 그린 수선(垂線) 사이의 각이다.

정의 5.

반사각(反射角) 또는 굴절각(屈折角)이란, 반사된 광선 또는 굴절한 광선이 지나가는 선과, 반사시키거나 굴절시키는 표면에 입사한 점에서 그 표면에 그린 수선(垂線) 사이의 각이다.

정의 6.

입사의 사인, 반사의 사인, 그리고 굴절의 사인은 각각 입사각의 사인, 반사각의 사인, 그리고 굴절각의 사인을 의미한다.[6]

정의 7.

어떤 빛에 속한 광선이 모두 똑같은 정도로 굴절하면 나는 그 빛이 단순하며 균질(均質)이고 닮았다고 말한다. 그리고 어떤 빛에 속한 광선 중 일부가 나

---

[6] 이 책에서 각 θ의 사인은 $\sin\theta$를 의미한다.

머지보다 더 잘 굴절하면 나는 그 빛이 복합적이고 이질(異質)이며 닮지 않았다고 말한다.

앞에서 내가 균질이라고 말한 빛은, 내가 모든 면에서 그렇다고 확인해서가 아니라, 굴절성이 같은 빛은 적어도 다음 설명에서 내가 다룰 다른 성질이 모두 같기 때문에 그렇게 말한 것이다.

정의 8.

내가 원색(原色)이라고 부르는, 균질인 빛의 색은 균질이고 단순하며, 이질인 빛의 색은 이질이며 복합적이다.

왜냐하면, 다음 설명에서 나오게 되겠지만, 이질인 빛의 색은 항상 균질인 빛의 색이 혼합된 것이기 때문이다.

공리 모음

공리 1.

반사각과 굴절각은 항상 입사각이 놓인 평면과 같은 평면에 놓인다.

공리 2.

반사각은 입사각과 같다.

공리 3.

만일 굴절한 광선이 거꾸로 처음 입사된 점으로 바로 되돌아오면, 전에 입사된 광선이 지나간 선으로 굴절해 그 선을 따라가게 된다.

공리 4.

소(疎)한 매질에서 밀(密)한 매질로의 굴절은 수선(垂線)과 가까운 쪽으로 일어난다. 다시 말하면, 굴절각이 입사각보다 더 작게 된다.

공리 5.

입사의 사인과 굴절의 사인 사이의 비는 정확히 같거나 거의 비슷하게 같다.

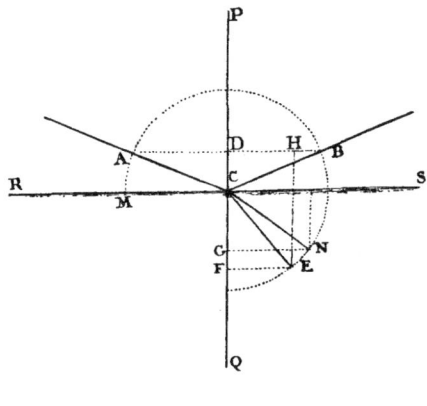

그림 1.

임의의 입사각에서 입사의 사인과 굴절의 사인 사이의 비를 알면, 다른 모든 입사각에서도 그와 같은 비가 같은 값을 가지며, 그 결과로 굴절시키는 물체가 같으면, 모든 입사각에 대한 굴절이 결정된다. 그래서 공기에서 물로 굴절이 되면, 빨간색 빛의 입사의 사인과 빨간색 빛의 굴절의 사인 사이의 비는 $\frac{4}{3}$이다.[7] 공기에서 유리로 굴절이 되면, 입사의 사인과 굴절의 사인의 사이의 비는 $\frac{17}{11}$이다. 다른 색의 빛에서 이 사인들 사이의 비는 다른 값을 갖지만, 그러나 그 차이는 너무 작아서 대부분 따로 고려할 필요가 없다.

이제 [그림 1에서] RS는 흐르지 않는 물의 표면, 그리고 C는 광선이 입사하는 점을 표시한다고 하자. 공기 중의 A에서 C를 잇는 선을 따라 입사한 광선은 반사되거나 굴절하며, 나는 이 광선이 반사되거나 굴절한 뒤에 어디로 가게 되는지 알 수 있다. 물의 표면에 광선이 입사한 점에서 수선 CP를 세우고, 이 선을 Q까지 아래로 연장하면, 공리 1에 의해, 반사되거나 굴절한 광선은 입사각 ACP에 의해 만들어진 평면 위에 놓이게 된다. 이제 수선 CP에 수직하게 입사의 사인 AD를 내려긋자.[8] 그리고 반사 광선을 원하는 경우에는, DB가 AD와 같도록 AD를 B까지 연장하고, CB를 그린다. 그러면 이 선 CB가 반사 광선이 되고, 반사각 BCP와 반사의 사인 BD는, 공리 2에 의해 그래야만 하듯이, 각각 입사각과 입사의 사인과 같게 된다. 또 굴절 광선을 원하는 경우에는, DH와 AD 사이의 비가 굴절의 사인과 입사의 사인 사이의 비와 같도록, 다시 말하면 (만일 그 빛이 빨간색 빛이면) $\frac{3}{4}$과 같도록, AD를 H까지 연장하고, 평면 ACP에 중심을 C로 하고 반지름이 CA인 원 ABE에, 수선 CPQ와 나란히 가는 평행선을, 원의 둘레와 E에서 만나도록 그어서, CE를 연결하면, 이 선 CE가 굴절 광선이 지나가는 선이 된다. 왜냐하면 만일 EF를 선 PQ에 수직이 되도록 내려그으면, 이 선 EF는 굴절각이 ECQ인 광선 CE

---

[7] 이 부분은 빛의 굴절에 대한 스넬의 법칙 $n_1\sin\theta_1 = n_2\sin\theta_2$에서 공기의 굴절률은 $n_1=1$이고 물의 굴절률은 $\frac{4}{3}$라는 것과 같은 내용이다.
[8] 입사의 사인 AD란 입사각 ACD의 사인을 말하는데 그림 1에 그린 원의 반지름이 1이면 선분 AD의 길이가 입사각 ACD의 사인과 같다.

의 굴절의 사인이 되고, 그러면 이 사인 EF는 DH와 같고, 결과적으로 사인 EF와 입사의 사인 AD 사이의 비가 $\frac{3}{4}$과 같게 될 것이기 때문이다.

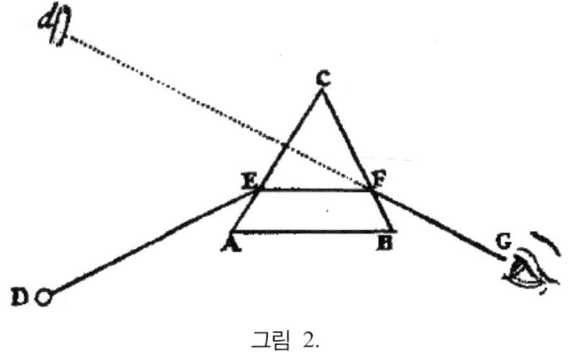

그림 2.

똑같은 방법으로, 유리로 만든 프리즘이 (다시 말하면, 두 개의 동일하고 평행한 삼각형인 양쪽 끝과, 한쪽 끝의 삼각형의 세 꼭짓점에서 다른 쪽 끝의 삼각형의 세 꼭짓점을 잇는 세 개의 평행선에서 만나는 세 개의 평평하고 잘 연마된 옆면으로 둘러싸인 유리가) 있는데, 이 프리즘을 통과하는 빛이 어떻게 굴절하는지 알고자 한다고 하자. [그림 2에서] ACB는 빛이 통과하는 프리즘의 모서리를 이루는 세 개의 평행선에 수직하게 프리즘을 자른 면을 표시하며, DE는 빛이 유리로 들어가는 프리즘의 첫 번째 면 AC에 입사하는 광선이라고 하자. 그리고 입사의 사인과 굴절의 사인 사이의 비를 $\frac{17}{11}$로 놓고, 첫 번째 굴절한 광선인 EF를 찾자. 그 다음에 그 광선 EF를 빛이 유리에서 빠져나오는 유리의 두 번째 면 BC로 들어가는 입사 광선이라고 하고, 이번에는 입사의 사인과 굴절의 사인의 비를 $\frac{11}{17}$로 놓고, 두 번째 굴절한 광선인 FG를 찾자. 왜냐하면 공기에서 유리로 들어가는 입사의 사인과 굴절의 사인의 비가 $\frac{17}{11}$이면, 공리 3에 의해서, 유리에서 공기로 들어가는 입사의 사인과 굴절의 사인의 비는 그것의 역으로 $\frac{11}{17}$이어야 하기 때문이다.

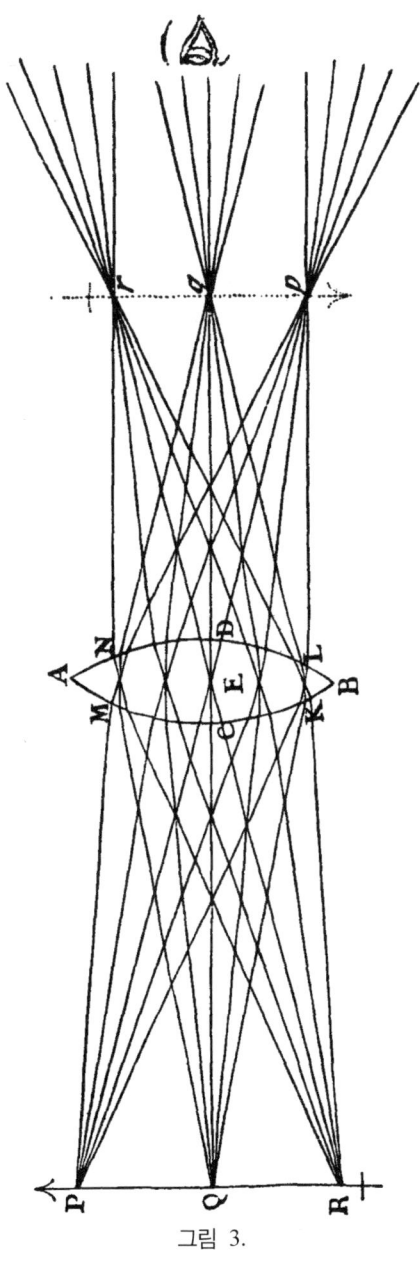

그림 3.

거의 똑같은 방법으로, [그림 3에서] ACBD는 양쪽이 볼록한 구면(球面)인 (화경(火鏡)이나[9] 안경 또는 망원경의 대물(對物)렌즈와 같이 보통 렌즈라고 부르는) 유리를 표시할 때, 멀지 않은 점 Q에서 온 빛이 이 유리에 도달하면 어떻게 굴절하는지 알아보기 위해, 유리의 첫 번째 구형(球形) 표면 ACB 위의 한 점 M에 도달한 광선을 QM이라 하고, 점 M에서 유리에 수선을 세우고, 입사의 사인과 굴절의 사인의 비가 $\frac{17}{11}$임을 이용해, 첫 번째 굴절한 광선 MN을 찾자. 그리고 그 광선이 유리에서 빠져나오면서 N에 입사한다고 하고, 이번에는 입사의 사인과 굴절의 사인의 비가 $\frac{11}{17}$임을 이용해, 두 번째 굴절한 광선 Nq를 찾자. 똑같은 방법으로, 렌즈의 한쪽 면은 볼록하지만 다른 쪽 면은 평평하거나, 오목하거나, 또는 양쪽 면이 모두 오목할 때, 굴절이 어떻게 일어나는지도 역시 알아낼 수 있다.

공리 6.

같은 물체의 여러 점에서 나온 균질인 광선이, 반사시키거나 굴절시키는, 평평하거나 구형인 표면에, 수직으로 또는 거의 수직으로 도달하면, 그 뒤에는, 정확하게 또는 어떤 감지할 수 있는 오차도 없을 정도로 정확하게, 아주 많은 서로 다른 점으로 갈라져 나가거나, 아주 많은 서로 다른 평행선을 따라 진행하거나, 또는 아주 많은 서로 다른 점으로 모인다. 그리고 그 광선들이 다시 계속해서 둘이나 셋 또는 더 많은 평평하거나 구형인 표면에서 반사되거나 굴절해도 똑같은 일이 일어난다.

---

[9] 큰 볼록 렌즈 하나로 만든 돋보기는 불을 지피는 용도로도 이용되었는데 그런 돋보기를 서양에서는 burning-glass, 동양에서는 화경(火鏡)이라고 불렀다.

여러 광선으로 갈라져 나가거나 여러 광선이 하나로 모이는 점을 그 광선의 초점이라고 부른다. 그리고 입사 광선의 초점을 알면, 반사된 광선이나 굴절한 광선의 초점은, 위에서 설명한 방법을 이용하여, 여러 광선 중에서 임의로 고른 두 광선이 어떻게 굴절하는지를 구하면, 아주 쉽게 찾을 수 있다.

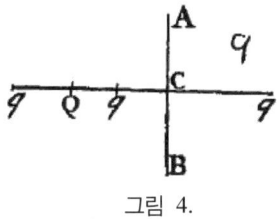

그림 4.

사례 1. [그림 4에서] ACB가 반사시키거나 굴절시키는 평면이고, Q가 입사 광선의 초점이고, Q*q*C는 그 평면에 세운 수선(垂線)이라고 하자. 그리고 이 수선을 *q*까지 연장해서 *q*C가 QC와 같도록 만들면, 점 *q*는 반사된 광선의 초점이 된다. 또는 *q*C와 QC를 평면의 같은 쪽에 오고 또 *q*C와 QC 사이의 비가 입사의 사인과 굴절의 사인 사이의 비와 같게 하면, 점 *q*는 굴절한 광선의 초점이 된다.

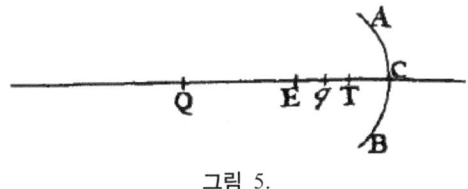

그림 5.

사례 2. [그림 5에서] ACB는 중심이 E인 구의 표면으로 반사시키는 표면이라고 하자. 이 구의 반지름 중 하나를 (예를 들어 EC를) T에서 이등분하고, 점 T와 같은 쪽의 그 반지름에서 TQ와 TE 그리고 T*q*가

연달은 비례항이 되도록[10] 두 점 Q와 q를 취할 때, 점 Q가 입사 광선의 초점이라면, 점 q는 반사된 광선의 초점이 된다.

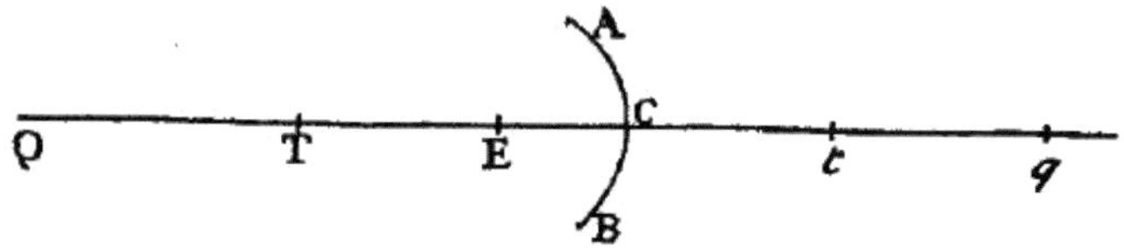

그림 6.

사례 3. [그림 6에서] ACB는 중심이 E인 구의 표면으로 굴절시키는 표면이라고 하자. 이 구의 반지름 중 하나인 EC를 양쪽으로 연장하여 동일한 길이가 되도록 ET와 Ct를 취하는데, 이 둘 각각과 반지름 사이의 비가, 입사의 사인과 굴절의 사인 중에서 작은 것과 그 두 사인의 차이 사이의 비와 같도록 한다. 그 다음에 같은 선 위에서 두 점 Q와 q를 찾는데, t에서 tq로 가는 방향과 T에서 TQ로 가는 방향이 반대가 되도록 하면서, TQ와 ET 사이의 비가 Et와 tq 사이의 비와 같도록 점 Q와 q를 취할 때, 점 Q가 입사 광선의 초점이라면, 점 q는 굴절한 광선의 초점이 된다.

그리고 같은 방법으로 두 번 또는 그보다 더 여러 번 반사되거나 굴절한 광선의 초점도 찾을 수 있다.

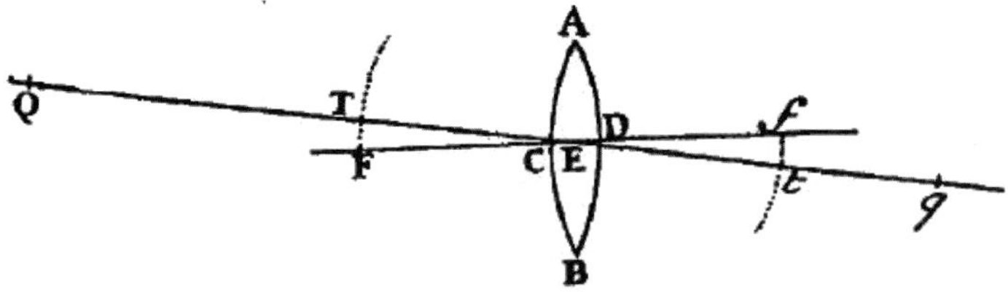

그림 7.

---

[10] 여기서 TQ, TE, Tq가 $\frac{TQ}{TE} = \frac{TE}{Tq}$를 충족하면 TQ, TE, T$q$는 연달은 비례항이 된다고 말한다.

사례 4. [그림 7에서] ACBD는 양쪽이 볼록하거나 오목하거나 또는 평평한 표면으로 이루어진 굴절시키는 렌즈이고, CD가 이 렌즈의 축이라고 (다시 말하면, 렌즈의 양쪽 표면을 수직으로 지나가고 또한 양쪽 표면을 이루는 두 구의 중심을 지나가는 선이라고) 하자. 또한 양쪽에서 이 축에 평행하게 입사한 광선에 대해, 위에서 설명한 방법으로 찾은, 굴절한 광선의 두 초점이 F와 f라고 하고, 지름이 Ff인 원을 그린 다음 그 중심을 E라고 하자. 이제 점 Q가 어떤 입사 광선의 초점이라고 하고, 두 점 Q와 E를 잇는 직선이, 앞에서 언급한 원과 만나는 두 점을 각각 T와 t라고 하고, tq와 tE 사이의 비가 tE 또는 TE와 TQ 사이의 비와 같도록 tq를 정한다.[11] T에서 TQ를 그린 것과 반대 방향이 되도록 t에서 tq를 그리면, 점 Q가 렌즈의 축에서 그리 멀어져 있지 않고, 렌즈의 폭이 너무 커서 광선 중 일부가 굴절시키는 표면에 너무 비스듬히 만나지 않기만 하면, 거의 눈치챌 수 없을 정도로 작은 오차 내에서 q는 굴절한 광선의 초점이 된다.①

또한 역으로, 두 개의 초점의 위치를 먼저 알면, 비슷한 과정을 거쳐서, 반사시키거나 굴절시키는 표면을 구할 수 있고, 그렇게 하면 렌즈의 모양이 정해지며, 그로부터 우리가 원하는 어떤 위치에서든 그 위치로 들어오거나 그 위치에서 나가는 광선의 흐름을 구성할 수 있다.②

그러니까 이 공리는, 만일 어떤 광선이 평면이나 구면인 표면이나 렌즈에 도달하면,[12] 그리고 그 광선이 그렇게 입사하기 전에, 어떤 점 Q에

---

[11] 이 부분을 식으로 쓰면 $\frac{TE}{TQ} = \frac{tq}{tE}$ 가 되는데, 이 식은 입사 광선이 렌즈나 거울의 축에 비교적 가까울 때 성립하는 오늘날 이용되는 렌즈와 거울의 상(像)을 구하는 공식 $\frac{1}{a} + \frac{1}{b} = \frac{1}{f}$ 와 근사적으로 동일하다. 여기서 a와 b는 각각 렌즈나 거울에서 물체와 상(像)까지 거리이고, f는 렌즈나 거울의 초점 거리로, TE=f, TQ≈$a-f$, $tq≈b-f$이다.

[12] 이 부분은 '만일 어떤 광선이 거울이나 렌즈에 도달하면'이라는 의미이다.

서 나오거나 그 점을 향해서 들어가고 있으면, 그 광선은 반사되거나 굴절한 뒤에는, 앞에서 설명한 규칙에 따라서 정해지는 점 q에서 나오거나 그 점을 향해 들어가게 된다는 것을 의미한다. 그리고 만일 입사 광선이 여러 개의 점 Q에서 나오거나 그 점들을 향해 들어가고 있으면, 반사되거나 굴절한 광선도, 똑같은 규칙에 따라 정해지는, 그와 똑같은 수의 점들 q에서 나오거나 그 점들을 향해 들어가게 된다. 반사되거나 굴절한 광선이 점 q에서 나오는지 아니면 그 점을 향해서 들어가는지는, 그 점이 놓인 조건을 보면 쉽게 구별할 수 있다. 만일 그 점이 반사시키거나 굴절시키는 표면이나 렌즈를 기준으로 점 Q와 같은 쪽에 놓여 있고, 입사 광선이 점 Q에서 나오는 경우에는, 반사된 광선은 점 q를 향해서 들어가고 굴절한 광선은 그 점에서 나오고, 입사 광선이 점 Q를 행해서 들어가는 경우에는, 반사된 광선은 점 q에서 나오고 굴절한 광선은 그 점을 향해서 들어가게 된다. 그리고 만일 그 점 즉 q가 표면이나 렌즈를 기준으로 점 Q와 반대쪽에 놓여 있다면, 앞에서 설명한 것과 반대로 된다.

공리 7.

어떤 물체든 그 물체의 모든 점에서 나온 광선들이, 반사나 굴절에 의해 똑같은 수의 많은 점에서 다시 만나도록 수렴되면서, 흰색 바탕에 도달하면, 그 광선들은 거기에 원래 물체의 상(像)을 만든다.

그래서 만일 [그림 3에서] PR이 밝은 곳에 놓인 물체를 표시하고, AB는 캄캄한 방의 창문의 덧문에[13] 뚫은 구멍에 놓인 렌즈를 표시한다면,

---

[13] 덧문(window-shut)은 창문의 밖에 추가로 나무판자를 이용하여 창문을 완전히 가리도록 닫는 문으로 영국이나 독일과 같은 유럽 국가에서는 이런 덧문을 흔히 볼 수 있다. 이 덧문을 닫으면 방안은 아주 캄캄해진다.

그 물체에 속한 점 Q에서 나온 광선은 수렴되어 점 q에서 다시 만난다. 그리고 만일 흰색 종이를 q에 놓아서 빛이 그 종이에 도달하면, 물체 PR의 상(像)이 그 물체와 똑같은 모양과 똑같은 색깔로 그 종이에 나타난다. 그것은 점 Q에서 나온 빛이 점 q로 가면, 물체의 다른 점인 P와 R에서 나온 빛도 (공리 6에 명시된 것처럼) 같은 수의 대응하는 다른 점인 p와 r로 가고, 그래서 물체의 모든 점이 상(像)에서 물체에 해당하는 점을 비추게 되며, 그렇게 해서 모양과 색깔이 물체와 똑같은 상(像)을 만들게 되는데, 여기서 단 한 가지 예외는 상(像)이 선 방향이 물체가 선 방향과 반대라는 것이다. 밝은 바깥에서 작은 구멍을 통해 캄캄한 방의 건너편 벽이나 넓게 펴서 세워 놓은 흰색 종이 위에 여러 가지 물체를 비추는 묘기가 있는데, 그런 묘기의 이치가 바로 이것이다.

비슷한 방법으로, [그림 8에서] 사람이 물체 PQR을 볼 때, 물체에 속한 몇몇 점에서 출발한 빛은 눈을 이루는 투명한 얇은 막과 액체에 의해 (다시 말하면, 각막이라고 부르는 눈의 바깥쪽 얇은 막 EFG와 동공 mk 안쪽에 있는 투명한 수정체 AB에 의해) 딱 알맞게 굴절하고, 눈의 안쪽 바닥에서 같은 수의 점에 다시 만나도록 수렴되어, 눈의 안쪽 바닥을 덮고 있는 (망막이라고 부르는) 막 위에 물체의 상(像)을 만든다. 해부학자 입장에서는, 눈의 안쪽 바닥에서 경막(硬膜)이라고[14] 부르는 밖으로 향하고 가장 두꺼운 껍질을 제거하면, 더 얇은 막을 통하여 그 위에 생생하게 그려진 물체의 상(像)을 볼 수 있다. 그리고 이 상(像)은 시신경(視神經) 섬유를 따라 뇌까지 전달되고, 눈으로 보는 모습의 원인이 된다. 왜냐하면 이 상(像)이 완전한지 불완전한지에 따라, 물체가 완전하게 보이기도 하고 불완전하게 보이기도 하기 때문이다. 만일 (황달과 같은 질

---

[14] 경막(Dura Mater)이란 뇌막 가운데 바깥층을 이루는 두껍고 튼튼한 섬유질 막을 부르는 이름이다.

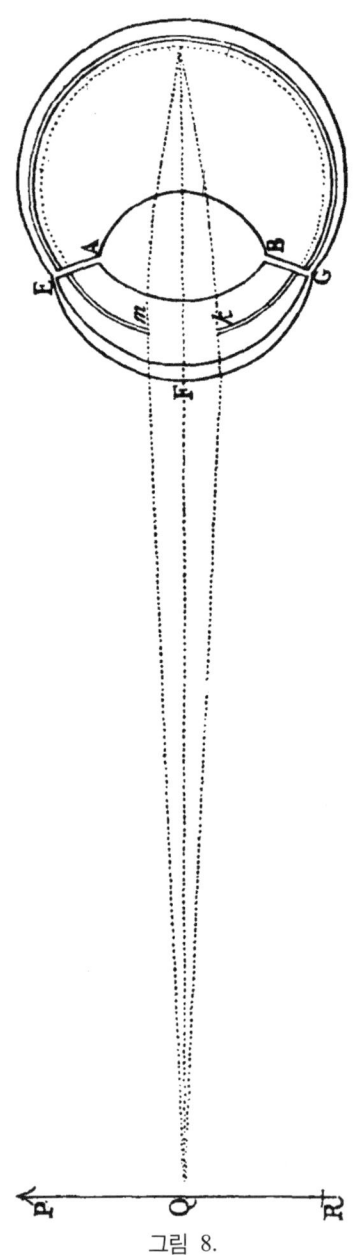
그림 8.

병에서 그렇듯) 눈이 어떤 색깔을 띠게 되어, 눈의 안쪽 바닥에 생긴 상(像)이 그 색을 띤다면, 모든 물체가 그것과 똑같은 색깔을 띤 것으로 보인다. 만일 나이가 많아지면서 눈의 수정체가 쇠약해져서, 각막과 수정체의 겉면이 전보다 더 평평하게 되도록, 수정체의 두께가 오므라든다면, 빛은 충분히 굴절하지 못하고, 부족한 굴절 때문에 빛은 눈의 안쪽 바닥이 아니라 그보다 더 지난 위치에 수렴되어, 그 결과로 눈의 안쪽 바닥에는 흐릿한 상(像)을 만드는데, 이 상(像)이 뚜렷하지 못해서 물체가 흐릿하게 나타난다. 이것이 사람이 늙으면 시력이 약해지는 이유이며, 왜 그런 사람이 안경을 쓰면 시력이 회복되는지를 보여준다. 더 설명하면, 그런 볼록한 유리는 수정체가 충분히 통통하지 못한 부분을 보충해서, 그 유리가 알맞게 볼록하면, 굴절을 증가시키는 방법으로 광선이 더 일찍 수렴되어 눈의 안쪽 바닥에 뚜렷한 상(像)을 만든다. 그리고 눈의 수정체가 너무 통통하여 근시(近視)인 사람에게는 위와 반대의 일이 일어난다. 이번에는 굴절이 너무 많이 일어나므로, 광선은 눈의 안쪽 바닥에 도달하기 전에 수렴하여 모이며, 그러므로 눈의 안쪽 바닥에 생긴 상(像)과, 그 상(像)에 의해 만들어진 눈에 비친 모습은 뚜렷하지 못하게 된다. 그러나 근시인 사람이 정상적으로 보는 경우도 있는데, 물체를 눈과 충분히 가까운 곳으로 가져와, 수렴된 광선이 모이는 위치가 눈의 안쪽 바닥으로 옮겨지거나, 또는 오목한 정도가 딱 알맞게 조정된 오목한 유리에 의해서 굴절이 줄어들어, 눈의 통통함이 상쇄되거나, 또는 마지막으로 나이가 많아지면 수정체가 딱 알맞은 두께가 되기까지 점점 더 오그라드는 경우에 그렇다. 근시인 사람이 나이가 많아지더라도 멀리 있는 물체를 가장 잘 보게 되는 이유는, 수정체가 이렇게 되어 눈이 멀리까지 볼 수 있게 되기 때문이라고 생각된다.

공리 8.

반사나 굴절에 의해서 보이는 물체는, 보는 사람의 눈으로 들어오는, 마지막으로 반사되거나 굴절한 광선을 연장하여, 마치 그것이 맨 처음에 갈라져 나온 것처럼 보이는 위치에 나타난다.

[그림 9에서] 만일 물체 A가 거울 mn에 반사되어 보인다면, 그 물체는 그 물체의 원래 위치 A가 아니라, 거울 뒤의 위치 a에 있는 것처럼 나타나는데, 물체가 놓인 곳과 같은 점에서 출발한 세 광선 AB, AC, AD는 각각 세 점 B, C, D에서 반사한 다음에, 유리에서 갈라져서 세 점 E, F, G로 가 그곳에서 보는 사람의 눈으로 들어간다. 이 광선들은 마치 중간에 거울이 없고 a에 실제로 놓여 있는 물체에서 나온 광선이 만든 것과 똑같은 상(像)을 눈의 안쪽 바닥에 만들고, 눈에 보이는 모습은 모두 그 상(像)의 위치와 형태에 의해 결정된다.

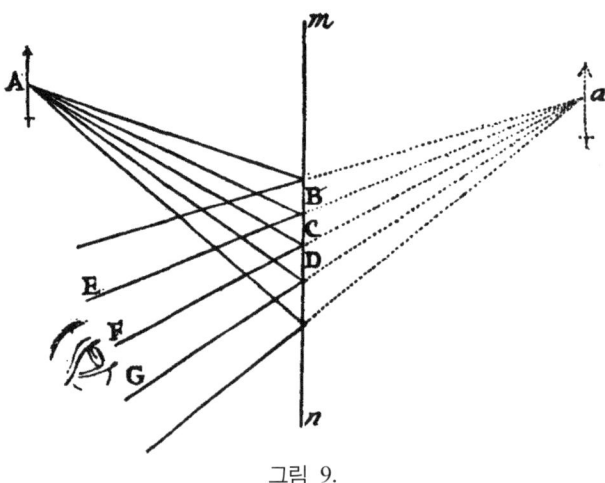

그림 9.

똑같은 방법으로, [그림 2에서] 프리즘을 통해 본 물체 D는, 그 물체의 원래 위치 D에 있는 것처럼 보이지 않고, 약간 다른 위치 d로 이동된 것처럼 보이는데, 이 위치는 마지막으로 굴절한 광선 FG를 F에서 d를 향하는 방향으로 연장한 곳에 있다.

그리고 [그림 10에서] 렌즈를 통해 보인 물체 Q도 역시 광선들이 렌즈에서 눈으로 지나가는 동안 갈라져서 위치 q에 놓인 것처럼 보인다. 그런데 여기서 q에 생긴 물체의 상(像)은 Q에 놓인 원래 물체보다 더 크거나 더 작은데, 상(像)의 크기와 물체의 크기 사이의 비는 렌즈 AB에서 q에 놓인 상(像)까지의 거리와, 동일한 렌즈에서 Q에 놓인 물체까지의 거리 사이의 비와 같다는 점을 주목하자. 그리고 만일 물체를 두 개 또는 그보다 더 많은 수의 볼록하거나 오목한 유리를 거쳐서 본다면, 각각의 유리마다 새로운 상(像)을 만들고, 물체는 맨 마지막 상(像)의 위치에서 맨 마지막 상(像)의 크기로 보인다. 이렇게 하면 현미경이나 망원경이 동작하는 원리가 이해된다. 왜냐하면 그 원리가 별다른 것이 아니라, 물체의 마지막 상(像)을 잘 알아볼 수 있을 정도로 뚜렷하고 크고 밝게 만들려면 볼록한 유리나 오목한 유리를 어떻게 배열하는 것이 좋은지에 대한 것일 뿐이기 때문이다.

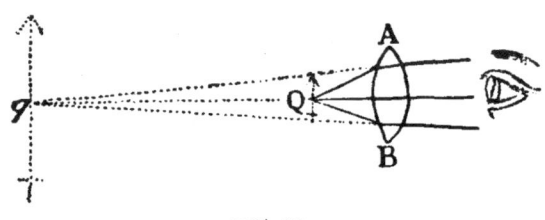

그림 10.

나는 지금까지 광학에서 취급한 내용 전체를 공리와 그 공리에 대한 해설이라는 형식으로 설명했다. 일반적으로 모두 동의하는 내용은, 이 책에서 앞으로 더 기술할 내용을 증명하는 데 이용하기 위해, 원리라는 개념으로 가정하는 것으로 만족하려 한다. 그렇게 하는 것이, 광학에 아직 익숙하지 않은 독자들에게, 기초 지식과 함께 상당한 이해를 제공하는 입문서에서 취하는 방법으로서 적절하리라고 생각한다. 또한 그렇게 함으로써, 이 분야에 이미 상당히 정통하고 유리를 다루어본 사람들도, 앞으로 나올 내용을 더 쉽게 이해할 수 있게 될 것이다.

명제 모음

명제 1. 정리 1.

색깔이 다른 빛은 굴절하는 정도도 역시 다르다.

- **실험에 의한 증명**

실험 1. 나는 두 변이 평행한, 옆으로 긴 직사각형 모양의 빳빳한 검은색 종이의 중앙에, 윗변에서 아랫변까지 세로 선을 그려서, 그 종이를 두 부분으로 똑같이 나누었다. 두 부분 중에서 한쪽은 빨간색으로 그리고 다른 쪽은 파란색으로 칠했다. 종이는 짙은 검은색이었고, 색깔은 진하게 칠해서 두껍게 입혔으며, 그래서 두 부분은 아주 선명하게 구분되었다. 나는 이 종이를, 속이 비지 않고 단단한 유리로 만든, 프리즘을 통하여 보았는데, 내 눈까지 오는 빛이 통과하는 이 프리즘의 두 면은 평평하고 매끈하게 잘 연마되어 있었으며, 두 면 사이의 각은 약 60도인데, 나는 이 각을 프리즘의 꼭지각이라고 부른다. 그리고 나는 색칠한 종이를 보고 있는 동안, 종이와 프리즘을 모두 창문 앞에 고정해 놓았는데, 종이의 두 변이 프리즘과 평행하고, 종이의 두 변과 프리즘 모두가 수평면과 평행하며, 종이를 둘로 나눈 선도 역시 수평면과 평행하도록 했으며, 창문에서 종이에 도달한 빛은 종이 면과 비스듬한 각을 이루는데, 이 각을 종이에서 반사하여 눈으로 들어오는 빛과 종이 면이 이루는 각과 같게 만들었다.[15] 프리즘 너머 방 창문 아래쪽 벽면은 검은 천으로 가렸는데, 캄캄한 곳에서 검은 천을 두른 이유는, 어떤 빛도 거기서 반사되지 못하게 하려는 것이었다. 만일 거기서 빛이 반사되면, 그 빛은 종이 테두리를 지나 관찰자의 눈으로 들어오면서, 종이에서 나오는 빛과 섞여, 관찰하고자 하는 현상을 흐릿하게 만들 염려가 있기 때문이었다. 이러한 식으로 실험이 진행되어, 나는 굴절에 의해서 종이가 위로 올라가는 것처럼 보이도록, 프리즘의 꼭지각을 위쪽으로 돌리면, 종이의 파란색 절반이 굴절에 의해서 빨간색 절반보다 더 높이 올라가는 것을 발견했다. 그렇지만 굴절에 의해서 종이가 아래로 내려가는 것처럼 보이도록, 프리즘의 꼭지각을 아래쪽으로 돌리면, 그 결과로 종이의 파란색 절반은 굴절에 의해서 빨간색 절반보다 더 아래로 내려오게 된다. 그러므로 두 경우 모두에서, 종이의 파란색 부분에서 온 빛이 프리즘을 통하여 내 눈으로 들어올 때, 똑같은 조건에서 빨간색 부분에서 온 빛에 비해 더 많이 굴절하며, 그 결과로 파란색 부분에서 온 빛이 빨간색 부분에서 온 빛보다 더 잘 굴절할 수 있음을 알 수 있다.

해설. 그림 11에서 MN은 창문을 표시하며, DE는 평행한 두 변 DJ와 HE가 위아래 양쪽 테두리인 종이를 표시하고, 이 종이는 세로 선 FG에 의해 두 부분으로 나뉘는데, DG가 파란색을 진하게 칠한 한쪽 부분, 그리고 FE가 빨간색을 진하게 칠한 다른 쪽 부분이다. 그리고 BAC*cab*가 프리즘을 표시하는데, 이 프리즘에서 굴절이 일어나는 두 평면 AB*ba*와

---

[15] 색칠한 직사각형 종이의 면을 수평으로 유지하면서, 종이를 위아래로 이동해서, 창문으로 들어와 종이에 반사한 빛이 관찰자의 눈으로 들어오도록, 종이의 높이를 조정한다는 의미이다.

AC*ca*가 꼭지각을 만드는 모서리 A*a*에서 만난다. 위로 향하는 모서리 A*a*는 수평면과도 평행이고 또한 종이의 평행한 두 변 DJ와 HE에도 평행이며, 그리고 세로 선 FG는 창문의 면에 수직으로 놓여 있다. 그리고 *de*는 굴절에 의해서 위로 올라간 종이의 상(像)을 표시하는데, 파란색 절반인 DG는 빨간색 절반인 FE가 *fe*로 올라간 것보다 더 높이 *dg*로 올라가서, 결과적으로 더 많이 굴절한다. 만일 꼭지각의 모서리를 아래로 돌리면, 종이의 상(像)은 굴절해 아래로 내려가는데, 그렇게 내려간 상(像)이 $\delta\epsilon$라면, 파란색 절반은 빨간색 절반이 내려간 $\varphi\epsilon$보다 더 낮게 $\delta\gamma$로 내려간다.

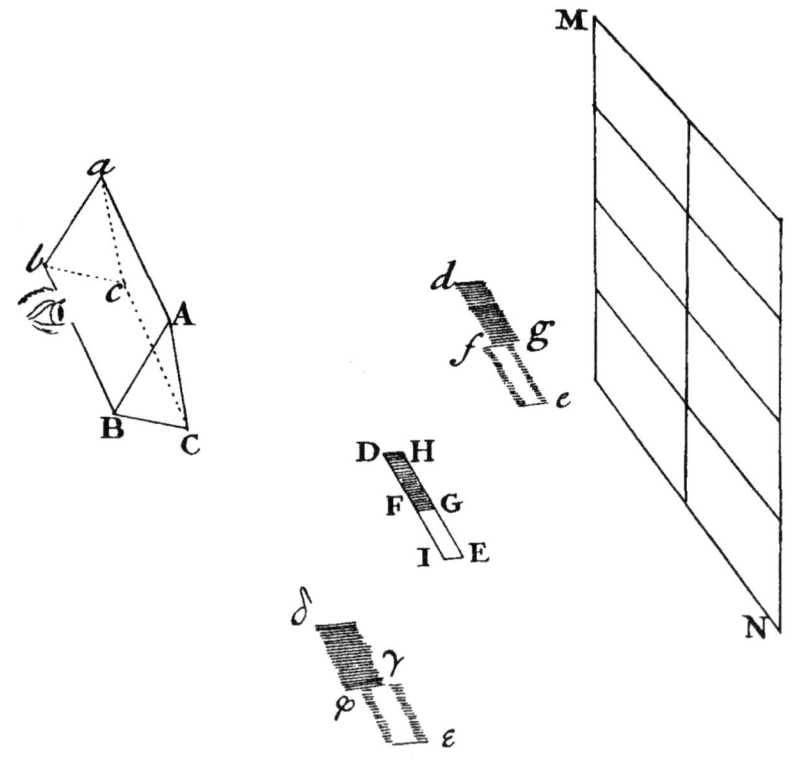

그림 11.

실험 2. 앞에서 말한, 두 부분으로 나누어 한쪽 절반은 파란색으로 다른 쪽 절반은 빨간색으로 덧칠한 빳빳한 종이에, 매우 까맣고 긴 명주실을 여러 번 감아서, 파란색과 빨간색으로 색칠한 부분에 검은색 선이 그려진 것 같기도 하고, 또는 색칠한 부분에 길고도 어두운 그림자가 드리워진 것처럼 보이게 만들었다. 펜을 이용해서 검은색 선을 그릴 수도 있지만, 실을 이용하여 더 가늘고 더 선명하게 그렸다. 이처럼 색칠하고 선을 그은 종이를 나는 수평면에 수직하게 벽에 고정해서, 서로 다른 색깔을 칠한 두 부분 중 하나는 오른쪽에 그리고 다른 하나는 왼쪽에 오도록 했다. 이 실험은 밤에 수행했으므로, 나는 색깔을 칠한 종이의 바로 아래에 촛불을 밝혀 종이를 밝게 비추게 만들었다. 촛불의 불꽃은 종이 아래쪽 테두리 또는 그보다 아주 조금 더 위까지 도달했다. 그리고 색칠한 종이에서 거리가 6피트 1인치에서 2인치쯤 되는 위치의 마룻바닥 위에, 지름이 $4\frac{1}{4}$인치인 유리로 만든 렌즈를 세워서, 종이의 여러 점에서 출발한 광선을 한데 모아, 렌즈의 반대쪽에, 렌즈에서 역시 같은 거리인 6피트 1인치에서 2인치쯤 되는 위치에서 같은 수의 점들로 수렴시켜서, 그곳에 세워 놓은 흰색 종이 위에, 색칠한 종이의 상(像)이 생기도록 했다. 그것은 마치 캄캄한 방에 넓게 펴서 세워 놓은 흰색 종이 위에, 창의 구멍에 놓인 렌즈를 통해, 방 밖 물체의 상(像)을 비춘 것과 똑같은 방법이었다. 그리고 색칠한 종이의 파란색 부분의 상(像)과 빨간색 부분의 상(像)이 가장 선명하게 보이는 위치를 찾으려고, 나는 앞에서 말한, 수평면과 수직하고 또 렌즈에서 나온 광선과도 수직하게 세운 하얀 종이를, 어떤 경우에는 렌즈에 더 가깝게, 그리고 어떤 경우에는 렌즈에서 더 멀게 조금씩 이동해 보았다. 나는, 그렇게 파란색 부분 또는 빨간색 부분이 가장 선명해지는 위치를, 종이에 감은 명주실로 만든 검은색 선의 상(像)에 의해서 어렵지 않게 알아냈다. 두 부분의 색깔 중 어느 한 부분이 가장 선명하게 보이지 않으면, 그 부분에 감긴 예리하고 가는 선의 상(像)은 (그 선은 검은색이라는 이유 때문에 마치 색깔 위에 그림자처럼 보이는데) 흐릿해져서 선이 거기에 있다는 것을 거의 알아차릴 수가 없었으며, 그래서 내가 할 수 있는 한 열심히, 색칠한 종이의 빨간색 절반과 파란색 절반 중에서 어느 하나가 가장 선명하게 나타나는 위치를 확인했더니, 종이의 빨간색 절반이 가장 선명하게 나타나는 위치에서는, 파란색 절반은 흐릿하게 나타나서 그 부분에 그린 검은색 선들은 거의 볼 수가 없고, 반면에, 파란색 절반이 가장 선명하게 나타나는 위치에서는 빨간색 절반은 흐릿하게 나타나서 그 부분에 그린 검은색 선들을 거의 볼 수가 없다는 것을 발견했다. 그리고 빨간색 절반이 가장 선명하게 나타난 위치와 파란색 절반이 가장 선명하게 나타난 위치 사이의 거리는 $1\frac{1}{2}$인치였는데, 색칠한 종이의 빨간색 절반의 상(像)이 가장 선명할 때 렌즈에서부터 상(像)을 비춘 흰색 종이까지의 거리는, 파란색 절반의 상(像)이 가장 선명할 때 렌즈에서부터 그 흰색 종이까지의 거리보다 $1\frac{1}{2}$인치 더 멀었다. 그러므로 파란색과 빨간색이 렌즈에 똑같이 입사해도 파란색이 빨간색보다 더 많이 굴절했으며, 그래서 $1\frac{1}{2}$인치만큼 더 앞에서 수렴했고, 그러므로 파란색이 빨간색보다 더 잘 굴절한다.

해설. 그림 12에서, DE는 색칠한 종이를 나타내고, DG는 파란색 절반을, FE는 빨간색 절반을, MN은 렌즈를, HJ는 빨간색 절반과 그리고 함께 그려진 검은색 선들이 선명하게 나타나는 위치에 놓인 흰색 종이를, 그리고 *hi*는 파란색 절반이 선명하게 나타나는 위치에 놓인 같은 종이를 나타낸다. 하얀 종이가 *hi*에 놓인 위치는 HJ에 놓인 위치보다 $1\frac{1}{2}$인치만큼 더 렌즈에 가깝다.

주석(註釋). 실험의 세부사항이 바뀌어도 결과는 마찬가지로 나온다. 그래서 첫 번째 실험에서 프리즘과 색칠한 종이가 수평면에 대해 어떤 각도로 놓여 있더라도, 그리고 두 번째 실험에서 색칠한 종이 대신에 검은색 종이에, 검은색 선 대신에 색칠한 선이 그려져 있더라도, 같은 결론을 얻는다. 그러나 실험의 진행 상황을 기술하면서, 나는 일어나는 현상이 좀 더 뚜렷해지거나, 또는 초보자도 그런 실험들을 더 쉽게 수행할 수 있거나, 오직 그 방법으로만 그 실험들을 시도해본, 그런 세부사항을 기록했다. 나는 뒤이은 실험들에서도 자주 실험의 세부사항을 기록했는데, 관계되는 모든 것에 대해, 다음에 설명하는 한 가지만 주의하면 충분하다. 그런데 파란색 빛이면 모두 그 어떤 빨간색 빛보다도 더 많이 굴절할 수 있다는 결론이 이 실험들 결과로 나오는 것은 아니다. 왜냐하면 파란색 빛과 빨간색 빛 모두에 굴절하는 정도가 다른 광선이 섞여 있어서, 빨간색 빛에는 파란색 빛에 포함된 일부 광선보다 더 많이 굴절하는 광선이 일부 포함되어 있고, 파란색 빛에는 빨간색 빛에 포함된 일부 광선보다 더 조금 굴절하는 광선이 일부 포함되어 있기 때문이다. 그러나 그렇게 일부 포함된 광선은 전체 빛과 비교하면 매우 조금밖에 되지 않으며, 실험의 예상된 성과를 축소하는 역할을 하기는 하지만, 그러나 실험 결과를 모두 쓸모없게 만들 정도는 아니다. 왜냐하면, 다음 실험들에서 알 수 있는 것처럼, 만일 빨간색이나 파란색이 더 옅거나 더 약하면, 빨간색이 선명한 경우의 상(像)과 파란색이 선명한 경우의 상(像) 사이의 간격은 $1\frac{1}{2}$ 인치보다 더 가까워지고, 만일 그 색들이 더 진하거나 더 강하면, 두 상(像) 사이의 간격이 그보다 더 멀어질 뿐이기 때문이다. 자연에 원래 존재하는 물체들의 색깔에 대해서는 이 실험들로 충분하다고 생각해도 좋다. 왜냐하면, 프리즘의 굴절에 의해 만들어진 색깔에 대해서는, 이제 곧 다음 명제 2 다음에 나오는 실험들에서 명제 1을 다시 다루게 될 것이기 때문이다.

명제2. 정리2.

태양의 빛은 서로 다른 정도로 굴절하는 광선들로 구성되어 있다.

- **실험에 의한 증명**

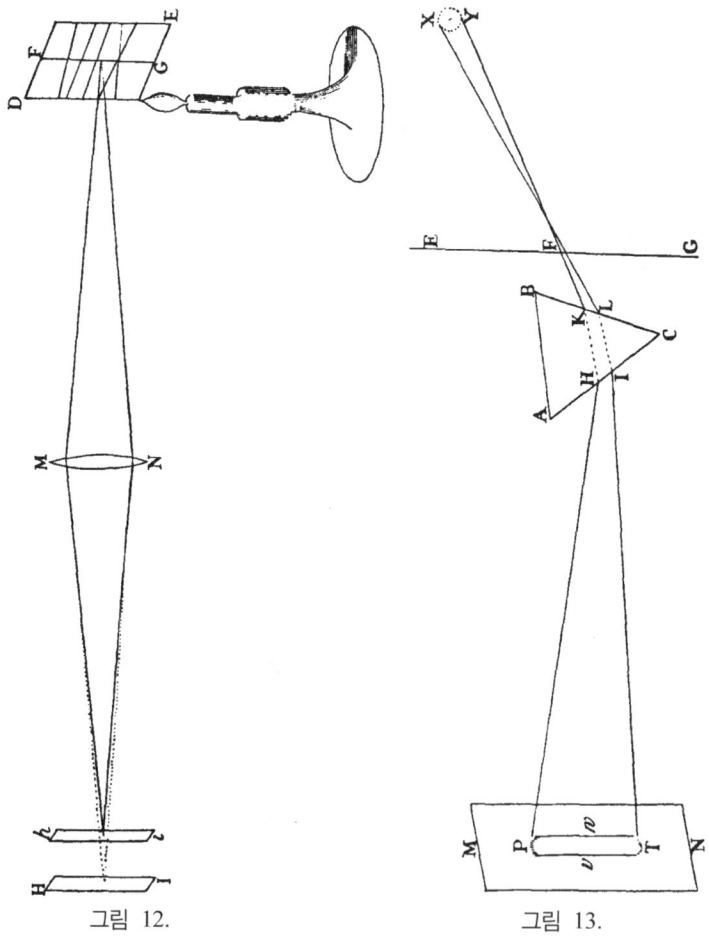

그림 12.   그림 13.

실험 3. 나는, 아주 캄캄한 방의 창문 덧문에 뚫은, 지름이 약 $\frac{1}{3}$ 인치인 둥근 구멍 옆에, 유리로 만든 프리즘을 놓고, 그 구멍을 통해 들어온 햇빛의 빛줄기가, 방의 반대편 벽을 향해서, 위쪽으로 굴절하도록 만들었는데, 그곳에 태양의 천연색 상(像)이 형성되었다. 이 실험과 그 다음 실험에서, 프리즘의 축은 (다시 말하면, 프리즘의 한쪽 끝에서 다른 쪽 끝까지 프리즘의 중간을 통과하며 꼭지각의 모서리와 평행한 선은) 입사 광선과 수직을 이루었다. 나는 이 축을 중심으로 프리즘을 천천히 회전시키면서, 굴절해 벽에 도달한 빛이, 즉 태양의 천연색 상(像)이, 처음에는 내려가다가 멈춘 다음 다시 올라가는 것을 관찰했다. 상(像)이 내려가다 올라가는 사이에 잠시 정지해 보일 때, 나는 프리즘을 돌리는 것을 멈추고, 그때 프리즘이 놓인 자세를 유지하도록 프리즘을 고정하고 더 이상 돌리지 않아야 했다. 왜냐하면, 프리즘이 그런 자세로 놓여 있어야, 꼭지각의 양쪽 두 면에서 빛의 굴절이, 다시 말하면, 프리즘으로 들어오는 광선의 모습과 프리즘에서 나가는 광선의 모습이, 서로 같게 되기 때문이다.[3] 그래서 다른 실험에서도 또한, 프리즘의 양쪽에서 일어나는 굴절이 서로 같아야만 할 때마다, 굴절한 빛에 의해 형성되는 태양의 상(像)이 공통된 주기를 갖는 전진(前進)하고 후진(後進)하는 두 상반된 운동들 사이에서 잠시 정지하는 위치를 주의해서 보았으며, 나는 상(像)이 그 위치에 도달하자마자 즉시 프리즘을 고정했다. 다음에 나오는 실험들에서도, 다른 자세로 놓여 있다고 설명되지 않는 한, 모든 프리즘은 가장 편리한 이 자세로 고정되어 있다고 이해하면 된다. 그러므로 프리즘을 이 자세로 놓고, 나는 굴절한 광선이 방의 반대편 벽에 세워 놓은 흰색의 종이에 수직으로 떨어지도록 만들었으며, 그 빛에 의해 그 흰색 종이 위에 형성된 태양의 상(像)이 보여주는 모양과 크기를 관찰했다.

이 상(像)은 타원형이 아니라 위아래로 가늘고 길게 늘어난 모양이었는데, 이 상(像) 양쪽 옆 경계선은 평행한 두 직선이고 위아래 양쪽 끝은 반원 모양이었다. 상(像) 양옆의 긴 직선 부분은 경계가 상당히 분명하게 구분되지만, 상(像)의 둥근 위아래 쪽 끝은 매우 흐릿하고 분명하게 구분되지 않아서, 그곳의 빛은 서서히 약해지면서 사라졌다. 이 상(像)의 폭은, 태양의 지름에 대한 정보를 주는데, 흐릿한 부분까지 포함하여, 약 $2\frac{1}{8}$ 인치였다. 프리즘에서 상(像)까지의 거리는 $18\frac{1}{2}$ 피트였으며, 그리고 이 거리에서 그 상(像)의 폭을 바라본 각은, 다시 말하면 창문의 덧문에 뚫은 지름이 $\frac{1}{4}$ 인치인 구멍에서 그 상(像)을 바라본 각은, 약 $\frac{1}{2}$ 도에 해당하며,[16] 이때 그 상(像)의 폭이 태양의 겉보기 지름이다. 그러나 상(像)의 위아래 길이는 약 $10\frac{1}{4}$ 인치이고, 이 위아래 길이 중에서 양 변이 직선인 부분의 길이는 약 8인치였으며, 상(像)의 위아래 길이가 그만큼 길게 만든 프리즘의 꼭지각은 64도였다. 꼭지각이 더 작은 프리즘으로 바꾸면, 상(像)의 위아래 길이는 더 짧아지는데, 상(像)의 폭은 바뀌지 않고 그대로 유지되었다. 만일 프리즘의 두 번째 굴절시키는 표면에서 광선이 더 비스듬히 나오도록, 프리즘을 그 축 주위로 돌리면, 상(像)은 즉시 한 1인치나 2인치 정도 또는 그보다 더 길어지며, 그리고 만일 이번에는 프리즘의 첫 번째 굴절시키는 표면으로 광선이 더 비스듬히 들어가도록, 프리즘을 전과 반대 방향으로 돌리면, 상(像)은 즉시 한 1인치나 2인치 정도 더 짧아진다. 그러므로 이 실험을 수행하면서, 나는 위에서 언급한 규칙에 따라 프리즘의 자세가 정확히 그렇게 놓이도록 하는 데, 즉 광선

---

[16] 반지름 r이 구멍에서 상(像)까지의 거리인 $r=18\frac{1}{2}$ 피트$=563.88$cm이고, 원호의 길이 l이 상(像)의 폭인 $l=2\frac{1}{8}$ 인치$=5.40$cm이면, 이 원호를 바라보는 각은 원호의 길이를 반지름으로 나누어 $\Delta\theta=\frac{l}{r}=\frac{5.40}{563.88}rad=0.55°$가 되는데, 이것을 본문에서는 약 $\frac{1}{2}$ 도라고 했다.

이 프리즘에서 나오는 경우에 광선의 굴절과, 프리즘으로 들어가는 경우에 광선의 굴절이 서로 같도록 프리즘의 자세를 잡는 데, 주의력을 집중했다. 내가 사용한 프리즘의 유리 내부에는 한쪽 끝에서 다른 쪽 끝까지 결 모양으로 약간의 줄이 나 있어서, 그 결이 태양 빛의 일부를 불규칙적으로 산란시켰지만, 그러나 천연색 스펙트럼의[17] 길이를 늘이는 데 눈에 띌 만큼의 효과를 미치지는 않았다. 이는 몇 개의 다른 프리즘을 이용해 똑같은 실험을 수행해서 똑같은 결과를 얻은 것으로 확인할 수 있었다. 그리고 특별히 그런 결이 전혀 없는 것처럼 보이고, 굴절각은 $62\frac{1}{2}$ 도인 프리즘을 이용하고, 창문의 덧문에 뚫은 구멍의 크기가 전과 마찬가지로 $\frac{1}{4}$ 인치일 때, 나는 프리즘에서 거리가 $18\frac{1}{2}$ 피트인 위치에 길이가 $9\frac{3}{4}$ 인치에서 10인치인 상(像)을 관찰했다. 그리고 프리즘을 정해진 자세로 놓기가 쉬운 일이 아니어서, 같은 실험을 네 번 또는 다섯 번까지 반복했지만, 그렇게 반복할 때마다 내가 관찰한 상(像)의 길이는 항상 위에 기록한 것과 같았다. 내부가 좀 더 깨끗한 유리로 만들었고, 표면을 좀 더 잘 연마했고, 결이 하나도 없어 보이며, 굴절각은 $63\frac{1}{2}$ 도인 또 다른 프리즘을 이용했더니, 프리즘에서 동일한 거리인 $18\frac{1}{2}$ 피트 떨어진 위치에 생긴 상(像)의 위아래 길이 역시 약 10인치에서 $10\frac{1}{8}$ 인치였다. 위아래로 긴 스펙트럼의 양옆 끝의 직선 부분에서, 원래 측정한 위치보다 $\frac{1}{4}$ 인치에서 $\frac{1}{3}$ 인치만큼 더 연장된 곳까지, 빨간색이나 보라색으로 약간 물들어 보이는 어두운 그림자 모양의 빛이 보였지만, 그 빛은 너무 희미해서, 나는 그 흐릿한 색깔의 전부 또는 상당 부분이, 프리즘을 만든 유리가 균일하지 않거나 프리즘의 표면이 잘 연마되지 못해 불규칙적으로 산란된 일부 광선 때문에 스펙트럼에 포함된 것이 아닌지 의심했으며, 그런 까닭에

---

[17] 여기서 천연색 스펙트럼(colored spectrum)이란 흰색 종이 위에 위아래로 길게 맺힌 태양의 상(像)을 의미한다.

나는 그 부분을 위에서 측정한 값에는 포함하지 않았다. 그밖에, 창문의 덧문에 뚫린 구멍의 크기가 조금 다르거나, 광선이 통과하는 프리즘의 두께가 조금 다르거나, 프리즘이 수평면에 대해 기울어진 정도가 조금 다르더라도, 상(像)의 위아래 길이에는 눈에 띄는 만큼의 어떤 변화도 생기지 않았다. 또한 프리즘을 서로 다른 물질로 만들더라도 아무런 변화가 생기지 않은 것을 확인했다. 연마한 얇은 유리판을 프리즘의 형태로 붙여서 만든 용기에 물을 채워서 수행한 실험에서도 굴절의 양에 비례한 비슷한 결과를 얻었다. 광선은 프리즘에서 상(像)까지 직선을 따라 진행하며, 그러므로 광선들이 프리즘에서 나가는 바로 그 위치에서부터 상(像)의 길이가 계속 커지고 있어서, 상(像)의 위아래 양 끝에 도달하는 두 광선이 벌어진 각이 $2\frac{1}{2}$도 이상이어야 한다는 것은 앞으로 더 해명되어야 한다.[18] 그리고 사람들이 통속적으로 알고 있는 광학 법칙에 따르면, 광선들 사이의 기울기의 차이가[19] 그렇게 클 수는 없다.④ [그림 13에서] EG가 창문의 덧문을 표시하고, F는 덧문에 뚫은 구멍을 표시하는데, 태양의 빛이 그 구멍을 통하여 캄캄한 방으로 전달되며, ABC는 삼각형으로 된 가상의 면을 표시하는데, 이는 통과하는 빛을 보여주기 위해 프리즘을 가로로 자르면 보일 것으로 상상한 것이다. 또는 ABC가 프리즘 자체를 표시하는데, 프리즘의 양 끝 중 관찰자와 가까운 쪽 끝이 관찰자의 눈 방향으로 똑바로 향한다고 생각해도 좋다. 그리고 XY는 태양이고, MN은 태양의 상(像) 즉 태양의 스펙트럼을 비추는 종이이며, PT가

---

[18] 프리즘에서 상(像)의 폭을 바라보는 각은 $\frac{1}{2}$도인 것에 비해, 프리즘에서 상(像)까지의 거리를 반지름 $r=18\frac{1}{2}$피트=563.88cm로 하고, 상(像)의 위아래 길이인 l=10인치=25.40cm인 호를 바라보는 각 $\Delta\theta$를 구하면, $\Delta\theta = \frac{l}{r} = \frac{25.40}{563.88}$rad=2.58°가 되는데, 본문에서는 이것을 $2\frac{1}{2}$도 이상이라고 했다.

[19] 상(像)의 양옆 폭을 바라보는 각은 $\frac{1}{2}$도이고, 위아래 길이를 바라보는 각은 $2\frac{1}{2}$도로 큰 차이가 나는 것을 의미한다.

바로 태양의 상(像)으로 양쪽 변 v와 w는 서로 평행한 직선이고, 양쪽 끝 P와 T는 반원 모양이다. YKHP와 XLJT는 두 광선인데, 첫 번째 것은 태양의 아래쪽 부분에서 출발하여 상(像)의 위쪽 부분으로 간 광선으로 프리즘의 K와 H에서 굴절하고, 두 번째 것은 태양의 위쪽 부분에서 출발하여 상(像)의 아래쪽 부분으로 간 광선으로 프리즘의 L과 J에서 굴절한다. 프리즘의 양쪽에서 이루어지는 굴절은 서로 같기 때문에, 다시 말하면, K에서 일어나는 굴절은 J에서 일어나는 굴절과 같고, L에서 일어나는 굴절은 H에서 일어나는 굴절과 같기 때문에, K와 L을 한꺼번에 생각할 때 프리즘의 표면으로 들어오는 광선들의 굴절은 H와 J를 한꺼번에 생각할 때 프리즘의 표면에서 나가는 광선들의 굴절과 같다. 그리고 같은 것을 같은 것과 더한 셈이므로, K와 H를 한꺼번에 생각할 때 굴절은 J와 L을 한꺼번에 생각할 때 굴절과 같게 되고,[20] 그러므로 똑같이 굴절한 두 광선에 대해서는, 굴절한 다음에 두 광선의 기울기 사이의 차이가, 굴절하기 전에 두 광선의 기울기 사이의 차이와 같아야 하는데, 이것은 태양의 지름에 해당하는 기울기 차이인 $\frac{1}{2}$도에 해당한다. 왜냐하면, 프리즘에 의해 굴절하기 전에 두 광선의 기울기 사이의 차이가 바로 $\frac{1}{2}$도이기 때문이다.[21] 그래서, 상(像) PT의 길이를 프리즘에서 내다보는 각은, 사람들이 통속적으로 사용하는 광학 법칙에 의하면, $\frac{1}{2}$도에 해당하고, 결과적으로 $\frac{1}{2}$도에 해당하는 길이는 폭 vw와 같으며, 그러므로 상

---

[20] 본문에서 'K에서 굴절이 J에서 굴절과 같고 L에서 굴절이 H에서 굴절과 같다'는 것을 K=J, L=H라고 쓰면, 'K와 L을 한꺼번에 생각한 굴절은 H와 J를 한꺼번에 생각한 굴절과 같다'는 것을 K+L=H+J라고 쓸 수 있다. 또 본문에서 '같은 것을 같은 것과 더한 셈이므로'는 위의 K+L=H+J에서 L=H이기 때문에 좌변을 K+L 대신에 K+H라고 쓰고, 우변을 H+J 대신에 L+J라고 써서 K+H=L+J가 성립한다는 의미이다. 그래서 본문의 'K와 H를 한꺼번에 생각할 때 굴절은 J와 L을 한꺼번에 생각할 때 굴절과 같다'라는 부분이 성립한다.
[21] 프리즘에 의해 굴절하기 전 두 광선의 차이가 바로 흰색 종이에 생긴 상의 폭 $2\frac{1}{8}$인치를 만들었고 그 폭을 바라본 각이 $\frac{1}{2}$도였다.

(像)은 둥근 모양이어야만 한다. 이와 같이, 두 광선 XLJT와 YKHP, 그리고 상(像) PwTv를 만드는 다른 광선도 모두 똑같은 정도로 굴절해야 한다. 그러므로 실험을 통해 그 상(像)이 둥글지 않고, 오히려 길이가 폭보다 다섯 배 정도나 더 길다는 것과,[22] 굴절이 광선마다 서로 다르게 우발적으로 일어나지 않는 이상, 상(像)의 위쪽 끝 P로 향하는, 가장 크게 굴절한 광선이, 상(像)의 아래쪽 끝 T로 향하는 광선보다 더 잘 굴절해야만 한다는 사실을 알 수 있었다.

이 상(像) 즉 스펙트럼 PT는 여러 색깔로 되어 있는데, 가장 적게 굴절한 끝인 T에서는 빨간색으로, 가장 많이 굴절한 끝인 P에서는 보라색으로, 그 중간은 노란색, 초록색, 그리고 파란색으로 되어 있다. 이것은 색깔이 다른 빛은 굴절하는 정도도 역시 다르다는 명제 1과 일치한다. 앞에서 설명한 실험에서 상(像)의 길이를, 나는 한쪽 끝의 가장 먼 희미한 빨간색에서 다른 쪽 끝의 가장 먼 희미한 파란색까지 측정했으며, 아주 모호한 단지 약간의 부분만을 제외했는데, 내가 이미 말했듯이, 그렇게 제외한 부분의 크기는 $\frac{1}{4}$인치도 채 되지 않았다.

실험 4. 창문의 덧문에 뚫은 구멍을 통하여 방으로 전달되어 들어오는 태양의 빛줄기가 지나가는 경로 중간, 구멍에서 거리가 수 피트 정도 되는 위치에, 프리즘을 놓았는데, 프리즘의 축이 그 빛줄기에 수직이도록 프리즘의 자세를 고정했다. 그 다음에 나는 프리즘을 통하여 창문의 덧문에 뚫은 구멍을 보면서, 그 구멍의 상(像)이 올라가거나 내려가도록, 프리즘의 축에 대해 프리즘을 앞으로도 돌리고 뒤로도 돌리다가, 그 상(像)의 이 두 가지 상반되는 동작 사이에서, 상(像)이 움직이지 않는 것처럼 보일 때, 프리즘 돌리기를 멈췄는데, 앞의 실험에서처럼, 이때 꼭지

---

[22] 그림 13에서 종이 MN에 형성된 상(像)의 길이 PT는 약 10인치인데 반하여 폭 vw는 약 2인치에 불과한 것을 의미한다.

각의 양쪽에서 굴절이 서로 같게 된다. 이런 조건에서 자세를 고정한 프리즘을 통해 그 구멍을 보면서, 나는 그 구멍에서 나온 빛이 굴절해 나타난 상(像)의 길이가 상(像)의 폭에 비해 여러 배 더 크다는 것과, 가장 많이 굴절한 부분은 보라색이고, 가장 적게 굴절한 부분은 빨간색이며, 중간 부분은 파란색, 초록색, 그리고 노란색 순이라는 것을 알게 되었다. 태양의 빛이 지나가는 경로에서 프리즘을 옮겨서, 그 프리즘을 통하여 태양 저편의 밝은 구름에서 온 빛에 의해 환해 보이는 구멍을 보았을 때도, 똑같은 일이 일어났다. 만일 사람들에게 통속적으로 알려져 있는 것처럼, 입사의 사인과 굴절의 사인 사이의 어떤 일정한 비례관계에 의해 굴절이 규칙적으로 일어난다면, 굴절한 상(像)은 둥글게 나타나야 하는데, 실제 현상이 그렇지 않음은 이상한 일이다.

그러므로 앞의 두 실험의 결과에 의하면, 입사(入射)는 동일하다 해도, 굴절에서는 상당한 차이가 나는 것으로 보인다. 그러나 이 차이가 어디서 유래하는 것인지, 이것이 입사 광선 중에서 일부는 항상 더 많이 굴절하고 일부는 항상 더 적게 굴절하기 때문인지, 아니면 무작위로 그렇게 되는 것인지, 또는 하나의 동일한 광선이 굴절에 의해 흐트러지고 부서지고 넓혀지는 것인지, 또는 그리말디가[23] 가정한 것처럼, 입사 광선이 여러 개의 광선으로 갈라져 퍼져나가는 것인지는, 이 실험만으로는 아직 알 수가 없지만, 그러나 다음 실험들로 알 수 있을 것이다.

실험 5. 그러므로 나는 만일 실험 3에서, 광선이 모두 길어지거나 또는 굴절에서 어떤 다른 이유로 야기된 차이에 의해서, 태양의 상(像)이 양끝은 둥글지만 길쭉한 형태로 형성되어야 한다면, 측면(側面)에 만들어

---

[23] 프렌체스코 그리말디(Francesco Grimaldi, 1618~1663)는 이탈리아의 천주교 사제로 수학자이며 물리학자였다. 그는 빛이 항상 직진하는 것은 아니고 작은 구멍을 통과한 빛은 원뿔 형태로 진행한다는 것을 처음으로 관찰하여, 이를 빛의 회절이라고 불렀다.

진 2차 굴절에서 일어나는 광선들이 똑같이 길어지는 현상, 다시 말해, 측면 방향의 굴절에서 어떤 다른 이유로 야기된 차이에 의해 측면으로도 같은 폭으로 동일하게 길쭉한 형태의 상이 형성되어야 한다는 점을 고려하면서, 그러한 2차 굴절의 효과가 무엇일지 알아보았다. 이런 목적으로 나는 모든 장치를 실험 3에서와 똑같이 배열한 다음, 첫 번째 프리즘의 바로 뒤에 두 번째 프리즘을 첫 번째와 십자가 모양을 이루도록 배치했다.[24] 그러면 두 번째 프리즘은 첫 번째 프리즘을 통과한 다음에 도달한 태양의 빛줄기를 다시 굴절시키게 될 것이다. 첫 번째 프리즘에서 이 빛줄기는 위쪽으로 굴절했고, 두 번째 프리즘에서는 측면으로 굴절했다. 이렇게 해서 상(像)의 폭이 두 번째 프리즘의 굴절에 의해서는 조금도 더 커지지 않았지만, 그러나 첫 번째 프리즘에서 가장 많이 굴절하고 보라색과 파란색으로 나타난 빛줄기의 가장 위쪽 부분이 두 번째 프리즘에서도 역시, 빨간색과 노란색으로 나타난 그 빛줄기의 아래쪽 부분보다, 더 많이 굴절했으며, 그래서 상(像)의 폭은 조금도 더 커지지 않은 것을 발견했다.

해설. [그림 14와 15에서] S는 태양을, F는 창문의 덧문에 뚫은 구멍을, ABC는 첫 번째 프리즘을, DH는 두 번째 프리즘을, Y는 두 프리즘을 모두 치웠을 때 태양에서 직접 오는 빛줄기가 만드는 둥근 상(像)을, PT는 두 번째 프리즘을 치우고 첫 번째 프리즘만 놓여 있을 때 그 프리즘을 통과한 빛줄기가 만든 태양의 길쭉한 상(像)을, 그리고 pt는 두 프리즘이 모두 함께 놓여 있을 때 가로지른 두 굴절에 의해서 만들어진 상(像)을 표시한다고 하자. 이제 만일 둥근 상(像) Y의[25] 여러 점을 향해 진행하는 광선들이 첫 번째 프리즘의 굴절에 의하여, 더 이상 한 점에서 다른 한

---

[24] 첫 번째 프리즘과 두 번째 프리즘의 긴 쪽이 서로 수직이도록 배치했다는 의미이다.
[25] 둥근 상(像) Y는 그림 15에 표시되어 있다.

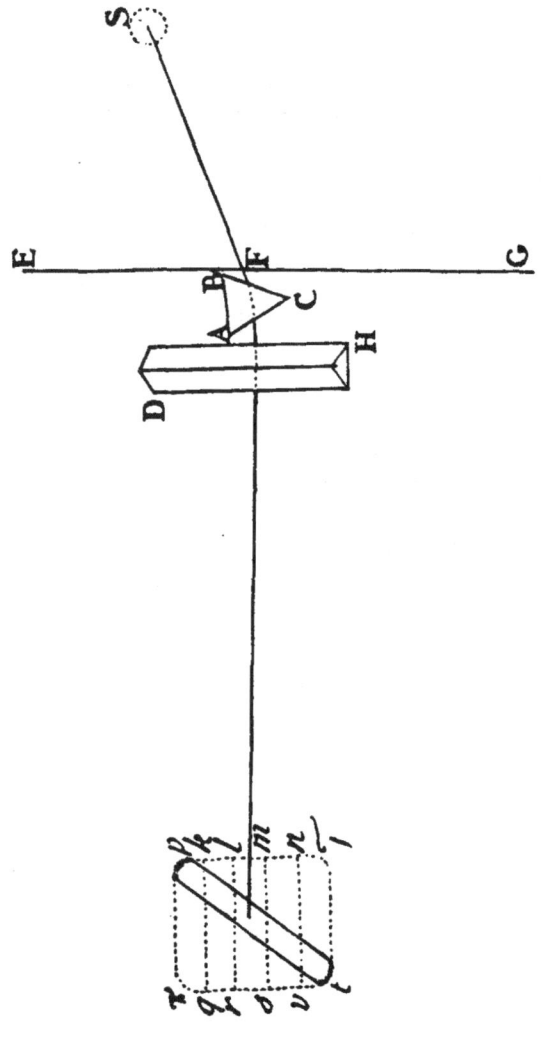

그림 14.

제1부 | 35

점으로 하나의 선을 통해서만 진행하지 않고, 어느 광선이나 갈라지고, 부서지고, 그리고 하나의 직선 광선이 굴절한 점에서 퍼져나오는, 입사각과 굴절각이 형성하는 평면 위에 놓인, 여러 광선으로 바뀌어, 광선들이 넓게 펼쳐진다면, 그 광선들은 그런 평면들 내에서 상(像) PT의 거의 한쪽 끝에서 다른 쪽 끝에까지 도달하는 아주 많은 선을 따라 진행해야만 한다. 그리고 그렇기 때문에 만일 그 상(像)이 길쭉해진다면, 상(像) PT의 여러 점을 향해 진행하는 그 광선들과 그 광선들이 일부는 두 번째 프리즘의 가로지르는 방향의 굴절에 의해서 한 번 더 옆으로 넓게 퍼져서 $\pi\tau$에서[26] 대표되는 것과 같은 네모의 상(像)을 형성해야 한다. 이것을 좀 더 잘 이해하기 위해, 상(像) PT를 다섯 개의 동일한 부분 PGK, KQRK, LRSM, MSVN, NVT으로 나누자. 그러면 둥근 빛 Y가 첫 번째 프리즘의 굴절에 의하여 길쭉한 상(像) PT로 펼쳐진 것과 똑같은 이치로, 두 번째 프리즘의 굴절에 의해서 길이와 폭이 빛 Y와 똑같은 공간을 차지하고 있는 빛 PQK는 길쭉한 상(像) πqkp가 되도록, 빛 KQRL은 길쭉한 상(像) $kqrl$이 되도록, 그리고 나머지 세 부분의 빛 LRSM, MSVN, NVT는 각각 다른 길쭉한 상(像) $lrsm$, $msvn$, $nvt\tau$이 되도록 펼쳐져야 한다. 그래서 이들 길쭉한 상(像)을 모두 더하면 바로 그 네모의 상(像) $\pi\tau$를 형성하게 된다. 이와 같이 광선들은 하나하나가 모두 굴절에 의해서 펼쳐지고, 굴절한 점에서 퍼져나간 일련의 삼각형을 이루는 광선들의 모임으로 벌어져야 한다. 왜냐하면 두 번째 굴절도, 첫 번째 굴절이 다른 방향으로 광선들을 퍼지게 한 것과 똑같은 정도로, 광선들을 한 방향으로 퍼지게 하고, 그래서 첫 번째 굴절이 상(像)을 길이 방향으로 퍼지게 한 것과 똑같은 만큼, 상(像)을 폭 방향으로 넓어지게 만들었을 것이기 때문이다. 그리고 만일 일부 광선이 우연히 다른 광선보다 더 많이 굴절

---

[26] $\pi\tau$는 그림 14에 점선으로 표시된 사각형 $\pi p\tau t$를 의미한다.

한다면 똑같은 일이 역시 반복되어야 할 것이기 때문이다. 그러나 결과를 보면 그렇지 않다. 상(像) PT는 두 번째 프리즘에 의해 더 넓어지지 않았고, 위쪽 끝 P가 아래쪽 끝 T보다 굴절에 의해 더 멀리 이동해서, pt로 표시된 것처럼, 단지 비스듬히 기울어졌을 뿐이다. 그렇다면 상(像)의 위쪽 끝인 P를 향해 진행한 빛은(입사각은 같은 경우에), 상(像)의 아래쪽 끝인 T를 향해 진행한 빛보다, 두 번째 프리즘에 의해 더 많이 굴절했으며, 그것은 빨간색과 노란색보다 파란색과 보라색이 더 많이 굴절했음을 의미한다. 굴절하기 전에 Y를 향해 진행했던 것과 똑같은 그 빛이, 첫 번째 프리즘의 굴절에 의해서, Y의 위치보다 더 멀리 이동했고, 그러므로 두 번째 프리즘에서와 마찬가지로 첫 번째 프리즘에 의해서도, 빛의 나머지 부분보다 더 많이 굴절했으며, 결과적으로 심지어 그 빛이 첫 번째 프리즘에 입사하기도 전에, 빛의 나머지 부분보다 더 많이 굴절했다.

가끔 나는 두 번째 프리즘 뒤에 세 번째 프리즘을 놓았으며, 어떤 때는 세 번째 프리즘 뒤에 네 번째 프리즘을 놓기도 했는데, 그들 모두에 의해서 상(像)이 자주 옆으로 굴절했다. 그러나 첫 번째 프리즘에 의해서 나머지 부분보다 더 많이 굴절했던 광선은 다른 나머지 프리즘에서도 역시 더 많이 굴절했고, 그때 상(像)이 옆으로 퍼지는 일은 없었다. 그러므로 그런 광선들은 언제나 더 크게 굴절한다는 성질 때문에 더 잘 굴절한다고 인정하는 것이 조금도 이상하지 않다.

그러나 이 실험의 의미를 좀 더 분명하게 보여주려면, 똑같은 정도로 굴절하는 광선들이 태양의 표면에 해당하는 원 위로 떨어진다고 간주해야만 한다. 왜냐하면 실험 3에서 이것이 증명되었기 때문이다. 여기서 원이라는 것은 기하학적(幾何學的)으로 완전한 원을 의미한 것이 아니라, 길이와 폭이 같은 둥근 형태로 감각적으로 원처럼 보이는 것은 무엇

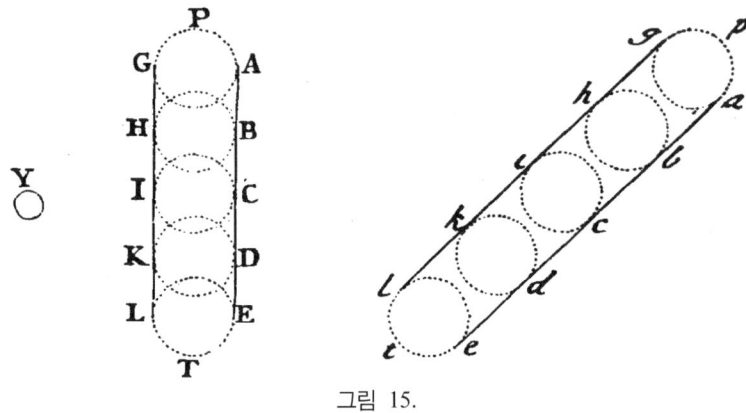

그림 15.

이나 해당한다. 그러므로 [그림 15에서] AG는 태양 표면 전체에서 전파된 광선 중에서 가장 많이 굴절한 광선이, 만일 다른 광선은 존재하지 않는다면, 반대편 벽에 비추게 될 원을 대표하며, 마찬가지로 EL은 가장 적게 굴절한 광선이, 역시 만일 다른 광선은 존재하지 않는다면, 반대편 벽에 똑같은 방식으로 비추게 될 원을 대표하고, BH, CJ, DK는 각각 가장 많이 굴절한 광선과 가장 적게 굴절한 광선 사이에서 차례로 조금씩 덜 굴절한 광선이, 만일 그들 하나하나가, 다른 나머지는 항상 모두 차단된 채로, 태양에서 하나씩 홀로 전파되어 온다면, 반대편 벽에 차례로 비추게 될 원을 대표한다. 그리고 그 사이에 셀 수 없을 정도로 무수히 많은 중간 단계로 굴절하는 광선들이, 만일 태양이 그 중간 단계 광선들을 따로 연속적으로 내보낸다면, 반대편 벽에 연속해서 비추게 될 무수히 많은 다른 원들을 상상할 수 있다. 그리고 태양이 이 모든 단계의 광선을 한꺼번에 방출하는 것을 보면, 그것은 모두 한꺼번에 빛나서 벽에는 무수히 많은 동일한 원이 함께 비치게 되는데, 그 원들은 그것을 비춘 빛이 굴절한 정도에 따라 순서대로 연속적으로 놓여서 결과적으로 길쭉한 타원형의 스펙트럼 PT가 만들어지며, 그것이 바로 내가 실험 3에서 설명한 스펙트럼이다. 이제 [그림 15에서] 만일 태양에서 온 빛 중 첫 번째 프리즘의 굴절에서 조금이라도 팽창된다거나 어떤 다른 불규칙성을 보인다거나 하지 않아서 굴절하지 않은 빛줄기로만 이루어진 태양의 둥근 상(像) Y가 길쭉한 타원형의 스펙트럼 PT로 바뀌었다면, 그 스펙트럼에 포함된 AG, BH, CJ 등과 같은 원도 모두, 두 번째 프리즘의 가로지르는 방향으로 교차된 굴절에 의해, 전과 똑같은 방법으로 한 번 더 팽창되거나 광선들이 다른 방법으로 분산되어, 같은 방식으로 퍼져나가서 길쭉한 형태로 바뀌게 되며, 그렇게 해서 상(像) PT의 폭이, 첫 번째 프리즘의 굴절에 의해 앞에서 상(像) Y의 길이가 늘어난 것과 똑같은 만큼 늘어나게 된다. 이와 같이, 내가 앞에서 설명한 것처럼, 두 프리즘 모두의 굴절이 더해져서 사각형의 형태인 $p\pi t\tau$가 형성된 것이다. 스펙트럼 PT의 폭이 옆쪽으로 발생한 굴절에 의해 늘어난 것이 아니기에, 광선들이 그 굴절로 갈라지거나 퍼지거나, 또는 어떤 다른 방법으로도 불규칙적으로 산란된 것이 아니지만, 그러나 원 AG는 가장 크게 굴절해 ag 자리로 옮겨지고, 원 BH는 그보다는 좀 작은 굴절에 의해 bh의 자리로 옮겨지며, 원 CJ는 그보다도 좀 더 작은 굴절에 의해 ci의 자리로 옮겨지고, 나머지 다른 원도 모두 같은 방법으로 옮겨진 것처럼, 원은 모두 규칙적이면서도 균일한 굴절에 의해서 둥근 모습을 그대로 유지하면서 다른 위치로 옮겨진다. 이것은 그 앞의 스펙트럼 PT에 대하여 비스듬히 놓인 새로운 스펙트럼 pt도, 똑같은 방식으로, 직선 위에 일렬로 놓인 원들로 구성되어 있음을 의미한다. 그리고 이 원들의 크기는, 프리즘들에서 똑같은 거리에 놓인 스펙트럼들 Y, PT, 그리고 pt가 모두 똑같은 폭을 가지고 있기 때문에, 그 앞의 원들 크기와 똑같아야만 한다.

 나는 더 나아가서 캄캄한 방으로 빛이 통과해 들어온 구멍 F의 폭에 의해서 스펙트럼 Y의 가장자리에 어두운 그림자가 만들어져 있다는 것과, 그 어두운 그림자는 두 스펙트럼 PT와 *pt*에서 직선으로 길쭉한 부분에도 남아 있다는 것에 대해 검토했다. 나는 Y에 태양의 상(像)을 어떤 어두운 그림자도 전혀 없이 선명하게 비추게 할 목적으로, 구멍에 렌즈 또는 망원경의 대물렌즈를 설치했는데, 길쭉한 타원형의 스펙트럼 PT와 *pt*에서 길쭉하게 직선인 부분의 어두운 그림자도 역시 없어지는 것을 발견했으며, 그래서 그 두 스펙트럼의 길쭉하게 직선인 부분도 첫 번째 상(像) Y의 둘레가 선명한 것과 똑같은 정도로 선명하게 나타났다. 이와 같이 만일 프리즘을 만든 유리에 갈라진 틈이 전혀 없고, 프리즘의 면이 정확한 평면이고, 연마제로 연마하면서 연마 홈들이 조금 덜 채워져서 남아 있게 되는 무수히 많은 물결 모양이나 소용돌이 모양의 무늬가 하나도 없이 잘 연마되어 있다면, 이런 일이 자주 일어난다. 흔히 볼 수 있는 것처럼, 만일 유리가 갈라진 틈이 전혀 없이 잘 연마되어 있지만 정작 그 면은 약간 볼록하거나 오목하다면, 세 스펙트럼 Y, PT, 그리고 *pt*에 어두운 그림자는 없다 해도, 스펙트럼들이 프리즘에서 똑같은 거리에 놓이지 않게 된다. 이제 이렇게 어두운 그림자를 없애면서, 나는 원들 하나하나가 모두 가장 규칙적이고 균일하며 그리고 변하지 않는 어떤 법칙에 따라 굴절해 만들어졌음을 확실하게 알았다. 왜냐하면 만일 굴절에 조금이라도 불규칙적인 요소가 있다면, 스펙트럼 PT를 구성하는 모든 원이 접하는 두 직선 AE와 GL이 굴절에 의해서, 각각 앞에서와 똑같이 선명하고 똑바른, (스펙트럼 *pt*를 구성하는) 두 직선 *ae*와 *gl*로 옮겨질 수가 없고, 경험으로 아는 결과와는 반대로, 오히려 그 옮겨진 두 선에는 조금이라도 어두운 그림자가 생기거나, 조금이라도 비뚤어지거나, 조금이라도 세기가 들쑥날쑥하거나, 어떤 다른 감지할 수 있는 작은 변화가 생겨야 하기 때문이다. 두 번째 프리즘의 가로지른 방향의 굴절에 의해서 원들에 어떤 어두운 그림자나 작은 변화가 만들어지든, 그 모든 어두운 그림자나 작은 변화는 그 원들이 접하는 두 직선 *ae*와 *gl*에 가장 뚜렷하게 나타나야 한다. 이 두 직선에 어떤 어두운 그림자나 작은 변화도 존재하지 않으므로, 원들에도 어두운 그림자와 작은 변화가 존재하지 않는 것임이 틀림없다. 스펙트럼의 양쪽 직선 부분의 크기나 폭의 크기가 굴절에 의해 증가하지 않은 것은, 원들의 지름이 늘어나지 않았다는 증거가 된다. 스펙트럼의 길쭉한 부분의 양쪽이 두 스펙트럼에서 모두 똑같이 직선이라는 사실은, 첫 번째 프리즘에서 어느 정도 굴절한 원들이 두 번째 프리즘에서도 정확히 똑같은 정도로 굴절했음을 의미한다. 그리고 광선이 세 번째 프리즘을 지나갈 때도 역시, 그리고 다시 네 번째 프리즘을 지나가면서 옆으로 굴절한 때도 역시, 이 모든 것이 계속해서 똑같은 방식으로 성립하는 것을 보면서, 하나의 동일한 원을 만드는 광선들은, 그 광선들이 굴절하는 정도에서, 항상 균일하고 서로 차이가 나지 않으며, 광선들이 서로 다른 원을 만드는 광선이라면, 그 광선들이 굴절하는 정도에서, 실제로 차이가 나는데, 그 차이는 어떤 확실하고 일정한 비율로 일어나게 된다는 사실을 분명히 알게 된다. 여기까지가 내가 증명하려고 계획했던 것이다.

   그런데 이 실험과 연관되어 좀 더 명백하고 설득력 있는 또 다른 한두 가지 상황이 아직도 남아 있다. [그림 16에서] 두 번째 프리즘 DH를 첫 번째 프리즘 바로 뒤가 아니라 어느 정도 거리를 두고 떨어진 곳에, 말하자면 첫 번째 프리즘과 길쭉하게 타원형인 스펙트럼 PT가 투영되는 벽 사이의 중간쯤에 설치하자. 그러면 첫 번째 프리즘을 거쳐 온 빛은 이 두 번째 프리즘 위에 이 프리즘이 길이 방향으로 길쭉한 타원형의 스펙트럼 $\pi\pi$의 모양으로 비추게 되고, 이것은 다시 옆 방향으로 굴절해 벽 위에는 길쭉한 타원형의 스펙트럼 *pt*를 형성하게 된다. 그리고 여러분은, 전과 마찬가지로, 이 스펙트럼 *pt*가, 두 번째 프리즘은 없고 첫 번째 프리

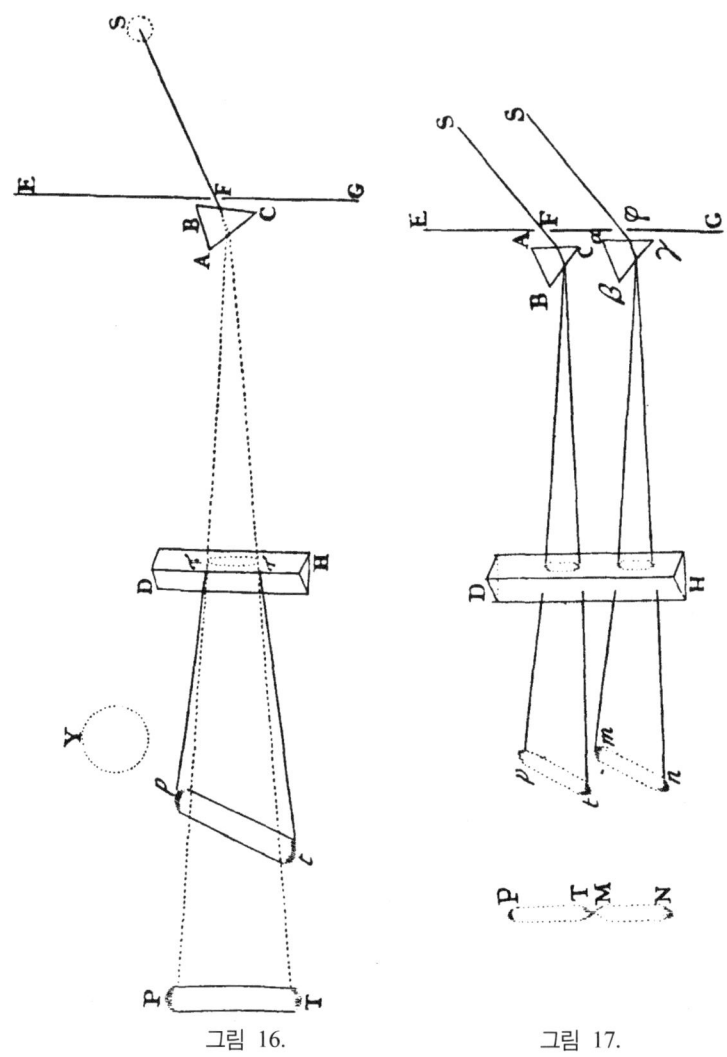

그림 16. 그림 17.

즘만 장치되어 있을 경우 벽에 생기는 스펙트럼 PT에 대해 기울어진 방향으로 생겨서, 파란색 끝인 P와 p 사이의 거리가 빨간색 끝인 T와 t 사이의 거리보다 더 멀게 되는데, 그래서 결과적으로 상(像) $\pi\tau$의 파란색 끝 π를 향해 진행하는, 그래서 첫 번째 프리즘에서 가장 크게 굴절한 광선은, 두 번째 프리즘에서도 역시 나머지 다른 광선들보다 더 많이 굴절한다는 것을 발견하게 된다.

나는 햇빛을 [그림 17에서] 창문의 덧문에 뚫은 두 개의 작은 원형 구멍 F와 φ를 통해서 캄캄한 방으로 들어가게 만들고 두 구멍에 (각 구멍에 한 개씩) 두 개의 프리즘 ABC와 $\alpha\beta\gamma$를 평행으로 놓아서 방으로 들어온 두 빛줄기를 방의 건너편 벽으로 굴절시키는 역시 똑같은 실험을 한 번 더 시도했다. 이 실험에서는 두 개의 프리즘을 지나 벽에 비춘 두 개의 천연색 상(像) PT와 MN이 하나의 직선 위에서 끝과 끝이 연결되도록 장치했는데, 그중 하나의 빨간색 끝 T가 다른 하나의 파란색 끝 M과 접촉했다. 만일 이 두 개의 굴절한 빛줄기가 첫 번째 두 개의 프리즘과 벽 사이의 적당한 곳에 놓인 세 번째 프리즘에 의해 다시 옆으로 굴절한다면, 그래서 만들어지는 두 스펙트럼이 방의 벽에서 처음과는 다른 어떤 곳으로 옮겨진다면, 즉 스펙트럼 PT는 pt로 그리고 스펙트럼 MN은 mn으로 이동한다면, 이렇게 이동한 두 스펙트럼 pt와 mn은, 이제 더 이상 앞에서처럼 마주보는 두 끝이 끊어지지 않고 이어져서 직선을 이루는 것이 아니라, 서로 분리되어 평행한 두 선이 되는데, 상(像) mn의 파란색 끝 m이 그 이전 원래의 위치 MT에서 굴절에 의해 이동된 거리가, 다른 상(像) pt의 빨간색 끝 t가 그 이전 동일한 원래의 위치 MT에서 굴절에 의해 이동된 거리보다 더 커서 그렇게 된 것이다. 이로써 이 명제는 이론(異論)의 여지가 없게 되었다.[27] 그리고 이 결과는 세 번째 프리

---

[27] 여기서 이 명제란 '태양 빛은 서로 다른 정도로 굴절하는 광선들로 구성되어 있다'

즘 DH를 처음 두 프리즘의 바로 앞에 놓거나 더 먼 거리에 놓아서 처음 두 프리즘에 의해 굴절한 빛이 세 번째 프리즘에 비출 때 그 빛이 흰색의 원형이든 천연색의 길쭉한 타원형이든 관계없이 항상 똑같았다.

실험 6. 나는 두 개의 얇은 판자의 중간에 지름이 $\frac{1}{3}$인치인 둥근 구멍을 뚫어 놓고, 창문의 덧문에는 훨씬 더 큰 구멍을 뚫어서 태양 빛의 상당히 큰 빛줄기가 캄캄한 방 안으로 들어올 수 있도록 했다. 나는 프리즘을 덧문의 뒤에 놓고 빛줄기가 굴절해 건너편 벽에 비추도록 조정했다. 그리고 프리즘의 바로 뒤에 두 판자 중 하나를 고정해서 굴절한 빛의 중간 부분만 판자에 만들어 놓은 구멍을 통과하고 그 빛의 나머지 부분은 판자에 의해 차단되도록 했다. 그런 다음에 첫 번째 판자에서 거리가 약 12피트 되는 곳에 두 판자 중 남은 다른 판자를 고정해서, 첫 번째 판자의 구멍을 통과한 굴절한 빛의 중간 부분이 건너편 벽을 비추고, 건너편 벽에 태양의 천연색 스펙트럼을 비추게 될지도 모르는 나머지 부분은 두 번째 판자에 의해 차단되도록 했다. 그리고 이 두 번째 판자의 바로 뒤에 또 다른 하나의 프리즘을 고정해서 구멍을 통과해 나온 빛을 굴절시키도록 만들었다. 그런 다음에 즉시 첫 번째 프리즘으로 돌아가, 그 프리즘의 축을 중심으로 프리즘을 앞뒤로 천천히 회전시켜서 두 번째 판자에 도달한 상(像)이 그 판자 위에서 위아래로 움직이도록 만들어서, 상(像)의 모든 부분이 그 판자에 뚫린 구멍을 차례로 통과해 그 뒤에 놓인 프리즘에 도달하도록 했다. 그리고 그러는 과정에서 두 번째 프리즘을 통과한 빛이 건너편 벽에 도달한 위치들을 확인하고, 그 위치들 사이의 차이에서, 나는 첫 번째 프리즘에서 가장 많이 굴절해 상(像)의 파란색 끝으로 간 빛은 역시 두 번째 프리즘에서 그 상(像)의 빨간색 끝으로 간 빛보다 더 굴절했다는 것을 발견했으며, 이것으로 명제 2는

는 명제 2를 가리킨다.

물론 명제 1도 증명된 것이다. 그리고 이런 일은 두 프리즘의 축이 평행하거나 서로 기울어지거나 관계없이 항상 일어났으며 두 프리즘의 축이 수평면에 대해 어떤 각을 이루고 있더라도 항상 일어났다.

해설. [그림 18에서] F를 창문의 덧문에 뚫은 폭이 넓은 구멍이라고 하자. 그 구멍을 통하여 첫 번째 프리즘 ABC에 햇빛을 비춘다. 그리고 굴절한 빛이 판자 DE의 가운데 부분을 비추게 하고 그 빛의 중앙 부분이

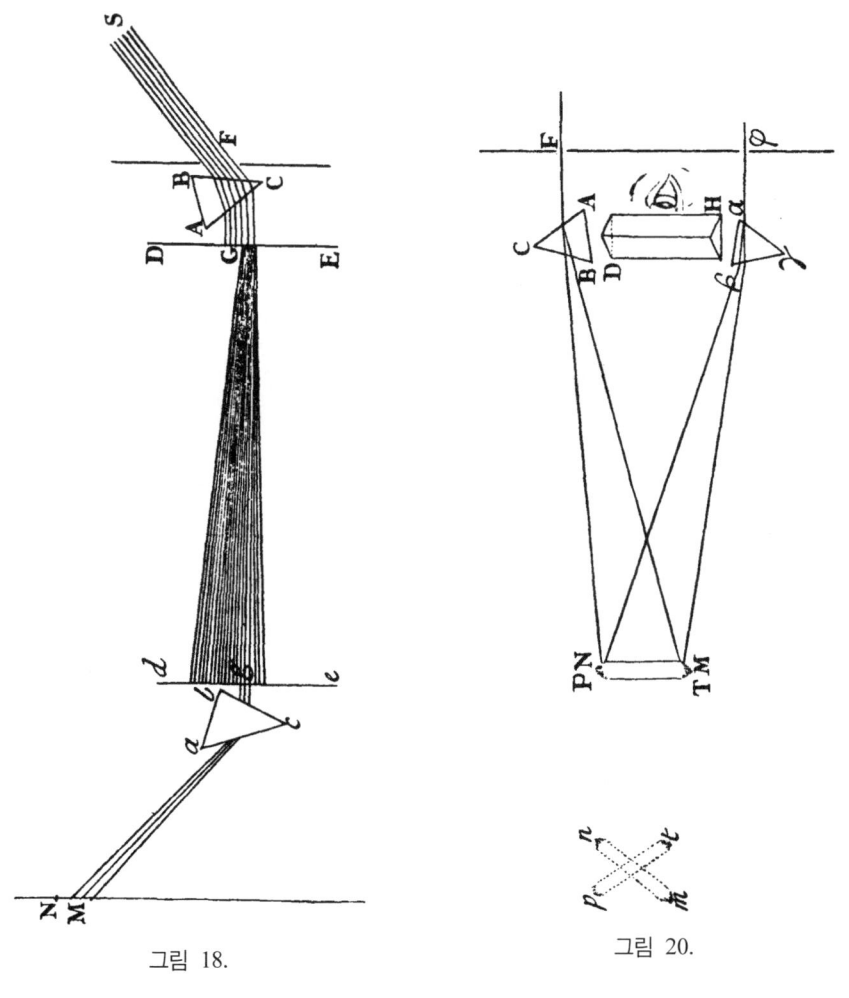

그림 18.   그림 20.

판자의 가운데 부분에 뚫어 놓은 구멍 G를 통과하도록 하자. 그 빛 중에서 이렇게 투과된 부분을 다시 두 번째 판자 de의 가운데 부분에 비추게 하자. 그러면 그곳에 실험 3에서 설명한 것과 같은 태양의 상(像)이 생기게 되는데 그 상(像)은 천연색이고 길쭉한 타원형이다. 프리즘 ABC를 프리즘의 축 주위로 천천히 앞뒤로 돌리면, 이 상(像)은 판자 de에서 위아래로 움직이게 되며, 이런 방법을 이용하여 이 상(像)의 한쪽 끝에서 다른 쪽 끝까지 상(像)의 모든 부분이 연속적으로 이 판자의 가운데에 뚫은 구멍 g를 통과하게 만들 수가 있다. 그러는 사이에, 구멍 g를 통과한 빛을 두 번째로 굴절시키기 위해, 또 다른 하나의 프리즘 abc를 그 구멍 g의 바로 뒤에 가져다 놓는다. 그리고 이러한 과정이 진행되는 동안에, 나는 굴절한 광선이 건너편 벽에 도달한 위치인 M과 N을 표시했는데, 두 개의 판자와 두 번째 프리즘은 전혀 움직이지 못하도록 고정하고 첫 번째 프리즘만 그 프리즘의 축 주위로 회전시키며 그 두 위치 M과 N이 계속 변화하는 것을 관찰했다. 그리고 두 번째 판자 de에 도달한 빛의 아래쪽 부분이 구멍 g를 지나서 비추었을 때, 그렇게 통과한 빛은 벽의 낮은 쪽 위치 M을 향해 갔고, 두 번째 판자에 도달한 빛의 위쪽 부분이 같은 구멍 g를 지나서 비추었을 때, 그렇게 통과한 빛은 벽의 높은 쪽 위치 N을 향해 갔으며, 두 번째 판자에 도달한 빛의 중간 부분이 같은 구멍 g를 지나서 비추었을 때, 그렇게 통과한 빛은 벽의 두 위치 M과 N 사이의 한 위치로 갔다. 두 판자에 뚫은 구멍의 위치를 변하지 않게 고정했으므로, 두 번째 프리즘에 도달한 광선의 입사각은 어떤 경우나 모두 똑같게 유지되었다. 그리고 이렇게 입사각은 모두 동일한데도 광선 중에서 일부는 더 많이 굴절했고 다른 일부는 더 적게 굴절했다. 그리고 이 두 번째 프리즘에서 더 많이 굴절한 광선은, 첫 번째 프리즘에서도 더 많이 굴절한 광선인데, 원래 경로에서 더 많이 휘어졌고, 그러므로 항상 더 많이 굴절한다는 불변성에 의해 더 잘 굴절한다고 부르는 것이 당연하다.

실험 7. 나는 창문의 덧문에 구멍 두 개를, 둘 사이의 거리가 아주 가깝게, 뚫은 다음, 두 개의 프리즘을 각 구멍에 하나씩 놓았으며, (실험 3에서 한 방식 그대로) 건너편 벽에 두 개의 길쭉한 타원형으로 된 태양의 상(像)을 비추도록 했다. 그리고 벽에서 약간 떨어진 곳에 옆으로는 길고 위아래로는 짧은 띠 모양의 직사각형 종이를 가져다 놓았으며, 두 프리즘과 그 종이의 위치를 조정하여 두 상(像) 중에서 한 상(像)의 빨간색이 바로 종이의 한쪽 절반에 오게 만들고, 다른 한 상(像)의 보라색이 똑같은 종이의 다른 쪽 절반에 오게 만들어서, 실험 1과 실험 2의 색칠한 종이의 방식과 똑같이, 그 종이가 빨간색과 보라색의 두 색깔로 보이도록 만들었다. 그런 다음에 나는 종이 뒤의 벽을 검은색 천으로 덮어서, 벽에서 반사된 빛에 의해 실험이 방해되지 않도록 했다. 그리고 나서 벽에 평행하게 놓인 세 번째 프리즘을 통하여 종이를 보았더니, 그 종이에서 보라색 빛으로 비춘 절반이 더 많이 굴절해 종이의 다른 절반에서 분리된 것이 보였는데, 종이에서 거리가 충분히 멀리 떨어져서 보면 더욱 그렇게 보였다. 그렇지만 그 종이를 아주 가까운 곳에서 보았을 때는 그 종이의 양쪽 두 절반이 서로 상대 절반에서 충분히 분리된 것처럼 보이지 않았고, 오히려 실험 1에서 색칠한 종이의 경우처럼 양쪽 절반의 한 귀퉁이가 하나로 연결되어 보였다. 이와 같은 일은 띠 모양의 종이의 폭이 너무 클 때도 역시 일어났다.

나는 종이 대신 때로는 흰색 실을 사용하기도 했으며, 그랬더니 프리즘을 통해서는 그림 19에 그린 것처럼 두 개의 평행한 실로 보였는데, 이 그림에서 DG는 D에서 E까지 보라색 빛으로 그리고 F에서 G까지 빨간색 빛으로 비춘 실을 표시하고, *defg*는 굴절을 통하여 보인 실의 부

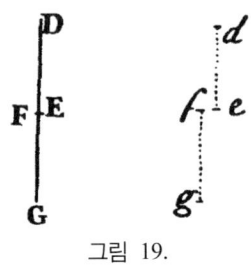

그림 19.

분들을 표시한다.[28] 만일 실의 한쪽 절반은 계속해서 빨간색으로 비추고 나머지 절반은 차례로 모든 색깔로 비춘다면(한쪽 프리즘은 고정하고 다른 한쪽 프리즘을 그 축 주위로 회전시키면 나머지 절반에 여러 색깔을 비출 수가 있다), 이 나머지 절반을 프리즘을 통하여 보는 경우, 빨간색으로 비출 때는 이 나머지 절반이 처음 절반과 연속된 직선으로 보이고, 주황색으로 비출 때는 처음 절반과 약간 나뉘어 보이며, 노란색으로 비출 때는 처음 절반과 조금 더 멀리 떨어져 보이며, 초록색으로 비출 때는 처음 절반과 그보다 더 멀리 떨어져 보이며, 파란색으로 비출 때는 그보다 또 더 멀리, 남색으로 비출 때는 훨씬 더 멀리, 그리고 짙은 보라색으로 비출 때는 가장 멀리 나뉘었다. 이것은 여러 색깔로 구성된 빛에서, 한 색깔보다 다른 색깔이 점점 더 많이 굴절하는데, 빨간색, 주황색, 노란색, 초록색, 파란색, 남색, 그리고 짙은 보라색 순서로 더 많이 굴절한다는 것을 명백하게 보여주며, 따라서 명제 1은 물론 명제 2도 성립하는 것이 증명되었다.

또한, 위의 실험 5에서 설명한 것처럼, [그림 17에서] 두 프리즘의 굴절에 의해 캄캄한 방에서 만들어진 두 천연색 스펙트럼 PT와 MN의 끝과 끝이 맞닿아 직선을 이루도록 만들고 나서, 두 스펙트럼의 길이 방향과 평행하게 장치한 세 번째 프리즘을 통해 직선을 이루고 있는 두 스펙

---

[28] 굴절을 통하여 보인다는 것은 세 번째 프리즘을 통하여 보인다는 의미이다.

트럼을 보면 더 이상 직선이 아니고 *pt*와 *mn*으로 표시된 것처럼 서로 쪼개져 나타나는데, 스펙트럼 *mn*의 보라색 끝 *m*이 그 스펙트럼의 이전 위치인 MT에서 더 멀리 이동해, 다른 스펙트럼 *pt*의 빨간색 끝 *t*보다, 더 많이 굴절해 있다.

　더 나아가 나는 [그림 20에서] 그 두 스펙트럼 PT와 MN이, 한 스펙트럼의 빨간색 끝이 다른 스펙트럼의 보라색 끝과 겹치는 식으로, 그림에 길쭉한 타원형의 형태 PTMN으로 표시된 것과 같이, 두 스펙트럼의 양쪽 끝의 색이 반대로 놓여서 서로 겹쳐 비추도록 만들었다. 그런 다음에 두 스펙트럼의 길이 방향으로 평행하게 고정된 프리즘 DH를 통하여 그렇게 겹친 스펙트럼을 보았더니, 맨눈으로 보았을 때처럼 서로 겹쳐 보이지 않고, 오히려 두 개의 분명히 구분되는 두 스펙트럼 *pt*와 *mn*의 형태로 보였는데, 그 두 스펙트럼은 마치 알파벳의 대문자 X와 같은 방식으로 가운데에서 서로 교차했다. 이것은 PN과 MN에서 겹친 한 스펙트럼의 빨간색과 다른 스펙트럼의 보라색의 굴절하는 정도가 다르다는 것을 보여주는데, *p*와 *m*으로 이동한 보라색은 *n*과 *t*로 이동한 빨간색보다 더 많이 굴절한 것이다.

　나는 또한 두 프리즘 모두에서 온 빛을 섞어서, 흰색 종이를 작은 원형으로 자른 조각 전체를 비추게 만들고, 그 조각에 한 스펙트럼의 빨간색과 다른 스펙트럼의 짙은 보라색을 함께 비춰서 조각의 모든 부분이 진홍색으로 나타나게 되었을 때, 세 번째 프리즘을 통해서 그 종이를 보았는데, 처음에는 가까운 거리에서 그리고 그 다음에는 좀 더 먼 거리에서 보았다. 그랬더니 내가 그 종이에서 멀어질수록 굴절한 상(像)은, 두 가지 혼합된 색깔이 서로 다른 정도로 굴절해, 점점 더 많이 분리되었고, 마지막에는 마침내 빨간색 하나와 보라색 하나의 서로 완전히 구분되는 두 상(像)으로 나뉘었는데, 보라색이 종이에서 가장 멀리 있었고, 그러므로 가장 많이 굴절했다. 그리고 창문에 놓인, 그 종이에 보라색 빛을 비춘 프리즘을 제거했더니, 보라색 상(像)이 없어졌지만, 그러나 그 옆의 다른 프리즘을 제거했더니 빨간색 상(像)이 없어졌다. 이것은 이 두 개의 상(像)이 두 프리즘에서 와서 진홍색으로 보이는 종이에 잘 섞였다가, 그 종이를 바라보는 데 이용되었던 세 번째 프리즘에서 서로 다른 굴절에 의해 다시 분리된 빛일 뿐, 어떤 다른 것도 아님을 보여준다. 다음과 같은 것도 역시 관찰할 수 있었다. 만일 창문에 놓인 두 프리즘 중 하나를, 예를 들어 그 종이에 보라색 빛을 비춘 하나를, 그 프리즘에서 그 종이에 보라색, 남색, 파란색, 초록색, 노란색, 주황색, 빨간색의 순서로 모든 색깔이 다 비추도록, 그 프리즘의 축 주위로 돌렸더니, 상(像)의 색깔도 보라색에서 순서에 따라 차례로 남색, 파란색, 초록색, 노란색, 그리고 빨간색으로 바뀌었는데, 바뀐 색깔이 빨간색 상(像)으로 점점 더 가까워져서 그 상(像)도 결국에는 역시 빨간색이 되었을 때, 두 상(像)은 완전히 겹쳐졌다.

나는 또한 두 개의 원형 종이를 서로 매우 가까운 곳에 놓고 하나는 한 프리즘의 빨간색 빛을 비추게 만들고, 다른 하나는 다른 프리즘의 보라색 빛을 비추게 만들었다. 두 원의 지름은 모두 1인치였으며, 두 종이의 뒤에 놓인 벽은 어둡게 해서 그 벽에서 실험을 방해하는 어떤 빛도 나오지 못하게 만들었다. 이렇게 색깔을 비춘 두 원을 나는 프리즘을 통해 보았는데, 처음에는 굴절이 빨간색 원을 향하도록 만들고,[29] 내가 두 원에서 멀어질수록 두 원은 함께 점점 더 가까워졌으며, 그리고 마지막에는 두 원이 완전히 겹쳐졌다. 그리고 그 뒤에 내가 여전히 더 멀리 가자, 그들 두 원은 다시 분리되었는데, 이번에는 그 순서가 반대로 되어

---

[29] 여기서 굴절이 빨간색 원을 향하도록 만들었다는 말은 프리즘을 통해 빨간색 원이 보이도록 두 원을 들여다본 프리즘을 조정했다는 의미이다.

더 많이 굴절한 보라색이 빨간색을 추월하여 이동했다.

실험 8. 햇빛이 가장 강렬할 때인 여름에, 실험 3에서 한 것과 똑같이, 나는 창문의 덧문에 뚫은 구멍에 프리즘을 놓았는데, 그 프리즘의 축이 세상의 축에[30] 평행하도록 조정했으며 태양에서 와서 굴절한 빛이 도달하는 건너편 벽에는 펼친 책 한 권을 놓았다. 그리고 책에서 6피트 2인치 떨어진 곳에 앞에서 언급한 렌즈를 놓았는데,[31] 그 렌즈에 의해서 책에서 반사된 빛이 굴절해 렌즈의 건너편 렌즈에서 6피트 2인치 되는 곳에 수렴하여 다시 만나서, 실험 2에서 사용한 방식과 상당히 비슷하게, 그곳에 놓인 흰색 종이 위에 책의 영상(影像)이 맺히도록 했다. 책과 렌즈가 움직이지 않도록 고정하고, 종이가 있던 곳에, 책의 글자를 비추는 태양의 상(像)에 의한 빨간색 빛이 가장 강렬할 때, 책의 글자가 그 종이 위에 가장 분명하게 영상(影像)을 만드는 위치를 기록했다. 그런 다음에 나는, 태양의 운동과 그리고 결과적으로 책에 비추는 태양의 상(像)의 운동에 의해서, 그 책의 글자들에 비추는 빛의 색깔이 빨간색에서 주황색과 노란색을 거쳐 파란색의 가장 중간이 될 때까지 기다렸고, 그 글자들을 비추는 빛의 색깔이 파란색이 되어, 글자들이 종이 위에 가장 분명하게 영상(影像)을 만드는 위치를 다시 기록했는데, 종이에 표시한 이 마지막 위치에서 렌즈까지 거리가 그 이전 위치에서 렌즈까지 거리보다 약 $2\frac{1}{2}$ 인치에서 $2\frac{3}{4}$ 인치 정도 더 가깝다는 것을 발견했다. 그러므로 상(像)의 보라색 끝에 해당하는 빛이 빨간색 끝에 해당하는 빛보다 더 많이 굴절해 딱 그만큼 더 빨리 모여서 만났다. 그런데 나는 이 실험을 시도하면서 방을 내가 할 수 있는 한 가장 캄캄하게 만들었다. 왜냐하면, 만일 예상치 못한 빛이 조금이라도 이 색깔들에 섞이게 된다면, 그 종이에 기록된

---

[30] 여기서 세상의 축(axis of the world)이란 지구의 자전축을 의미한다.
[31] 여기서 앞에서 언급한 렌즈란 실험 5의 해설에서 상(像)을 선명하게 만들기 위해 사용한 렌즈를 말한다.

위치들 사이의 거리가 그렇게 크지 않을 것이기 때문이었다. 자연에 원래 존재하는 물체들의 색깔을 이용한 실험 2에서 이 거리에 해당하는 거리는 그러한 색깔들에 다른 색깔들이 약간 섞여 순수하지 못했기 때문에 겨우 $1\frac{1}{2}$인치밖에 되지 않았다. 여기서는 자연에 원래부터 존재하는 물체들의 색깔보다 애초부터 명백하게 더 순수하고 더 강렬하여 더 생동감이 넘치는 프리즘에서 나온 색깔을 이용하기 때문에,[32] 그 거리가 $2\frac{3}{4}$인치이다. 그리고 색깔이 그보다도 더 순수하다면, 나는 그 거리가 훨씬 더 클 수도 있지 않을까 하는 의문을 갖는다. 왜냐하면 프리즘을 통과한 색깔을 띤 빛이 실제로는, 실험 5의 두 번째 그림에서[33] 설명한 원들의 간섭에 의해서, 그리고 또한 이 색깔들과 서로 혼합된, 태양 옆의 밝은 구름에서 온 빛에 의해서, 그리고 불규칙하게 연마된 프리즘 면에서 산란된 빛에 의해서, 수많은 부수적인 요소를 포함하고 있어서, 남색이나 보라색과 같이 희미하고 어두운 색깔이 종이에 비추는 영상(影像)이 잘 식별될 만큼 충분히 분명하지 않았기 때문이다.

실험 9. 실험 3과 같이, 나는 밑면의 양쪽 각이 45도로 같고 위의 세 번째 각은 90도인 프리즘을 태양의 빛이 들어오는 빛줄기가 지나가는 경로 안에 놓고, 그 빛줄기가 창문의 덧문에 뚫은 구멍을 통해 캄캄한 방으로 들어오도록 만들었다. 그리고 프리즘의 세 각 중 하나를 지나가며 프리즘에 의해 굴절한 모든 빛이 프리즘의 밑면에 의해서 반사되기 시작할 때까지, 프리즘의 축 주위로 프리즘을 천천히 돌리면서, 가장 많이 굴절한 광선이 나머지 광선보다 더 먼저 밑면에서 반사되는 것을 관찰했다. 그러므로 나는 반사된 빛 중에서 가장 잘 굴절하는 그런 광선이[34] 다른 무엇보다도 전반사(全反射)에[35] 의하여 그 빛 중에서 나머지

---

[32] 자연에 원래부터 존재하는 물체의 색깔은 순수하지 못하나 태양에서 온 강렬한 빛이 프리즘을 통과하면서 나뉘어 나온 색깔은 순수하다는 의미이다.
[33] 실험 5의 두 번째 그림은 그림 15이다.

광선에 비해 더 풍부해지고, 그 후에 나머지 광선도 역시 전반사에 의해 똑같은 정도로 더 풍부해진다고 생각했다. 내 생각이 옳은지 확인하려고, 나는 반사된 빛이 또 다른 프리즘을 통과하도록 만들고, 그 프리즘에서 굴절한 빛이 그 후에 프리즘 뒤 어느 정도 거리가 떨어진 곳에 놓인 흰색 종이에 도달하여, 그곳에 프리즘을 통과할 때 굴절에 의해 만들어진, 우리가 흔히 아는 그런 색깔들을 비추도록 만들었다. 그런 다음에 위에서 한 것처럼 첫 번째 프리즘을 그 축 주위로 회전시키면서, 나는 이 프리즘에서 가장 많이 굴절해 파란색과 보라색으로 나타난 그 광선이 전반사되기 시작했을 때, 두 번째 프리즘에서 가장 많이 굴절한, 그 종이 위의 파란색과 보라색 빛이, 두 번째 프리즘에서 가장 적게 굴절한, 빨간색과 노란색이 빛에 비해 현저하게 증가하는 것을 관찰했다. 그리고 그 후에, 초록색, 노란색, 그리고 빨간색인 나머지 빛들이 첫 번째 프리즘에서 전반사되기 시작했을 때, 그 종이 위에서 그 색깔들을 띤 빛은 보라색과 파란색 빛이 앞에서 증가한 것과 같은 양만큼 증가했다. 그러므로 이것은 프리즘의 밑면에서 반사된 빛줄기가 처음에는 굴절이 더 잘되는 광선에 의해 보강되고 나중에는 굴절이 좀 덜 되는 광선에 의해 보강되어, 그 빛줄기에는 서로 다른 정도로 굴절하는 광선들이 복합적으로 포함되어 있음을 명백하게 보여준다. 그리고 그렇게 반사된 빛은 모두 프리즘의 밑면에 입사하기 전의 태양 빛과 똑같은 성질을 가지고 있다는 점은 지금까지 그 누구도 의심하지 않았다. 빛의 특성이 그러한 반사에 의해 조금도 바뀌지 않는다는 것이 일반적으로 인정되어 왔다. 나는 이 실험에서 첫 번째 프리즘의 두 옆면에서 일어나는 굴절에 대해서는 따로

---

[34] 여기서 그런 광선이란, 바로 앞 문장에서 설명한, 밑면에서 가장 먼저 반사된 가장 많이 굴절한 광선을 말한다.
[35] 두 매질의 경계면에 도달한 빛의 일부는 반사되고 나머지는 굴절하는데, 경계면에 도달한 빛이 굴절하지 않고 모두 반사되면 이를 전반사라 부른다.

조사하지 않았는데, 그 이유는 빛이 프리즘의 첫 번째 옆면에 수직으로 들어오고 두 번째 옆면에도 역시 수직으로 나가서 결과적으로 어떤 굴절도 일어나지 않기 때문이었다. 그러므로, 태양에서 입사하는 빛의 성질이나 성분이 태양에서 방출되는 빛의 성질이나 성분과 같으므로, 마지막 빛이 서로 다르게 굴절하는 광선들이 복합되어 있다면, 처음 빛도 똑같은 방식으로 서로 다르게 굴절하는 광선들이 복합되어 있어야만 한다.

해설. 그림 21에서 ABC는 첫 번째 프리즘이고, BC는 그 프리즘의 밑면이고, B와 C는 모두 각이 45도로 같은 밑면 양쪽의 모서리이고, A는 각이 90도인 프리즘의 꼭대기 모서리이며, FM은 지름이 $\frac{1}{3}$인치인 구멍 F를 통하여 캄캄한 방으로 들어오는 태양 빛의 빛줄기이고, M은 빛줄기가 프리즘의 밑면에 입사한 위치이며, MG는 덜 굴절한 광선이고 MH는 더 많이 굴절한 광선이며, MN은 밑면에서 반사된 빛의 빛줄기이고, VXY는 이 빛줄기가 지나가면서 굴절하는 두 번째 프리즘이고, N*t*는 이 빛줄기 중에서 덜 굴절한 빛이며, N*p*는 이 빛줄기 중에서 더 많이 굴절한 빛이다. 첫 번째 프리즘 ABC를 그 축을 중심으로 알파벳 ABC 순서

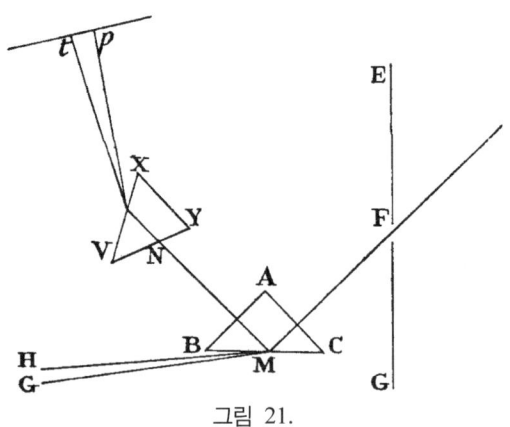

그림 21.

로 회전시키면,[36] 광선 MH는 그 프리즘에서 점점 더 기울어져 나오며, 그리고 한참 있다가 가장 많이 기울어져 나온 다음에는 광선 MH가 N을 향해 반사되고, 계속해서 p를 향해 가면서 광선 MH는 광선 Np들의 수를 증가시킨다.[37] 그 후에 첫 번째 프리즘을 계속 회전시키면, 광선 MG도 또한 N을 향해 반사되며 광선 Nt들의 수를 증가시킨다. 그러므로 빛 MN은, 처음에는 좀 더 잘 굴절하는 광선을 그리고 그 다음에는 좀 덜 굴절하는 광선을 자신의 성분에 포함하며, 그리고 결국 자신의 성분이 태양에서 직접 온 빛 FM과 같아진 다음에는, 모든 빛을 반사시키는 밑면 BC에 의한 반사는 더 이상 어떤 변화의 원인도 되지 못한다.

실험 10. 나는 모양이 같은 프리즘 두 개를 축이 평행하고 밑면이 접촉하여 두 프리즘의 건너편 옆면들이 서로 평행하도록 함께 연결해서 길쭉한 평행육면체 모양으로 만들었다. 그리고 창문의 덧문에 뚫은 작은 구멍을 통해 태양이 캄캄한 방안을 비출 때, 태양의 빛줄기를 따라 그 구멍에서 약간의 거리를 두고 떨어진 곳에 그 평행육면체를 놓았고, 두 프리즘의 축은 입사 광선에 수직이고, 한 프리즘의 첫 번째 빗면으로 들어온 광선은 두 프리즘의 맞닿은 두 밑면을 지나서, 두 번째 프리즘의 마지막 빗면을 통과해 나가도록 배치했다. 이 마지막 빗면은 첫 번째 프리즘의 첫 번째 빗면에 평행해서, 나가는 빛은 들어오는 빛과 평행하게 되었다. 그렇게 배치한 다음 이 결합된 두 프리즘의 건너편에 처음 두 프리즘을 통과해 나간 빛이 또 굴절하도록 세 번째 프리즘을 놓았는데, 그렇게 굴절한 빛은, 건너편 벽 또는 세 번째 프리즘을 지나서 그렇게 굴절한 빛이 도달하기에 적당한 위치에 걸어 놓은 흰색 종이 위에, 프리즘을

---

[36] 알파벳 ABC의 순서로 회전시킨다는 것은 그림 21을 지면(紙面) 위에서 볼 때 프리즘 ABC를 반시계방향으로 회전시킨다는 의미이다.
[37] 프리즘 ABC를 회전시키면 서로 다른 정도로 굴절하는 광선 MH가 계속 더해져서 광선 Np의 수를 증가시킨다는 의미이다.

통과한 빛이 흔히 만드는 색깔들을 비추었다. 그렇게 한 다음에 나는 평행육면체를 그 축을 중심으로 회전시키고 나서, 두 프리즘의 맞닿은 두 밑면이 입사 광선에 비해 너무 기울어서 입사한 광선이 모두 반사되기 시작할 때, 세 번째 프리즘에서 가장 많이 굴절해 종이에 보라색과 파란색을 비춘 광선이, 전반사에 의해서 모든 광선 중에서 제일 먼저 투과된 빛에서 제외되고, 남아 있는 나머지 빛은 전과 마찬가지로 종이 위에 초록색, 노란색, 주황색, 그리고 빨간색의 색을 비추고 있음을 발견했다. 그리고 그런 다음에 결합된 두 프리즘의 회전이 계속되면서, 나머지 광선들도 전반사에 의해서 그들이 굴절하는 정도에 따른 순서대로 투과된 빛에서 제외되었다. 그러므로 결합된 두 프리즘에서 나온 빛은 서로 다르게 굴절하는 광선들이 섞여 있는데, 덜 굴절하는 광선이 아직 남아 있는 동안 더 잘 굴절하는 광선은 먼저 제거될 수도 있었다. 그러나 이 빛은 단지 결합된 두 프리즘에서 서로 평행인 빗면만 통과했기 때문에, 만일 광선이 한 빗면에서 굴절에 의해 어떤 변화를 경험했다 해도, 그 광선이 평행한 다른 빗면에서 그와는 반대인 굴절에 의해서 앞에서 경험한 변화와 반대인 효과를 받아서 그 변화가 상쇄되어 없어지며, 그래서 그 빛의 원래 구성요소를 다시 회복해서, 그 빛이 결합된 두 프리즘에 입사하기 전 애초에 지니고 있던 성질과 조건으로 돌아가게 된다. 그러므로 입사하기 전에 빛이 서로 다른 정도로 굴절하는 광선들을 포함하고 있었다면 그 빛은 빠져나온 다음에도 똑같은 정도로 서로 다르게 굴절하는 광선을 모두 포함하게 된다.

해설. 그림 22에서 ABC와 BCD는 평행육면체 형태로 연결된 두 프리즘이며, 두 프리즘의 옆면 중에서 밑면 BC와 CB는 서로 맞닿아 있고, AB와 CD는 서로 평행하다. 그리고 HJK는 세 번째 프리즘으로, 그 프리즘에 의해서, 구멍 F를 통하여 캄캄한 방으로 들어와서 두 프리즘의 옆

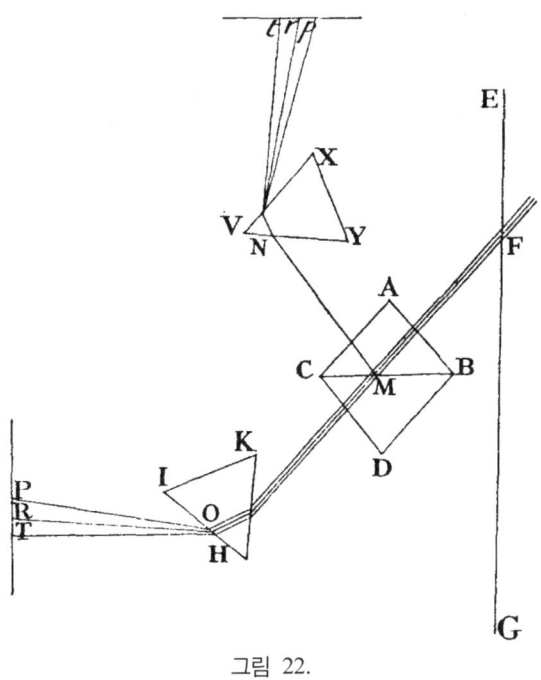

그림 22.

면들인 AB, BC, CB, 그리고 CD를 차례로 통과한, 태양의 빛이 O에서 굴절해 흰색 종이 PT로 가는데, 그중에서 가장 많이 굴절한 부분은 P에, 가장 덜 굴절한 부분은 T에, 그리고 둘 사이의 중간만큼 굴절한 부분은 R과 같이 P와 T 사이의 중간 적당한 곳에 비춘다. 평행육면체 ACBD를 그 축을 중심으로 알파벳 A, C, D, B의 순서에 따라 회전시키고,[38] 마침내 맞닿은 두 밑면 BC와 CB가, M에서 그 두 밑면으로 입사한, 광선 FM에 충분히 가까이 기울어졌을 때, 굴절한 빛 OPT가 전부 사라지게 되는데, 처음에는 가장 많이 굴절한 광선 OP가 없어지고(나머지 광선 OR과 OT는 전과 마찬가지로 그대로 남아 있고), 그 다음에 광선 OR과

---

[38] 알파벳 ACDB의 순서로 회전시킨다는 것은 그림 22를 지면(紙面) 위에서 볼 때 평행육면체 ACDB를 반시계방향으로 회전시킨다는 의미이다.

다른 중간 정도 굴절하는 광선들이 없어지고, 그리고 마지막으로 가장 적게 굴절하는 광선 OT가 없어지게 된다. 왜냐하면 밑면 BC가 그 면으로 입사하는 광선들에 대해 충분히 가까이 기울어져 있으면, 그 광선들은 그 밑면에 의해서 N을 향해 전반사되기 시작할 것이기 때문이다. 그리고 처음에는 (바로 앞의 실험 9에서 설명한 것처럼) 가장 많이 굴절한 광선이 전반사될 것이고 그래서 결과적으로 P로 도달할 빛이 가장 먼저 사라져야만 하고, 그리고 그 다음에는 나머지 광선 중에서 N을 향해서 전반사되는 순서대로 R에서 그리고 T에서 사라져야만 한다. 그리고 그렇다면 O에서 가장 많이 굴절하는 광선들이 빛 MO에서 제거되고 나머지는 빛 MO에 그대로 남아 있을 수도 있는데, 그러므로 빛 MO에는 서로 다르게 굴절하는 광선들이 섞여 있게 된다. 그리고 두 빗면 AB와 CD는 평행하므로, 또한 서로 정도는 같지만 반대 방향으로 진행하는 두 굴절은 서로 상대방의 효과를 상쇄하여 없어지게 만들므로, 들어오는 빛 FM은 나가는 빛 MO와 종류도 같고 성질도 같아야만 하며, 그러므로 들어오는 빛 FM도 역시 서로 다르게 굴절하는 광선들이 섞여 있게 된다. 이 두 빛 FM과 MO는, 가장 많이 굴절하는 광선이 나가는 빛 MO에서 분리되기 전까지는, 지금까지 나의 관찰이 도달할 수 있는 한도 안에서, 색깔이나 그밖에 다른 성질들이 하나도 빠짐없이 모두 똑같아서, 그 두 빛의 성질과 구성요소가 똑같다고 판단하는 것은 당연하며, 결과적으로 그중 하나가 복합적으로 이루어져 있다면 다른 하나도 똑같이 복합적으로 이루어져 있다. 그러나 가장 잘 굴절하는 광선이 전반사를 시작한 다음에는, 그리고 그 광선이 나가는 빛 MO에서 분리되면, 그 빛의 색깔이 바뀌어 흰색이던 것이 엷으며 희미한 노란색이다가, 상당히 좋은 주황색, 매우 풍부한 빨간색으로 차례차례 바뀌고, 그런 다음에는 모두 사라진다. 왜냐하면 흰색 종이의 P를 자주색으로 비추는 가장 잘 굴절하는 광선이 전반사에 의해서 빛 MO의 빛줄기에서 제거된 다음에, 빛 MO에 혼합되어 흰색 종이의 R과 T에 나타나는 나머지 색깔들은 그곳에 희미한 노란색을 만들어내며, 그리고 흰색 종이의 P와 R 사이에 나타나는 파란색이 초록색의 일부와 함께 제거된 다음에는, 흰색 종이의 R과 T 사이에 나타나는 나머지는 (즉 노란색, 주황색, 빨간색, 그리고 약간의 초록색은) 빛줄기 MO에 혼합되어 그곳에 주황색을 만들어낸다. 그리고, 가장 적게 굴절하는 것만 제외하고, 모든 광선이 흰색 종이의 T에 풍부한 빨간색으로 나타나는 빛줄기 MO에서 반사에 의해 제거되면, 그렇게 제거된 광선들의 색깔은, 그 빛줄기 MO에서 나중에 흰색 종이의 T에, 프리즘 HJK에서 굴절해 비춘 것과 같은데, 여기서 프리즘 HJK는, 앞으로 좀 더 충분히 증명되겠지만, 서로 다르게 굴절하는 광선들을, 그 광선들의 색깔에는 어떤 변화도 일어나게 하지 않고, 단지 서로 분리하는 역할만 한다. 이 모든 것이 명제 1과 명제 2가 확실히 옳다는 것을 증명한다.

주석(註釋). 만일 이 실험 10과 이전 실험 9를 결합하여 [그림 22에서] 반사된 빛줄기 MN을 tp를 향해 굴절시키도록 네 번째 프리즘 VXY를 추가하는 방법을 써서 하나의 실험으로 만든다면, 결론이 훨씬 더 분명해질 것이다. 왜냐하면 그 새로운 실험에서는, 흰색 종이 위의 P에서 세 번째 프리즘 HJK을 통과하면서 더 많이 굴절하는 빛 OP가 제거될 때, 네 번째 프리즘을 통과하면서 더 많이 굴절하는 빛 Np가 더 풍부하고 더 강해질 것이기 때문이다. 그리고 그 다음에 흰색 종이의 T에서 더 적게 굴절하는 빛 OT가 제거될 때, 더 적게 굴절하는 빛 Nt는 강해지지만 더 많이 굴절하는 빛은 p에서 더 이상 강해지지 않을 것이기 때문이다. 그리고 제거되면서 투과된 빛줄기 MO가 항상 종이 PT를 비추는 색깔들이 혼합된 결과로 나와야 할 색깔을 띠는 것과 꼭 마찬가지로,

반사된 빛줄기 MN도 항상 종이 *pt*를 비추는 색깔들이 혼합된 결과로 나와야만 하는 색깔을 띠게 된다.[39] 왜냐하면 가장 많이 굴절한 광선들이 전반사에 의해서 빛줄기 MO에서 제거되고 그 빛줄기가 주황색이 되면, 반사된 빛에서 그런 광선들의 초과량(超過量)[40]은 *p*에 나타나는 보라색과 남색 그리고 파란색을 더 풍부하게 만들 뿐 아니라, 빛줄기 MN이 태양 빛의 노란색을 띠는 색깔에서 파란색 쪽에 더 가까운 창백한 흰색으로 바뀌게 만들며, 그리고 그 다음에 투과된 빛 MOT의 나머지 부분이 모두 반사되자마자 다시 자신의 노란색을 띠는 색깔을 회복하게 되기 때문이다.

이제 실험 1이나 실험 2에서처럼, 자연에 원래부터 존재하는 물체에서 반사된 빛을 이용하여 시험해보든, 또는 실험 9에서처럼 거울에 반사된 빛을 이용하여 시험해보든, 또는 실험 5에서처럼, 서로 다르게 굴절하는 광선들이 갈라져, 그 광선들이 함께 있을 때 가지고 있던 흰색을 잃고 여러 가지 색깔로 나뉘어 나타나기 전에, 굴절할 빛을 이용해 시험해보든, 또는 실험 6, 실험 7, 그리고 실험 8에서와 같이, 그 광선들이 서로 개별적으로 분리되어 다른 색으로 나타난 뒤에 굴절할 빛을 이용해 시험해보든, 또는 실험 10에서와 같이 상대방 광선의 개별적인 효과는 상쇄하면서 평행한 외관(外觀)을 유지하는 투과된 빛을 이용해 시험해보든, 이 모든 다양한 실험을 통해 보면, 실험 5와 실험 6에서 증명된 것과 마찬가지로, 항상 똑같은 매질에 동일한 입사각으로 입사했더라도, 광선 하나하나가 갈라지거나 펼쳐지거나 우연히 서로 다르게 굴절하거나 하지 않고, 서로 다르게 굴절하는 광선들을 찾을 수 있다. 그리고 굴

---

[39] 투과된 빛줄기 MO와 반사된 빛줄기 MN은 그림 22에서 결합된 두 프리즘의 밑면 BC에서 투과된 빛줄기와 반사된 빛줄기를 의미한다.
[40] 여기서 광선들의 초과량이란 제거된 색깔에 비해서 제거되지 않은 색깔의 세기가 더 진한 정도를 표시하는 양이다.

절하는 정도가 다른 광선들은 실험 3에서의 굴절이나 실험 10에서의 반사로 종류별로 나누어 분류될 수 있으며, 그런 다음에는 이 광선들은 동일한 입사각으로 입사해도 몇 가지 종류로 나뉘어 서로 다른 정도로 굴절하고, 그리고 그중에서, 실험 6과 그 이후 실험들에서 그렇듯, 분리되기 전에 더 많이 굴절한 종류들은 분리된 뒤에도 다른 종류보다 더 많이 굴절하는데, 실험 5에서 했듯이 만일 태양의 빛이 프리즘을 세 개 또는 그보다 더 많이 가로질러 연속적으로 지나가며 투과하게 한다면,[41] 첫 번째 프리즘에서 다른 광선들보다 더 많이 굴절한 광선들은 뒤이은 모든 프리즘에서도 역시 똑같은 정도와 비율로 다른 광선들보다 더 많이 굴절됨을 알 수 있으며, 이를 보면, 앞에서 제안했듯이, 태양의 빛에는 서로 다른 성질을 갖는 광선들이 혼합되어 있고, 그 광선 중 일부는 다른 일부에 비해 일관되게 더 많이 굴절한다는 것이 명백하다.

명제 3. 정리 3.

태양의 빛은 서로 다른 정도로 반사되는 광선들로 구성되어 있는데, 더 잘 굴절하는 광선들이 그렇지 않은 광선들보다 더 잘 반사된다.

이 명제는 실험 9와 실험 10에 의해 명백하게 성립한다. 왜냐하면 실험 9에서, 프리즘 속에서 밑면에 의해 굴절해 공기 쪽으로 나아가는 광선들이 밑면에 너무 가까이 기울어 마침내 밑변에서 전반사하기 시작할 때까지, 프리즘을 그 축 주위로 회전시켰을 때, 그 광선들은 가장 먼저 전반사되었는데, 그 광선들은 앞에서 나머지 광선들과 동일한 입사각으로 입사했을 때 가장 많이 굴절했다. 그리고 실험 10에서 두 개의 프리즘

---

[41] 프리즘의 축이 진행하는 광선의 방향과 수직하게 놓인 것이 가로지르는 프리즘이라고 표현되었다.

을 하나로 결합해 평행육면체로 만들었을 때, 밑면에서 관찰된 반사에서도 역시 똑같은 일이 벌어졌다.

명제 4. 과제 1.

복합된 구성요소를 갖는 빛에서 이질(異質)인[42] 다른 성질을 갖는 광선들을 서로 분리해내기.

실험 3과 실험 5에서 수행된 프리즘에 의한 굴절을 이용하여, 천연색 상(像)의 직선으로 길쭉한 옆면에서 어두운 부분을 제거함으로써, 상(像)의 매우 똑바른 옆면 또는 일직선으로 곧은 가장자리가 완전해지면서, 이질(異質)인 광선들이 어느 정도 제각각 따로 분리되었다. 그러나 그렇게 일직선으로 똑바른 가장자리 사이의 모든 위치에서, 균질(均質)인 광선들에 의해 여러 가지로 비친, 그곳에 그린 무수히 많은 그 원들은, 원들 사이의 간섭에 의해, 그리고 모든 곳에서 서로 혼합되어, 충분히 복합적인 빛을 만들어낸다. 그러나 만일 이 원들에서, 각 원의 중심들 사이의 거리를 바꾸지 않고 각 원의 중심의 위치도 바꾸지 않으면서, 지름만 더 짧게 줄일 수 있다면, 각 원 사이의 간섭과, 그리고 결과적으로 서로 다른 성질을 갖는 광선들의 섞임이, 지름이 짧아지는 것에 비례해서 감소할 수 있을 것이다. 그림 23의 AG, BH, CJ, DK, EL, FM은, 실험 3에서 태양의 동일한 표면에서 흘러나온 수많은 종류의 광선이 비쳐 만든 원들이라고 하자. 실험 5에서 설명되었듯이, 태양의 길쭉하고 양쪽이 둥그런 상(像) PT에서 두 개의 길고 똑바른 직선이며 평행한 가

---

[42] 이 책에서 균질(均質)인 광선(homogeneal light)과 이질(異質)인 광선(heterogeneal light)은 정의 7과 정의 8에 정의되어 있다.

장자리 사이는 이 원들과 그 원들 사이에 연속적으로 놓인 일련의 무수히 많은 다른 원들로 구성되어 있다. 그리고 ag, bh, ci, dk, el, fm은 두 개의 평행한 직선 af와 gm 사이에 비슷하게 연속적으로 놓인 똑같이 무수히 많은 더 작은 원들로, 원의 중심들 사이의 거리는 바뀌지 않고 그대로이고, 똑같은 종류의 광선들이 비쳐 만든 원들이라고 하자. 즉 원 ag는 대응하는 원 AG를 비춘 것과 같은 종류의 광선이 비쳐 만든 것이고, 원 bh는 대응하는 원 BH를 비춘 것과 같은 종류의 광선이 비쳐 만든 것이고, 나머지 원들 ci, dk, el, fm도 각각 대응하는 여러 개의 나머지 원 CJ, DK, EL, FM을 비춘 것과 같은 종류의 광선이 비쳐 만든 것이다. 더 큰 원들로 구성된 형태 PT에 나오는 원 중에서 AG, BH, CJ의 세 개는 서로 포개질 정도로 커져서, 그 세 원을 각각 비춘 세 종류의 광선이, 그 중간을 형성하는 무수히 많은 다른 종류의 광선들과 함께, 원 BH의 중심에 놓여 있는 QR에 혼합되어 있다. 그리고 형태 PT의 어느 부분을 비추는 광선이든 모두 똑같이 비슷한 방법으로 무수히 많은 다른 종류의 광선이 혼합되어 있다. 그러나 더 작은 원들로 구성된 형태 pt에 나오는 원 중에서, 형태 PT에 속한 더 큰 세 원에 대응하는, 더 작은 세 원인 ag, bh, ci는 충분히 작아서 서로 포개지지 않을 뿐 아니라, 이

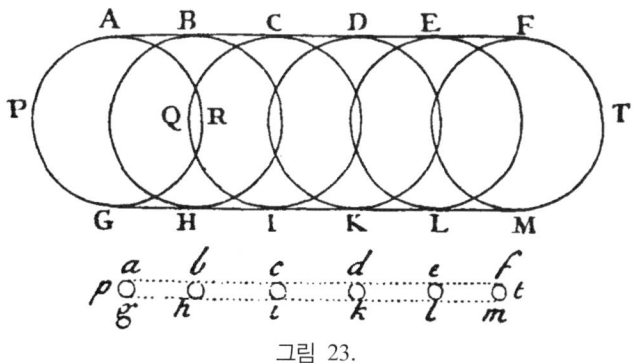

그림 23.

세 원을 비춘 세 가지 종류의 광선 중에서 어떤 두 가지 종류의 광선이라도 혼합되어 비추는 부분이 없는데, 이에 반해 형태 PT에서는 그 세 종류의 광선 모두가 BH에 서로 섞여 있다.

이제 이 문제를 다루는 사람은 누구든 원의 지름이 줄어들면 그렇게 줄어드는 것에 비례하여 그러한 혼합도 감소한다는 것을 쉽게 이해할 수 있을 것이다. 만일 원의 중심의 위치는 똑같이 유지하면서 원의 지름만 전보다 $\frac{1}{3}$로 줄어든다면, 그 혼합도 역시 $\frac{1}{3}$로 줄어들게 될 것이고, 만일 지름이 전보다 $\frac{1}{10}$로 줄어든다면, 그 혼합도 역시 $\frac{1}{10}$로 줄어들게 될 것이며, 지름이 다른 비율로 줄어들면 그 혼합도 역시 똑같은 비율로 줄어들 것이다. 다시 말하면, 더 큰 형태 PT에서 광선들이 혼합된 정도와 더 작은 형태 *pt*에서 광선들이 혼합된 정도 사이의 비는 더 큰 형태의 폭과 더 작은 형태의 폭 사이의 비와 같게 될 것이다. 왜냐하면 이 두 형태의 폭은 그 형태에 속한 원의 지름과 같기 때문이다. 그러므로 굴절한 스펙트럼 *pt*에서 광선들의 혼합과, 태양에서 즉시 방출되고 직접 비춘 빛에서 광선들의 혼합 사이의 비는, 스펙트럼 *pt*의 폭과, 그 스펙트럼의 길이와 폭의 차이 사이의 비와 같음을, 쉽게 알 수 있다.

그러므로 광선들의 혼합을 줄이고 싶으면, 원의 지름을 줄이면 된다. 이제 만일 그 원에 대응하는 태양의 지름을 원래보다 더 작게 만들 수 있다면, 또는 (같은 목적에서) 만일 문들이 없는 경우, 프리즘에서 태양 쪽으로 아주 먼 거리에, 태양에서 오는 빛을 차단하기 위해, 중앙에 구멍을 뚫은 불투명한 물체를 가져다 놓는다면, 그래서 그 물체의 중앙에 뚫린 구멍을 통과해 나오는 빛만 프리즘에 도달하게 만든다면, 원의 지름을 줄일 수도 있을 것이다. 왜냐하면 그렇게 하면 원 AG와 BH 그리고 나머지 원들이 이제 더 이상 태양의 전체 표면에 대응하지 않고, 오직 그 구멍을 통하여 프리즘에서 보일 수 있는 부분의 태양에만, 즉 프리즘에서 본 구멍의 겉보기 크기에만 대응할 것이기 때문이다. 그러나 이 원들이 그 구멍에 좀 더 분명하게 대응하게 하려면, 문밖 물체들의 영상(影像)이 방안의 종이 위에 분명하게 투영(投影)되고, 실험 5에서 태양의 길쭉하게 길고 양옆은 둥그런 상(像)에서 직선으로 똑바른 가장자리가 어떤 어두운 그림자도 없이 분명해지도록, 창문에 렌즈를 놓은 것과 마찬가지로, PT에 놓인 종이 위에 구멍의 상(像)을 분명하게 비출 수 있도록, 프리즘 옆에 렌즈를 놓아야 한다. 만일 그렇게 렌즈를 놓는다면, 그 구멍을 창문 바깥 아주 먼 곳에 놓을 필요도 없게 될 것이다. 그러므로 그런 구멍 대신에, 나는 다음에 설명하는 것처럼 창문의 덧문에 뚫은 구멍을 사용했다.

실험 11. 나는 창문의 덧문에 뚫린 작고 동그란 구멍을 통해 어둡게 한 방으로 들어오는 태양의 빛이 지나가는 경로 중 창문에서 약 10피트 또는 12피트 되는 위치에 렌즈를 놓아서, 그 렌즈에 의해 그 구멍의 상(像)이, 그 렌즈에서 6피트, 8피트, 10피트, 또는 12피트 떨어진 거리에 놓인, 흰색 종이 위에 분명하게 비치도록 만들었다. 왜냐하면, 사용한 렌즈가 어떤 것이냐에 따라 렌즈마다 그 렌즈에 적당한 거리가 다르기 때문인데, 그에 대해서 더 자세히 설명할 필요는 없다고 생각한다. 그런 다음에 렌즈의 바로 뒤에 프리즘을 놓았는데, 그 프리즘까지 온 빛이 프리즘에 의해 위쪽 방향이나 옆쪽 방향으로 굴절할 수 있도록 만들고, 그렇게 함으로써 렌즈 하나만 있다면 종이 위에 비칠 둥근 상(像)이, 실험 3에서 그렇듯, 평행한 양쪽 가장자리를 갖는 길쭉한 모양이 되도록 했다. 나는 이 길쭉하고 양 끝이 둥근 상(像)이 다른 종이 위에 맺히도록 조정했는데, 그 종이를 프리즘을 향하거나 그 반대 방향을 향하도록 조금씩 움직여서, 종이가 프리즘에서 대략 전과 같은 거리에서, 그 상(像)의 직선 부분이 가장 분명히 보이는 최적의 거리를 발견할 때까지 조정했다. 왜냐하면 이 경우에, [그림 23에서] 원 *ag*, *bh*, *ci* 등이 형태 *pt*를 구성한 것과 똑같은 방식을 따라, 구멍이 구성한 둥그런 상(像)들이, 어떤 그늘진 부분도 없이 가장 분명하게 마무리되었고, 그러므로 그 원들이 겹치는 부분이 가능한 한 가장 적게 확장되었으며, 그 결과로 서로 다른 종류의 광선이 혼합된 정도가 이제 최소가 되었기 때문이다. 이런 방법을 이용하여, 나는 [그림 23과 24에서] 구멍의 (*ag*, *bh*, *ci* 등과 같은) 둥근 상(像)들에서 길쭉하고 양쪽이 둥근 상(像)의 형태를 얻곤 했으며, 창문의 덧문에 뚫은 구멍의 크기를 조절해 그 구멍에서 형성된 둥근 상(像)들을 내가 원하는 크기로 만들 수 있었으며, 그 결과 상(像) *pt*에서 광선들이 혼합된 정도도 얼마든지 내가 원하는 대로 조절할 수 있었다.

해설. 그림 24에서 F는 창문의 덧문에 뚫은 원형 구멍을 표시하고, MN은 렌즈를 표시하는데, 그 렌즈에 의해 구멍의 상(像) 또는 흔적이 J에 놓인 종이 위에 분명히 비치며, ABC는 프리즘으로, 렌즈를 통과해 J로 갈 광선들이 이 프리즘에 의해 *pt*에 놓인 다른 종이를 향해 굴절해, J에 맺힌 둥그런 상(像)이 그 다른 종이에 도달한 길쭉하고 양 끝이 둥그런 상 *pt*로 바뀐다. 이 상(像) *pt*는, 실험 5에서 충분히 자세히 설명되었듯이, 직선 위에 하나가 다른 하나 뒤에 오는 식으로 일렬로 정렬된 원들

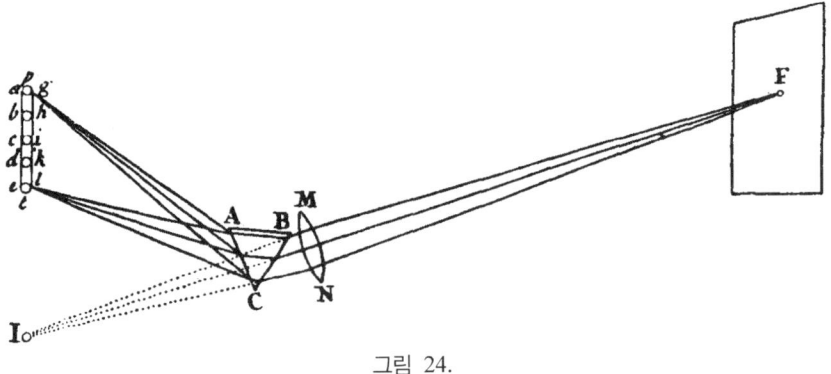

그림 24.

로 구성되어 있으며, 그리고 이 원들은 원 J와 동일하고, 따라서 결과적으로 그 크기는 구멍 F의 크기에 따라 정해진다. 그러므로 그 구멍의 크기를 작게 하면, 그 원들의 중심은 원래 위치에 그대로 유지하면서 크기만 내가 원하는 만큼 작게 만들 수 있다. 이런 방법을 이용해서 나는 상(像) pt의 폭을 그 길이의 $\frac{1}{40}$으로, 때로는 $\frac{1}{60}$이나 $\frac{1}{70}$로 더 작게 만들었다. 예를 들자면, 만일 구멍 F의 지름이 $\frac{1}{10}$인치라면, 그리고 구멍에서 렌즈까지의 거리 MF가 12피트라면, 그리고 프리즘이나 렌즈에서 상(像) pt까지의 거리 pB 또는 pM이 10피트라면, 그리고 프리즘의 굴절각이 62도라면, 상(像) pt의 폭은 $\frac{1}{12}$인치가 되고 길이는 약 6인치가 되므로, 길이와 폭 사이의 비는 72:1이 되고, 결과적으로 이 상(像)의 빛은 태양에서 직접 오는 빛보다 71배나 덜 복합적이다. 그리고 지금까지는 단순하고 균질(均質)인 빛이 이 책에서 빛에 대해 시도한 모든 실험에 이용하는 데는 충분하다. 왜냐하면 그러한 빛에서 이질(異質)인 광선이 차지하는 비율이 얼마 되지 않아서, 아마도 남색과 보라색을 제외하고는 감각에 의해 발견되고 인지되는 것이 거의 불가능하기 때문이다. 남색과 보라색은 어두운 색깔이어서 프리즘의 표면이 아주 매끈하지는 않아 불규칙적으로 굴절하는 약간의 산란된 빛으로도 그 존재를 어렵지 않게 느낄 수 있다.

그렇지만 원형 구멍 F 대신에, 폭이 좁고 길이가 긴 길쭉한 평행사변형 모양의 구멍으로 바꾸는 것이 더 좋은데, 이때 길쭉한 방향을 프리즘 ABC와 평행하게 만든다. 왜냐하면 이 구멍의 길이는 1인치에서 2인치 정도이지만 폭은 $\frac{1}{10}$인치나 $\frac{1}{20}$인치 또는 더 좁다면, 상(像) pt를 만드는 빛이 단순한 정도는 전과 같거나 더 단순해질 것이고, 그러면 그 상(像)은 훨씬 더 넓어질 것이므로, 그런 구멍을 통과한 빛을 이용하여 실험하는 것이 전보다 더 적합하다.

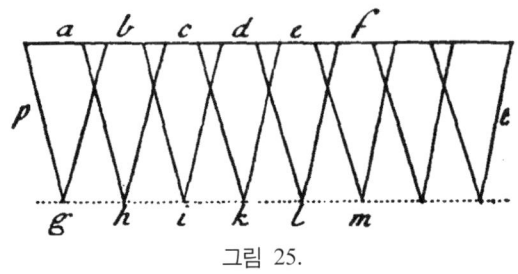
그림 25.

이런 길쭉한 평행사변형 모양의 구멍 대신에 두 옆 변의 길이가 동일한 이등변 삼각형 모양의 구멍으로 바꿀 수도 있는데, 예를 들어, 그 삼각형 밑변은 대략 $\frac{1}{10}$인치 정도, 높이는 1인치 또는 그보다 약간 더 높게 한다. 왜냐하면 이 방법을 이용하면, 만일 프리즘의 축이 이 삼각형의 수선과 평행하다면, [그림 25에서] 상(像) pt는 이제, 형태와 크기가 이등변 삼각형 모양의 구멍에 부합하는, 거꾸로 세운 길쭉한 이등변 삼각형들 *ag*, *bh*, *ci*, *dk*, *el*, *fm* 등과 그 사이에 놓인 무수히 많은 다른 중간 이등변 삼각형들을 형성하게 될 것인데, 이 이등변 삼각형들은 두 평행선 *af*와 *gm* 사이에 연달아 연속해서 놓여 있게 된다. 이 이등변 삼각형들이 밑변에서는 약간 중첩되지만, 그러나 밑변에 대응하는 꼭짓점에서는 중첩되지 않고, 그러므로, 이등변 삼각형들의 밑변이 놓여 있는, 상(像)의 밝은 쪽 가장자리 *af*를 비추는 빛은 약간 복합되어 있지만, 그러나 어두운 쪽 가장자리 *gm*을 비추는 빛은 전혀 복합되어 있지 않으며, 그리고 두 가장자리 사이의 모든 위치에서는 빛이 복합된 정도는 어두운 가장자리 *gm*에서 각 위치까지의 거리에 비례하여 증가한다. 그리고 스펙트럼 pt는 위치에 따라 그렇게 빛이 복합된 정도가 다르므로, 우리는 가장자리 *af*에 가까운 더 밝고 덜 단순한 빛을 이용하거나, 다른 가장자리 *gm*에 가까운 덜 밝고 더 단순한 빛을 이용하는데, 어느 쪽이든 가장 편리해 보이는 것을 선택하여 실험을 시도하면 된다.

그러나 이런 종류의 실험을 수행하려면 방은 가능한 한 가장 캄캄하게 만들어야 하는데, 그렇게 하지 않으면 전혀 관계없는 빛이 스펙트럼 *pt*를 만드는 빛에 조금이라도 섞여서 그 빛을 복합적으로 만들 것이기 때문이다. 특히 그 스펙트럼의 가장자리 *gm* 쪽에 위치한 더 단순한 빛으로 실험을 시도하는 경우에는, 그 빛이 더 희미하기 때문에, 관계없는 빛이 아주 조금 섞이더라도 상당한 비율을 차지하게 되고, 그러므로 그런 빛이 혼합되면 더 난처해지고 더 복잡해진다. 사용하는 렌즈도 역시 매우 우수한 품질로 안경으로 사용할 수 있을 정도가 되어야 하며, 프리즘은 정교하게 가공해야 하는데, 그 꼭지각이 65도에서 75도 정도로 커야 하고, 내부에 기포라든가 갈라진 틈이 조금이라도 있으면 안 되고, 표면은 보통 그렇듯이 조금이라도 오목하거나 볼록하지 않고 완전한 평면이어야 하며, 유리를 가공할 때 보통 하듯이 퍼티 분을[43] 사용하여 연마함으로써 연마 홈의 모서리가 무뎌져서 유리 이곳저곳에 마치 파문(波紋)처럼 매우 조금씩 부드럽게 부풀어 오른 수많은 융기 부분이 남아 있으면 안 되고, 안경에 이용되는 렌즈를 가공하듯이 표면을 매끈하게 연마해야 한다. 또한 프리즘이나 렌즈의 가장자리는 어떤 불규칙적인 굴절도 만들지 않도록 접착제를 이용하여 검은색 종이를 단단히 붙여 가려야만 한다. 그리고 방 안으로 들어오는 태양 빛줄기에 속한 것 중에서 실험에 쓸모가 없거나 도움이 되지 않는 빛은 빠짐없이 모두 검은색 종이 또는 다른 검은색 장애물을 이용해 차단해야만 한다. 왜냐하면 그렇게 하지 않으면 쓸모가 없는 빛이 방안에서 가능한 한 모든 방법으로 반사되어 길쭉하고 끝은 둥그런 스펙트럼에 섞이고 그래서 실험에서 원하는 순수한 스펙트럼을 해치게 될 것이기 때문이다. 이런 일들을 실행

---

[43] 퍼티 분(putty powder)은 대리석이나 유리 또는 금속을 연마하는 데 이용되는 주석(납)으로 만든 가루이다.

에 옮기는 데 매우 집요한 세심함이 처음부터 끝까지 계속 필요한 것은 아니지만, 만약 처음부터 끝까지 계속 그렇게 한다면 성공적인 실험을 촉진하게 될 것이며, 그리고 일을 빈틈없이 확실하게 진행하면 충분히 그 대가를 얻게 될 것이다. 이런 목적에 알맞은 유리로 만든 프리즘을 구하는 것은 쉽지 않기에, 나는 때로는 거울로 사용되는 유리 조각을 프리즘 형태의 용기로 만들어서 거기에 빗물을 채워 사용했다. 그리고 굴절을 더 많이 일으키기 위해, 나는 때로는 아세트산 납을[44] 첨가해 물의 밀도를 높였다.

명제 5. 정리 4.

균질(均質)인 빛은 광선이 조금이라도 퍼져나가 갈라지거나 여러 조각으로 나뉘어 굴절하지 않으며, 이질(異質)인 빛의 굴절 때문에 물체가 찌그러져 다른 모습으로 보이는 것은 서로 다른 종류 광선들의 굴절률이 서로 다르기 때문이다.

이 명제의 앞부분은 실험 5에서 이미 충분히 증명되었으며, 앞으로 설명할 실험에서도 계속 다루게 될 것이다.

실험 12. 나는 검은색 종이 한가운데에 지름이 $\frac{1}{6}$인치에서 $\frac{1}{5}$인치인 둥그런 구멍을 뚫었다. 이 종이 위에 앞의 명제 4에서 설명한 균질(均質)인 빛을 보내서 그 빛 일부가 종이에 뚫은 구멍을 지나가게 했다. 나는 이렇게 투과된 빛을 그 종이의 뒤에 놓은 프리즘을 지나가며 굴절하도록 했으며, 이 굴절한 빛이 프리즘을 지나고 2피트에서 3피트 정도의 거리

---

[44] 아세트산 납은 납 산화물과 초산의 반응으로 생성되는 화합물로 물과 글리세린에 잘 녹는 물질로 영어로는 Lead Acetate이라고 하는데, 18세기에는 Saccharum Saturni라고 불렸다.

에 놓인 흰색 종이에 수직으로 떨어지게 했는데, 이 빛에 의해서 종이 위에 형성된 스펙트럼은 (실험 3에서) 태양에서 온 이질(異質)인 빛을 굴절시켜 만들었을 때처럼 길쭉하고 끝이 둥근 모양이 아니었으며 오히려 (나의 맨눈으로 판단하는 한) 완벽하게 원형이어서 길이가 폭보다 전혀 더 길지 않았다. 이 결과는 이 실험에서 사용된 빛은 그 빛을 이루는 광선들이 조금도 갈라지지 않고 규칙적으로 굴절됨을 보여주었다.

실험 13. 나는 종이를 지름이 $\frac{1}{4}$인치인 원으로 잘라서 균질(均質)인 빛이 지나가는 곳에 놓고, 다른 종이를 똑같은 크기의 원으로 잘라서 태양에서 온 굴절하지 않은 이질(異質)인 흰색 빛이 지나가는 곳에 놓았다. 그리고 그 두 종이에서 수 피트 떨어진 곳으로 가서 두 종이를 잘라 만든 원들을 프리즘을 통해서 보았다. 이질(異質)인 태양 빛으로 쬔 종이 원은, 실험 4에서와 마찬가지로, 길이가 폭의 여러 배 더 긴 아주 길쭉하고 끝은 둥글게 보이는 모양이었지만, 균질(均質)인 빛으로 쬔 다른 종이 원은 그것을 프리즘을 통하지 않고 볼 때와 똑같이 테두리가 분명한 원형으로 보였다. 이것으로 이 명제를 모두 증명했다.

실험 14. 나는 균질(均質)인 빛이 지나가는 곳에 작은 벌레 그리고 비슷한 모양의 작은 물체를 놓고서 프리즘을 통해서 보았는데, 벌레의 팔다리가 맨눈으로 본 것과 똑같이 또렷하게 보였다. 나는 또한 똑같은 벌레와 작은 물체를 태양에서 온 굴절하지 않은 이질(異質)인 흰색 빛이 지나가는 곳에 놓고 마찬가지로 프리즘을 통해 보았는데, 이번에는 그 모습이 아주 다른 모습으로 망가져서 벌레의 팔다리를 서로 구분할 수 없을 정도였다. 또한 인쇄된 작은 글자들을, 한 번은 균질(均質)인 빛을 쪼이면서 프리즘을 통해 보고, 다음번은 이질(異質)인 빛을 쪼이면서 프리즘을 통해 봤는데, 이질(異質)인 빛을 쪼였을 때는 글자가 너무 찌그러지고 분명하지 않아 무슨 글자인지 도저히 읽을 수 없었지만, 균질(均

質)인 빛을 쪼였을 때는 글자들이 아주 분명하게 보여서 그 글자들을 어렵지 않게 읽을 수가 있었으며, 마치 맨눈으로 그 글자들을 읽을 때와 똑같이 분명하게 보인다고 여겼다. 두 경우 모두, 나는 똑같은 물체를, 내게서 똑같은 거리에 놓인 똑같은 프리즘을 통하여, 똑같은 조건 아래 보았다. 두 경우에 다른 차이는 없고, 오직 물체들을 쬔 빛이 한 경우에는 균질(均質)이었고 다른 경우에는 이질(異質)이라는 차이 뿐이었다. 그러므로 첫 번째 경우에는 뚜렷이 보이고 두 번째 경우에는 찌그러져 보인 차이는 어떤 다른 무엇 때문도 아니며 오직 쬔 빛의 차이 때문에 발생했다.

그리고 이 세 실험에서, 균질(均質)인 빛의 색깔은 굴절로는 절대 바뀌지 않는다는 것은 매우 놀랄 만한 결과 그 이상이다.

명제 6. 정리 5.

따로 따로 고려한 각 광선의 입사의 사인과 그 광선의 굴절의 사인 사이의 비는 정해져 있다.[45]

따로 따로 고려한 각 광선이 굴절하는 정도는 변하지 않는다는 것은 지금까지 설명한 내용에서 충분히 명백하다. 실험 5, 실험 6, 실험 7, 실험 8, 그리고 실험 9에서 명백히 밝혀진 것처럼, 입사각이 동일한 경우, 첫 번째 굴절에서 가장 많이 굴절한 광선은, 그 다음의 이어진 굴절들에서도, 입사각이 동일하면 역시 가장 많이 굴절하며,[46] 그리고 가장 적게 굴절한 광선이나, 굴절하는 정도가 가장 많은 것과 가장 적은 것 사이에

---

[45] 여기서 각 θ의 사인은 $\sin\theta$를 의미한다.
[46] 한 광선이 프리즘의 여러 면을 지나면서 이어서 굴절하거나 한 개 이상의 프리즘을 연달아 지나면서 굴절하는 경우를 말한다.

해당하는 광선들도 역시 마찬가지로 이어진 굴절들에서도 굴절하는 정도가 똑같이 유지된다. 그리고 동일한 입사각에서 똑같은 정도로 굴절한 광선들은, 실험 5에서처럼 그 광선들이 서로 분리되기 전에 굴절했든 또는 실험 12와 실험 13 그리고 실험 14에서처럼 처음부터 따로 분리되어 굴절했든, 그 다음 번에도 동일한 입사각에서 역시 똑같은 정도로 규칙적으로 굴절한다. 그러므로 모든 광선의 굴절은 따로 떼어져서 제각각 규칙적이며, 그 굴절이 어떤 규칙을 따를 것인지는 이제부터 보여주려 한다.⑤

광학(光學)에 대해 저술한 저명한 저자들은, 공리 5에서 설명한 것처럼, 입사의 사인은 굴절의 사인에 비례한다고 가르치며, 그리고 굴절을 측정하는 데 최적화된 장치를 이용한 일부 저자 또는 이 성질을 실험으로 조사한 다른 저자들은 우리에게 그 비율을 정확하게 발견했다고 알려준다. 그러나 비록 그들은, 여러 종류의 광선으로 이루어진 빛에서 각 종류의 광선마다 굴절하는 정도가 다르다는 것을 이해하지 못하고, 그 광선이 모두 한 가지의 동일한 비율로 굴절한다고 생각했지만, 단지 굴절한 빛의 중간에 맞추어 측정했기에 그러했을 것이라고 추정할 수 있다. 그러므로 그들의 측정 결과에서는 단지 평균 정도로 굴절하는 광선들의 사인의 비가,[47] 다시 말하면 나머지 광선과 분리하면 초록색으로 보이는 광선들의 사인의 비가,[48] 주어진 값과 같도록 굴절한다고 결론지을 수 있을 뿐이다. 그러므로 이제 우리가 보이려는 것은 나머지 다른 색깔의 광선들에 대해서도 그 광선들의 사인의 비가 비례하는 비슷한 값을 구하는 것이다. 자연은 항상 일관되게 행동하므로, 광선마다 그 광선들의 사인의 비가 일정하게 정해진다는 것은 매우 그럴듯하지만, 그러

---

[47] 광선의 사인의 비란 입사의 사인과 굴절의 사인의 비를 말한다.
[48] 여러 색깔의 광선 가운데 평균 정도로 굴절하는 광선이 초록색 광선이라는 의미이다.

나 그것을 실험으로 증명해 보이는 것도 바람직한 일이다. 그리고 만일 우리가 서로 다른 정도로 굴절하는 광선들에서, 그 광선들의 입사의 사인이 모두 동일한 경우에, 그 광선들의 굴절의 사인들이 서로 미리 정해진 비율임을 보일 수 있다면, 원하는 증명을 한 것이 될 것이다. 왜냐하면, 만일 모든 광선들의 굴절의 사인들이 굴절의 정도가 평균인 광선의 굴절의 사인과 모두 일정한 비를 이룬다면, 그리고 굴절의 정도가 평균인 광선의 굴절의 사인은 동일한 입사의 사인과 일정한 비를 이룬다면, 굴절의 정도가 평균이 아닌 다른 광선의 굴절의 사인 역시 동일한 입사의 사인과 일정한 비를 이룰 것이기 때문이다. 이제 다음 실험으로부터, 입사의 사인이 동일한 경우, 굴절의 사인들은 서로 일정한 비율을 이룬다는 것을 알 수 있게 될 것이다.

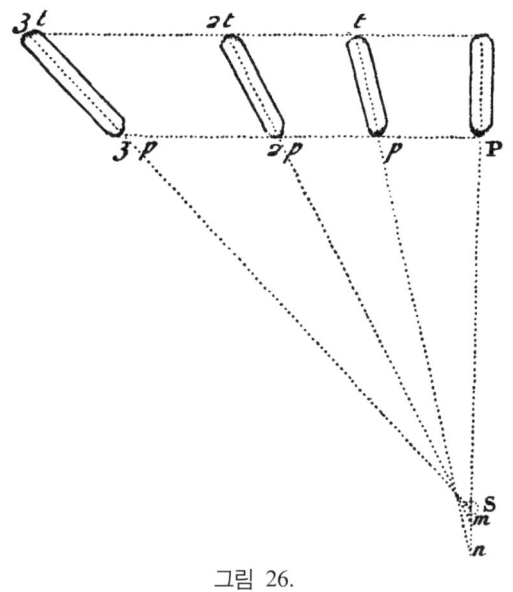

그림 26.

실험 15. 창문의 덧문에 만든 작은 둥그런 구멍을 통하여 태양 빛이 캄캄한 방으로 들어오고 있는데, [그림 26에서] S는 태양에서 직접 온 빛이 건너편 벽에 비춘 태양의 둥근 상(像)을 대표하고, PT는[49] 창문에 놓아둔 프리즘에 의해서 그 빛이 굴절해 만든 길쭉하고 양옆이 둥근 천연색 상(像)을 대표하고, *pt* 또는 *2p2t* 또는 *3p3t*는, 실험 5에서 설명한 것처럼, 첫 번째 프리즘 바로 다음에 가로지르는 위치로 놓은 두 번째 프리즘에 의해서 동일한 빛이 옆으로 한 번 더 굴절한 태양의 길쭉하고 양옆이 둥근 천연색 상(像)을 대표한다고 하자. 다시 말하면, 두 번째 프리즘에 의한 굴절이 작을 때는 *pt*이고, 그 굴절이 조금 더 클 때는 *2p2t*이고, 그리고 가장 클 때는 *3p3t*라고 하자. 왜냐하면, 두 번째 프리즘에 의한 굴절각이 서로 다른 여러 가지 크기라면, 그러한 다양한 굴절이 일어날 것이기 때문이다. 예를 들어, 상(像) *pt*를 만드는 데는 15도 또는 20도가 필요하고, 상(像) *2p2t*를 만드는 데는 35도 또는 40도가 필요하며, 상(像) *3p3t*를 만드는 데는 60도가 필요하다. 그러나 충분히 큰 꼭지각을 갖는 유리로 꽉 찬 프리즘을 구할 수 없으면, 잘 연마된 유리판을 프리즘 형태로 붙여 물을 채워서 만든 용기를 이용할 수도 있다. 프리즘을 그런 식으로 배열한 다음에, 나는 태양의 모든 상(像) 즉 천연색 스펙트럼인 PT, *pt*, *2p2t*, *3p3t*를 이은 선은 모두, 프리즘을 놓지 않았을 때 태양에서 직접 비춘 빛이 비쳐서 만든 둥그런 상(像)이 놓인 위치 S에서, 아주 가깝게 하나로 모이는 것을 볼 수 있었다. 스펙트럼 PT의 축은, 즉 스펙트럼의 가운데를 따라 그린 스펙트럼의 양옆 길쭉한 부분과 평행인 직선은, 그 스펙트럼이 만들어졌을 때, 흰색 둥그런 태양의 상(像) S의 맨 가운데를 정확히 지나갔다. 그리고 두 번째 프리즘에 의한 굴절각이 첫 번째 프리즘에 의한 굴절각과 같을 때, 즉 두 프리즘의 굴절각이

---

[49] 그림 26에는 알파벳 T가 보이지 않으나, 문맥상 한쪽 끝에 P라고 쓴 스펙트럼의 다른 쪽 끝이 T이다.

모두 약 60도일 때, 그 굴절에 의해 만들어진 스펙트럼 3p3t의 축은, 그 스펙트럼이 만들어졌을 때, 역시 동일한 흰색 둥그런 태양의 상(像) S의 맨 가운데를 정확히 지나갔다. 그러나 두 번째 프리즘에 의한 굴절각이 첫 번째 프리즘에 의한 굴절각보다 더 작을 때는, 그 굴절에 의해서 만들어진 두 스펙트럼 tp와 $2t2p$의 축을 연장한 선이 스펙트럼 TP의 축을 연장한 선과 두 점 m과 n에서 교차했는데, 이 두 점은 그 흰색 둥그런 상(像) S의 중심을 약간 더 지나간 곳에 있었다. 그러므로 선분 $3tT$를 선분 $3pP$로 나눈 비는 $2tT$를 $2pP$로 나눈 비보다 약간 더 컸고, 그리고 이 비는 다시 tT를 pP로 나눈 비보다 약간 더 컸다. 이제 스펙트럼 PT의 빛이 벽에 수직으로 비칠 때, 선분들 $3tT$, $3pP$, 그리고 $2tT$, $2pP$, 그리고 tT, pP는 굴절의 탄젠트인데,[50] 그러므로 이 실험으로 굴절의 탄젠트 사이의 비율을 구할 수 있으며, 그로부터 굴절의 사인들의 비율도 구할 수 있는데, 스펙트럼을 관찰한 것에 의한 한 그리고 내가 계산할 수 있는 수학적 추론을 이용하는 한, 그 비율들은 동일하게 나왔다. 이렇게 말하는 이유는 내가 정확히 계산한 것이 아니기 때문이다. 그래서 그렇다면 실험으로 알 수 있는 한에서, 이 명제는 광선마다 따로 성립한다. 그리고 이 명제가 정확하게 옳은지 여부는 다음 가정에 의해 증명될 수도 있다.

물체가 빛을 굴절시킬 때는, 물체의 표면에 수직인 선을 따라 그 빛을 나르는 광선에 작용한다.

그러나 이러한 증명을 하려면, 각 광선의 운동을 다음 두 가지 운동으로 구분해야만 하는데, 하나는 굴절시키는 면에 수직인 운동이고, 다른 하나는 그 면에 평행인 운동이다. 그리고 굴절시키는 면에 수직인 운동에 대해 다음과 같은 명제를 규정해야만 한다.

만일 무엇인지에는 관계없이, 어떤 운동 또는 움직이는 어떤 것이, 임

---

[50] 여기서 굴절의 탄젠트는 굴절각의 탄젠트를 의미한다.

의의 속도를 가지고, 앞뒤 양쪽이 두 개의 평행한 평면으로 이루어진 넓고 두께는 작은 공간에 입사(入射)한다면, 그리고 그 공간을 통과하면서 그것이 평면에서 어떤 주어진 거리에서 주어진 크기의 어떤 힘으로 더 먼 쪽에 놓인 평면을 향해 이동하도록 밀쳐진다면, 그 운동 또는 그것이 그 공간 바깥으로 나올 때 그 운동 또는 그것의 수직 방향 속도는 항상, 그 운동 또는 그것이 그 공간으로 들어올 때 수직 방향 속도의 제곱과, 그 운동 또는 그것이 그 공간으로 들어올 때 수직 방향 속도가 무한히 작았을 경우, 그 운동 또는 그것이 그 공간에서 나올 때 갖게 되는 수직 방향 속도의 제곱을 더한 합의 제곱근과 같아야만 한다.[51]

그리고 어떤 운동이나 어떤 것이 그 공간을 통과하며 느려지는 경우도 동일한 명제가 성립하는데, 이 경우에는 두 제곱의 합 대신에 두 제곱의 차이를 이용한다. 이 명제의 증명은 수학자들이 어렵지 않게 찾아낼 수 있을 것이므로 이 문제로 독자를 괴롭히지는 않으려 한다.

이제 [그림 1에서] 선분 MC를 따라 가장 비스듬히 나오는 광선이[52] 평면 RS에 의해 C에서 선분 CN을 향해 굴절하고, 어떤 다른 광선 AC가 굴절하게 될 선분 CE를 찾아야 한다고 가정하자. 두 광선 MC와 AC의 입사의 사인이[53] 각각 MC와 AD이고,[54] 두 광선의 굴절의 사인은 각각 NG와 EF이고, 두 입사 광선의 동일한 운동은 두 선분 MC와 AC의 동일한 길이에 의해 대표되며, 그리고 운동 MC는 굴절시키는 평면에 평행하

---

[51] 이것을 요약해서 말하면, 두께가 작은 공간을 나오는 수직 성분 속도는, 그 공간으로 들어오는 수직 성분 속도의 제곱과, 그 공간에 들어오는 수직 성분 속도가 0인 경우에 예상되는 그 공간을 나오는 수직 성분 속도의 제곱을 더한 합의 제곱근과 같아야 한다는 것이다.
[52] 여기서 가장 비스듬히 나온다는 것은 굴절시키는 평면에 거의 평행하게 나온다는 의미이다.
[53] 여기서 입사의 사인은 입사각의 사인을 의미한다.
[54] 그림 1에 나온 원의 반지름이 1이면 선분 MC와 선분 AD의 길이가 각각 해당 입사의 사인과 같다.

다고 간주하고, 다른 운동 AC는 두 운동 AD와 DC로 구분되는데, 둘 중 하나인 AD는 굴절시키는 평면에 평행하고 다른 하나인 DC는 굴절시키는 평면에 수직이라고 하자. 같은 방식으로, 나오는 두 광선의 운동도 수직인 운동과 평행인 운동으로 구분되는데, 수직인 운동은 $\frac{MC}{NG}$CG와 $\frac{AD}{EF}$CF이다. 그리고 만일 굴절시키는 평면의 힘이, 그 평면에서 또는 그 평면에서 한쪽으로 어떤 거리에서, 광선들에 작용하기 시작하고 다른 쪽으로 어떤 거리에서 힘의 작용이 끝난다면, 그리고 그 두 양쪽 경계의 중간에 놓인 모든 위치에서는 굴절시키는 평면에 수직인 선을 따라 광선에 힘이 작용하고, 굴절시키는 평면에서 동일한 거리에서는 힘이 동일한 크기로 작용하며, 굴절시키는 평면에서 서로 다른 거리에서는 미리 정해진 어떤 비율에 따라 힘이 동일하거나 동일하지 않은 크기로 작용한다면, 그 광선의 운동 중에서 굴절시키는 평면에 평행인 운동은 그 힘에 의해서 어떤 변화도 생기지 않을 것이며, 굴절시키는 평면에 수직인 운동은 앞에서 설명한 명제에서 주어진 규칙에 따라서 변화하게 될 것이다. 그러므로 만일 나오는 광선 CN의 수직 방향 성분 속도를 위에서와 같이 $\frac{MC}{NG}$CG라고 쓴다면, $\frac{AD}{EF}$CF이었던 어떤 다른 나오는 광선 CE의 수직 방향 성분 속도도 CDq+$\frac{MCq}{NGq}$CGq의 제곱근과 같게 될 것이다.[55] 그리고 이렇게 구한 각 결과를[56] 제곱해서, 그 각각에 두 결과 ADq와 Cq - CDq를 각각 더하고, 그렇게 구한 각각의 합을 두 결과 CFq + EFq와 CGq + NGq로 각각 나누면, $\frac{MCq}{NGq}$가 $\frac{ADq}{EFq}$와 같게 될 것이다. 그러므로 입사의 사인인 AD와 굴절의 사인인 EF 사이의 비는 MC와 NG 사이의

---

[55] 여기서 q는 제곱을 의미한다. 예를 들어, CDq는 CD의 제곱이고 $\frac{MCq}{NGq}$는 MC의 제곱을 NG의 제곱으로 나눈 것이다.
[56] 이렇게 구한 각 결과란 광선 CN의 수직 방향 성분 속도에 대한 결과와 광선 CE의 수직 방향 성분 속도에 대한 결과를 말한다.

비와, 즉 주어진 비율과 같다. 그리고 이 증명은, 어떤 빛에 대한 것인지, 또는 그 빛이 어떤 종류의 힘에 의해 굴절했는지에 대해서 전혀 미리 정하지 않았고, 또한 굴절시키는 물체가 그 표면에 수직인 선을 따라서 광선에 작용했다는 것 외에는 어떤 다른 가정도 하지 않고, 일반적으로 성립하므로, 나는 이 명제가 온전히 진리라고 말할 수 있는 매우 설득력 있는 논리라고 받아들인다.

그러므로, 어떤 종류의 광선에 대해서든 그 광선의 입사의 사인과 굴절의 사인 사이의 비율을 임의의 한 가지 경우에 대해 찾아냈다는 사실은 그 비율이 모든 경우에 대해 다 정해져 있음을 의미하며, 그리고 그 비율은 다음 명제가 제시하는 방법에 따라 어렵지 않게 찾을 수 있다.

명제 7. 정리 6.

망원경의 완전성은 빛을 이루는 광선들이 서로 다른 정도로 굴절하는 것에 의해서 훼손된다.

망원경이 완전하지 못한 것이 유리의 구면 형태 탓이라고 전해져 왔기에, 수학자들은 원뿔을 자른 면을 이용해 그 형태를 구하려 노력했다. 나는 그들이 잘못되었음을 증명하고자 이 명제를 포함했다. 이 명제가 옳다는 것은 몇 가지 종류의 광선의 굴절을 측정함으로써 밝힐 수 있을 것이다. 그리고 그러한 측정은 다음과 같이 결정한다.

프리즘의 굴절각이 $62\frac{1}{2}$도인 제1부의 실험 3에서, 그 각의 절반인 31도 15분이 유리에서 공기로 나가는 광선의 입사각이다.[6] 그리고 이 각의 사인은 반지름이 1만일 때 5188이다.[57] 이 프리즘의 축이 수평면에 평행

---

[57] 여기서 반지름이 1만일 때 이 각의 사인이 5188이라는 것은 사인값이 0.5188이라

일 때, 그리고 이 프리즘에 입사하는 광선의 굴절각이 프리즘에서 나가는 광선의 굴절각과 같을 때, 나는 사분의(四分儀)를[58] 이용해서 평균 정도로 굴절하는 (즉 태양이 만드는 천연색 상(像)의 중간을 지나가는) 광선이 수평면과 만드는 각을 측정했으며, 그리고 이 각과 같은 시간에 관찰한 태양의 고도를 이용하여, 입사한 빛에 포함된 나가는 광선의 각이 44도 40분임을 발견했고, 이 각의 절반을 입사각인 31도 15분에 더해서 굴절각이 되었는데, 그러므로 굴절각은 53도 35분이고 굴절각의 사인은 8047이다. 이것이[59] 각각 평균 정도로 굴절하는 광선의 입사의 사인과 굴절의 사인이며, 그 둘의 비율을 우수리 없는 수의 비율로 나타내면 $\frac{20}{31}$이 된다.[60] 이 유리는 초록색에 가까운 색깔이었다. 실험 3에서 언급한 프리즘 중 마지막 프리즘은 투명한 흰색 유리로 된 것이었다. 그 프리즘의 굴절각은 $63\frac{1}{2}$도였다. 나가는 광선이 입사하는 빛과 만드는 각은 45도 50분이었다. 첫 번째 각의 절반의 사인은 5262이다. 두 각을 더한 각의 절반의 사인은 8157이다. 그리고 그 둘의 비율을 우수리 없는 수의 비율로 표현하면, 전과 마찬가지로 $\frac{20}{31}$이 된다. 약 $9\frac{3}{4}$인치에서 10인치 사이인 그 상(像)의 길이에서 $2\frac{1}{8}$인치인 그 상(像)의 폭을 빼면 남는 나머지가 $7\frac{3}{4}$인치인데, 그것은 점(點)이 아닌 태양이 만드는 상(像)의 길이이므로, 이 길이는 똑같은 선을 따라 프리즘에 입사한 광선 중에서 가장 많이 굴절한 광선과 가장 적게 굴절한 광선이 프리즘에서 나온 뒤에 펼쳐진 각도에 대응한다. 그러므로 이 각은 2도 0분 7초이다. 왜냐하면 이 각이 만들어진 프리즘과 상(像) 사이의 거리는 $18\frac{1}{2}$피트였고, 그래서 그

는 의미이다.
[58] 사분의(quadrant)는 예전에 각도를 측정하는데 사용된 도구이다.
[59] 이것들은 앞에서 구한 5188과 8047을 말한다.
[60] 이것은 $\frac{5188}{8047}$을 어림수로 $\frac{20}{31}$로 표현할 수 있다는 의미이다.

거리에서 $7\frac{3}{4}$ 인치인 원호의 길이가 마주보는 각도는 2도 0분 7초이기 때문이다.[61] 이제 이 각의 절반은 이 나오는 광선들이 평균 정도로 굴절하는 광선과 사이에 포함된 각이며, 이 각의 $\frac{1}{4}$인 30분 2초는 평균 정도로 굴절해 나오는 동일한 광선들이, 유리 내부에서 함께 입사했지만 유리 밖으로 나갈 때를 제외하고는 다른 굴절은 전혀 하지 않았다면, 포함하게 될 각에 해당될 수도 있다. 왜냐하면, 만일 프리즘으로 들어가는 광선에 의한 굴절과 프리즘에서 나오는 광선에 의한 굴절의 두 굴절이 만드는 각이 2도 0분 7초의 절반이면, 그 두 굴절 중에서 한 굴절은 이 각의 대략 $\frac{1}{4}$이 되는 각을 만들 것이고, 그래서 이 $\frac{1}{4}$이 되는 각을 53도 35분인 평균 정도로 굴절하는 광선의 굴절각에 더한 각과 뺀 각은 각각 가장 많이 굴절한 광선의 굴절각과 가장 적게 굴절한 광선의 굴절각이 되는데, 그 값은 각각 54도 5분 2초와 53도 4분 58초가 되고, 그 각의 사인은 각각 8099와 7995가 된다. 그리고 이 두 광선의 공통된 입사각은 31도 15분이고 이 입사각의 사인은 5188이다. 그리고 이 두 광선에 대해 굴절의 사인과 입사의 사인 사이의 비율은, 가장 작은 우수리가 없는 수로 표현하면 각각 $\frac{78}{50}$과 $\frac{77}{50}$이다.[62]

이제, 만일 두 굴절의 사인인 77과 78에서 서로 공통인 입사의 사인 50을 빼면, 그 나머지 27과 28은, 굴절각이 작을 때, 가장 적게 굴절하는 광선의 굴절각과 가장 많이 굴절하는 광선의 굴절각 사이의 비가 27과 28 사이의 비에 아주 가깝게 다가간다는 것과, 그리고 가장 적게 굴절하

---

[61] 반지름이 r인 원에서 길이가 l인 원호가 만드는 각 θ는 $\theta=\frac{l}{r}$인데, $r=18\frac{1}{2}$ 피트이고 $l=7\frac{3}{4}$ 인치이면 $\theta=\frac{l}{r}=0.03491\text{rad}$이고 이 각의 단위를 도로 바꾸면 2도 0분 7초가 된다.

[62] 여기서는 $\frac{8099}{5188}$과 $\frac{7995}{5188}$을 각각 가장 작은 우수리가 없는 수로 표현하여 $\frac{78}{50}$과 $\frac{77}{50}$이 된다.

는 광선의 굴절각과 가장 많이 굴절하는 광선의 굴절각 사이의 차이는 평균으로 굴절하는 광선의 전체 굴절각의 약 $\frac{1}{27.5}$배가 된다는 것을 보여준다.

그러므로 광학(光學)에 숙련된 전문가들은 망원경의 대물렌즈가 온갖 종류의 평행 광선을 모을 수 있는 가장 작은 원형 공간의 폭이 그 대물렌즈의 구경(口徑) 절반의 대략 $\frac{1}{27.5}$배이고 전체 구경의 $\frac{1}{55}$배라는 것과, 그리고 가장 많이 굴절하는 광선들의 초점이 가장 적게 굴절하는 광선들의 초점보다 대물렌즈에, 대물렌즈와 평균으로 굴절하는 광선들의 초점 사이 거리의 약 $\frac{1}{27.5}$배에 해당하는 거리만큼, 더 가까이 놓여 있다는 것을 어렵지 않게 이해할 수 있을 것이다.⑦

그리고 만일 어떤 볼록렌즈의 축에 놓인 하나의 밝은 점에서 나온 모든 종류의 광선이 그 렌즈를 지나가며 생긴 굴절들에 의해 그 렌즈에서 그리 멀지 않은 점들로 한데 모인다면, 가장 많이 굴절하는 광선들의 초점은, 가장 작게 굴절하는 광선들의 초점보다, 평균 정도로 굴절하는 광선의 초점에서 렌즈까지 거리의 $\frac{1}{27.5}$배만큼 더 가까운 곳에 놓일 것이고, 그래서 그 초점과 광선들이 나온 밝은 점 사이의 거리는 그 밝은 점과 그 렌즈 사이의 거리와 거의 같다.

이제 동일한 점에서 나온 가장 많이 굴절하는 광선과 가장 적게 굴절하는 광선이 망원경의 대물렌즈나 유사한 렌즈에서 보이는 굴절들 사이의 차이가 정말 여기서 설명한 만큼 그렇게 큰지 조사하고자, 나는 다음과 같은 실험을 고안했다.

실험 16. 내가 실험 2와 실험 8에서, 물체에서 6피트 1인치만큼 떨어진 곳에 놓고 사용한 렌즈는, 평균으로 굴절하는 광선에 의해, 그 물체의 모습을 렌즈의 건너편 렌즈에서 6피트 1인치 되는 곳에 모아서 비췄다. 그러므로 앞에서 설명한 규칙에 따라, 이 렌즈는 가장 적게 굴절하는 광선에 의해서 그 물체의 모습을 그 렌즈에서 6피트 $3\frac{2}{3}$인치 되는 곳에 모아서 비춰야 하며, 가장 많이 굴절하는 광선에 의해서는 그 렌즈에서 5피트 $10\frac{1}{3}$인치 되는 곳에 모아서 비춰야 한다. 그래서 가장 적게 굴절하는 광선이 물체의 모습을 모으는 위치와, 가장 많이 굴절하는 광선이 물체의 모습을 모으는 위치 사이의 거리는 약 $5\frac{1}{3}$인치 정도가 된다. 왜냐하면 앞에서 언급한 규칙에 따라, (밝은 물체에서 렌즈까지 거리인) 6피트 1인치와 (평균으로 굴절하는 광선들의 초점에서 밝은 물체까지 거리인) 12피트 2인치 사이의 비는, 즉 1과 2 사이의 비는, (렌즈와 동일한 초점 사이의 거리인) 6피트 1인치의 $\frac{1}{27.5}$배와 가장 많이 굴절하는 광선의 초점과 가장 적게 굴절하는 광선의 초점 사이 거리의 비와 같은데, 그러므로 두 초점 사이의 거리는 $5\frac{17}{55}$인치이고, 이 거리는 $5\frac{1}{3}$인치와 매우 가깝게 일치한다. 이제 이렇게 구한 것이 제대로 된 것인지 알아보고자, 나는 천연색 빛을 이용하여 실험 2와 실험 8을 반복했는데, 천연색 빛은 앞에서 내가 사용한 것보다 덜 복합적이었다. 왜냐하면 내가 이번에는 천연색 스펙트럼의 길이를 그 스펙트럼의 폭보다 12배에서 15배 더 길게 만들려고 실험 11에서 설명한 방법을 이용해 이질(異質)인 광선들을 서로 분리해냈기 때문이다. 나는 이 스펙트럼을 인쇄된 책에 비추고, 밝게 비춘 글자들의 모습을 건너편 동일한 거리에 모으기 위해, 앞에서 언급한 렌즈를 이 스펙트럼에서 6피트 1인치 되는 거리에 놓자, 파란색으로 비춘 글자들의 모습이 짙은 빨간색으로 비춘 글자들의 모습보다 렌즈에 약 3인치에서 $3\frac{1}{4}$인치만큼 더 가깝게 나타나는 것을 볼 수 있었다. 그러나 남색과 보라색으로 비춘 글자들의 모습은 너무 찌그러지고 희미하게 나타나서 글자를 읽을 수가 없었다. 그래서 프리즘을 살펴보고 나는 그 프리즘을 만든 유리가 한쪽 끝에서 시작해서 다른 쪽 끝까지 지나가는 결들로 꽉 차 있어 굴절이 규칙적일 수가 없음을 알았다. 그래서 결이 없는 다른 프리즘을 가져왔고, 글자 대신 글자를 쓴 글씨의 굵기보다 약간 더 두껍게 검은색으로 그은 두 개 또는 세 개의 서로 평행한 직선을 사용했다. 그리고 이 직선들에 스펙트럼의 한쪽 끝 색깔부터 시작해서 차례차례 다른 쪽 끝 색깔까지 비추고 나서, 남색 또는 남색의 영역 그리고 보라색이 검은색 직선들을 가장 분명하게 비추는 경우의 초점이, 짙은 빨간색이 동일한 검은색 직선들을 가장 분명하게 비추는 경우의 초점보다 렌즈에 약 4인치에서 $4\frac{1}{4}$인치만큼 더 가까이 있는 것을 발견했다. 나는 보라색이 너무 희미하고 어두워서 그 색깔로는 직선들의 모습을 분명하게 구분할 수가 없었다. 그러므로 그 프리즘이 초록색에 가까운 어두운 색 유리로 만들어졌다고 생각하고, 투명한 흰색 유리로 만든 다른 프리즘을 가져왔다. 그러나 이 새로 가져온 프리즘이 만든 색깔들의 스펙트럼에는 양쪽 끝 색깔에서 터져 나온 희미한 빛으로 된 길고 하얀 선들이 보였는데, 그래서 나는 무엇인가가 잘못되었다는 결론을 내렸다. 그리고 프리즘을 살펴보고서 유리 내부에 두 개 또는 세 개의 작은 기포를 발견했는데, 그 기포들이 빛을 불규칙적으로 굴절시킨 것이었다. 그래서 나는 유리의 그 부분을 검은색 종이로 덮고, 빛은 프리즘 중에서 거품이 없는 부분만을 통과하게 했더니, 색깔들의 스펙트럼은 이제 더 이상 그러한 빛의 불규칙적인 선들을 포함하지 않게 되었고, 그래서 이제 내가 원하는 대로 되었다. 그러나 나는 여전히 보라색이 너무 어둡고 희미해서 보라색으로는 직선들의 모습을 조금밖에 볼 수 없었으며, 스펙트럼 끝의 바로 안쪽에 위치한 보라색의 가장 어두운 부분으로는 전혀 볼 수가 없었다. 그러므로 나는 이 희미하고 어두운 색깔이, 부분적으로는 유리의 내부에 존재하는 약간의 매우 작은 기포들 때문에, 그리고 부분적으로는 유리면의 연마가 고르지 못해서, 불규칙으로 굴절하고 반사되어 흩어진 빛에 의해 약해진 것이 아닌지 의심했다. 그런 빛은, 비록 아주 작은 양이더라도, 그래도 흰색이기 때문에, 감각에 영향을 주어서 그렇게 약하고 어두운 색깔인 보라색에 의한 현상을 방해하기에 충분한 영향을 주었을지도 모르므로 나는, 실험 12와 실험 13 그리고 실험 14에서처럼, 이 색깔의 빛에 이질(異質)인 광선이 감지될 정도로 섞여 있지는 않은지 확인하려 시도했지만, 그러나 그렇지 않음을 발견했다. 그뿐 아니라 만일 이 빛이 흰색 빛과 느낄 수 있을 만큼 혼합되어 있었다면 그 결과로, 마치 굴절이 흰색에서 다른 색깔을 분리하듯이, 굴절이 이 빛에서도 다른 색을 분리하지는 않을지 의심했으나, 보라색이 아닌 어떤 다른 감지할 수 있는 색깔도 분리해내지 않았다. 그러므로 나는 이 색깔로는 직선들의 모습을 분명하게 볼 수 없는 이유가 다른 데 있지 않고 단지 이 색깔이 어둡고, 그 빛이 가늘고, 렌즈의 축에서 그 빛까지의 거리가 멀기 때문이라고 결론지었다. 그래서 나는 그 평행하게 그린 검은색 직선들을, 스펙트럼에 포함된 색깔들의 거리가 서로 얼마나 차이가 나는지 쉽게 알 수 있도록, 몇 개의 똑같은 부분들로 나누고, 직선들의 모습을 분명히 비추는 그런 색깔들의 초점들에서 렌즈까지의 거리를 기록했다. 그런 다음 그런 거리들 사이의 차이가, 그 거리들 사이의 차이 중에서 가장 큰 값인 $5\frac{1}{3}$ 인치에 대해, 일정한 비율을 충족하는지 알아보았다. 여기서 그중 가장 큰 차이는 렌즈에서 가장 짙은 빨간색 초점까지의 거리와 렌즈에서 보라색 초점까지의 거리 사이의 차이이다. 그리고 그 일정한 비율이란 스펙트럼에서 볼 수 있는 색깔들 사이의 거리와 스펙트럼 옆 길쭉한 직선 부분에서 측정한 빨간색과 보라색 사이의 가장 긴 거리 즉 다시 말하면 스펙트럼의 길이에서 양쪽 폭 만큼씩의 길이를 제외한 거리 사이의 비율을 말한다. 그리고 내가 관찰한 것은 다음과 같았다.

내가 인지(認知)할 수 있는 가장 짙은 빨간색, 그리고 초록색과 파란색의 영역에 속한 색깔, 이 두 종류의 색깔을 관찰하고 비교했을 때, 초록색과 파란색의 영역이 종이 위에 직선들의 모습을 분명하게 비춘 초점이, 빨간색이 종이 위에 그 직선들을 분명하게 비춘 초점보다, 렌즈 쪽으로 약 $2\frac{1}{2}$인치에서 $2\frac{3}{4}$인치만큼 더 가까웠다. 측정하기 따라서는 어떤 때는 이 값이 조금 더 컸고 어떤 때는 이 값이 조금 더 작았지만, 그러나 이 값이 $\frac{1}{3}$인치보다 더 많이 차이 나는 경우는 좀처럼 없었다. 그렇지만 초점의 위치를 조금의 오차도 없이 정하는 것은 매우 어려운 일이었다. 이제 (양옆의 길쭉한 길이 쪽으로 측정한) 상(像)의 길이의 절반만큼 떨어진 색깔들 사이의 차이가 렌즈에서 그 색깔들 초점들까지 거리의 차이의 $2\frac{1}{2}$배 또는 $2\frac{3}{4}$배이면, 스펙트럼 길이 전체만큼 떨어진 색깔들은 그런 거리들 사이에 5인치 또는 $5\frac{1}{2}$인치만큼 차이가 나야만 한다.

그러나 여기에 유의할 것이 있는데, 나는 스펙트럼 맨 끝에서 빨간색은 볼 수 없었고, 단지 그쪽 끝 경계를 이루는 반원의 중심 또는 약간 더 끝쪽으로 간 부분에서만 빨간색을 볼 수 있었다. 그러므로 나는 이 빨간색을 스펙트럼에서 정확히 중앙에 위치한 색깔 즉 초록색과 파란색 영역의 색깔과 비교하지 않고, 중앙에서 초록색 쪽이 아니라 파란색 쪽으로 조금 더 치우친 색깔과 비교했다. 그리고 나는 색깔들의 전체 길이가 스펙트럼의 전체 길이와 같은 것이 아니라, 오히려 스펙트럼의 양쪽 길쭉한 직선 부분의 길이와 같다고 생각했기 때문에, 반원을 연장하여 원으로 만들어 놓은 다음에 관찰된 색깔 중 하나라도 그 원 안에 들어온 경우에, 스펙트럼의 반원 쪽 끝에서부터 그 색깔까지의 거리를 측정했으며, 그리고 그 두 색깔의 측정된 거리에서 이 거리의 절반을 빼서, 그 나머지를 그 색깔들의 올바른 거리로 채택했다. 그리고 이렇게 측정하면서 나는 렌즈에서 두 초점까지의 거리 사이의 차이에 대해 이렇게 정정

(訂正)한 거리들을 적어두었다. 왜냐하면, 만일 (우리가 보인 것처럼) 스펙트럼 양쪽 끝의 원이 쪼그라들어서 실제로 두 점과 같아진다면, 스펙트럼 옆 길쭉한 직선 부분의 길이가 모든 색깔의 전체 길이와 같게 되고, 그래서 그런 경우에 이 정정(訂正)한 거리가 두 측정한 색깔들 사이의 진짜 거리가 될 것이기 때문이다.

그러므로 내가 감지(感知)할 수 있는 가장 짙은 빨간색과 정정(訂正)한 파란색 사이의 거리가 스펙트럼 길쭉한 직선 부분 길이의 $\frac{7}{12}$배인 것을 자세히 측정하자, 렌즈에서 두 색깔 초점까지의 거리의 차이는 약 $3\frac{1}{4}$인치였는데, 이는 7 대 12로 환산하면 $3\frac{1}{4}$는 $5\frac{4}{7}$이 되었다.

내가 감지할 수 있는 가장 짙은 빨간색과 정정한 거리가 스펙트럼 길쭉한 옆쪽 직선 길이의 $\frac{8}{12}$ 즉 $\frac{2}{3}$배인 남색을 측정했을 때, 렌즈에서 이 두 색깔의 초점까지 거리의 차이는 약 $3\frac{2}{3}$인치였는데, 2 대 3으로 환산하면 $3\frac{2}{3}$은 $5\frac{1}{2}$가 되었다.

내가 감지할 수 있는 가장 짙은 빨간색과 그리고 정정한 짙은 남색 사이의 거리가 스펙트럼 길쭉한 옆쪽 직선 길이의 $\frac{9}{12}$ 즉 $\frac{3}{4}$배임을 측정했을 때, 렌즈에서 이 두 색깔 초점까지 거리의 차이는 약 4인치였고, 3 대 4로 환산하면 4는 $5\frac{1}{3}$이 되었다.

내가 감지할 수 있는 가장 짙은 빨간색과, 그 빨간색에서 정정한 길이가 스펙트럼 길쭉한 옆쪽 직선 길이의 $\frac{10}{12}$ 즉 $\frac{5}{6}$인 남색 다음의 보라색 부분을 측정했을 때, 렌즈에서 이 두 색깔 초점까지 거리의 차이는 약 $4\frac{1}{2}$인치였고, 그래서 5 대 6으로 환산하면 $4\frac{1}{2}$는 $5\frac{2}{5}$가 되었다. 왜냐하면 때때로, 렌즈가 딱 알맞게 놓여 있어서, 렌즈의 축 위에 파란색까지 보이고, 다른 모든 일도 순조롭고, 거기다가 태양도 맑게 빛나면, 렌즈가 그 직선들이 모습을 비추는 종이에 눈을 바짝 갖다 대었을 때, 남색 다음에 놓인 보라색의 직선 부분에 의해서, 그 직선들의 모습을 상당히 분명하게 볼 수 있었기 때문이다. 그리고 때로는, 절반보다 더 위쪽의 보라색에 의해서도 그 직선들을 볼 수 있었고, 또는 이 실험들을 진행하면서 그런 색깔의 모습들은 단지 렌즈 축 바로 위나 축 가까이에서만 분명하게 나타남을 볼 수 있었다. 그래서 만일 보라색이나 남색이 그 축 위에 있었다면, 그 직선들의 모습을 분명하게 볼 수 있었을 것이다. 그리고 그런 다음에는 빨간색이 전보다 훨씬 덜 분명하게 나타났다. 그러므로 나는 일부러 색깔들의 스펙트럼을 전보다 더 짧게 만들도록 설계해서, 스펙트럼 양쪽 끝이 모두 렌즈 축에 더 가까이 올 수 있게 했다. 그랬더니 이제 그 스펙트럼의 길이는 $2\frac{1}{2}$ 인치이고 폭은 약 $\frac{1}{6}$ 인치에서 $\frac{1}{5}$ 인치가 되었다. 또한 스펙트럼을 몇 개의 검은색 직선들 위에 비추는 대신에, 나는 검은색 직선 하나의 폭을 그 직선 모두를 다 더한 폭보다 더 크게 만들어서, 내가 그 폭이 넓은 검은색 직선 하나의 모습을 좀 더 쉽게 볼 수 있게 했다. 그리고 이 폭이 넓은 직선을, 나는 관찰한 색깔들 사이의 거리를 측정하기 위해, 동일한 크기의 짧은 가로지르는 선들로 나누었다.[63] 그리고 이제 나는 때때로 이 굵은 직선을 나눈 가로 선들을 거의 스펙트럼 보라색 쪽 끝 반원의 중심에 이르는 먼 곳에서까지 볼 수 있게 되었고, 이렇게 자세한 측정을 할 수 있게 되었다.

    내가 감지(感知)할 수 있는 가장 짙은 빨간색과, 그리고 그 빨간색에서, 정정한 길이가 스펙트럼 길쭉한 옆쪽 직선 길이의 약 $\frac{8}{9}$ 배인, 보라색 중 일부분을 측정했더니, 렌즈에서 그 두 색깔 초점까지 거리의 차이가 한 번은 $4\frac{2}{3}$ 인치였고, 다른 한 번은 $4\frac{3}{4}$ 인치였으며, 또 다른 한 번은 $4\frac{7}{8}$ 인치였다. 그러므로 8 대 9를 적용하면 $4\frac{2}{3}$ 인치와 $4\frac{3}{4}$ 인치 그리고 $4\frac{7}{8}$ 인치는 각각 $5\frac{1}{4}$ 인치와 $5\frac{11}{32}$ 인치 그리고 $5\frac{31}{64}$ 인치가 되었다.

---

63 폭이 넓은 직선이 가로로 놓여 있다면 세로로 여러 개로 나누는데 가로 방향의 길이는 같도록 만들었다.

내가 감지(感知)할 수 있는 가장 짙은 빨간색과, 그리고 감지할 수 있는 가장 짙은 보라색을 측정했을 때, (태양도 아주 맑게 비추고 모든 일이 최상의 조건에서 이루어졌을 때, 그 두 색깔 사이 정정한 거리는 그 천연색 스펙트럼의 길쭉한 옆쪽 직선 길이의 약 $\frac{11}{12}$배에서 $\frac{15}{16}$배였고) 내가 발견한 렌즈에서 그 두 색깔 초점까지의 거리의 차이가 어떤 때는 $4\frac{3}{4}$인치였고, 어떤 때는 $5\frac{1}{4}$인치였으며, 대부분의 경우 5인치이거나 그 부근이었다. 그래서 11 대 12를 적용하거나 15 대 16을 적용하면 5인치가 $5\frac{2}{2}$인치 또는 $5\frac{1}{3}$인치가 되었다.[64]

실험을 이렇게 진행하면서, 나는 만일 스펙트럼 양쪽 맨 끝의 빛이, 검은색 직선의 모습이 종이 위에 명백하게 나타나게 할 수 있을 정도로, 충분히 강했더라면, 가장 짙은 보라색의 초점은 가장 짙은 빨간색의 초점보다 렌즈에서 아무리 못해도 약 $5\frac{1}{3}$인치 정도 좀 더 가까운 곳에 놓이게 될 것이라고 확신했다. 이것은 몇 가지 서로 다른 종류 광선들의 입사의 사인과 굴절의 사인 사이의 비는 굴절이 가장 작을 때나 가장 클 때나 변하지 않고 똑같다는 더 강력한 증거이다.

나는 이 멋지고 다루기 힘든 실험을 수행하면서, 앞으로 내 실험을 다시 시도하게 될 사람들이 실험을 성공하는 데 반드시 필요한 것들을 빠뜨리지 않도록, 내가 실험을 진행한 상황을 전반적으로 더 자세하게 기록했다. 그리고 만일 그들이 내가 성공한 것만큼 잘 할 수가 없다면, 그들은, 그럼에도 불구하고, 스펙트럼 색깔들의 거리가, 렌즈에서 그 색깔들 초점까지 거리들의 차이와 갖는 비율에 따라, 좀 더 좋은 시도를 통해 더 먼 거리의 색깔들을 찾아 성공을 쌓을 수도 있다. 그리고 그 위에, 만일 그들이 내가 사용한 것보다 더 폭이 넓은 렌즈를 사용한다면,

---

[64] 여기서 본문에 나오는 $5\frac{2}{2}$는, 5에 11 대 12를 적용한 것으로, $5\frac{5}{11}$이거나 $5\frac{1}{2}$가 잘못된 오타로 보인다.

그리고 그 렌즈를 길고 좁은 막대기에 고정한다면, 이것을 이용해서 구하고자 하는 초점을 갖는 색깔에 어렵지 않게 그리고 틀림없이 도달할 수 있을 것이라는 데 나는 의문이 없으며, 그 실험은 내가 한 것보다 더 성공할 것이다. 왜냐하면 나는 렌즈의 축을, 내가 할 수 있는 한, 색깔들 가운데를 가까이 지나가게 했고, 그 다음에 그 렌즈의 축에서 멀리 떨어진 스펙트럼의 희미한 양쪽 끝이 그 직선들의 모습을 종이 위에 비쳤는데, 그렇게 비친 모습이, 렌즈의 축이 스펙트럼의 여러 색깔에 차례차례 향할 경우보다 덜 분명했기 때문이다.

이제 지금까지 설명한 것에 따르면, 굴절하는 정도가 다른 광선들은 동일한 초점으로 모이지 않는 것이 분명하지만, 그러나 만일 그 광선들이, 렌즈에서 초점까지의 거리만큼 떨어져 있지만 렌즈에서 초점과는 반대되는 곳에 위치한 밝은 점에서 진행해 온다면, 가장 많이 굴절하는 광선의 초점은 가장 적게 굴절하는 광선의 초점에 비해, 밝은 점에서 초점까지 전체 길이의 $\frac{1}{14}$ 배보다 큰 정도로, 렌즈 쪽으로 더 가까이에 놓이게 될 것이다. 그리고 만일 렌즈에서 아주 먼 곳의 밝은 점에서 광선들이 진행해 와서 렌즈에 입사하기 전에는 그 광선들이 서로 평행하다고 간주할 수 있다면, 가장 많이 굴절하는 광선의 초점은 가장 적게 굴절하는 광선에 비해 렌즈 쪽으로 렌즈에서 밝은 점까지 전체 길이의 약 $\frac{1}{27}$ 배 또는 $\frac{1}{28}$ 배 더 가까이 놓이게 될 것이다. 그리고 그 광선들이 렌즈의 축에 수직인 임의의 평면에 비출 때, 그 광선들의 두 개의 초점 사이에 위치한 가운데 공간에 그려진 원의 지름은(이 원은 그 광선이 모두 통과해 모일 수 있는 원 중에서 가장 작은 것인데), 그 렌즈의 구경(口徑)의 약 $\frac{1}{55}$ 배이다. 그래서 망원경이 그렇게도 멀리 있는 물체를 대표한다는 것이 놀라울 뿐이다. 그러나 만일 빛을 구성하는 모든 광선이 똑같은 정도로 굴절한다면, 오직 렌즈의 형태가 얼마나 가까이 구(球)에 근접하는지에 따라서만 발생하는 오차는 수백 배나 더 작을 것이다. 왜냐하면, 만일 망원경의 대물렌즈가 한쪽은 평면이고 다른 쪽은 볼록하다면, 그리고 평면인 쪽이 물체를 향한다면, 그리고 렌즈는 지름이 D인 구를 자른 조각이라면, 그리고 렌즈 구경의 절반 즉 반지름을 S라고 한다면, 그리고 렌즈의 입사의 사인과 굴절의 사인 사이의 비가 I 대 R이라면, 렌즈의 축에 평행하게 들어오는 광선들은 대상 물체의 상(像)이 가장 분명하게 만들어지는 위치에서 하나의 작은 원에 흩어져서 비추게 될 것인데, 무한급수 방법을 이용하고 크기가 아주 작아서 고려할 필요가 없는 항들을 버리고 구한 광선들의 오차를 계산해서 수집한 것에 따르면, 그 원의 지름은 $\frac{Rq}{Iq} \times \frac{Scub}{Dquad}$ 가[65] 될 것이다.⑧ 예를 들어, 입사의 사인 I와 굴절의 사인 R의 비가 20 대 31이고, 그리고 만일 렌즈의 볼록한 면이 연마된 구의 지름 D가 100피트 즉 1200인치이고, 그리고 렌즈의 구경의 반지름 S가 2인치라면, 작은 원의 지름은 (즉 $\frac{Rq}{Iq} \times \frac{Scub}{Dquad}$ 은) 1인치의 $\frac{31 \times 31 \times 8}{20 \times 20 \times 1200 \times 1200}$ 배(또는 $\frac{961}{7200만}$ 배)이다. 그러나 이 광선들이 서로 다른 정도로 굴절해 통과하는 작은 원의 지름은 대물렌즈의 구경(口徑)의 약 $\frac{1}{55}$ 배가 되는데, 이 예에서는 그것이 4인치이다. 그러므로 렌즈의 구면(球面) 형태 때문에 발생하는 오차와 광선들이 서로 다른 정도로 굴절하기에 발생하는 오차 사이의 비는 $\frac{961}{7200만}$ 대 $\frac{4}{55}$ 즉 1 대 5449이며, 그러므로 구면의 형태 때문에 발생하는 오차는 더 이상 고려할 필요가 없을 정도로 매우 작다.

    그러나 광선들이 서로 다른 정도로 굴절하기에 발생하는 오차가 그렇게 엄청나게 크다면 망원경을 통해 보는 물체가 실제로 그런 것처럼 그렇게 분명하게 보이는 것은 도대체 어떻게 가능한 것인가 하고 말할 수

---

[65] Rq와 Iq는 R과 I의 제곱을 의미하고 Scub는 S의 세제곱을 그리고 Dquad는 D의 제곱을 의미한다.

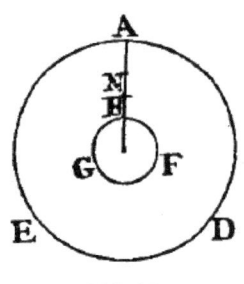

그림 27.

있다. 나의 답변은 이렇다. 오차를 발생시키는 광선들은 그 원형 공간 전체에 균일하게 뿌려지지 않고 원 내부의 어떤 다른 부분보다도 그 중심에 무한히 더 빽빽하게 모이고, 원의 중심에서 둘레 쪽으로 가면서 연속적으로 점점 더 희박해져서, 원의 둘레에서는 무한히 희박해지며, 그래서 원의 중심이나 바로 그 부근이 아니면 그 광선들은 너무 희박해서 눈에 보일 정도로 충분히 강하지 않기 때문이다. [그림 27에서] ADE가 C를 중심으로 그린 원 중 하나를 대표하고 반지름이 AC라고 하자. 그리고 더 작은 원 BFG는 원 ADE와 중심이 일치하고 원의 둘레가 지름 AC와 B에서 만나고 N은 AC를 이등분하는 점이라고 하자. 그러면 내가 예상하기로는, 임의의 장소 B에서 광선의 밀도와 N에서 광선의 밀도 사이의 비는 AB와 BC 사이의 비와 같을 것이다. 그리고 더 작은 원 BFG 내부에 도달하는 전체 빛과 더 큰 원 AED에 도달하는 전체 빛 사이의 비는, AC의 제곱에서 AB의 제곱을 뺀 나머지와 AC의 제곱 사이의 비와 같다. 만일 BC가 AC의 $\frac{1}{5}$이라면, B에서 빛의 밀도는 N에서 빛의 밀도보다 4배 더 짙게 될 것이며, 작은 원 내부에서 비추는 전체 빛과 더 큰 원에 비추는 전체 빛 사이의 비는 9 대 25가 될 것이다. 그러므로 작은 원 내부의 빛이 그 작은 원과 큰 원의 둘레 사이에 있는 부분의 희미하고 퍼진 빛보다 훨씬 더 세게 감각기관을 자극해야 한다는 것은 명백하다.

그러나 프리즘 색깔 중에서 가장 밝은 빛은 노란색과 주황색이라는 것이 더 강조되어야 한다. 이 두 색깔이 나머지 색깔을 모두 합한 것보다 더 세게 감각에 영향을 주며, 세기에서 이 두 색깔의 뒤를 잇는 것은 빨간색과 초록색이다. 이 색깔들에 비해 파란색은 희미하며 어두운 색깔이고, 남색과 보라색은 그보다도 훨씬 더 어둡고 희미해서, 이 두 색깔은 나머지 다른 색깔과 비교하면 관심을 별로 두지 않아도 상관없다. 그러므로 물체의 상(像)은 평균 정도로 굴절하는 광선이 초점을 맺는 초록색과 파란색 영역에 놓이게 되는 것이 아니라, 주황색과 노란색의 가운데에 해당하는 광선들이 초점을 맺는 곳에 놓이는데, 그 위치는 색깔이 가장 밝고 찬란히 빛나는 곳으로 가장 밝은 노란색이 있는 곳이고, 노란색 중에서 초록색 쪽이 아니라 주황색 쪽으로 좀 치우친 곳이다. 그리고 광학적으로 사용할 렌즈와 수정(水晶) 유리의 굴절은 이 노란색 광선들의 굴절에 따라 (렌즈에서 이 노란색 광선의 입사의 사인과 굴절의 사인 사이의 비는 17 대 11인데) 측정해야 한다. 그러므로 물체의 상(像)을 이 광선들의 초점이 위치한 곳에 놓이게 하고, 노란색과 주황색은 모두 지름이 렌즈 구경의 약 $\frac{1}{250}$인 원의 내부를 비추게 하자. 그리고 만일 빨간색의 밝은 쪽 절반을 (주황색 바로 다음에 오는 바로 그 절반을) 추가하고 초록색의 밝은 쪽 절반을 (노란색 다음에 오는 바로 그 절반을) 추가한다면, 이 두 색깔이 나르는 빛의 약 $\frac{3}{5}$배가 동일한 원의[66] 내부를 비추게 될 것이고, 그리고 나머지 $\frac{2}{5}$배는 그 원 바깥의 둥그런 부분을 비추게 될 것이다. 그리고 그 원의 바깥을 비추는 빛은 원의 내부에 비해 훨씬 더 큰 공간을 통해 퍼져나가게 될 것인데, 그러므로 대체로 거의 세 배는 더 희박하게 될 것이다. 빨간색과 초록색의 다른 쪽 절반 중에서

---

[66] 앞에서 언급한 지름이 렌즈 구경의 약 $\frac{1}{250}$배인 원을 말한다.

는 (즉 짙고 어두운 빨간색과 황갈색이 섞인 짙은 초록색 중에서는[67]) 약 $\frac{1}{4}$이 이 원의 내부로 들어오고, 나머지 $\frac{3}{4}$은 원 밖으로 나가며, 그중에서 원 밖으로 나간 빛은, 원 내부에서 비춘 공간에 비해, 약 4배에서 5배가 더 넓은 공간을 통해 퍼져나가게 될 것이다. 그래서 짙은 빨간색과 초록색의 절반 중에서 원 밖으로 나간 빛은 대체로 더 희박해지며, 만일 원의 내부를 비추는 전체 빛과 비교한다면, 전체적으로 모두 합한 빛의 약 25배가 더 희박해진다. 또는 프리즘에 의해 만들어지는 색깔들의 스펙트럼에서 한쪽 끝에 위치하는 짙은 빨간색은 매우 좁고 희박하며, 황갈색이 섞인 짙은 초록색은 주황색이나 노란색보다 더 희박한 색깔이므로, 위에서 언급한 원 밖으로 나간 빛은 오히려 30배나 40배보다 더 희박하다고 할 수 있다. 그러므로 이 색깔들의 빛은 원 내부의 빛에 비해 너무 희박해서 감각을 거의 자극하지 못할 것이며, 특히 이 빛의 짙은 빨간색과 황갈색이 섞인 짙은 초록색은 나머지 색깔들에 비해 더 어둡기 때문에 더 그러할 것이다. 그리고 똑같은 이유로 이 색깔들보다도 훨씬 더 어둡고 훨씬 더 희박한 파란색과 보라색도 무시해도 좋다. 왜냐하면 그 원 내부의 짙고 밝은 빛은 원 바깥을 둘러싼 이 어두운 색깔들의 희박하고 약한 빛을 가려서 그 색깔들은 거의 눈에 띄지 않게 할 것이기 때문이다. 밝은 점에 의해 만들어진 눈으로 보이는 점의 상(像)이 대부분, 좋은 망원경 대물렌즈 구경의 $\frac{1}{250}$인 그 원보다 지름이 더 크지 않거나 그 원보다 훨씬 더 크지 않은 것도 다 그런 이유 때문이고, 혹시 그 원 주위에 희미하지만 어두운 또렷하지 않은 빛이 나올 것이라 예상할 수는 있으나 보는 사람은 거의 알아차릴 수가 없다. 그러므로 구경(口徑)이 4인치이고 길이가 100피트인 망원경에서 밝은 점의 상(像)의 지름은

---

[67] 여기서 황갈색이 섞인 짙은 초록색이라고 번역한 색을 원문에서는 'willow green'이라고 했는데, 버드나무를 뜻하는 윌로를 이용한 '윌로 그린'이라 불리는 이 색은 버드나무 잎에 황갈색이 섞인 초록색을 의미한다.

2"45‴ 또는 3"를 초과하지 않는다.[68] 그리고 구경(口徑)이 2인치이고 길이는 20피트에서 30피트인 망원경에서는 그 상(像)의 지름이 5" 또는 6"일 수 있지만 그보다 더 크지는 않다. 그리고 이것은 경험과 일치한다. 왜냐하면 일부 천문학자는 길이가 20피트와 60피트인 망원경으로 관찰한 항성(恒星)의 지름이 약 5"이거나 6" 또는 최대한으로 잡아서 8" 또는 10"인 것을 발견했기 때문이다. 그러나 만일 별에서 오는 빛을 가리기 위해 망원경 접안렌즈를 램프나 횃불의 연기로 엷게 그을리면, 별 가장자리에 보이는 더 희미한 빛은 더 이상 보이지 않게 되며, (만일 그 접안렌즈를 연기로 충분히 그을렸다면) 그 별은 오히려 수학적 점인 것처럼 나타나게 된다. 그리고 똑같은 이유로, 모든 밝은 점의 가장자리에 보이는 빛 대부분은 더 긴 망원경보다 더 짧은 망원경에서 분별하기가 더 어려운데, 그것은 더 짧은 망원경이 눈까지 전달하는 빛의 양이 더 적기 때문이다.

이제, 항성(恒星)들은 굉장히 멀리 있어서, 항성에서 오는 빛이, 굴절에 의해 엷어지지 않는 이상, 항성은 점처럼 보이며, 달이 항성 앞을 지나가면 항성은 갑자기 사라지고, 달이 다 지나가서 항성이 다시 보이게 될 때도, 즉시 또는 1초도 안 되는 짧은 시간 안에 다시 나타나는데, 여기서 항성이 처음 사라지고 나중에 다시 보이게 되는 시간이 약간 지연되는 것은 단지 달의 대기(大氣)에 의한 굴절이 있어서일 뿐이다. 이렇게 항성(恒星)의 경우는, 달이 앞을 지나가며 가릴 때 점차 보이지 않게 되는 행성(行星)의 경우와는 다르다.

이제, 만일 밝은 점의 인지(認知)할 수 있는 상(像)의 크기가 렌즈의 구경(口徑)보다 심지어 250배만큼 더 작다고 가정하더라도, 이 상(像)은

---

[68] 기호 "는 길이의 단위인 인치를 의미하며 ‴는 1인치의 $\frac{1}{60}$인 단위를 의미한다.

오직 렌즈 표면이 구형(球形)이라는 이유만으로 만들어질 상(像)보다는 여전히 굉장히 더 크다. 왜냐하면 만일 광선들이 굴절하는 정도가 다르지 않다면, 길이가 100피트이고 구경(口徑)이 4인치인 망원경인 경우에 상(像)의 폭은 앞에서, 이미 계산해 보여준 것처럼, 1인치의 $\frac{961}{7200만}$ 배밖에 되지 않을 것이기 때문이다. 그러므로 이 경우에 렌즈 표면이 구형(球形)이라는 이유 때문에 발생하는 최대 오차와 광선들이 다른 정도로 굴절해서 발생하는 인지(認知) 가능한 최대 오차 사이의 비는 최대한으로 잡아서 $\frac{961}{7200만}$ 대 $\frac{4}{250}$ 이고, 이것은 단지 1대 1200에 불과하다. 그래서 이것은 망원경이 완전하지 못하게 하는 것이 렌즈 표면이 완전한 구형(球形)이 아니기 때문이 아니라 광선들이 서로 다른 정도로 굴절하기 때문임을 충분히 잘 보여준다.

  망원경이 완전하지 못한 진짜 이유가 바로 광선들이 다른 정도로 굴절하기 때문이라고 생각하게 해주는 또 다른 주장이 있다. 대물렌즈의 형태가 구형(球形)이어서 발생하는 오차는 대물렌즈 구경(口徑)의 세제곱에 비례한다. 그러므로 길이가 서로 다른 망원경이 상을 똑같은 정도로 선명하게 확대하게 하려면, 대물렌즈의 구경과 배율은 망원경 길이의 제곱근의 세제곱에 비례해야 하지만, 실제로는 그렇지가 않다. 그러나 광선들이 다른 정도로 굴절해서 발생하는 오차는 대물렌즈의 구경(口徑)에 비례하고, 그러므로 길이가 서로 다른 망원경이 상을 똑같은 정도로 선명하게 확대하게 하려면, 그 망원경의 구경(口徑)과 배율이 망원경 길이의 제곱근에 비례해야만 하며, 잘 알려진 것처럼, 이것은 실제로 그렇다. 예를 들어, 길이가 64피트이고 구경이 $2\frac{2}{3}$ 인치이며 배율이 120배인 망원경과 길이가 1피트이고 구경이 $\frac{1}{3}$ 인치이며 배율이 15배인 망원경의 상(像)은 선명한 정도가 비슷하다.

  이와 같이 광선들이 서로 다른 정도로 굴절하는 성질이 없다면, 사이

그림 28.

에 물을 채운 두 개의 렌즈로 대물렌즈를 구성함으로써, 망원경을 우리가 지금까지 묘사한 것보다 훨씬 더 완전하게 만들 수 있을 것이다. 이제 [그림 28에서] ADFC는, 바깥쪽 AGD와 CHF가 볼록이고 안쪽 BME와 BNE가 오목한 동일한 두 개의 렌즈 ABED와 BEFC와 그리고 물로 채운 그 사이 빈 공동(空洞) BMEN으로 구성된 대물렌즈를 대표한다고 하자. 그리고 렌즈에서 공기로 들어가는 입사의 사인은 $\frac{I}{R}$이고, 물에서 공기로 들어가는 입사의 사인은 $\frac{K}{R}$이고, 따라서 결과적으로 렌즈에서 물로 들어가는 입사의 사인은 $\frac{I}{K}$이라고 하자. 그리고 볼록한 면 AGD와 CHF는 지름이 D인 구(球)가 되도록 연마했고, 오목한 면 BME와 BNE도 역시 지름이 D인 구가 되도록 연마했다고 할 때, 지름 D는 $\frac{KK-KI}{RK-RI}$의 세제곱근이라고 하자. 그리고 렌즈의 면이 구형(球形)이어서 일어나는 오차에 한해서는, 렌즈의 오목한 쪽에서 일어나는 굴절이, 렌즈의 볼록한 쪽에서 일어나는 굴절의 오차를, 상당히 많이 상쇄해 수정하게 될 것이라고 하자. 만일 몇 가지 종류의 광선이 서로 다른 정도로 굴절하지 않는다면, 이 방법으로 망원경이 충분히 완전하게끔 만들 수도 있다. 그러나 바로 이런 서로 다른 정도로 굴절한다는 이유 때문에, 최근 호이겐스가[69] 망원

---

[69] 크리스티안 호이겐스(Christiaan Huygens, 1629~1695)는 뉴턴과 동시대를 살았던 네덜란드 출신의 수학자이며 물리학자 그리고 천문학자이다.

경의 성능을 향상할 목적으로 잘 이용했듯이, 망원경 길이를 더 길게 만드는 방법을 제외하고는, 굴절만 이용해서 망원경의 성능을 향상하게 하는 어떤 다른 수단도 아직 찾아내지 못하고 있다. 망원경 관 길이가 매우 길면 거추장스럽고 손쉽게 다루기 어렵고, 긴 관은 매우 쉽게 휘어지기도 하고 구부러지면서 흔들려 대상 물체가 연속해서 떨려 보이기 때문에, 물체를 분명하게 보기 어렵게 된다. 그렇지만 호이겐스는 렌즈들을 손쉽게 다룰 수 있게 하고 대물렌즈는 단단하게 똑바로 세운 기둥으로 고정해 놓아서 망원경이 더 견고하도록 고안했다.

   그러므로 주어진 길이의 망원경을 굴절로 개선하는 것은 전혀 가망이 없다는 것을 깨닫고, 나는 대물렌즈 대신에 오목한 금속을 이용해서 반사를 이용한 망원경을[70] 고안했다. 그 금속의 표면은 지름이 약 25 영국 인치인 구(球)의 표면이 되도록 연마했으며, 결과적으로 이것은 길이가 약 $6\frac{1}{4}$ 인치인 기구가 되었다. 접안렌즈는 한쪽은 평면이고 다른 쪽은 볼록했는데, 볼록한 면은 지름이 약 $\frac{1}{5}$ 인치 또는 약간 더 작은 구(球)의 표면이 되도록 연마했고, 결과적으로 접안렌즈의 배율은 30배와 40배 사이가 되었다. 다른 방법으로 측정했더니, 그 접안렌즈의 배율은 약 35배로 나왔다. 그 오목한 금속의 구경(口徑)은 $1\frac{1}{3}$ 인치였는데, 이 구경(口徑)의 크기를 더 크게 만들지 못한 이유는, 금속으로 만든 반사경(反射鏡)의 원을 더 크게 만들지 못했기 때문이 아니라, 접안렌즈와 눈 사이에 광선이 통과하도록 뚫어 놓은 구멍을 위한 원을 더 크게 만들지 못했기 때문이다. 그런 원을 그 위치에 놓았기 때문에, 필요 없는 빛 중 상당히 많은 부분을 막았는데, 만일 그렇게 막지 못했다면 보이는 영상(影像)을 훼손했을 것이다. 그렇게 만든 장치를 길이가 4피트이고 오목렌즈를 접

---

70 원문에서 'perspective'라고 쓴 것을 망원경으로 번역했다. 이 책에서는 망원경의 의미로 'telescope'와 'perspective'를 모두 사용한다. 17세기 영국에서는 망원경과 같은 광학용 안경을 총칭하여 'perspective'라고 불렀다.

안렌즈로 사용하는 상당히 좋은 망원경과 비교했더니, 그 망원경보다 내가 만든 장치로 더 먼 거리까지 관찰할 수 있었다. 그러나 물체는 그 망원경에서보다 내가 만든 장치에서 훨씬 더 어둡게 나타났는데, 그것이 부분적으로는 렌즈에서 굴절하면서 손실되는 빛보다 더 많은 빛이 금속에 반사되면서 손실되었기 때문이고, 부분적으로는 내가 만든 장치의 배율이 너무 크기 때문이었다. 만일 내가 만든 장치의 배율이 30배나 25배라면, 그 장치에서 물체가 좀 더 선명하고 보기가 더 좋게 나왔을 것이다. 나는 그런 장치 두 개를 약 16년 전에 만들었으며, 그중 한 개는 아직도 여전히 내 옆에 두고 있고, 그 장치를 가지고 내가 이 책에 쓴 내용이 옳다는 것을 증명할 수 있다. 그런데 그 장치가 내가 첫 번째로 만든 것보다 썩 더 좋지는 않다. 왜냐하면 오목한 부분이 여러 번 녹슬어서, 아주 부드러운 가죽으로 문지르는 방법으로, 반복해서 닦아냈기 때문이다. 내가 런던에 사는 어떤 전문가에게 이것과 똑같은 일을 하게 시켰을 때, 나는 그가 채용한 조수와 대화하는 과정에서, 오목한 부분을 연마하는 데 내가 한 것과는 다른 방법을 이용해서 내가 성취한 것에 훨씬 못 미치는 성과를 냈음을 알았다. 내가 사용한 연마 방법은 다음과 같다. 나는 두 개의 둥근 구리판을 사용했는데, 두 개 모두 지름은 6인치였고, 하나는 볼록하고 다른 하나는 오목했으며, 접촉시키면 두 개가 서로 착 달라붙도록 갈았다. 볼록한 구리판을 이용해, 앞으로 연마하게 될, 대상 금속 즉 오목한 금속에서 먼저 볼록한 형태로 떼어내고 연마할 단계가 될 때까지 계속 갈았다. 그런 다음 볼록한 부분에, 녹인 송진을 떨어뜨리는 방법으로, 송진을 아주 얇게 바르고 나서, 송진이 부드럽게 유지되도록 따뜻하게 하면서, 그동안 송진이 볼록한 부분 전체에 고르게 퍼지도록 물로 촉촉이 젖게 만든 오목한 구리판으로 갈아주었다. 이와 같이 잘 조절하면서 나는 송진이 은화(銀貨)만큼[71] 얇게 되도록 만들었고, 그 뒤 볼록한 부분을 식혀서 차가워진 다음 내가 할 수 있는 한 제대로 된 형태가 되도록 그것을 다시 갈았다. 그 다음에 퍼티 분을[72] 가져왔는데, 그것을 굵은 입자부터 물에 통과시켜 아주 미세한 가루로 만들었으며, 약간의 퍼티 분을 송진 위에 얹고 오목한 구리판으로 소리가 나서 다 끝났음을 알 수 있을 때까지 볼록한 구리판을 갈았다. 그런 다음에는 기민한 동작으로 2~3분 동안 대상 금속을 송진 위에서 세게 밀면서 갈았다. 그런 다음 송진 위에 새로 만든 퍼티 분을 넣고, 다시 다 끝나 금속 소리가 날 때까지 또 갈았으며, 그 뒤에는 전과 마찬가지로 그 위에서 대상 금속을 갈았다. 그리고 나는 이런 작업을 금속이 반짝이는 윤이 날 때까지 반복했는데, 마지막으로 갈 때는 상당히 긴 시간 내 온 힘을 기울여 갈았고, 새로 만든 퍼티 분은 더 이상 넣지 않으면서도 습기를 유지하려고 자주 송진에 입김을 불어넣었다. 대상 금속의 폭은 2인치였고, 구부러지지 않도록 두께는 약 $\frac{1}{3}$인치가 되었다. 나는 이런 금속 두 개를 만들었는데, 두 개를 모두 연마하고 나서, 둘 중 좋은 것을 사용해 보았고, 내가 처음에 고른 것보다 더 좋게 만들 수 있을지 확인하려고 다른 한 개를 다시 계속해서 더 갈았다. 그리고 이렇게 많은 시도로 어떻게 연마할지 배워서, 마침내 나는 위에서 말한 것과 같은 그런 반사 망원경을 두 개 만들었다. 이런 연마하는 비법은 내 설명으로가 아니라 반복된 실습으로만 더 잘 습득할 수 있을 것이다. 나는 대상 금속을 송진 위에서 갈기 전에 항상 그 위에 퍼티 분을 얹고 다 끝나 금속 소리가 날 때까지 오목한 구리판으로 갈았다. 왜냐하면 퍼티 분 입자가 이 방법으로 송진에 달라붙어야, 그 입자들이 위아래로 구르며 지지직거리는

---

[71] 원문에는 'groat처럼 얇게'라고 되어 있는데, groat는 당시 영국에서 사용한 은화의 이름이다.
[72] 퍼티 분(putty powder)은 대리석이나 유리 또는 금속을 연마하는 데 이용되는 주석(납)으로 만든 가루이다.

소리를 내면서 대상 금속을 갈아내고 수많은 구멍을 그 갈린 가루들이 메꿀 것이기 때문이다.

  그러나 금속은 유리보다 연마하기 더 어렵고 나중에는 녹이 슬어 사용하지 못하게 되기가 매우 쉽기 때문에, 그리고 뒷면에 수은을 바른 유리만큼 빛을 많이 반사하지 못하기 때문에, 나는 금속 대신 앞쪽을 오목하게 갈아내고 뒤쪽도 똑같은 모양으로 볼록하게 갈아낸 다음 볼록한 쪽에 수은을 바른 유리를 사용하는 것이 좋다고 본다. 유리의 모든 부분은 어디나 두께가 정확하게 같아야만 한다. 그렇지 않다면 그 유리는 대상 물체가 색깔을 띠어 뚜렷이 보이지 않게 만들 것이다. 나는 약 5~6년 전에 그런 유리를 이용해서 길이가 4피트이고 배율이 약 150배인 반사 망원경을 만들려고 시도했는데, 그런 설계를 완벽하게 해내려면 숙련된 전문가만 있으면 된다는 사실을 알고 만족했다. 왜냐하면 우리 런던 전문가 중 한 사람이 평소 망원경에 사용한 렌즈를 간 것과 같은 방식을 따라 가공한 유리에서는, 비록 그 유리가 대물렌즈를 간 것처럼 잘 가공된 듯했지만, 수은을 바른 후 반사해 보니 유리의 모든 부분에 걸쳐 셀 수 없을 정도로 우둘투둘한 곳이 많은 것이 보였기 때문이다. 그렇지만 이 실험으로 나는, 영상(影像)을 훼손할지도 모른다고 우려했던, 유리의 오목한 쪽에서의 반사는 영상에 어떤 감지(感知)할 만한 손상도 입히지 않았고, 결과적으로 이 망원경을 완벽하게 만들려면 다른 것은 아무것도 필요하지 않고, 다만 유리를 진정으로 구형(球形)이 되도록 갈고 연마할 수 있는 숙련된 기술자만 있으면 된다는 사실을 알았다. 나는 한때 런던의 한 전문가가 제작한 길이 14피트인 망원경의 대물렌즈를, 퍼티 분을 섞은 송진 위에서 연마하고, 퍼티 분이 그 대물렌즈 표면에 상처를 내지 않도록 연마하는 동안 렌즈를 매우 살살 누르며 연마함으로써, 상당히 많이 개선한 적이 있었다. 이런 방법이 이런 반사용 유리를 연마하는 데도 충분히 좋을지에 대해서는 나는 아직 시도해보지 않았다. 그러나 누구든 이 방법 또는 더 좋을지도 모른다고 생각하는 어떤 다른 연마 방법을 시도하더라도, 전에 런던의 전문가가 유리를 연마하면서 너무 세게 누른 것처럼 그렇게 격렬하게 연마하지 않도록 하면서, 유리를 조심스럽게 연마할 필요가 있다. 왜냐하면 그렇게 격렬하게 누르면, 유리는 갈아내는 과정에서 약간 구부러지는 경향이 있는데, 그렇게 구부러지면 더 말할 것도 없이 원하는 형태를 망치게 될 것이기 때문이다. 그러므로 유리를 다루는 데 관심을 갖는 그런 전문가들에게 이런 반사시키는 유리를 고려해보는 것이 좋겠다고 추천하고자, 다음 명제에서는 광학(光學) 장치에 대해 설명하려 한다.

명제 8. 과제 2.

길이가 더 짧은 망원경.

이제 [그림 29에서] ABCD는, 앞쪽 AB는 오목하고 뒤쪽 CD는[73] 앞쪽과 똑같은 정도로 볼록해서 모든 곳에서 두께가 똑같은 유리를 대표한다고 하자. 이 유리 한쪽이 다른 쪽보다 더 두껍지 않게 해야 한다. 그렇지 않다면 이 유리는 물체가 색깔을 띠어서 분명하지 않게 보이게 한다. 이 유리를 매우 정교하게 가공하고 뒷면에 수은을 바른다. 그리고 내부가 매우 캄캄한 관 VXYZ 안에 이 유리를 장치한다. EFG는 그 관의 다른 쪽 끝에 설치된 유리 또는 수정으로 만든 프리즘인데, 그 가운데 부분이 놋쇠 또는 철(鐵)로 만든 손잡이 FGK의 평평하게 만든 한쪽 끝

---

[73] 그림 29에는 영어 알파벳 소문자로 표시되어 있다. 즉 본문에서 ABCD는 그림에서 *abcd*를 의미한다.

에 접착되어 있다. 이 프리즘의 수직인 부분이 E라고 하고, F와 G에 위치한 다른 두 꼭지각의 각도는 정확하게 서로 같도록 만드는데, 그래서 결과적으로 두 꼭지각의 각도는 각각 45도가 된다. 그리고 이 프리즘의 평평한 두 면 FE와 GE는 정사각형이고, 결과적으로 세 번째 면 FG는 직사각형으로, 긴 쪽 변과 짧은 쪽 변 사이의 비는 $\sqrt{2}$ 대 1이 된다. 프리즘을 관 내부에 그렇게 배치하고, 반사경(反射鏡) 축이 프리즘 정사각형 면 EF의 중앙에 수직하게 지나가고, 결과적으로 면 FG에는 45도의 각도로 지나가도록 만들자. 그리고 면 EF가 반사경을 향하도록 프리즘을 회전시키고, 이 프리즘에서 반사경까지의 거리를 조절해서, 관으로 들어오는 빛을 나르는 광선 PQ, RS 등이 반사경 축에 평행하게 반사경으로 입사(入射)하고, 반사된 다음에는 프리즘 면 EF에 도달하여, 프리즘 내에서는 면 FG에서 반사된 다음에, 프리즘 면 GE를 통해 밖으로 나가서 점 T로 향하게 하는데, 이 점은 반사경 ABDC와 한 면은 평면이고 다른 면은 볼록한 접안렌즈 H의 공통 초점이어야만 하며, 이 H를 통해서 그 광선들이 눈으로 들어오게 된다. 그리고 광선들이 접안렌즈를 통해 밖으로 나올 때는 납이나 구리 또는 은으로 만든 조그만 판의 작은 둥근 구멍을 통과하는데, 그 작은 구멍으로 렌즈가 둘러싸여 있고, 그 구멍은 빛이 지나가기에나 충분할 정도로 너무 크지 않아야 한다. 왜냐하면 그렇게 해야 물체가 분명하게 보이게 되는데, 그 판이 반사경(反射鏡) AB의 가장자리에서 오는 빛의 필요 없는 부분을 모두 차단하도록 만들어졌기 때문이다. 장치의 길이가 (반사경에서 프리즘까지, 그러므로 초점 T까지 길이가) 6피트라면 구경(口徑)이 6인치까지인 반사경을 설치할 수 있고 배율은 200배에서 300배 사이가 된다. 그러나 여기서는 구멍 H의 구경(口徑)을 제한하는 것이 반사경의 구경을 제한하는 것보다 더 유리하다. 만일 이 장치를 더 길게 만들거나 더 짧게 만들면, 구경은 길이의 $\frac{3}{4}$에

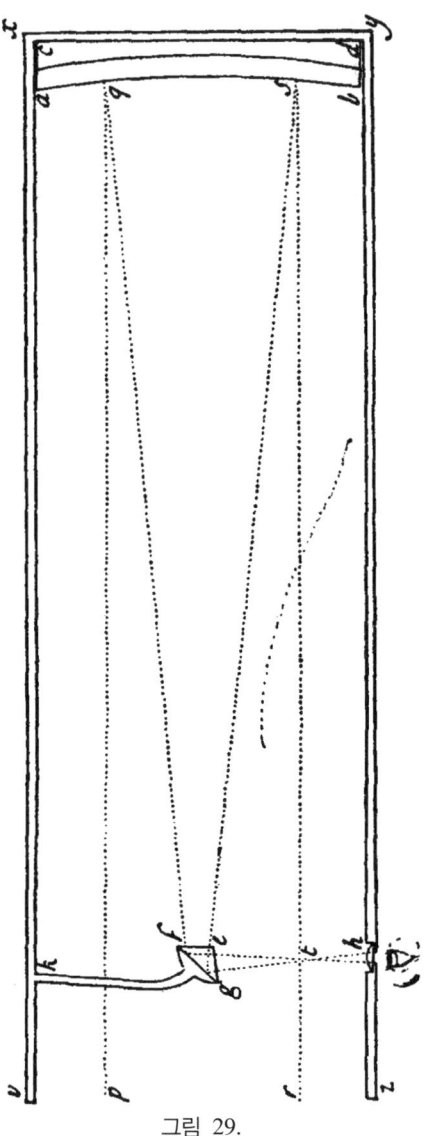

그림 29.

비례해야만 하고, 배율은 구경에 비례해야 한다. 그러나 반사경이 구경보다 적어도 1인치 정도 더 넓고, 반사경을 만든 유리는 두껍고, 반사경을 만드는 동안 구부러지지 않는 것이 편리하다. 프리즘 EFG는 필요 이상으로 크지 않아야 하며, 프리즘의 뒷면 FG는 수은을 바르지 않아야 한다. 왜냐하면 수은이 없어도 프리즘은 반사경에서 들어온 빛을 모두 반사하기 때문이다.

　이 장치에서는 대상 물체가 거꾸로 서게 되는데, 그러나 프리즘 EFG의 정사각형 면 EF와 EG를 평면이 아니라 볼록 튀어나온 구면으로 만들어서, 광선들이 프리즘과 접안렌즈 사이에서 프리즘에 도달하기 전과 후에 모두 교차하게 만들면, 대상 물체가 바로 설 수도 있다. 만일 이 장치가 더 큰 구경(口徑)도 견딜 수 있다면, 사이에 물을 채운 두 개의 유리로 반사경을 구성해 그렇게 만들 수도 있다.

　망원경 설계에 대한 이론을 마침내 모두 구현할 수 있게 되더라도, 망원경이 도저히 이뤄낼 수 없는 어떤 한계가 존재한다. 왜냐하면 우리가 별을 보는 데 통과해야만 하는 공기가 항상 진동하고 있기 때문이다. 그 증거로는 높은 탑이 드리운 그림자가 떨리는 것이나, 항성(恒星)이 반짝이는 것을 들 수가 있다. 그러나 이 별들을 구경(口徑)이 큰 망원경을 통해 관찰하면 반짝이지 않는다. 왜냐하면 구경(口徑)의 여러 부분을 통과하는 빛의 광선들은 따로 하나씩 진동하며, 그 진동들이 다양(多樣)하며 때로는 상반(相反)되어 눈의 망막의 서로 다른 위치에 하나의 같은 시간에 모두 도달하고, 그 진동하는 운동들은 제대로 인식되기에는 너무 빠르고 혼란스럽기 때문이다. 그리고 이렇게 비친 모든 점이, 매우 짧고 재빠른 진동들에 의해서 서로 혼란스럽고 인식하지 못할 정도로 섞인 그렇게 많은 진동하는 점들로 구성되어, 하나의 커다란 밝은 점을 형성하며, 그래서 결과적으로 별들이 전체적으로는 어떤 떨림도 없이 원래보다 더 크게 보이게 만든다. 길이가 긴 망원경은 짧은 망원경보다 물체가 더 밝고 크게 보이게 할 수도 있지만, 망원경이 대기(大氣)의 떨림에서 발생하는 광선들의 혼동을 상쇄시키도록 설계할 수는 없다. 그런 것을 방지하는 유일한 방법은 아마도 거대한 구름 위까지 솟아오른 가장 높은 산꼭대기에서나 찾아볼 수 있을 아주 화창하고 조용한 공기일 것이다.

제2부

명제 1. 정리 1.

굴절하거나 반사된 빛에서 색깔이 나타나는 현상은 빛과 그림자가 다양하게 끝나는 데 따라 다양하게 각인(刻印)된 빛의 새로운 수정(修訂)에 의해 생기는 것이 아니다.

- **실험에 의한 증명**

실험 1. 만일 태양 빛이, [그림 1에서] 폭이 $\frac{1}{6}$인치에서 $\frac{1}{8}$인치 사이이거나 좀 더 짧은, 길쭉한 구멍 F를 통하여 아주 캄캄한 방으로 들어온다면, 그리고 태양의 빛줄기 FH는 방안에 들어온 다음에 먼저 구멍에서 거리가 약 20피트 되는 위치에 구멍과 평행하게 놓인 매우 큰 프리즘 ABC를 통과하고, 그 다음에 (그 빛줄기의 흰색 부분과 함께) 폭이 약 $\frac{1}{40}$인치 또는 $\frac{1}{60}$인치이고 검은색의 불투명한 물체인 GI에 뚫린 구멍 H를 통과하는데, 이 구멍 H는 프리즘에서 거리가 2피트 또는 3피트인 곳에 프리즘에 뚫린 길쭉한 구멍과 F에 뚫린 길쭉한 구멍 모두에 평행하게 뚫려 있다면, 그리고 만일 길쭉한 구멍 H를 통해 그렇게 전달된 흰색 빛이 나중에는 그 길쭉한 구멍 H 다음에, 그 구멍에서 거리가 3피트 또는 4피트인

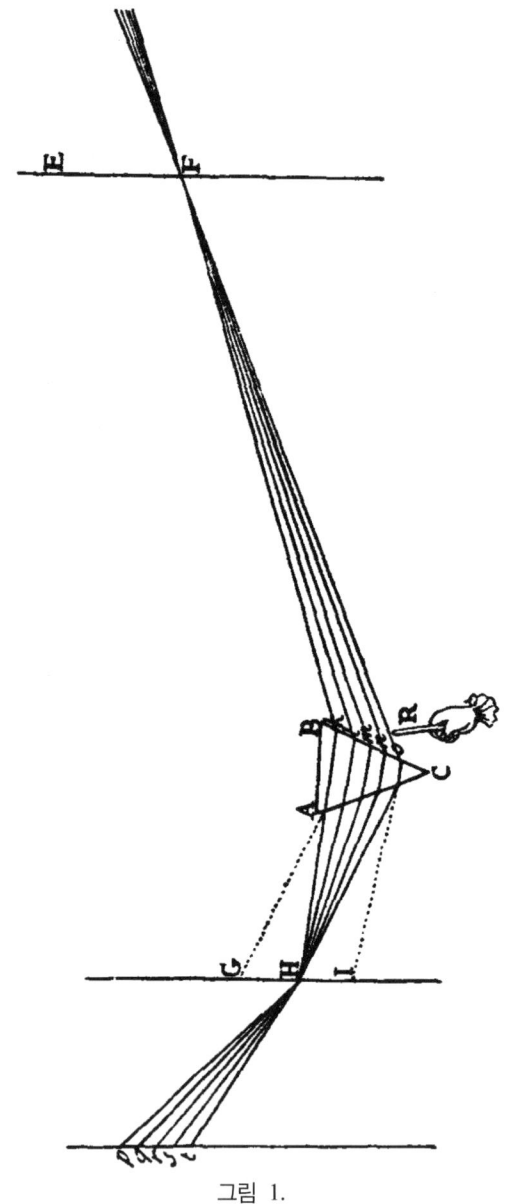

그림 1.

곳에 놓인 흰색 종이 pt에 도달한다면, 그리고 그곳에 프리즘에서 비롯되는 예전의 색깔들을 비추게 된다면, 그래서 t에는 빨간색이, s에는 노란색이, r에는 초록색이, q에는 파란색이, 그리고 p에는 보라색이 보이게 된다면, 폭이 약 $\frac{1}{10}$인치인 철사 또는 비슷하게 가늘고 불투명한 물체를 이용하여 k, l, m, n 또는 o에서 광선들을 차단하여 t, s, r, q 또는 p에 비친 색깔 중 어느 하나를 없애고 나머지 색깔들은 종이 위에 전과 마찬가지로 그대로 남아 있게 만들 수가 있다. 또는 조금 더 큰 장애물을 이용하면, 한 가지 색깔이나, 두 가지 색깔, 또는 세 가지 색깔, 또는 네 가지 색깔을 한꺼번에 없애고 나머지는 그대로 둘 수도 있다. 그렇게 해서 보라색뿐만 아니라 여러 색깔 중 어느 한 색이라도 p쪽을 향한 어두운 영역의 가장 바깥쪽이 될 수 있고, 빨간색뿐만 아니라 여러 색깔 중 어느 한 색이라도 t쪽을 향한 어두운 영역의 가장 바깥쪽이 될 수 있으며, 그리고 여러 색깔 중 어느 한 색이라도 역시 빛의 어떤 중간 부분을 차단한 장애물 R로 생긴 어두운 부분의 경계가 될 수 있다. 그리고 마지막으로, 여러 색깔 중에서 홀로 남겨진 어떤 한 색깔이라도 어두운 부분의 양쪽 두 끝 중에서 어느 한쪽 끝의 경계가 될 수 있다. 모든 색깔은 어두운 어떤 영역에도 전혀 상관없이 스스로 존재하고, 그러므로 이런 색깔들이 서로 구별되는 차이는 그림자의 서로 다른 영역 때문에 생기는 것이 아니며, 그러므로 빛은 그동안 학자들이 생각해온 것처럼 여러 가지로 수정되는 것이 아니다. 이런 일을 시도할 때는, 빛이 너무 많이 줄어들지 않으면서 pt에 나타나는 색깔들이 충분히 잘 보인다는 조건 아래서, 두 구멍 F와 H의 폭이 얼마나 더 좁아야 하는지, 그리고 두 구멍과 프리즘 사이의 간격은 얼마나 더 멀어야 하는지, 그리고 방은 얼마나 더 캄캄해야 하는지 관찰해야만 하며, 얼마나 더 잘 관찰하느냐에 따라 실험의 성공 여부가 결정된다. 이 실험에 사용하기에 적당할

만큼 충분히 큰, 속이 찬 유리로 만든 프리즘을 구하는 것은 쉬운 일이 아니므로, 그래서 잘 연마된 유리판을 서로 접착하여 프리즘과 같은 형태의 용기로 만들고 그 안에 소금물 또는 맑은 기름을 채워서 이용해야 한다.

실험 2. 태양 빛이 [그림 2에서] 폭이 $\frac{1}{2}$인치인 둥근 구멍 F를 통하여 캄캄한 방으로 들어오는데, 제일 먼저 구멍 옆에 놓인 프리즘 ABC를 통과하고, 그 다음에는 프리즘에서 약 8피트의 거리에 놓인 폭이 4인치 이상인 렌즈 PT를 통과한 다음에 그 렌즈의 초점인 O로 수렴되는데, O는 렌즈에서 거리가 약 3피트 떨어져 있으며, 그곳에 놓인 흰색 종이 DE에 빛을 비춘다. 만일 DE로 대표되는 종이가 그 종이로 입사하는 빛에 수직하게 놓여 있다면, 종이 위의 O에 도달하는 모든 색깔은 흰색으로 보인다. 그러나 만일 그 종이가 프리즘에 평행인 축을 중심으로 회전되어, 두 위치 *de*와 *δϵ*으로 대표되는 것처럼, 빛의 방향으로 상당히 기울어진다면, 똑같은 빛이 어떤 경우에는 노란색과 빨간색으로 보이고, 다른 경우에는 파란색으로 보인다. 이 모든 경우에 밝은 영역과 그림자 영역 프리즘의 굴절이 모두 똑같이 유지되는데, 여기서는 단지 종이를 어떻게 기울였느냐에 따라, 하나의 동일한 장소에서, 빛의 하나의 동일한 부분이, 어떤 경우에는 흰색으로도 보이고, 다른 경우에는 노란색 또는 빨간색으로도 보이고, 또 다른 경우에는 파란색으로도 보인다.

실험 3. 다음과 같이 하면 그런 종류의 또 다른 실험을 어쩌면 더 쉽게 할 수도 있다. 창문의 덧문에 뚫린 구멍을 통하여 캄캄한 방으로 들어온 폭이 넓은 태양의 빛줄기가 [그림 3에서] 큰 프리즘 ABC에 의해 굴절하도록 만들자. 이 프리즘의 굴절각 C는 60도보다 더 크다. 그러면 바로 그 빛은 프리즘 바깥으로 나오는데, 그 빛이 딱딱한 평면에 고정된 흰색 종이 DE를 비추도록 만들자. 그리고 이 빛은, 그 종이가 DE에 표시되어

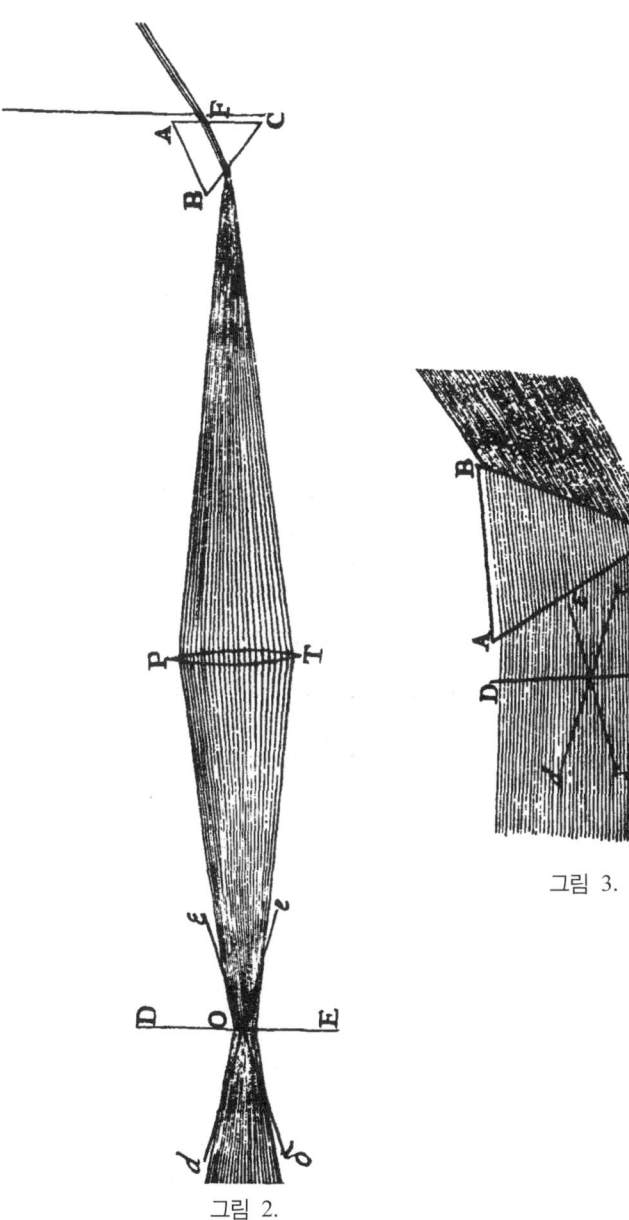

그림 2.

그림 3.

있는 것처럼 빛에 수직으로 놓여 있을 때, 종이 위에서 완벽하게 흰색으로 나타날 것이다. 그러나 그 종이가, 프리즘의 축에는 항상 평행하게 유지되면서, 빛의 방향으로 아주 많이 기울어져 있으면, 종이 위에 비추는 전체 빛이 얼마나 흰가 하는 것은, 종이가 이쪽으로 기울어져 있는지 저쪽으로 기울어져 있는지에 따라, *de*처럼 놓여 있다면 노란색과 빨간색으로 변하기도 하고, *δϵ*처럼 놓여 있다면 파란색과 보라색으로 변하기도 할 것이다. 그리고 만일 빛이 종이에 도달하기 전에 두 개의 평행하게 놓인 프리즘에 의해서 이중(二重)으로 굴절한다면, 이 색깔들은 훨씬 더 뚜렷해질 것이다. 여기서 그 종이 위를 비추는 흰색 빛을 이루는 넓은 빛줄기의 중간 부분들은, 그 사이에 색깔을 바꿀 어떤 어두운 영역도 없이, 단 하나의 균일한 색깔로 되어 있었는데, 그 색깔은 종이의 중간에서도 끝에서와 같이 모두 똑같았고, 이 색깔은, 굴절이나 어두운 영역에 아무런 변화가 없는데도, 그리고 또한 종이를 비추는 빛에도 역시 아무런 변화가 없는데도, 단지 반사시키는 종이가 기울어진 정도가 얼마나 되는가에 따라서만 바뀌었다. 그러므로 이렇게 색깔이 다르게 나오는 것은 굴절 또는 어두움으로 빛이 새롭게 수정되는 것을 제외한 어떤 다른 원인에서 비롯되었어야만 한다.

 만일 누군가가 그럼 도대체 무엇이 그 색깔들이 생기게 만든 원인이냐고 묻는다면, 나는 다음과 같이 답변할 것이다. 종이가 *de*처럼 놓여 있으면 종이는 좀 더 적게 굴절하는 광선보다 좀 더 많이 굴절하는 광선들에 더 가까이 기울어져 있어서, 종이는 좀 더 많이 굴절하는 광선보다는 좀 더 적게 굴절하는 광선을 더 많이 받고, 그러므로 반사된 빛에는 좀 더 적게 굴절하는 광선들이 훨씬 더 많이 포함되어 있다. 그리고 어떤 빛에서든, 그 빛에 좀 더 적게 굴절하는 광선들이 훨씬 더 많이 포함되어 있다면, 그 광선들은 어디서나 종이를, 제1권 제1부의 명제 1에 따라 나타날 수 있듯이, 어느 정도는 빨간색 또는 노란색으로 물들이며, 그리고 종이가 더 기울어지면 색깔도 더 짙게 나타날 것이다. 그리고 종이가 $\delta\epsilon$처럼 놓여 있으면 그 반대가 일어나는데, 그때는 좀 더 많이 굴절하는 광선들이 훨씬 더 많이 포함되어 있으며, 그러면 빛은 항상 파란색과 보라색으로 물들어 있다.

실험 4. 아이들이 가지고 노는 비눗방울의 색깔은, 어떤 경계나 그림자와 관계없이, 다양하고 여러 가지 상황에 따라 변한다. 만일 그런 비눗방울 한 개를, 바람이나 공기의 운동으로 흔들리지 않도록, 오목한 유리로 둘러싼다면, 눈과 그 비눗방울 그리고 어떤 빛이라도 내거나 그림자를 드리우는 모든 물체가 전혀 움직이지 않은 채로 그대로 잠잠하게 유지되더라도, 비눗방울의 색깔은 천천히 그리고 규칙적으로 자신의 상태를 변화시킬 것이다. 그러므로 그 색깔은 어떤 어둠의 영역에도 영향받지 않는 어떤 규칙적인 원인에 의해 발생한다. 무엇이 그 원인이냐에 대해서는 제2권에서 설명할 예정이다.

지금까지 설명한 실험 1에서 4까지에 이어서, 제1권 제1부 실험 10을 추가해도 좋다. 그 실험에서는 캄캄한 방에서, 직육면체 형태로 함께 묶인 두 개의 프리즘의 평행한 겉면을 통해 전달된 태양에서 온 빛이, 프리즘 밖으로 나갈 때는 완전히 하나의 균일한 노란색 또는 빨간색이 되어 있다. 여기서, 노란색과 빨간색을 만들어내면서, 어두운 영역은 전혀 어떤 영향도 미칠 수가 없다. 왜냐하면 그림자의 경계에는 어떤 변화도 없으면서 그 빛이 흰색에서 노란색, 주황색, 그리고 빨간색으로 연속적으로 바뀌기 때문이다. 그리고 그림자의 서로 반대되는 경계여서 서로 다른 효과를 내야만 하는, 나타나는 빛의, 양쪽 모서리에서는, 그 색깔이 흰색이든, 노란색이든, 주황색이든, 또는 빨간색이든, 단 하나의 동일한 색깔이다. 그리고 그림자의 경계가 전혀 존재하지 않는, 나타나는 빛의 가운데 부분에서는, 그 색깔이 양쪽 모서리에서 나타나는 색깔과 아주 똑같고, 전체 빛은 처음 나타날 때 그 색깔이 흰색이든, 노란색이든, 주황색이든, 또는 빨간색이든, 하나의 균일한 색깔이고, 그 이후로는 그림자의 경계는 빛이 나타난 다음에 굴절한 빛에 의해 만들어진다고 통속적으로 가정한 것과 같은, 색깔에서의 어떤 변화도 없이 영원히 계속된다. 게다가 이런 색깔들이 굴절에 의한 빛의 어떤 새로운 수정(修正)이 있어서 발생하는 것도 아닌데, 왜냐하면, 굴절은 변하지 않고 그대로 있지만, 그 색깔들은 흰색에서 노란색으로, 주황색으로, 그리고 빨간색으로 잇따라 바뀌기 때문이며, 또한 굴절은 프리즘의 평행한 외부 면에 의해 반대로 일어나서 서로 상대의 효과를 상쇄하는 방식으로 만들어지기 때문이다. 그러므로 그 색깔들은 굴절이나 그림자에 의해서 만들어진 빛의 어떤 수정(修正)에 의해서 발생하는 것이 아니라, 어떤 다른 원인이 존재하는 것임이 틀림없다. 그 원인이 무엇인지는 앞의 실험 10에서 보였으므로, 여기서 그것을 다시 반복할 필요는 없다.

그러나 이 실험에는 또 다른 물질적 환경도 존재한다. 왜냐하면 이렇게 나타난 빛은 [제1부 그림 22에서][9] 세 번째 프리즘 HIK에 의해 종이 PT를 향해 굴절해 그곳에 잘 알려져 있는 프리즘의 색깔인 빨간색, 노란색, 초록색, 파란색, 보라색을 칠했기 때문이다. 만일 이 색깔들이 그 빛을 수정한 프리즘의 굴절에서 발생했다면, 그 색깔들은 빛이 그 프리즘에 입사하기 전에 그 빛에 포함되어 있지 않았을 것이다. 그렇지만 제1권 제1부 실험 10에서 우리는 처음 두 개의 프리즘을 그들의 공통 축에 대해 회전시키면 빨간색을 제외한 모든 색깔을 사라지게 만든다는 것을 알았다. 그리고 홀로 남겨졌던 그 빨간색을 만든 빛은 세 번째 프리즘에 입사하기 전에 바로 그 동일한 빨간색으로 나타났다. 그리고 우리는 다른 실험들을 통하여 일반적으로 굴절하는 정도가 다른 광선들이 서로 분리될 때, 그리고 그 광선 중에서 임의의 한 종류의 광선을 따로 고려할 때, 그 광선들이 구성하는 빛의 색깔은 어떤 굴절이나 어떤 반사 그 무엇에 의해서도 절대 바뀔 수가 없다는 것을 발견했는데, 이는 만일 색이 단지 굴절과 반사 그리고 그림자가 원인이 되어 빛이 수정되어서 나타나는 것이라면 마땅히 나와야 할 결과와는 정반대이다. 나는 이제 다음 명제에서 색깔들이 이렇게 절대 바뀌지 않는다는 성질에 대해 설명하려 한다.

명제 2. 정리 2.

모든 한 가지 종류로 이루어진 빛은 그 빛이 굴절하는 정도에 응답하는 그 빛에 고유한 색깔을 갖고 있으며, 그 색은 굴절과 반사에 의해 바뀔 수 없다.

제1권 제1부 명제 4에서 다룬 실험에서 내가 여러 다른 종류로 이루어진 광선들을 서로 분리했을 때, 분리된 광선들에 의해 형성된 스펙트럼 pt는, 가장 많이 굴절하는 광선이 도달한 스펙트럼의 한쪽 끝인 p에서 시작하여, 가장 적게 굴절하는 광선이 도달한 스펙트럼의 다른 쪽 끝인 t에 이르기까지, 보라색, 남색, 파란색, 초록색, 노란색, 주황색, 빨간색의 순서로 일련의 색깔을 띠었는데, 그 색깔 사이사이에서도 모두 연속적으로 그 정도가 계속해서 변하면서 모든 색깔이 다 나타났다. 그래서 그 스펙트럼에는 서로 다른 색깔들이, 굴절하는 정도가 다른 광선의 종류만큼 많이 보였다.

실험 5. 이제 나는, 제1권 제1부의 실험 12에서 설명한 것과 같이, 프리즘을 이용해서 때로는 빛의 아주 작은 일부분을 굴절시키거나 때로는 빛의 또 다른 아주 작은 일부분을 굴절시킨다고 해서, 그 빛의 색깔들이 굴절에 의해서 바뀔 수는 없다는 것을 알았다. 왜냐하면 빛의 색깔이 그런 굴절에 의해서 아주 조금이라도 절대 바뀌지 않았기 때문이다. 만일 빨간색 빛의 어떤 부분이 굴절했다 해도, 그 빛은 완벽하게 전과 똑같은 빨간색으로 남아 있었다. 그 굴절에 의해서 빨간색에서 주황색이 만들어지지도 않았고, 노란색이 만들어지지도 않았고, 초록색이나 파란색이 만들어지지도 않았고, 어떤 다른 새로운 색깔도 만들어지지 않았다. 굴절이 반복되더라도 그 색깔이 어떤 방법으로든 변하지 않았을 뿐 아니라, 계속해서 항상 완벽하게 맨 처음과 똑같은 동일한 빨간색으로 남아 있었다. 나는 이와 똑같은 불변성과 항구성을 파란색과 초록색 그리고 다른 모든 색깔에서도 역시 발견했다. 또한, 내가, 제1권 제1부의 실험 14에서 설명한 것처럼, 어떤 물체든 프리즘을 통해 한 가지 종류로 이루어진 빛의 어떤 부분으로든 비춰서 그 물체를 본다고 해도, 이 방법으로는 다른 어떤 새로운 색깔도 만들어지는 것을 볼 수가 없었다. 복합된 빛으로 비춘 물체는 어느 것이나 모두 프리즘을 통해서 보면 혼란스럽게 보이고, (위에서 언급한 것처럼) 다양한 새로운 색깔을 띠는 것으로 보이지만, 그러나 한 가지 종류로만 이루어진 빛으로 비춘 물체는 프리즘을 통해서 보더라도 조금도 덜 분명하게 보이지 않을 뿐 아니라, 맨눈으로 보았을 때의 색깔과 조금도 다른 색깔을 띠는 것처럼 보이지 않는다. 그 물체들의 색깔은 사이에 끼워 넣은 프리즘의 굴절에 의해서 전혀 조금도 변하지 않았다. 변한다는 것은 여기서 색깔을 인지(認知)하는 데 있어서의 변화를 말한다. 왜냐하면 내가 여기서 한 가지 종류로 이루어진 빛이라고 말할 때는 절대적으로 한 가지 종류만이라고 의미하는 것은 아니며, 그 빛이 포함하고 있는 약간의 다른 종류의 빛 때문에 약간의 색깔 변화가 발생할 것임이 당연하기 때문이다. 그러나, 만일 포함된 다른 종류가 아주 적어서, 위에서 말한 명제 4에 나온 실험에서, 변화를 인지(認知)할 수 없다고 말했다면, 그 결과로 감각이 판단의 기준인 실험에서는, 전혀 다른 종류가 포함되지 않았다고 취급해야 한다.

실험 6. 그리고 색깔이 굴절에 의해서 바뀌지 않는 것처럼, 색깔은 반사에 의해서도 역시 바뀌지 않는다. 왜냐하면 종이나, 재나, 연단(鉛丹)이나,[74] 웅황(雄黃)이나,[75] 남색 연료나, 금이나, 은이나, 동이나, 풀이나, 파란 꽃이나, 제비꽃이나, 다양한 색깔로 착색(着色)된 물방울이나, 공작새의 깃털이나, 리그눔 네프리티쿰이나,[76] 그와 비슷한 다른 물체들처럼 흰색이나, 회색이나, 빨간색이나, 노란색이나, 초록색이나, 파란색이나, 보라색의 물체 중 어느 것이나, 빨간색 한 가지 종류로만 된 빛에서는 완벽하게 빨간색으로만 보이고, 파란색 빛에서는 완벽하게 파란색으로만 보이고, 초록색 빛에서는 완벽하게 초록색으로만 보이고, 그와 같은 식으로 어떤 다른 색깔들에서도 완벽하게 그 색깔로만 보였기 때문이다. 어떤 색깔이든 한 가지 종류로만 이루어진 빛에서는 모든 물체가 다 똑같은 색깔로 보였는데, 유일한 차이라고 하면 그 물체 중 일부는 빛을 좀 더 강하게 반사시키고, 다른 일부는 빛을 좀 더 약하게 반사시킨다는 것뿐이었다. 지금까지 나는 결코 한 가지 종류로 이루어진 빛을 반사한 물체가 그 색깔을 인지(認知)할 수 있을 정도로 바꾼 경우를 발견하지 못했다.

이 모든 것에서, 만일 태양에서 온 빛이 오로지 한 종류의 광선으로만 구성되어 있다면, 온 세상에 존재하는 색깔은 단지 하나뿐이었을 것이다. 만일 그렇지 않다면 반사나 굴절에 의해서 어떤 새로운 색깔이라도

---

[74] 연단(鉛丹, red lead)은 산화납으로 만든 빨간 물감을 말한다.
[75] 웅황(雄黃, orpiment)은 광물로 만든 노란색 물감을 말한다.
[76] 리그눔 네프리티쿰(Lignum Nephriticum)은 라틴어인데, narra라는 나무와 멕시코의 kidney- wood에서 만든 전승(傳承)되어 온 이뇨제를 부르는 말이다. 이것은 물에 섞이면 비춘 빛과 바라보는 각도에 따라 여러 가지 다른 색깔을 띠게 한다.

만들어낼 수 있었을 것이기 때문이다. 그러므로 색깔의 다양성은 빛이 어떻게 구성되어 있느냐에 달려있음이 틀림없다.

정의

 빨간색으로 보이는, 또는 오히려 물체를 빨간색으로 보이게 만드는 한 가지 종류로만 이루어진 빛이나 광선을, 나는 **rubrifick**[77] 즉 **빨간색-만들기**라 부르고, 물체를 각각 노란색, 초록색, 파란색, 그리고 보라색으로 보이게 만드는 한 가지 종류로만 이루어진 빛이나 광선을 나는 각각 노란색-만들기, 초록색-만들기, 파란색-만들기, 보라색-만들기라 부르며 나머지 색깔에 대해서도 똑같은 방식으로 부르려 한다. 그리고 내가 빛이나 광선을 무슨 색깔이라고 말하거나 또는 어떤 색깔이 있다고 말할 때는 언제나 내가 철학적이고 정확한 의미로 그렇게 말한 것이라기보다는 대체로 그리고 이 모든 실험을 본 일반 사람들이 마음에 그릴 법한 그런 개념에 따라서 그렇게 말한 것이라고 이해하기 바란다. 왜냐하면 광선이 색깔이 있다고 말하는 것은 정확하지 않기 때문이다. 광선에는 이 색깔이나 저 색깔의 감각을 일으키는 어떤 능력 또는 성질이 아닌 그 어떤 것도 존재하지 않는다. 마치 방울이나 악기 또는 다른 소리를 내는 물체에서 소리는 단지 진동하는 움직임일 뿐이고, 공기에는 단지 물체에서 전달된 움직임만 존재하고, 그리고 지각(知覺)기관에는 소리의 형태로 전달된 움직임에 대한 감각만 존재하는 것처럼, 마찬가지로 물체에 나타나는 색깔은 단지 이런 종류의 광선 또는 저런 종류의 광선을 나머지 다른 광선보다 더 풍부하게 반사시키는 성질일 뿐 다른 아무것도 아니

---

[77] rubrifick는 뉴턴이 red-making 즉 빨간색-만들기라는 의미를 갖도록 만든 단어이다.

며, 광선에서 색깔은 단지 이런 또는 저런 움직임을 지각(知覺)기관으로 전달시키는 성질일 뿐이고, 지각기관에서 색깔은 단지 색깔이라는 형태로 그렇게 움직이는 것에 대한 감각일 뿐 다른 아무것도 아니다.

명제 3. 문제 1.

주어진 색깔들에 응답하는 한 가지 종류로 이루어진 광선의 굴절하는 정도를 정의하기.

이 문제 1을 해결하고자 나는 다음과 같은 실험을 수행했다.⑩

실험 7. 내가 프리즘에 의해 형성된 색깔들의 스펙트럼 중에서 옆의 직선 부분인 [그림 4에서] AF와 GM이, 제1권 제1부의 실험 5에서 설명한 것처럼, 분명히 정의되도록 만들었을 때, 그 안에서 한 가지 종류로 이루어진 색깔들이, 제1부의 명제 4에서 설명한, 단순한 빛의 스펙트럼에서 하나 뒤에 다른 하나가 나오듯이 동일한 순서로, 모두 발견되었다. 왜냐하면 복합된 빛의 스펙트럼 PT를 구성하고, 그 스펙트럼의 중간 부분들이 서로 간섭하며, 서로 혼합되는 동그라미들에서, 그 동그라미들의 가장 바깥쪽 부분인 스펙트럼 옆의 직선을 이루는 AF 그리고 GM과 접촉하는 부분은, 서로 혼합되지 않기 때문이다. 그러므로, 그 옆의 직선 부분들이 분명하게 정의될 때는 그 부분들에서 어떤 새로운 색깔도 굴절에 의해서 만들어지지 않는다. 나는 또한 만일 양쪽 끝의 두 동그라미 TMF와 PGA 사이의 어떤 곳에서든 $\gamma\delta$와 같은 직선이 스펙트럼을 가로질러 놓여 있어서, 그 양쪽 끝은 스펙트럼 옆의 직선 부분에 수직으로 만난다면, 그 직선의 한쪽 끝에서 다른 쪽 끝까지 한 가지의 동일한 색깔이 동일한 정도로 나타나는 것을 관찰했다. 그래서 나는 종이 위에다 스펙트럼 FAP GMT의 경계를 그렸고, 제1권 제1부의 실험 3을 시도하면서, 스펙트럼이 이렇게 그려 놓은 형태 바로 위를 비춰서, 정확하게 그 형태와 일치할 수 있도록 종이를 붙잡고 있었다. 그동안에 옆에서 도와주는 사람이 각 색깔이 차지하는 영역의 경계를 스펙트럼에 가로질러서 그린 선 $\alpha\beta$, $\gamma\delta$, $\epsilon\zeta$ 등으로 기록했는데, 색깔을 구분하는 데는 그의 눈이 나의 눈보다 더 정확했다. 다시 말하면 빨간색 영역은 $M\alpha\beta F$, 주황색 영역은 $\alpha\gamma\delta\beta$, 노란색 영역은 $\gamma\epsilon\zeta\delta$, 초록색 영역은 $\epsilon\eta\theta\zeta$, 파란색 영역은 $\eta\iota\kappa\theta$, 남색 영역은 $\iota\lambda\mu\kappa$, 그리고 보라색 영역은 $\lambda GA\mu$로 구분되었다. 그리고 이런 작업을 다양한 시간에 같은 한 장의 종이를 이용해서도, 그리고 여러 종이를 이용해서도 반복하면서, 나는 그렇게 얻은 여러 결과가 모두 서로 충분히 잘 일치했음을 발견했고 또한 스펙트럼의 옆의 직선 부분인 MG와 FA가 앞에서 언급한 가로질러 그린 선들에 의해서 마치 음악에 나오는 화음의 방식으로 나뉨을 발견했다. 직선 GM을 X까지 연장해서 MX가 GM과 같도록 만들고, GX, λX, ιX, ηX, ϵX, γX, αX, MX가 서로 비례하는 것이 마치 숫자들 $1, \frac{8}{9}, \frac{5}{6}, \frac{3}{4}, \frac{2}{3}, \frac{3}{5}, \frac{9}{16}, \frac{1}{2}$이 서로 비례하는 것과 같다고 하자. 그러면 이들은 음조(音調)와 악음(樂音)의[78] 화음인 세 번째 단조(短調), 네 번째 장조(長調), 다섯 번째 장조(長調), 여섯 번째 장조(長調), 그리고 그 음조 위의 일곱 번째와 여덟 번째의 악음(樂音)을 대표하게 된다.[79] 그리고 간격 $M\alpha$, $\alpha\gamma$, $\epsilon\eta$, $\eta\iota$, $\iota\lambda$, λG는 여러 가지 색깔이 (각각 빨간색, 주황색, 노란색, 초록색, 파란색, 남색, 보라색이) 차지하는 공간이 될 것이다.

---

[78] 음조(音調)와 악음(樂音)은 각각 음악의 key와 tune을 번역한 것이고 화음(和音)은 음악의 chord를 번역한 것이다.

[79] 단조(短調)와 장조(長調)는 각각 음악에 나오는 단음계의 곡조와 장음계의 곡조를 의미하는 minor와 major를 번역한 것이다.

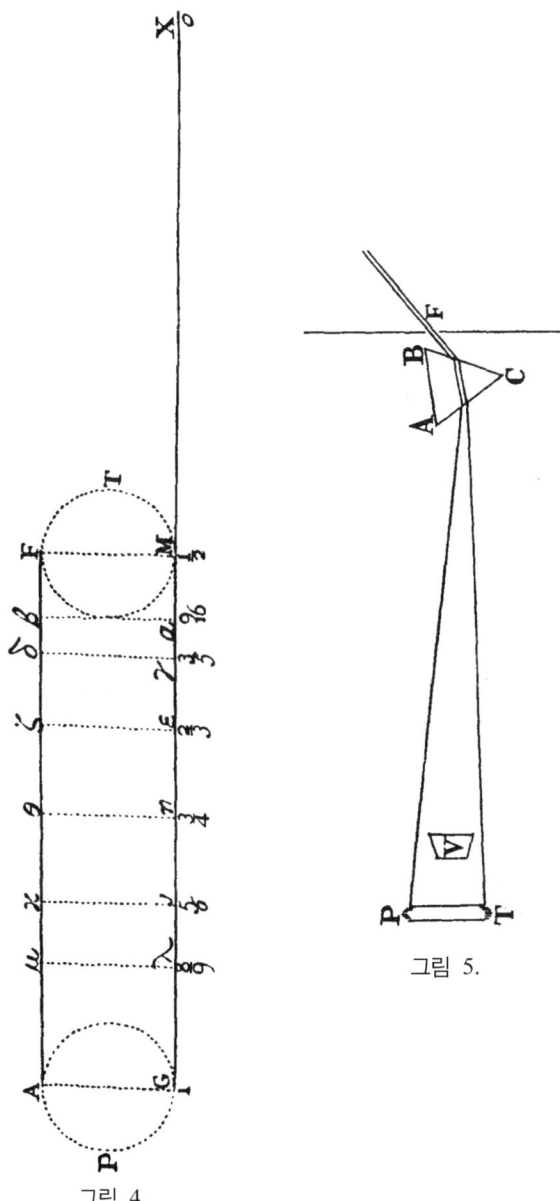

그림 4.

그림 5.

이제 그 색깔들의 경계 끝인 점들 M, α, γ, ε, η, ι, λ, G를 향하는 광선들의 굴절의 차이를 마주보는 간격들은(또는 공간들은), 입사의 사인이 모두 같은 광선의 굴절의 사인들의 차이에 비례한다고 간주할 수 있는데, 혹시 약간 차이가 있더라도 그 차이는 인지(認知)할 수 없다. 그러므로 유리에서 공기로 들어가는 가장 많이 굴절하는 광선과 가장 적게 굴절하는 광선의 공통의 입사의 사인은 (위에서 설명한 방법에 따라) 50 대 77과 50 대 78처럼 비례하는 것으로 발견되었으므로, 선분 GM을 그 간격들로 나눈 것과 마찬가지로, 굴절의 사인 77과 78 사이에 그 차이를 나누면, 유리에서 공기로 나가는 그 광선들의 굴절의 사인은, 공통의 입사의 사인이 50일 때 77, $77\frac{1}{8}$, $77\frac{1}{5}$, $77\frac{1}{3}$, $77\frac{1}{2}$, $77\frac{2}{3}$, $77\frac{7}{9}$, 78이 된다. 그래서 유리에서 공기로 들어가는 모든 빨간색-만들기 광선의 입사의 사인들과 그 광선들의 굴절의 사인들 사이의 비는 $\frac{50}{77}$보다 더 크지 않고 $\frac{50}{77\frac{1}{8}}$보다 더 작지 않지만, 그러나 그 비는 이 두 값 사이에서 중간의 비율에 따라 한 값에서 다른 값으로 변한다. 그리고 초록색-만들기 광선의 입사의 사인들과 그 광선들의 굴절의 사인들 사이의 비는 $\frac{50}{77\frac{1}{3}}$에서 $\frac{50}{77\frac{1}{2}}$까지 사이에서 비율에 따라 존재한다. 그리고 위에서 언급한 것과 비슷한 경계들에 의해서 나머지 색깔들에 속한 광선들의 굴절이 정의되는데, 빨간색-만들기 광선의 사인은 77과 $77\frac{1}{8}$ 사이이고, 주황색-만들기 광선의 사인은 $77\frac{1}{8}$과 $77\frac{1}{5}$ 사이이며, 노란색-만들기 광선의 사인은 $77\frac{1}{5}$과 $77\frac{1}{3}$ 사이이고, 초록색-만들기 광선의 사인은 $77\frac{1}{3}$과 $77\frac{1}{2}$ 사이이며, 파란색-만들기 광선의 사인은 $77\frac{1}{2}$과 $77\frac{2}{3}$의 사이이고, 남색-만들기 광선의 사인은 $77\frac{2}{3}$과 $77\frac{7}{9}$ 사이이며, 보라색-만들기 광선의 사인은 $77\frac{7}{9}$와 78 사이이다.

이것들이 유리에서 공기로 들어가는 경우에 대해 성립하는 굴절의 법칙이며, 그러므로 제1권 제1부의 공리 3에 의해서, 공기에서 유리로 들어가는 경우에 대해 성립하는 굴절의 법칙이 어렵지 않게 유도된다.

실험 8. 그뿐 아니라, 나는 빛이 물과 유리를 통과하는 것처럼, 굴절시키는 서로 다른 매질 몇 가지를 연속적으로 통과해서 공기로 다시 나올 때, 굴절면이 서로 평행하든 상대 면에 대해 경사져 있든 관계없이, 빛은 한 매질을 통과할 때마다 상반되는 굴절에 의해서 수정되어, 빛은 처음에 공기에서 매질로 들어갈 때의 선과 평행한 선을 따라 맨 나중에 공기로 다시 나와서, 그 뒤로 빛은 다시 흰색이 된다는 것을 발견했다. 그러나 만일 공기로 다시 나오는 광선이 매질로 들어간 광선과 평행하지 않고 기울어져 있으면, 나오는 빛이 흰색인 정도는 나오는 위치에서 지나가는 각도에 따라 달라져 그 빛의 테두리 부분이 색깔을 띠게 될 것이다. 나는 이 실험을 프리즘 형태의 용기에 물을 채운 유리로 된 프리즘을 가지고 빛을 굴절시키는 방법으로 시도했다. 이제 그러한 색깔들은, 앞으로 더 자세히 설명할 예정이지만, 광선들이 서로 다른 정도로 굴절하기 때문에 여러 종류로 이루어진 광선들이 서로 합치거나 분리된다는 것을 입증하게 된다. 그리고, 반면에, 변하지 않고 계속 흰색을 유지하면 그것은, 광선들의 입사각이 같아서 밖으로 나가는 광선에 그와 같은 분리가 일어나지 않으며, 그 결과로 그 광선들의 전체 굴절에는 차이가 일어나지 않는다는 것을 입증한다. 그러므로 나는 다음에 나오는 두 가지 정리를 얻은 것 같다.

1. 여러 종류 광선들의 굴절의 사인에서, 그들 광선에 공통인 입사의 사인을 뺀 초과량들은, 그 굴절들이 다양한 밀(密)한 매질에서 나와 즉시, 예를 들어 공기와 같은, 하나의 동일한 소한 매질로 들어갈 때, 주어진 비율에 따라 서로 나뉜다.

2. 한 매질에서 나와 다른 매질로 들어가는, 하나의 동일한 종류의 광선에 대해, 입사의 사인과 굴절의 사인 사이의 비는, 첫 번째 매질에서

나와 임의의 세 번째 매질로 들어가는, 입사의 사인과 굴절의 사인 사이의 비와 그리고 그 세 번째 매질에서 나와 두 번째 매질로 들어가는, 입사의 사인과 굴절의 사인 사이의 비로 구성되어 있다.

첫 번째 정리에 따르면 어떤 종류의 광선이든 임의의 매질에서 나와 공기로 들어가는 광선의 굴절은 임의의 한 종류의 광선의 굴절을 알아내면 모두 알 수 있다. 예를 들어, 만일 빗물에서 나와 공기로 들어가는 모든 종류 광선의 굴절을 알고자 한다면, 유리에서 공기로 들어가는 굴절의 사인에서 공통의 입사의 사인을 뺀다고 하자. 그러면 그 초과량은 $27, 27\frac{1}{8}, 27\frac{1}{5}, 27\frac{1}{3}, 27\frac{1}{2}, 27\frac{2}{3}, 27\frac{7}{9}, 28$이 될 것이다. 이제 가장 적게 굴절하는 광선의 입사의 사인과 그 광선이 빗물에서 공기로 나가는 굴절의 사인 사이의 비가 3 대 4라고 가정하고 그 두 사인의 차이인 1과 입사의 사인인 3 사이의 비가 위에서 언급한 초과량 중에서 가장 작은 27과 네 번째 수인 81 사이의 비와 같다고 하자. 그리고 이 81은 빗물에서 나와 공기로 들어가는 공통된 입사의 사인이 될 것인데, 이 사인을 위에서 언급한 모든 초과량에 더하면, 굴절의 사인인 $108, 108\frac{1}{8}, 108\frac{1}{5}, 108\frac{1}{3}, 108\frac{1}{2}, 108\frac{2}{3}, 108\frac{7}{9}, 109$를 얻게 될 것이다.

두 번째 정리에 따르면 한 매질에서 다른 매질로 들어가는 굴절은 그 두 매질 모두에서 임의의 세 번째 매질로 들어갈 때마다 그 굴절이 매번 축적된다. 만일 유리에서 공기로 들어가는 임의의 광선의 입사의 사인과 굴절의 사인 사이의 비는 20과 31 사이의 비와 같고, 그 광선이 공기에서 물로 들어가는 입사의 사인과 굴절의 사인 사이의 비는 4와 3 사이의 비와 같다면, 그 광선이 유리에서 물로 들어가는 입사의 사인과 굴절의 사인 사이의 비는 20과 31 사이의 비와 4와 3 사이의 비가 함께 적용된 것과 같다. 즉 20과 4의 곱과 31과 3의 곱 사이의 비인 80과 93 사이의 비와 같다.

그리고 이 두 정리가 광학(光學)에서 인정되면, 새로운 방식을 도입함으로써,⑪ 단지 시각(視覺)의 완전성을 지향하는 그런 내용을 교육하는 데 그치는 것이 아니라, 굴절에 의해 발생할 수 있는 모든 종류의 색깔과 연관된 현상을 수학적으로 결정하는 방법에 의해, 그 과학을 풍부하게 다루기에 충분한 영역이 존재하게 될 것이다. 왜냐하면 이렇게 함으로써, 여러 다른 종류로 이루어진 광선들을 어떻게 분리하는지 찾아내고, 혼합된 광선마다 서로 다른 종류의 광선이 어떻게 어떤 비율로 섞여 있는지 찾아내는 것 이외에는 어떤 다른 것도 필요 없을 것이기 때문이다. 이런 방식으로 논증하면서 나는, 이 논증과 별 연관 없는 몇 가지를 제외하고는, 이 책에 나온 거의 모든 현상을 최초로 다루었다. 내가 수행한 시도에서 얻은 성공으로, 나는 진정으로 주장하며, 양질(良質)의 유리와 세심한 주의력으로 모든 일을 시도하는 사람에게는, 반드시 예상한 결과를 얻을 것이라고 감히 약속한다.[80] 그러나 그런 시도를 하는 사람은 무엇보다도 먼저 색깔들이 미리 정해진 특정 비율로 섞이면 어떤 색깔이 나올지를 미리 알고 있어야 한다.

명제 4. 정리 3.

색깔은 색깔이 지닌 변하지 않는 어떤 성질과 그리고 빛에 포함된 어떤 성분에 의해서 정해지는 것이 아니라, 균질(均質)인 빛이 나타내는 색깔들이 혼합된 구성비(構成比)에 의해서 정해진다. 그리고 그 색깔의 구성이 얼마나 더 복합적이냐에 따라, 복합적일수록 보이는 색깔은 덜 풍부해지고 덜 강력해지

---

[80] 뉴턴이 『광학』을 저술하기 전, 자신의 초기 논문에서 주장한 광학 관련 내용을, 당시 다른 학자들이 시도했지만 그들은 뉴턴이 얻은 결과를 똑같이 재현할 수가 없었다. 그 결과로 뉴턴은 자신이 제안했던 내용을 다른 학자들에게 인정을 받지 못했는데, 이 부분은 그것을 의식하여 나온 내용이라고 보인다.

며, 색깔의 구성이 너무 복합적이면 색깔은 옅어지고 약해져서 결국에는 색깔이 더 이상 보이지 않고, 그렇게 혼합된 색깔은 흰색 또는 회색이 된다. 또한 균질인 빛의 색깔들 중에서 어느 하나와도 충분히 비슷하지 않은 구성비(構成比)에 의해서 정해지는 색깔도 존재할 수 있다.

왜냐하면 균질(均質)인 빨간색과 노란색이 혼합되면 주황색이 되는데, 그 주황색이 겉으로 보기에는 일련의 혼합되지 않은 프리즘 색깔들 중간에 놓여 있는 주황색과 같기 때문이다. 그러나 한 종류인 주황색 빛은 굴절에 관해서는 균질(均質)이나, 다른 종류의 주황색 빛은 이질(異質)이며, 만일 프리즘을 통해서 본다면, 한 종류의 주황색 빛의 색깔은 변하지 않고 그대로 남아 있으나, 다른 종류의 빛 색깔은 바뀌어 그 성분 색깔인 빨간색과 노란색으로 분해된다. 그리고 똑같은 방식으로, 예를 들어 노란색과 초록색처럼 중간에 놓인 균질(均質)인 색깔과 같이, 이웃하는 다른 균질(均質)인 색깔들도, 그 두 색깔 모두의 사이사이에 존재하거나 또는 그 다음에 존재하는 색깔인, 새로운 색깔들로 혼합될 수도 있으며, 만일 이 노란색과 초록색의 혼합에 파란색이 첨가되면, 이 셋이 합한 색은 그 구성에 들어오는 세 가지 색깔 중에서 가운데 색깔인 초록색이 될 것이다. 양쪽 끝에 노란색과 파란색이 있고, 만일 두 색깔의 양이 같다면, 두 색깔은 스펙트럼 구성상 각 색깔에서 똑같이 거리가 있는 중간의 초록색이 되며, 평형을 이루면 계속 그 색깔로 남아 있게 된다. 즉 한쪽의 노란색으로 더 기울지도 않고 다른 쪽의 파란색으로 더 기울지도 않고 오히려 두 색깔의 작용이 혼합되어 그 중간 색깔로 그대로 남아 있게 된다. 이렇게 혼합된 초록색에 약간의 빨간색과 보라색을 더 추가할 수도 있는데, 그렇게 한다 해도 초록색은 여전히 그대로 남아 있고, 단지 약간 덜 풍부해지고 약간 덜 생생해질 뿐이며, 추가하는 빨간색과 보라색을 점점 더 증가시키면, 혼합된 색은 점점 더 옅어지는

데, 마침내 추가된 색깔들이 더 우세해지면 그 색깔은 흰색이 되거나 어떤 다른 색깔로 변한다. 그러므로 만일 어떤 임의의 균질(均質)인 빛으로 이루어진 빛의 색깔에, 모든 종류의 광선들로 구성된 태양의 흰색 빛이 추가되면, 그 색깔이 없어지거나 그 색깔의 모습이 변하지 않고, 오히려 옅어지게 되며, 흰색을 점점 더 많이 추가하면, 그 빛은 계속해서 끝없이 점점 더 옅어질 것이다. 마지막으로, 만일 빨간색과 보라색이 섞이면, 두 색깔이 포함된 비율에 따라서 어떤 균질(均質)인 빛의 색깔에서 나타나는 것과는 전혀 다른 다양(多樣)한 진홍색이 만들어질 것이며, 이 진홍색들이 노란색과 그리고 파란색과 혼합되면 다른 새로운 색깔들이 만들어질 수도 있다.

명제 5. 정리 4.

흰색과 그리고 흰색과 검은색 사이의 모든 회색은 색깔들이 혼합되어 있는 것일 수 있으며, 태양의 빛이 흰색인 것은 모든 기본 색깔이 정해진 비율로 섞여서 그렇다.

- **실험에 의한 증명**

실험 9. 태양이 창문의 덧문에 뚫린 작은 구멍을 통해 캄캄한 방을 비추고 있는데, [그림 5에서] 태양의 빛은 구멍 옆에 놓인 프리즘에 의해 굴절해 태양의 천연색 상(像) PT를 건너편 벽에 비춘다. 나는 그 상(像) 쪽으로 흰색 종이 V를 붙잡고 있는데, 벽에서 반사된 천연색 빛이 종이를 비추지만 프리즘에서 스펙트럼으로 가는 빛 중에서 조금이라도 종이가 가로막지 않도록 배치되어 있다. 그리고 나는 스펙트럼의 나머지 색깔들보다 어느 한 색깔에 더 가깝게 종이를 붙잡고 있으면, 종이는 가장 가깝게 접근한 색깔을 나타내지만, 종이가 모든 색깔에서 똑같이 떨어져 있거나 거의 똑같이 떨어져 있을 때는, 그 모든 색깔은 종이를 똑같이 비추며 그래서 종이는 흰색으로 보인다는 것을 발견했다. 그리고 종이가 이렇게 마지막으로 놓인 상황에서, 만일 어떤 색깔들이 차단되면, 종이는 더 이상 흰색을 나타내지 않고, 종이에는 차단되지 않은 나머지 빛의 색깔이 나타났다. 그래서 종이를 빨간색, 노란색, 초록색, 파란색, 그리고 보라색과 같은 다양한 색깔로 이루어진 빛으로 비추면, 빛이 종이에 입사해서 눈으로 반사되어 들어갈 때까지, 빛의 모든 부분은 자신의 고유 색깔을 유지했다. 그래서 빛이 (나머지 색깔은 모두 차단되고) 한 가지 색깔로만 남아 있거나, 또는 빛이 가장 풍부하게 차 있어서, 종이에서 반사된 빛 안에 어떤 한 색깔의 빛이 눈에 띄게 많이 포함되어 있다면, 그 빛은 종이를 바로 그 자신의 색깔로 비추었을 것이다. 그렇지만 나머지 색깔들이 여전히 정해진 비율로 섞여 있으면, 그 빛은 종이가 흰색으로 보이게 만들 것이므로 그 나머지 색깔과 특정 색깔을 합하면 특정 색깔이 그래도 유지되었다. 스펙트럼에서 반사된 천연색 빛의 다른 부분은 모두, 그 빛이 스펙트럼에서 공기를 통하여 전파되는 동안, 그 부분들의 고유한 색깔을 끊임없이 간직하고 있는데, 그것은 빛이 중간에 어떤 관찰자의 눈으로 들어오든, 그 스펙트럼의 여러 부분이 각 부분의 고유한 색깔로 나타나게 만들기 때문이다. 그러므로 스펙트럼의 각 부분은 종이 V에 도달할 때 각 부분의 고유한 색깔을 간직하고 있으며, 그래서 그 색깔들이 서로 혼동되고 완벽하게 섞이면 벽에서 반사된 빛의 흰색의 성질을 만들어내는 것이다.

실험 10. [그림 6에서] 이제 그 스펙트럼 즉 태양의 상(像) PT가 이제는 프리즘 ABC에서 거리가 약 6인치 떨어진 곳에 놓인 렌즈 MN에 폭이

4인치 이상이 되도록 비춰서, 프리즘에서 퍼져나온 빛이 다시 모여 렌즈에서 약 6피트에서 8피트 떨어진 그 렌즈의 초점 G에서 다시 만나고, 거기서 흰색 종이 DE를 수직으로 비추도록 배치했다고 하자. 만일 이 종이를 앞뒤로 움직인다면 de에서와 같이 렌즈에 가까운 곳에서 (pt에 있을 것으로 예상되는) 태양의 전체 상(像)이 위에서 설명한 방식대로 진한 색깔을 띠면서 나타나는 것을 감지할 수 있을 것이다. 그리고 렌즈에서 멀어지면 그 색깔들은 끊임없이 서로를 향해서 다가오고, 계속해서 더 옅어지도록 서로를 점점 더 많이 섞어서, 마침내 마지막에는 종이가 초점 G에 도달하면, 그곳에서는 색깔들이 완벽하게 섞여 전체적으로 사라지고 흰색으로 전환되어, 빛 전체가 이제는 종이 위에서 작은 흰색 동그라미처럼 나타나는 것을 감지할 수 있을 것이다. 그리고 그 뒤에 렌즈에서 더 멀리 이동하면, 전에는 한 곳으로 모였던 광선들이 이제는 초점 G에서 서로 교차해서 거기서부터는 갈라져 나가기 시작하고, 그래서 색깔들이 다시 나타나게 만들지만, 그러나 색깔이 나타난 순서는 이제 반대가 된다. 예를 들어 $\delta\epsilon$의 위치를 보면 거기서는 전에는 아래쪽에 있던 빨간색 t가 이제는 위쪽에 있고, 전에는 위쪽에 있던 보라색 p가 이제는 아래쪽에 있다.

이제 움직이던 종이를 그 빛이 완전히 흰색인 동그라미로 나타난 초점 G에서 멈추게 하고, 그 흰색에 대해 생각해보자. 나는 이것이 모여든 색깔들이 합성된 것이라고 하겠다. 왜냐하면, 그 색깔 중에서 어떤 한 색깔이라도 렌즈에서 차단되었다면, 더 이상 흰색은 나타나지 않고 차단되지 않은 다른 색깔들이 합성되어 발생하는 색깔로 바뀔 것이기 때문이다. 만일 그 다음에 차단되었던 색깔들을 다시 통과시켜서 그렇게 합성된 빛 위에 도달하게 된다면, 도달한 빛이 원래 있던 합성된 빛과 섞이고, 그런 섞임에 의해서 처음의 흰색이 다시 복원될 것이다. 그러므로 만일

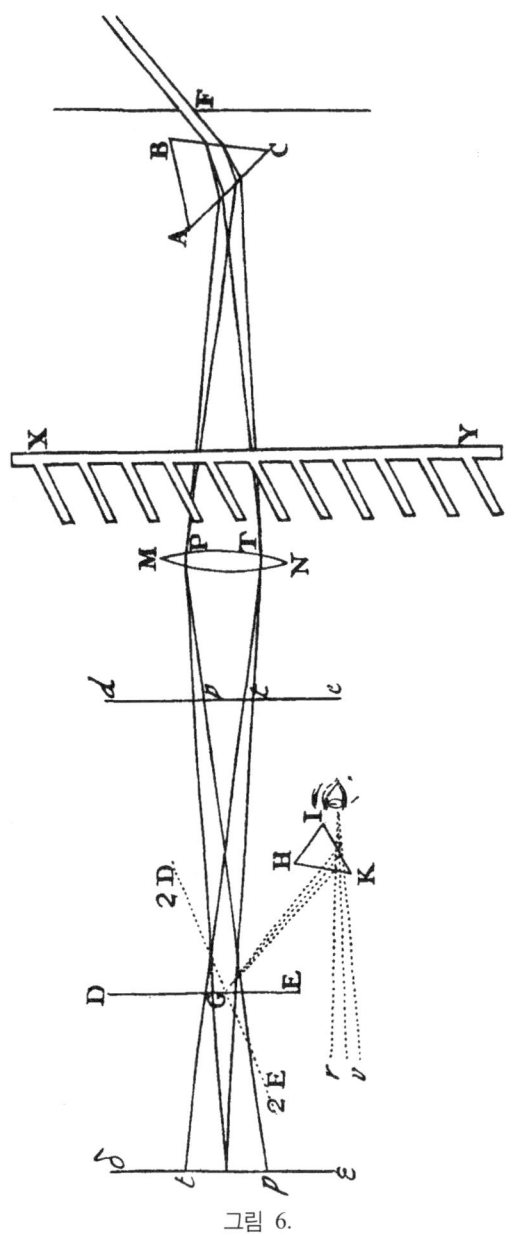

그림 6.

보라색과 파란색 그리고 초록색이 차단된다면, 나머지 노란색과 주황색과 그리고 빨간색은 종이 위에 주황색으로 합성될 것이고, 그리고 그 다음에 만일 차단된 색깔들을 다시 통과시킨다면, 그렇게 차단되었던 색깔들은 이 합성된 주황색 위에 도달할 것이고, 그러면 그 주황색과 혼합하여 흰색이 될 것이다. 또한 만일 빨간색과 보라색이 차단된다면, 나머지 노란색과 초록색 그리고 파란색은 종이 위에 초록색을 합성하게 될 것이고, 그리고 그 다음에 빨간색과 보라색을 다시 이 초록색에 도달하도록 통과시키면, 초록색과 다시 합성하여 흰색이 될 것이다. 그리고 이렇게 흰색으로 합성되는 과정에서, 여러 다른 종류의 광선들은 서로에게 작용해서 색깔에 관련된 성질에 어떤 변화도 전혀 일으키지 않고, 단지 그냥 혼합될 뿐이며, 그들의 색깔들이 그렇게 단순히 혼합되는 것만으로 흰색을 만들어낸다는 것을, 앞의 주장들로 추가로 밝혀낼 수 있다.

예를 들어, 만일 종이를 $\delta\epsilon$과 같이 초점 G를 지나서 더 먼 곳에 놓으면, 그리고 렌즈에서 번갈아 빨간색을 차단했다 다시 통과시켰다를 반복한다면, 종이 위에 보이는 보라색은 그런 동작에는 어떤 변화도 겪지 않을 것인데, 만일 몇 가지 종류의 광선들이 지나가는 초점 G에서 그 광선들 사이에 어떤 작용이라도 있었다면 마땅히 위에서 설명한 보라색에 어떤 변화가 있어야만 할 것이다. 마찬가지로 초점을 통과하는 보라색을 번갈아 차단했다 다시 통과시켰다를 반복해도, 종이 위의 빨간색에는 어떤 변화도 일어나지 않는다.

그리고 만일 종이를 초점 G에 놓고, G에 생기는 흰색의 동그란 상(像)을 프리즘 HIK를 통해서 본다면, 그리고 그 프리즘의 굴절에 의해서 그 상(像)이 다른 위치 rv로 이동한다면, 그리고 거기에서 v에는 보라색이 그리고 r에는 빨간색이, 그리고 그 사이에는 다른 색깔들과 같이 여러 가지 색깔로 나타나게 된다면, 그리고 그런 다음에 렌즈에서 빨간색을 교대로 차단하고 통과시키고를 반복한다면, r에서의 빨간색은 앞에서 차단했는지 또는 통과시켰는지에 따라서 정확하게 사라졌다가 다시 나타났다가를 반복하지만, 그러나 v의 보라색은 렌즈에서 빨간색을 차단하고 통과시키고를 반복하는 것에 의해서 전혀 변화하지 않을 것이다. 그리고 렌즈에서 보라색을 교대로 차단하고 통과시키고를 반복하는 것에 의해서 v에서 보라색도 사라지고 다시 나타나기를 반복할 것이지만,[81] 그러나 r에서의 빨간색에는 어떤 변화도 없을 것이다. 그러므로, 빨간색은 한 가지 종류의 광선에만 영향을 받고 보라색은 또다른 종류의 광선에만 영향을 받는데, 그 두 가지 종류의 광선이 섞이는 초점 G에서 두 가지 종류의 광선은 서로 상대 광선과 어떤 작용도 하지 않는다. 그리고 이는 다른 색깔들에도 똑같이 적용된다.

나는 더 나아가 가장 많이 굴절하는 광선인 Pp와 그리고 가장 적게 굴절하는 광선인 Tt가 한군데로 모이면서 서로 기울어져 지나갈 때, 만일 종이를 초점 G를 지나가는 그 광선들에게 매우 기울어지도록 들고 있으면, 그 종이는 두 종류의 광선 중에서 한 종류의 광선을 다른 종류의 광선보다 더 강하게 반사할지도 모르며, 그런 방법을 이용해서 그렇게 반사된 광선은 그 초점에서 우세한 광선의 색깔을 띨 수도 있는데, 그렇게 되려면 그 광선들이, 여러 색깔이 초점에서 합성된 흰색 속에서, 자신들의 색깔을 즉 색깔과 연관된 성질을 철저하게 보유하고 있어야만 한다. 그러나 만일 흰색 속에서 각 종류의 광선들이 자신의 색깔과 연관된 성질을 보유하지 못한다면, 그래서 그 초점에서 흰색을 인식하는 감각을 자극하기 위한 성질을 각 광선이 모두 철저하게 부여받는다면, 그 광선들은 그러한 반사에서 그들이 지닌 흰색의 성질을 결코 잃을 리 없다.

---

[81] 원문에는 보라색 대신 파란색이라고 되어 있지만 파란색은 보라색의 분명한 오타이다.

그래서 나는 종이를, 제1권 제2부의 실험 2에서처럼, 광선들에 매우 비스듬하게 기울여서, 가장 많이 굴절하는 광선이 그 나머지 광선들보다 더 잘 반사되도록 했고, 마지막에 흰색이 파란색, 남색, 그리고 보라색으로 잇따라 변화하도록 했다. 그런 다음에는 종이를 반대 방향으로 기울여서, 가장 적게 굴절하는 광선이 그 나머지 광선들보다 더 잘 반사되도록 했고, 흰색이 노란색, 주황색, 그리고 빨간색으로 잇따라 변하도록 했다.

마지막으로 나는 빗 모양의 도구 XY를 만들었는데, 빗살의 수는 16개였고, 폭은 약 $1\frac{1}{2}$인치였으며, 빗살 하나하나 사이의 간격은 약 2인치였다. 그런 다음에 이 도구의 빗살을 하나씩 차례로 렌즈 가까이에 끼워 넣는 방법으로, 그렇게 끼워 넣은 빗살로 색깔 중 일부를 차단했지만, 그러나 나머지 광선들은 빗살과 빗살 사이의 틈을 통하여 종이 DE로 갔고, 거기에 동그란 태양의 상(像)을 그렸다. 그러나 내가 맨 처음 가져온 종이는, 그 빗 모양의 도구를 치울 때마다 항상 그 상(像)이 흰색으로 보이도록 놓았다. 그리고 그런 다음에 앞에서 설명한 대로 빗 모양의 도구를 끼워 넣으면, 색깔 중에서 렌즈에서 차단된 부분에 의해서, 흰색은, 항상 앞에서 차단되지 않았던 색깔들만으로 합성된 색깔로 바뀌며, 그리고 그 색깔은 빗 모양의 도구의 움직임에 의해서 끊임없이 바뀌는데, 빗살 하나하나가 차례로 렌즈 앞을 지나갈 때마다 이 모든 색깔인 빨간색, 노란색, 초록색, 파란색, 그리고 진홍색이 항상 하나씩 차례로 잇따라 나타났다. 그러므로 나는 빗살 모두가 렌즈 앞을 연달아 지나가도록 만들었고, 이때 빗살들이 지나가는 움직임이 느리면, 종이 위에는 색깔들이 연달아 끊임없이 나타났다. 그러나 빗살들이 지나가는 움직임을 상당히 가속시키면, 색깔들이 아주 빨리 연달아 지나가기에 하나씩 따로 구분할 수가 없어지고, 개별적인 색깔은 이제 나타나지 않았다. 거기에는 더 이상 빨간색도, 노란색도, 초록색도, 파란색도, 진홍색도 보이지 않았고, 단지 그 색깔 모두가 거기에 혼재(混在)해 있어서 하나의 균일한 흰색이 발생했다. 이제 모든 색깔이 서로 섞여 흰색으로 나타난 빛 안에는, 진정으로 흰색인 부분은 존재하지 않았다. 한 부분은 빨간색이고, 다른 부분은 노란색이고, 세 번째 부분은 초록색이고, 네 번째 부분은 파란색이고, 다섯 번째 부분은 진홍색이며, 이 모든 부분은 감각기관을 자극하기 전까지는 각각 자신의 고유한 색깔을 유지한다. 만일 본 느낌들이 하나씩 느리게 진행된다면, 각 느낌은 강력하게 인식될 수도 있으며, 모든 색깔이 한 색깔에서 다른 색깔로 끊이지 않고 연달아 분명하게 감각된다. 그러나 만일 본 느낌들이 하나에서 다른 하나로 너무 빨리 진행되어, 그 느낌들이 강력하게 인식될 수 없으면, 그 느낌 모두에서 하나의 공통된 감각만 발생하며, 이 한 가지 색깔만 느껴지거나 저 한 가지 색깔만 느껴지지 않고, 모든 색깔에 무관한 감각이 일어나는데, 이는 흰색으로 감각된다. 너무 빨리 연달아 일어나기 때문에, 여러 색깔에 대한 느낌이 감각기관에서 한꺼번에 합성되어, 그런 혼재(混在)에서 혼합된 감각이 발생한다. 만일 불타는 석탄이 동그란 원의 둘레를 따라 동일한 회전을 끊임없이 반복하면서 재빠르게 움직이면, 전체 동그라미가 마치 불꽃처럼 나타날 것이다. 그렇게 보이는 이유는 석탄이 동그라미를 그리며 거쳐 간 위치에서 석탄의 느낌이, 석탄이 한 바퀴를 돌고 원래와 동일한 위치에 다시 도달할 때까지, 감각기관에 느낌으로 그대로 남아 있기 때문이다. 그래서 색깔들이 재빠르게 연속되면서, 모든 색깔의 회전이 완성될 때까지, 색깔 하나하나의 느낌이 감각기관에 그대로 남아 있는 채로, 첫 번째 색깔이 다시 돌아오게 된다. 그러므로 연이은 모든 색깔에 대한 느낌은 한꺼번에 감각기관에 존재하고, 연합하여 그 느낌 모두를 자극한다. 그래서 이 실험을 통해 모든 색깔의 혼합된 느낌들이 한꺼번에 자극되어 흰색에 대한 감각을 일으키게 된다는 것이, 다시 말하면, 흰색이란 모든 색깔이 합성된 것임이 분명해졌다.

그리고 이제 빗살 모양의 도구를 치우면, 모든 색깔이 한꺼번에 렌즈에서 종이까지 통과해, 거기에서 서로 혼합되어, 거기서부터 함께 반사되어 관찰자의 눈으로 들어갈 수가 있다. 그 색깔들이 감각기관에 남기는 느낌들은 이제 좀 더 미묘하며 거기에서 완전히 섞여서, 흰색의 감각을 훨씬 더 많이 자극하게 된다.

렌즈 대신에 두 개의 프리즘 HIK와 LMN을 이용할 수도 있는데, 두 프리즘은 색깔을 띠고 있는 빛이 첫 번째 굴절에서 굴절한 방향과 서로 반대되는 방향으로 굴절시켜서, 서로 갈라지는 광선들을 다시 모이게 만들어서, 그림 7에 보인 것처럼, G에서 한 번 더 만나게 만들 수도 있다. 그러면 렌즈가 사용된 때와 마찬가지로, 광선들이 만나고 섞이는 곳에서, 광선들은 흰색 빛을 합성하게 될 것이다.

실험 11. [그림 8에서] 태양의 천연색 상(像) PT가, 제1권의 실험 3에서처럼, 캄캄한 방의 벽을 비추고, 그 천연색 상(像)을, 프리즘 ABC와 평행하게 놓인, 프리즘 *abc*를 통해서 본다고 하자. 여기서 태양의 처음 천연색 상(像)은 프리즘 ABC에 의한 굴절에서 만들어졌다. 이제 프리즘 *abc*를 통하여 본 상(像)은, 예를 들어 장소 S와 같이, 전보다 더 낮은 곳에 빨간색 T를 마주보며 나타난다고 하자. 만일 상(像) PT에 점점 더 가까이 간다면, 스펙트럼 S는 길쭉한 모양이고 상(像) PT와 비슷하게 색깔을 띠고 나타나게 될 것이다. 그러나 만일 상(像) PT에서 점점 더 멀어지면, 스펙트럼 S의 색깔들은 점점 더 수축될 것이며, 마지막에는 사라지고, 스펙트럼 S는 완벽하게 동그랗고 흰색으로 보이게 될 것이다. 그리고 만일 상(像) PT에서 점점 더 멀어지면, 색깔들은 다시 나타날 것인데, 그러나 이번에는 색깔이 나타나는 순서가 반대가 될 것이다. 상

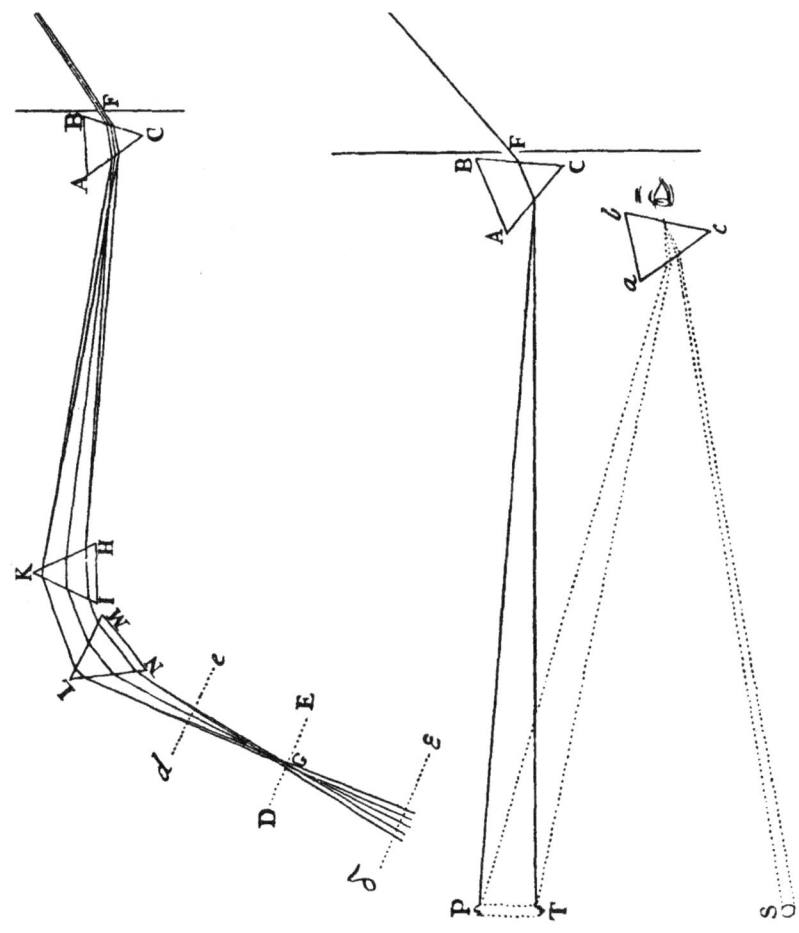

그림 7. 그림 8.

(像) PT의 여러 부분에서 출발해서 프리즘 *abc*로 모인 여러 종류의 광선이, 그 프리즘 *abc*에 의해 서로 다르게 굴절해서 그 프리즘에서 눈에 이르기까지 진행하는 동안, 그 광선들이 스펙트럼 S의 하나의 동일한 점에서 갈라져서, 나중에 눈동자의 맨 아래 바닥의 하나의 동일한 점으로 모여들어, 그곳에서 섞이는 경우에, 이제 그 스펙트럼 S는 흰색으로 나타난다.

그리고 더 나아가, 만일 여기서 빗 모양의 도구가 이용되어, 그 도구의 빗살에 의해 상(像) PT의 색깔들이 연달아 차단된다면, 그 빗 모양 도구가 천천히 움직일 때, 스펙트럼 S에는 연이은 색깔들이 차례로 계속 보이게 될 것이다. 그러나 빗 모양 도구를 가속시키면, 색깔들이 너무 빨리 연이어 지나가 그 색깔들을 따로는 볼 수가 없게 되고, 그 스펙트럼 S는, 색깔 모두가 혼재(混在)되고 뒤섞인 감각에 의해, 흰색으로 나타날 것이다.

실험 12. [그림 9에서] 태양이 큰 프리즘 ABC를 통하여 그 프리즘 바로 뒤에 놓인 빗 모양의 도구 XY를 비추는데, 빗살들 사이의 틈을 지나온 태양의 빛은 흰색 종이 DE 위에 도달했다. 빗살 하나하나의 폭은 빗살과 빗살 사이의 틈 간격과 같았고, 빗살은 모두 7개인데 빗살과 빗살 사이의 간격을 모두 합하면 전체 폭이 1인치가 되었다. 이제 그 종이가 빗 모양의 도구에서 약 2인치에서 3인치 정도 떨어져 있을 때, 빗 모양 도구의 빗살 몇 개를 통과한 빛이 그 빗살의 개수와 같은 개수의 색으로 *kl*, *mn*, *op*, *qr* 등의 줄을 그렸는데, 그 줄들은 서로 평행하고, 중간에 흰색이 전혀 섞이지 않고 연속되어 있었다. 그리고 이렇게 색깔로 이루어진 줄들이, 만일 빗 모양 도구가 종이에서 위로 올라갔다 아래로 내려갔다 하는 움직임과 함께 끊임없이 위아래로 움직인다면, 그리고 빗 모양 도구의 움직임이 아주 빨라서, 서로 다른 색깔을 구별할 수 없을 정도라면, 그 전체 종이는 감각기관에서 색깔들이 혼재(混在)되고 섞이

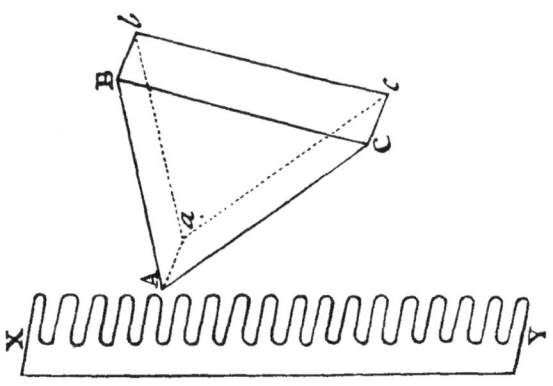

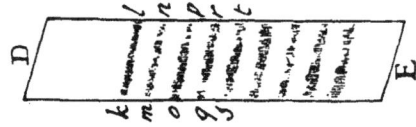

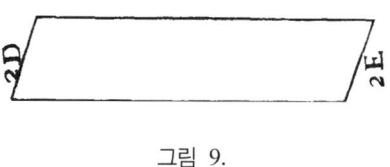

그림 9.

기 때문에 흰색으로 보인다.

이제 빗 모양의 도구를 정지시키고, 종이를 프리즘에서 더 멀리 이동시키면, 색깔들로 된 몇 개의 줄은 퍼져나가게 되고 줄들 사이의 간격이 점점 더 넓어져서, 색깔들이 서로 섞이게 되면 더 엷어질 것이며, 그리고 마침내, 빗 모양 도구에서 종이까지 거리가 약 1피트이거나 약간 더 멀어지면 (2D 2E의 위치에 있다고 가정하자) 그 색깔들은 흰색이 될 정도로 서로 섞여 엷어질 것이다.

무슨 물건을 사용하든, 이제 빗살 사이의 어느 한 틈을 통과하는 빛을 모두 차단해서, 그 틈을 통과해 온 색깔로 된 줄을 제거하자. 그러면 나머지 줄들을 비추는 빛이 제거된 줄의 위치까지 확대되어, 그곳도 색깔이 칠해져서 보이게 될 것이다. 이번에는 차단된 줄을 전과 같이 다시 통과시켜서, 다른 줄들에서 왔던 색깔 위에 도달하게 만들면, 원래 있던 색깔과 섞여서 다시 흰색을 회복하게 될 것이다.

이제 종이 2D2E가 광선들을 향해 아주 많이 기울어져 있다면 가장 많이 굴절하는 광선이 나머지 광선들보다 더 세게 반사되고, 그렇게 세게 반사된 광선의 초과량(超過量) 때문에 종이의 흰색이 파란색과 보라색으로 바뀐다. 그리고 이번에는 종이 2D2E가 전과는 반대편으로 그만큼 기울어져 있다면 가장 적게 굴절하는 광선이 나머지 광선들보다 더 세게 반사되고, 그렇게 세게 반사된 광선의 초과량(超過量) 때문에 종이의 흰색이 노란색과 빨간색으로 바뀐다. 그러므로 흰색 빛에 포함된 여러 가지 광선은 그 광선들의 색깔과 관련된 성질을 그대로 유지하고 있으며, 어떤 종류의 광선이라도 언제든 나머지 광선들보다 더 강해지면, 그 강해진 광선의 성질에 의해서 그 강해진 광선의 고유한 색깔이 종이에 나타나게 된다.

그리고 제1권 제2부의 실험 3에 이와 똑같은 논리를 적용하면, 원래

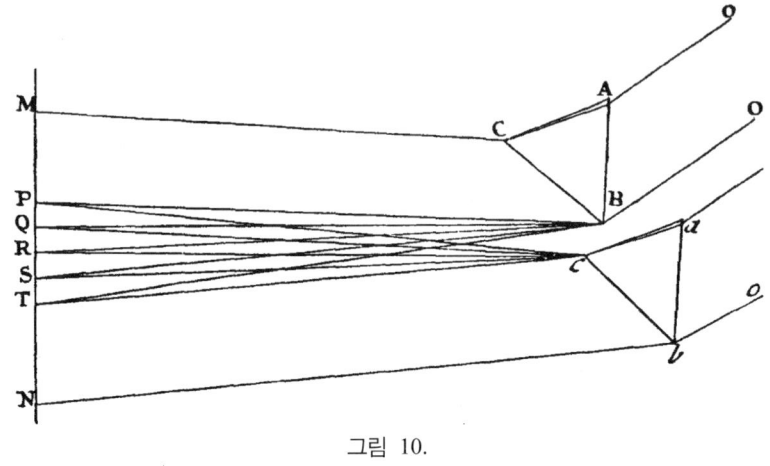

그림 10.

흰색이었던 빛이 들어와서 굴절한 뒤에 바로 흰색으로 나가는 빛은 여러 가지 색깔이 합성된 것이라고 결론지을 수가 있다.

실험 13. 바로 앞의 실험에서 빗 모양 도구의 빗살들 사이의 몇몇 틈은 프리즘을 아주 많이 놓은 것과 같은 역할을 하는데, 하나하나의 틈이 각각 프리즘 한 개에서 나오는 현상을 만들어낸다. 그러므로 여러 개의 프리즘을 사용하는 그 여러 개의 틈 대신에, 여러 개의 프리즘의 색깔을 혼합하여 흰색을 합성하려고 시도했는데, 나는 프리즘 세 개만 사용해 그렇게 했고, 또한 다음과 같이 프리즘 두 개만 사용해서도 그렇게 했다. [그림 10에서] 굴절각 B와 b가 동일한 두 프리즘 ABC와 abc가 서로 평행하게 놓여 있어서, 한 프리즘의 굴절각 B는 다른 프리즘의 밑변에 있는 꼭지각 c와 접촉할 수도 있는데, 그러면 두 프리즘에서 광선이 나오는 두 평면 CB와 cb는 직선 위에 놓일 수도 있다. 그런 경우에 그 두 평면을 통과해 나오는 빛이 프리즘에서 약 8인치에서 12인치 정도 떨어진 곳에 놓인 종이 MN을 비춘다고 하자. 그러면 두 프리즘 내부의 끝부분인 B와 c에 의해 발생하는 색깔들이 PT에서 섞이게 될 것이고, 거기서 흰색으로 합성될 것이다. 왜냐하면 만일 두 프리즘 중 어느 한 프리즘을 치운다면, 나머지 다른 프리즘에 의해 만들어진 색깔들이 그 위치 PT에 나타날 것이고, 치웠던 그 프리즘을 원래 자리로 다시 갖다 놓아서, 새로 갖다 놓은 프리즘에 의해 만들어진 색깔이 원래 있던 다른 프리즘에 의해 만들어진 색깔 위에 도달한다면, 그 색깔 모두가 섞여서 흰색을 다시 회복하게 될 것이기 때문이다.

낮은 쪽 프리즘의 꼭지각 b가 위쪽 프리즘의 꼭지각 B보다 약간 더 클 때도, 그리고 안쪽 두 꼭지각 B와 c 사이에, 그림에 나와 있는 것처럼, 약간의 빈 공간 Bc가 존재해서, 굴절이 일어나는 두 평면 BC와 bc가 동일한 직선 위에 놓여 있지도 않고 그 두 평면이 서로 평행하지도 않더라도, 이 실험은 역시 내가 시도한 그대로 성공한다. 왜냐하면 이 실험이 성공하는 데는 모든 종류의 광선이 종이 위의 위치 PT에서 균일하게 섞여야 한다는 것 외에는 어떤 다른 특별한 조건이 필요 없기 때문이다. 만일 위쪽의 프리즘에서 나온 가장 많이 굴절하는 광선이 M에서 P까지 모든 공간을 다 차지한다면, 아래쪽의 프리즘에서 나온 역시 가장 많이 굴절하는 광선도 P에서 시작해서 거기서부터 N쪽을 향해 모든 나머지 공간을 차지해야 한다. 만일 위쪽의 프리즘에서 나온 가장 적게 굴절하는 광선이 공간 MT를 차지한다면, 아래쪽의 다른 프리즘에서 나온 가장 적게 굴절하는 광선은 T에서 시작하여 나머지 공간 TN을 차지해야만 한다. 만일 위쪽의 프리즘에서 나온 중간 정도로 굴절하는 한 가지 종류의 광선이 공간 MQ에 걸쳐서 퍼져 있다면, 그리고 역시 위쪽의 프리즘에서 나온 중간 정도로 굴절하는 다른 종류의 광선이 공간 MR에 걸쳐 퍼져 있으며, 그리고 역시 위쪽의 프리즘에서 나온 중간 정도로 굴절하는 세 번째 종류의 광선이 공간 MS에 걸쳐 퍼져 있다면, 아래쪽 프리즘에서 나온 똑같은 세 가지 종류의 광선들은 각각 공간 QN, RN, SN에 걸쳐서 퍼져 있어야 한다. 그리고 모든 다른 종류의 광선에도 똑같은 방법이 적용되어야 한다. 이와 같이 모든 종류의 광선은 전체 공간 MN에 걸쳐서 동일하게 그리고 고르게 퍼져나가게 될 것이며, 그래서 모든 위치에서 똑같은 비율로 섞여서, 광선들은 모든 위치에서 다 똑같은 색깔을 만들어내야만 한다. 그러므로, 이런 섞임에 의해서 바깥쪽 공간인 MP와 TN에서 그 광선들이 흰색을 만들어내므로, 그 광선들은 안쪽 공간 PT에서도 역시 흰색을 만들어내야만 한다. 이것이 이 실험에서 흰색이 만들어진 합성의 이유이며, 내가 이와 같은 합성을 다른 어떤 방법으로 하든, 그 결과는 흰색이었다.

마지막으로, 만일 정해진 크기의 빗 모양의 도구의 빗살을 가지고, 두 프리즘에서 나온, 공간 PT를 비추는, 색깔을 띤 빛을 교대로 차단한다면, 빗 모양 도구의 움직임이 느릴 때는 그 공간 PT가 항상 색깔을 띠게 되지만, 빗 모양 도구의 움직임을 아주 빠르게 하여 연달아 나타나는 색깔이 서로 구분될 수 없다면, 그 공간은 흰색으로 보이게 될 것이다.

실험 14. 지금까지 나는 프리즘에서 나오는 색깔들을 섞어서 흰색을 만들었다. 이제 자연에 존재하는 물체의 색깔을 섞기 위해, 비누로 약간 진하게 만든 물을 거품이 생기도록 휘젓자. 그 거품이 만들어지고 약간 시간이 지난 뒤에는, 어떤 사람이 그 거품을 집중해서 보면 몇 개의 거품 표면 전체에는 다양한 색깔이 나타나지만, 다른 사람이 좀 멀리 가서 보면 서로 다른 색깔을 구별할 수가 없고, 전체 거품이 완벽하게 흰색으로 바뀌게 될 것이다.

실험 15. 마지막으로, 화가(畫家)가 사용하는 염료 분말을 혼합하여 흰색을 합성하려 시도하면서, 나는 모든 염료 분말은 그 내부에서 그 분말을 비추는 빛의 상당히 많은 부분을 억제하고 멈추게 만든다고 생각했다. 왜냐하면 그 염료 분말은 자신이 가지고 있는 색깔은 좀 더 많이 반사하고 그렇지 않은 모든 다른 색깔은 조금만 반사함으로써 색깔을 띠게 되지만, 그러나 그 염료 분말은 그 분말 자체의 색깔의 빛을 흰색 물체가 반사하는 것만큼 많이 반사하지는 않기 때문이다. 예를 들어, 만일 연단(鉛丹)과[82] 흰색 종이가, 제1권 제1부의 실험 3에서 설명한 것처럼, 캄캄한 방에서 프리즘에 의해 만들어진, 천연색 스펙트럼 중에 빨간색 빛 아래 놓이면, 종이가 연단(鉛丹)보다 더 명료하게 빨간색으로 보이게 되고, 이를 보면 연단(鉛丹)이 빨간색-만들기 광선을 반사하는 것보다 종이가 빨간색-만들기 광선을 더 풍부하게 반사한다고 할 수 있다. 그리고 만일 흰색 종이와 연단(鉛丹)이 어떤 다른 색깔의 빛 아래 놓이더라도, 종이에서 반사되는 빛이 연단(鉛丹)에서 반사되는 빛을 훨씬 더 큰 비율로 초과한다. 그리고 똑같은 상황이 다른 색깔의 염료 분말에도 똑같이 일어난다. 그러므로 그런 염료 분말을 섞는 방법에 따라, 우리는 종이에서 보는 흰색과 같이 그렇게 강하고 풍부한 흰색이 나오리라 예상하지는 못하지만, 그러나 빛과 어둠을 섞어서 생기거나 흰색과 검은색을 섞어서 생기는 것과 같은, 즉 회갈색 또는 회갈색, 또는 사람의 손톱 색깔이나 쥐의 색깔, 재의 색깔, 보통 돌의 색깔, 모르타르의 색깔, 한길에서 흩날리는 먼지의 색깔과 같은, 익은 배의 껍질 색깔과 같이 약간 어스름하고 분명하지 않은 흰색이 나오리라 예상할 수 있다. 그리고 나는 자주 염료 분말을 혼합해서 그렇게 어두운 흰색을 만들어내곤 했다. 이와 같이 연단(鉛丹) 하나에 비리데 애리스[83] 다섯을 섞으면 쥐의 색깔과 같은 암갈색이 합성된다. 왜냐하면 연단(鉛丹)과 비리데 애리스 두 색깔은 각각 다른 색깔을 합성하여 만들어져서, 이 두 색깔을 함께 섞으면 모든 색깔을 섞는 셈이 되기 때문이다. 그리고 비리데 애리스의 양보다 연단

---

[82] 연단(鉛丹, red lead)은 산화납으로 만든 빨간색 염료를 말한다.
[83] 비리데 애리스(Viride Æris)는 녹색 고슴도치라는 의미의 라틴어로 녹색 염료를 의미한다.

(鉛丹)의 양을 더 적게 한 이유는 연단(鉛丹)의 색깔이 더 풍부하기 때문이었다. 다른 예로, 연단(鉛丹) 하나에 녹청(綠靑)[84] 넷을 섞으면 약간 진홍색에 가까운 암갈색이 합성되며, 거기에 웅황(雄黃)과 비리데 애리스를 정해진 비율로 추가하면, 그렇게 합성된 것은 진홍색 빛깔을 잃고 완전히 회갈색이 되었다. 그런데 이 실험은 첨가하는 염료가 아주 적은 양이 아니면 잘 진행되었다. 나는 웅황(雄黃)에 화가(畫家)들이 사용하는 최고로 밝은 진홍색을 조금씩 첨가했는데, 웅황(雄黃)이 더 이상 노란색을 띠지 않고 희미한 빨간색이 된 뒤에는 첨가하기를 멈췄다. 그런 다음 약간의 비리데 애리스를 첨가하여 빨간색을 옅게 만들고, 그 다음에는 첨가한 비리데 애리스의 양보다 조금 더 많은 양의 녹청(綠靑)을 더하자 회색 또는 희미한 흰색이 되었는데, 이 색깔들은 서로 구분하지 못할 정도로 같았다. 그렇게 해서 합성된 색깔은 불에 타고 남은 재의 색깔이나 새로 자른 나무 색깔, 또는 사람의 피부 색깔과 같은 흰색이 되었다. 웅황(雄黃) 분말이 어떤 다른 연료의 분말보다 빛을 더 많이 반사시켰으며, 그러므로 합성된 색깔이 흰색을 띠게 하는 데 다른 분말보다 더 많이 도움이 되었다. 합성 비율을 정확히 정하는 것은, 같은 종류의 염료라도 사용하는 분말마다 순도(純度)에 차이가 있으므로, 어려울 수 있다. 그래서, 어떤 분말이든 그 분말의 색깔은 더 풍부하거나 덜 풍부할 수도 있고 더 밝거나 덜 밝을 수도 있으므로, 때에 따라 그 비율을 더 적게 또는 더 많게 조절해서 사용해야만 할 것이다.

이제, 이런 회색과 암갈색은 흰색과 검은색을 섞어서도 만들 수 있다는 것을 고려하면, 그리고 결과적으로 이 두 색깔은, 색깔의 종류에 대해서가 아니라 단지 밝기의 정도에 대해서, 완전한 흰색과는 다르다는 것

---

[84] 녹청(綠靑)은 원문에서 'blue bise'라고 쓴 것으로 이것은 구리에 생기는 푸른 녹을 의미하는 verdigris와 같은 단어로 녹청색의 염료를 의미한다.

을 고려하면, 합성한 결과가 완전히 흰색이 되도록 만들려면 그 합성에 빛을 더 넣어야만 한다는 것이 분명하다. 그리고, 그와는 반대로, 만일 합성된 결과에 빛을 더 넣어서 완전한 흰색을 얻을 수가 있다면, 그것은 가장 좋은 흰색이라는 동일한 종류의 색깔에 도달하고 단지 빛의 양에만 차이가 난다는 결론에 도달할 것이다. 이것을 밝히고자 나는 다음과 같이 실험을 시도했다. 나는 위에서 언급한 회색 혼합물의 (이 혼합물은 웅황(雄黃)과 진홍색, 녹청(綠靑) 그리고 비리데 애리스를 섞은 것인데) $\frac{1}{3}$을 취해서, 여닫이창을 열어서 태양이 비추는 내 방 마루 위에 두껍게 발라 놓았으며, 그리고 그 옆의 그림자가 드리운 곳에, 같은 크기의 흰 종이 한 장을 펴 놓았다. 그런 다음에 종이와 발라 놓은 염료가 있는 곳에서 거리가 10피트에서 18피트 되는 곳으로 갔더니 발라 놓은 염료의 표면이 울퉁불퉁한지, 염료 입자 때문에 작은 명암(明暗)이라도 생기는지 구분하지 못할 정도가 되었다. 섞어 놓은 염료 분말은 강한 흰색으로 보였는데, 특별히 종이가 구름의 빛에서 약간 가려질 때는 심지어 종이의 흰색보다 더 희게 보였고, 그러면 염료 분말과 비교해서 종이가 마치 이전의 염료 분말 색처럼 회색으로 보였다. 그러나 종이를 창문 유리를 통해 햇빛이 비치는 곳에 놓거나 염료 분말을 비추는 햇빛이 들어오는 쪽의 창문을 닫으면, 그런 식으로 염료 분말과 종이를 비추는 빛의 양을 증가시키거나 감소시키면, 그래서 염료 분말과 종이를 비추는 빛의 비율을 적당히 잘 조절하면, 종이의 흰색과 염료 분말의 흰색이 정확히 똑같이 보이게 만들 수가 있다. 일례로, 내가 이 실험을 하는 동안, 한 친구가 나를 보러 왔는데, 나는 그가 입구에서 더 들어오지 못하게 세우고, 내가 그 친구에게 종이와 염료 분말의 색이 무엇인지 또는 무엇을 하고 있는지 말하기 전에, 그 친구에게 종이의 흰색과 염료 분말의 흰색 중 어느 것이 더 좋은 흰색인지, 그리고 두 흰색이 다른지 물었다. 그 친구는 그 거리에서 종이와 염료 분말을 잘 보고 나서, 둘이 모두 좋은 흰색이며 어떤 것이 더 좋은 흰색인지 또는 두 색깔이 다른지 구분할 수가 없다고 대답했다. 이제, 햇빛 아래 놓인 염료 분말의 이 흰색은, 똑같은 햇빛 아래 놓인 (웅황(雄黃), 진홍색, 녹청(綠靑), 그리고 비리데 애리스로 이루어진) 흰색을 구성하는 성분이 된 염료 분말의 색깔이 합성되어 만들어진 것임을 생각한다면, 이전 실험의 결과에 의해서와 꼭 마찬가지로, 이 실험의 결과에 의해서도, 완전한 흰색은 색깔들의 합성에 의해 만들어진다는 사실을 인정해야만 한다.

지금까지 설명한 것들로 볼 때, 햇빛의 흰색도, 굴절하는 정도가 여러 가지로 달라서 종류가 서로 다른 여러 가지로 분리해 종이 또는 어떤 다른 흰색 물체에 쪼이면 그 종이나 물체가 색깔을 띠게 만드는, 빛을 구성하는 여러 종류의 광선에서 나오는 모든 색깔의 합성이라는 것 또한 분명하다. 왜냐하면 그런 색깔들은 (제2부의 명제 2에 의해서) 바뀔 수가 없으며, 그러한 모든 광선이 각 광선의 색깔을 그대로 가지고 다시 섞이면, 그렇게 섞인 광선들은 전과 똑같은 바로 그 흰색 빛을 다시 만들어내기 때문이다.

명제 6. 문제 2.

기본 색깔들이 혼합되어 있을 때, 각 색깔의 양(量)과 질(質)이 주어지면 합성된 색깔 구하기.

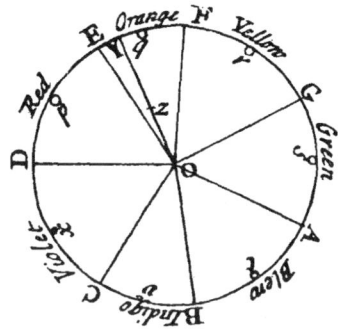

그림 11.

[그림 11에서] 중심이 O이고 반지름이 OD인 원 ADF에서, 이 원의 둘레를 일곱 가지 악음계(樂音階), 다시 말하면 여덟 개의 다음 수 $\frac{1}{9}$, $\frac{1}{16}$, $\frac{1}{10}$, $\frac{1}{9}$, $\frac{1}{16}$, $\frac{1}{16}$, $\frac{1}{9}$ 에 비례하는 여덟 가지 소리인 솔, 라, 파, 솔, 라, 미, 파, 솔 사이의 간격에 비례하는 DE, EF, FG, GA, AB, BC, CD의 일곱 부분으로 구분한다. 이 중에서 첫 번째인 DE는 빨간색을 대표하고, 두 번째인 EF는 주황색을, 세 번째인 FG는 노란색을, 네 번째인 CA는[85] 초록색을, 다섯 번째인 AB는 파란색을, 여섯 번째인 BC는 남색을, 그리고 일곱 번째인 CD는 보라색을 대표한다고 하자. 그리고 이 일곱 가지 색깔이, 프리즘으로 만들어졌을 때 그러하듯이, 차차로 한 색깔에서 다른 색깔로 변하는 합성되지 않은 모든 색깔이라고 생각하자. 그래서 태양의 천연색 상(像)의 한쪽 끝에서 다른 쪽 끝까지를 망라하는 일련의 전체 색을 대표하는 원의 둘레 DEFGABCD에서, D에서 E까지는 모든 등급의 빨간색이고, E는 빨간색과 주황색 사이에 있는 색이며, E에서 F까지는 모든 등급의 주황색이고, F는 주황색과 노란색 사이에 있는 색이며, F에서 G까지는 모든 등급의 노란색, 그 나머지도 똑같은 식으로

---

[85] 원문에는 CA로 되어 있는데 이는 GA의 오타임이 분명하다.

된다. 원호 DE의 무게 중심을 p라고 하고 원호 EF, FG, GA, AB, BC, 그리고 CD의 무게 중심을 각각 q, r, s, t, u, x라고 하자. 그리고 그 무게 중심들을 중심으로 주어진 혼합된 색깔에서 각 구성 색깔에 대응하는 광선들의 수에 비례하는 범위가 묘사된다고 하자. 다시 말하면, p를 중심으로 한 원은 그 혼합된 색깔에서 빨간색-만들기 광선의 수에 비례하고, q를 중심으로 한 원은 그 혼합된 색깔에서 주황색-만들기 광선의 수에 비례하며, 나머지도 그와 같은 식으로 된다. 다음으로 p, q, r, s, t, u, x 모두를 중심으로 한 원들의 공동 무게 중심을 구하자. 그 무게 중심을 Z라고 하자. 그리고 원 ADF의 중심 O에서 시작해서 Z를 거쳐서 원의 둘레까지 직선 OY를 그리면, 원의 둘레에서 점 Y의 위치는 혼합된 색깔들이 주어질 때, 그 색깔을 모두 합성하여 만든 색깔을 대표하게 될 것이며, 선분 OZ는 그 색깔의 풍부함 또는 세기, 다시 말하면 흰색에서 그 색깔까지의 거리에 비례하게 될 것이다. 만일 Y가 F와 G 사이의 중간에 위치하게 된다면, 합성된 색깔은 가장 좋은 노란색이 될 것이다. 만일 Y가 중간에서 F 또는 G 쪽으로 더 치우치게 된다면, 합성된 색깔은 그에 따라서 주황색 또는 초록색에 더 가까운 노란색이 될 것이다. 만일 Z가 원의 둘레에 놓이게 된다면, 그 색깔은 가장 높은 등급으로 강하고 화려하게 될 것이고, 만일 Z가 원의 둘레와 원의 중심의 중간에 놓이게 된다면, 그 색깔은 절반 정도로 강한, 즉 가장 강한 노란색을 동일한 양의 흰색으로 엷게 해서 만들어지는 것과 같은 색이 될 것이며, 그리고 만일 Z가 원의 중심 O에 놓이게 된다면, 그 색깔은 그 색깔의 모든 강함을 잃고 그냥 흰색이 될 것이다. 그러나 만일 점 Z가 선분 OD 위에 또는 가까이에 놓이게 된다면, 중요한 성분이 빨간색과 보라색이어서, 합성된 색깔은 프리즘이 만드는 색깔 중 어느 하나가 아니라, Z가 선분 DO에서 E쪽으로 치우쳐 있는지 C쪽으로 치우쳐 있는지에 따라, 빨간색 또는 보라색에 가까운 진홍색이 될 것이며, 일반적으로 합성된 보라색이 합성되지 않은 보라색보다 더 밝고 더 불타는 색깔이다. 또한 만일 원 위에서 서로 마주보는 기본 색깔 두 가지가 똑같은 비율로 섞인다면, 점 Z는 중심 O에 놓이게 되는데, 그럼에도 불구하고 그러한 두 색깔이 합성된 색깔은 완전히 흰색은 아니겠지만, 그러나 약간 희미하고 알려지지 않은 색깔이 될 것이다. 왜냐하면 나는 여태껏 기본 색깔 두 가지만 섞어서는 완전한 흰색을 절대 만들 수 없었기 때문이다.[86] 원의 둘레에서 동일한 거리에 있는 세 가지 색깔을 합성하여 완전한 흰색을 합성할 수 있을지는 모르지만, 네 가지 색깔이나 다섯 가지 색깔을 섞어서 완전한 흰색을 합성할 수 있으리라는 것에는 나는 크게 의문을 갖지 않는다. 그러나 이런 것들은 자연의 현상을 이해하고자 하는 호기심에는 별로 중요하지 않거나 전혀 중요하지 않다. 왜냐하면 자연에 의해 만들어지는 모든 흰색에는, 모든 종류의 광선이 혼합되어 이용되며, 결과적으로 흰색은 모든 색의 합성이기 때문이다.

이 규칙에 대한 예를 들기 위해, 보라색, 남색, 파란색, 초록색, 노란색, 주황색, 빨간색에서 각각의 색은 균질(均質)이고, 합성 비율은 보라색 $\frac{1}{28}$, 남색 $\frac{1}{28}$, 파란색 $\frac{2}{28}$, 초록색 $\frac{3}{28}$, 노란색 $\frac{5}{28}$, 주황색 $\frac{6}{28}$, 그리고 빨간색 $\frac{10}{28}$인 합성된 색깔을 가정하자. 이 부분들의 비례 관계는 원에서 각각 x, v, t, s, r, q, p를 나타내는데, 다시 말하면, 만일 원 x가 하나에 해당하면, 원 v도 하나에 해당하고, 원 t는 둘에 해당하고, 원 s는 셋에 해당하며, 원 r과 q와 p는 각각 다섯, 여섯, 그리고 열에 해당한다는 것이다. 이 원들의 공통 무게 중심 Z를 찾아내고, Z를 통과하는 선분 OY를 그리면, 점 Y는 원의 둘레 중에서 E와 F의 사이에 놓이게 되는데, F보다는 E에

---

[86] 오늘날에는 빛의 삼원색인 빨간색, 파란색, 초록색을 동일한 세기로 더하면 흰색이 되고, 어떤 색과 그 색의 보색을 동일한 세기로 더해도 역시 흰색이 되는 것을 알고 있다.

더 가까운 곳에 놓이고, 그러므로 이런 성분들에 의해 합성된 색깔이 노란색보다는 약간 빨간색에 더 가까운 주황색일 것이라고 결론지을 수 있다. 또한 OZ가 OY의 절반보다 약간 더 작다는 것도 알게 되는데, 그래서 이 합성된 주황색의 풍부함 또는 세기가 이 합성되지 않은 주황색의 풍부함 또는 세기의 절반보다도 약간 더 작다고 결론지을 수 있다. 그것은 말하자면, 합성된 주황색은 균질(均質)인 주황색에 좋은 흰색을 섞은 것과 같은데, 섞이는 비율은 선분 OZ와 선분 ZY의 비율과 같고, 이때 이 비율은 주황색 분말과 흰색 분말의 양 사이의 비율이 아니라, 그 분말들이 반사하는 빛의 양 사이의 비율이다.

    나는 이 규칙이, 비록 수학적으로 정확하지 않을지 몰라도, 실제로 사용하기에는 충분히 정확하다고 생각한다. 그리고 이 규칙이 얼마나 잘 성립하는지는, 제1권 제2부의 실험 10에서 색깔 중 어느 것이든 렌즈에서 차단하는 방법으로, 감각에 의해 충분히 증명할 수가 있다. 차단되지 않고 렌즈의 초점까지 통과하는 나머지 색깔들은, 이 규칙에 따라 그 색깔들의 혼합의 결과로 정확하게 나오거나 거의 정확하게 나오는 색깔로 합성될 것이다.

명제 7. 정리 5.

빛에 의해 만들어지지만 상상력에는 영향받지 않는 우주의 모든 색깔은 모두 균질(均質)인 빛의 색깔이거나 그렇게 균질(均質)인 빛들이 합성된 색깔뿐이며, 그때 앞의 문제에 나온 규칙은 정확히 또는 거의 정확히 적용된다.

    왜냐하면 (제2권의 명제 1에서) 굴절에 의해 만들어지는 색깔의 변화는 그러한 굴절에 의해 각인(刻印)되는 광선들의 어떤 새로운 수정(修

正)에 의해서도 발생하지 않는다는 것이 증명되었고, 학자들이 일반적인 견해로 항상 제기했던 것처럼 빛과 어둠에 대한 각종 결론에 의해서도 증명되었기 때문이다. 균질(均質)인 광선들의 개별적인 색깔은 항상 그 광선이 굴절하는 정도로 정해지며(제1부의 명제 1과 제2부의 명제 2), 각 광선이 굴절하는 정도는 굴절과 반사에 의해서 바뀔 수가 없으며(제1부의 명제 2), 그 결과로 각 광선의 색깔 역시 마찬가지로 바뀌지 않는다는 것도 증명되었다. 균질(均質)인 광선을 굴절시키거나 반사시키는 방법에 의해서 그 광선의 색깔은 바뀔 수가 없다는 것도 역시 직접 규정되었다(제2부의 명제 2). 또한 몇 가지 종류의 광선이 섞여서 동일한 공간을 서로 가로질러 통과하더라도, 그 광선들은 서로 상대 광선의 색깔에 대한 성질을 바꾸는 데는 어떤 작용도 하지 않지만(제2부 실험 10), 그러나 그 광선들이 감각기관에서 하는 작용들이 혼합되면 각 광선이 각각 따로 만들어내는 것과는 다른 감각, 즉 각 광선이 지닌 고유한 색깔들 사이의 평균이 되는 색깔의 감각을 낳는다는 것도 역시 증명되었다. 그리고 특별히 모든 종류의 광선이 모이고 섞여서 흰색이 만들어질 때, 그 흰색은 각 광선이 각각 따로 갖는 색깔을 모두 섞어 놓은 것이다(세2부 명제 5). 그렇게 섞여 있는 광선들이 개별적으로는 자신의 색깔에 관한 성질을 잃거나 바꾸지 않지만, 그 광선들의 여러 가지 작용이 모두 감각기관에서 혼합되면, 그 광선들 색깔 모두 사이의 중간에 해당하는 색깔의 감각이 탄생하는데, 그것이 흰색이다. 왜냐하면 흰색은, 모든 색깔에 차별 없이 공평하게 대응하고 모든 색깔 중에서 어느 색깔이나 모두 똑같이 수월하게 색깔이 나타나도록 하는, 모든 색깔 사이의 평균이기 때문이다. 빨간색 염료 분말에 약간의 파란색 분말을 섞거나, 또는 파란색 염료 분말에 약간의 빨간색 분말을 섞더라도 각 색깔을 바로 잃지는 않지만, 그러나 흰색 염료 분말에는 어떤 색깔을 섞더라도 바로 그렇게 섞은 색깔을 띠게 되며, 섞은 색깔이 어떤 색깔이든 관계없이 모두 똑같이 그 색깔을 띠게 된다. 또한 햇빛에는 모든 종류의 광선이 혼합되어 있어서, 햇빛의 흰색은 모든 종류 광선의 색깔이 혼합된 색깔이고, 원래부터 고유한 색깔에 관한 특성과 굴절하는 정도에 대한 특성을 지니고 있는 광선들은, 언제 굴절하거나 반사되더라도 원래부터 지니고 있는 특성을 영구히 바꾸지 않으며, 태양 빛을 나르는 광선 중에서 어떤 종류의 광선이라도 (제1부의 실험 9와 실험 10에서 다른 반사에 의해서 또는 모든 굴절에서 일어나는 것과 같은 굴절에 의한 방법과 같은) 어떤 방법에 따르든 나머지 광선들에서 분리되기만 하면, 그렇게 분리된 광선은 자신이 원래부터 가지고 있는 색깔을 되찾는다는 것도 역시 증명되었다. 이런 일들이 증명되었으며, 그 결과를 모두 종합하면 여기서 증명하고자 하는 명제에 이르게 된다. 왜냐하면 만일 햇빛이 여러 종류의 광선이 혼합된 것이라면, 빛을 구성하는 개별적인 광선은 원래부터 각 광선 고유의 굴절하는 정도와 색깔에 관한 성질을 가지고 있으며, 그리고 혼합된 여러 광선이 굴절하거나 반사되더라도, 그리고 분리되거나 혼합되더라도, 여전히 각 광선의 원래 성질을 어떤 변화도 없이 영구히 유지한다면, 세상의 온갖 색깔은 그 색깔들을 보도록 만든 빛을 구성하는 광선들이 지닌 원래 색깔의 성질에서 항상 비롯되어야 하기 때문이다. 그러므로 만일 어떤 색깔이 왜 존재하는지 이유를 말하라고 한다면, 햇빛을 구성하는 광선들이 어떻게 반사나 굴절 또는 다른 원인에 의해서 서로 분리되는지, 또는 어떻게 함께 혼합되는지를 고려하거나, 또는 그 밖에 그 색깔이 만들어진 빛에는 어떤 종류의 광선이 어떤 비율로 포함되는지 찾아보고, 그런 다음에, 앞에서 마지막에 다룬 문제에서 설명했듯이, 그런 비율로 그 광선들을 (또는 그 광선들에 속한 색깔들을) 혼합하면 나와야만 하는 색깔이 무엇인지 알아내는 것 외에는 다른 방법이 없다. 여기서 내가 말하는 색깔은 빛에서 발생하는 색깔로 한정된다. 왜 그렇게 말하느냐 하면 그 색깔들이 때로는, 꿈속에서 환상에 의해 색깔을 볼 때나, 또는 미친 사람이 자기 앞에 있지도 않은 것이 있다고 볼 때나, 또는 눈을 때리면 번쩍이는 불빛이 보일 때나, 또는 다른 방향을 바라보면서 우리 눈의 양쪽 끝 중에 어느 쪽이나 누르면, 공작새의 깃털의 눈에서와 같은 색깔을 볼 때와 같이, 다른 원인에 의해서도 발생하기 때문이다. 이러한 그리고 그와 비슷한 원인들이 간섭하지 않는 곳에서, 광선들이 혼합되어 만들어지는 그 색깔은, 내가 지금까지 조사할 수 있었던 색깔에 대한 어떤 현상에서나 끊임없이 발견한 것처럼, 항상 그 빛을 구성하는 한 가지 종류 광선 또는 여러 종류의 광선에 응답한다. 나는 다음 명제들에서 가장 눈여겨보아야 할 현상으로서 그런 경우에 대한 실례(實例)를 살펴볼 것이다.

명제 8. 문제 3.

빛에 대해 발견한 성질을 이용하여 프리즘을 통해 만든 색깔들을 설명하기.

[그림 12에서] 폭이 거의 프리즘의 폭과 같도록 뚫은 구멍 $F\varphi$를 통하여 캄캄한 방으로 들어오는 햇빛을 굴절시키는 프리즘을 ABC로 대표한다고 하고, MN은 굴절한 햇빛을 비추는 흰색 종이를 대표한다고 하자. 그리고 가장 많이 굴절하는, 즉 가장 짙은 보라색-만들기 광선이 구역 $P\pi$를 비추고, 가장 적게 굴절하는, 즉 가장 짙은 빨간색-만들기 광선이 구역 $T\tau$를 비추며, 남색-만들기 광선과 파란색-만들기 광선 사이의 중간 정도 종류가 구역 $Q\alpha$를 비추고, 초록색-만들기 광선의 중간 정도 종류가 구역 R을 비추며, 노란색-만들기 광선과 주황색-만들기 광선의 중간 정

도 종류는 구역 Sσ를 비추고, 그리고 다른 중간 정도 종류는 그 중간의 구역을 비춘다고 가정하자. 왜냐하면 여러 종류가 적절하게 비추는 그런 구역들은 그러한 종류들이 굴절하는 정도가 서로 다르기 때문에, 한 가지 종류씩 차례로 더 낮은 지점을 향해 굴절할 것이기 때문이다. 이제 만일 종이 MN이 프리즘에 너무 가까워서 구역 PT와 구역 πτ가 서로 전혀 겹치지 않는다면, 두 구역 사이의 간격인 Tπ는 프리즘에서 나온 직후에 각 광선이 차지하고 있던 비율과 똑같은 비율로 모든 종류의 광선이 비출 것인데, 결과적으로 그것은 흰색이 된다. 그러나 양쪽 끝의 구역 PT와 πτ에는 그 광선 모두가 함께 비추지 않게 될 것이고, 그래서 결과적으로 그 두 구역은 색깔을 띠게 될 것이다. 그리고 특별히 가장 바깥쪽의 보라색-만들기 광선만 홀로 비추는 P에서 나타나는 색깔은 가장 짙은 보라색이어야만 한다. 보라색-만들기 광선과 남색-만들기 광선이 섞여 있는 Q에서는, 그 색깔이 상당히 남색 쪽으로 기운 보라색이어야만 한다. 보라색-만들기 광선과, 남색-만들기 광선, 파란색-만들기 광선, 그리고 절반의 초록색-만들기 광선이 섞인 R에서는, 그 색깔이 (문제 2의 분석에 의해서) 남색과 파란색 사이의 중간 색깔로 합성되어야 한다. 빨간색-만들기 광선과 주황색-만들기 광선을 제외한 모든 광선이 섞여 있는 S에서는, 그 색깔이 동일한 규칙에 따라 남색보다는 초록색 쪽으로 더 기운 희미한 파란색으로 합성되어야 한다. 그리고 S에서 T쪽으로 가면서, 이 파란색은 점점 더 희미하고 옅어져서, 마지막으로 모든 색깔이 다 섞이기 시작하는 T에서는 흰색으로 끝을 맺는다.

그래서 다시, 가장 적게 굴절하는, 즉 맨 끝의 빨간색-만들기 광선이 홀로 비추는, 다른 쪽 흰색 끝인 τ에서는, 그 색깔이 가장 짙은 빨간색이어야만 한다. σ에서는 빨간색과 주황색이 섞여서 주황색에 기운 빨간색을 합성하게 될 것이다. ρ에서는 빨간색과 주황색, 노란색, 그리고 절반

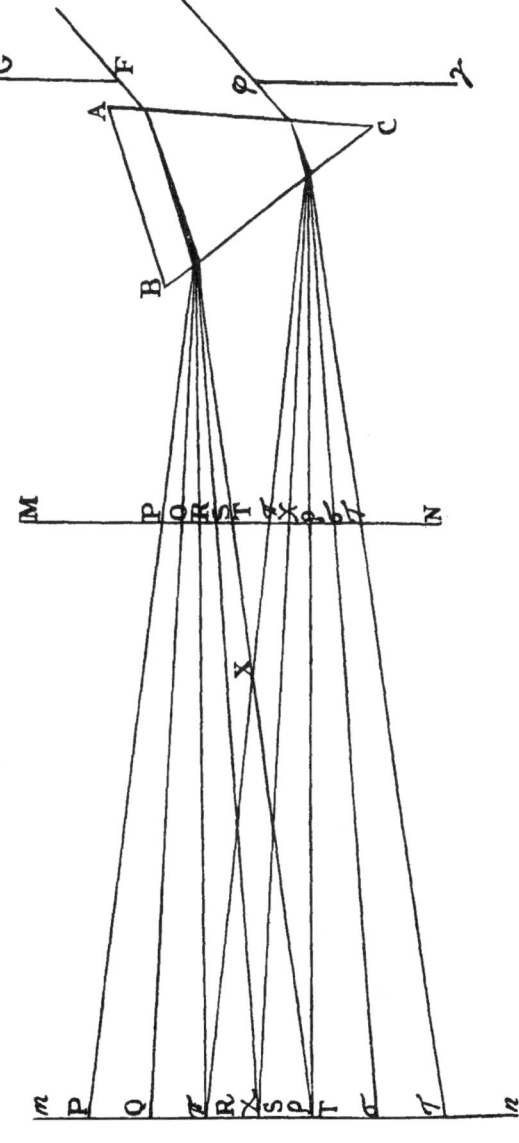

그림 12.

의 초록색이 주황색과 노란색 사이의 중간 색깔을 합성해야 한다. χ에서는 보라색과 남색을 제외한 모든 색깔이 섞여서 주황색보다는 초록색 쪽으로 더 기운 희미한 노란색을 합성하게 될 것이다. 그리고 이 노란색은 χ에서 π쪽을 향해 가면서 연속적으로 더 희미하고 더 옅어지게 될 것인데, π에서는 모든 종류의 광선들이 다 섞여서 흰색이 될 것이다.

만일 햇빛이 완전히 흰색이라면 그런 색깔이 나타나야 한다. 그러나 햇빛이 노란색에 기울어 있어서, 다른 색-만들기 광선의 양보다 노란색으로 보이게 만드는 노란색-만들기 광선이 더 많으므로, 그 노란색-만들기 광선의 초과량(超過量)은, S와 T 사이의 희미한 파란색과 섞여서 S와 T 사이가 희미한 초록색으로 나타날 것이다. 그래서 P에서 시작하여 τ까지 차례로 나타나는 색깔은 보라색, 남색, 파란색, 매우 희미한 초록색, 흰색, 희미한 노란색, 주황색, 빨간색이어야만 한다. 이와 같이 이런 것을 계산으로 얻을 수 있다. 그리고 프리즘이 만든 색깔을 보기 좋아하는 사람들은 자연에서도 그런 색깔들을 그대로 찾아서 볼 수 있을 것이다.

그 색깔들은, 종이를 프리즘과 색깔들이 만나는 점 X 사이에 놓으면 그 옆의 흰색이 사라질 때, 흰색의 양쪽에 나타나는 색깔들이다. 왜냐하면 종이를 프리즘에서 조금 더 먼 곳에 고정해 놓는다면, 빛의 중간 부분에서, 가장 많이 굴절하는 광선과 그리고 가장 적게 굴절하는 광선이 원래보다 덜 포함될 것이고, 거기서 찾을 수 있는 나머지 광선들은 함께 섞여서 전보다 더 풍부한 초록색을 만들어낼 것이기 때문이다. 또한 노란색과 파란색은 이제 다른 색과 덜 섞일 것이고, 그 결과로 전보다 더 세기가 세어질 것이기 때문이다. 그리고 이 또한 우리가 경험한 것과 일치한다.

그리고 만일 프리즘을 통하여 새까만 어둠으로 둘러싸인 흰색 물체를 본다면, 그 물체의 가장자리에서 색깔이 발생하는 이유도 조금만 생각해

보면 바로 알 수 있다. 만일 검은색 물체가 흰색 물체에 의해 둘러싸인다면, 프리즘을 통해서 나타나는 색깔 스펙트럼은, 검은색 물체의 영역으로 스며들어가는 흰색 물체의 빛에서 유래되어야만 하며, 그러므로 프리즘을 통해 보이는 그 스펙트럼의 색깔 순서는 흰색 물체가 검은색 물체에 둘러싸여 있을 때와 반대의 순서로 나타난다. 그리고 물체의 일부가 그 물체의 다른 부분보다 덜 밝은 물체를 바라볼 때도, 위에서와 똑같은 방법으로 이해하면 된다. 왜냐하면 밝기 차이가 그리 크지 않은 두 부분의 경계에서는, 색깔은 똑같은 원리에 의해 항상 더 밝은 부분의 밝기와 덜 밝은 부분의 밝기 사이의 차이 때문에 발생하며, 덜 밝은 부분은 비록 더 희미하고 더 옅기는 하지만 다 똑같이 검게 보이기 때문이다.

프리즘으로 만들어지는 색깔에 대해 이야기한 것을, 어렵지 않게, 망원경이나 현미경의 렌즈에 의해 만들어지는 색깔 또는 사람 눈의 수정체에 의해 만들어지는 색깔에 그대로 적용할 수 있다. 왜냐하면 만일 망원경 대물렌즈의 한쪽이 다른 쪽보다 더 두껍다면, 또는 만일 렌즈의 절반이 또는 사람 눈동자의 절반이 불투명한 물체로 가려진다면, 대물렌즈 또는 렌즈에서 가려지지 않은 나머지 절반 또는 사람의 눈동자에서 가려지지 않은 나머지 절반은 마치 양쪽이 구부러진 쐐기처럼 간주할 수 있으며, 어떤 쐐기 모양의 렌즈 또는 쐐기 모양의 어떤 다른 투명한 물체도 그 물체를 통과하는 빛을 굴절시키는 프리즘의 효과를 갖기 때문이다.⑫

제1부의 실험 9와 실험 10에서 빛이 서로 다른 정도로 굴절하는 것을 설명한 것을 보면 어떻게 색깔이 정해지는지는 분명하다. 그런데 실험 9에서, 태양에서 직접 온 빛은 노란색이므로, 빛 MN이 반사된 빛줄기에 포함된 파란색-만들기 광선은 처음 빛의 노란색을 분명한 파란색으로 물들여 놓지 못하고, 겨우 파란색 쪽으로 기운 창백한 흰색으로 바꿀 정도밖에는 되지 않는다. 그러므로 더 좋은 파란색을 얻기 위해, 나는

실험 9를 다음과 같이 약간 변형해서, 태양의 노란색 빛을 사용하는 대신 구름에서 오는 흰색 빛을 사용했다.

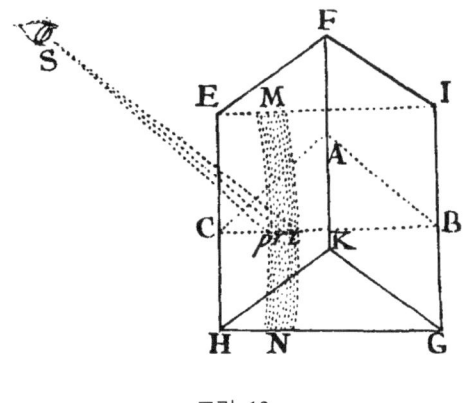

그림 13.

실험 16. [그림 13에서] HFG는 아무것도 없는 공중에 놓인 프리즘을 대표하고, S는 구름을 보고 있는 관찰자의 눈을 대표한다고 하자. 구름에서 오는 빛은 프리즘의 한쪽 옆면 FIGK를 통하여 프리즘으로 들어오고, 그렇게 프리즘으로 들어온 빛은 밑면 HEIG에서 반사되어 옆면 HEFK를 지나면서 굴절하고 프리즘에서 나와서 눈으로 들어간다. 그리고 프리즘과 눈이 적절하게 놓여서 프리즘의 밑면에서 입사각과 반사각이 약 40도 정도가 되면, 관찰자는 파란색으로 된 활 모양의 MN을 보게 되는데, 그 활모양은 밑면의 한쪽 끝에서 다른 쪽 끝까지 놓여 있고, 활의 오목한 쪽이 관찰자를 향하며, 밑면 중에서 이 활모양의 건너편 쪽인 IMNG는 밑면의 다른 쪽에 있는 다른 부분인 EMNH보다 더 밝게 보인다. 다른 무엇도 아니라 단지 반영(反影)된 빛의 외관의 반사에 의해 만들어진 이 파란색으로 보이는 MN은 너무도 이상한 현상처럼 보이고, 또한 학자들에게 전해 내려오는 가정으로 설명하는 것이 너무 어렵기 때문에, 나는 이 현상을 자세히 살펴보는 것이 지극히 온당하다고 생각한다. 이제 이러한 현상이 일어나는 원인을 이해하기 위해, 평면 ABC가 프리즘의 옆면과 밑면을 수직으로 자른다고 가정하자. 관찰자의 눈에서, 프리즘을 자른 평면이 프리즘의 밑면을 자른 선분 BC까지 두 선분 Sp와 St를 그리는데, 각 SpC는 50도 $\frac{1}{9}$이고 각 StC는[87] 49도 $\frac{1}{28}$이며, 가장 많이 굴절하는 광선 중에서 어느 것도 점 p 바깥에서는 프리즘 밑면을 통과해서 굴절하는데, 그 점 p는 반사각이 관찰자의 눈으로 광선이 들어갈 수 없도록 입사각을 만드는 경계이고, 비슷하게 가장 적게 굴절하는 광선 중에서 어느 것도 점 t 바깥에서는 프리즘 밑면을 통과해서 굴절하는데, 그 점 t는 반사각이 관찰자의 눈으로 광선이 들어갈 수 없도록 입사각을 만드는 경계이다. 그리고 p와 t의 중간에 놓인 점 r은 평균으로 굴절하는 광선에 대해 위에서 설명한 것과 비슷한 경계를 표시한다. 그러므로 밑면에서 t 건너편에 도달하는, 즉 t와 B 사이에 도달하는, 그리고 거기에서 관찰자의 눈으로 들어올 수 있는, 가장 적게 굴절하는 광선은 모두 그쪽으로 반사될 것이다. 그러나 t의 이쪽에서는, 즉 t와 C[88] 사이에서는, 이 광선들 대부분이 밑면을 통해서 전달될 것이다. 그리고 밑면에서 p 건너편에 도달하는, 즉 p와 B 사이에 도달하는, 그리고 거기에서 관찰자의 눈으로 들어올 수 있는, 가장 많이 굴절하는 광선은 모두 그쪽으로 반사될 것이다. 그러나 p와 C[89] 사이 모든 곳에서는, 이 광선들 대부분이 밑면을 통과하고 굴절할 것이다. 그리고 점 r의 양쪽 어디에서나 평균으로 굴절하는 광선들에 대해서도 똑같이 이해해야 한다. 왜냐하면

---

[87] 원문에 나오는 Spc와 Stc는 각각 SpC와 StC의 오타로 생각된다. 그림 13에는 c가 표시되어 있지 않고 프리즘을 가로 자른 평면이 만드는 ABC만 표시되어 있는데, 문맥에 의하면 c는 ABC의 C를 의미한다.
[88] 여기서도 원문은 c라고 되어 있는데, C의 오타이다.
[89] 여기서도 원문은 c라고 되어 있는데, C의 오타이다.

프리즘의 밑면은, t와 B 사이 모든 곳에서, 관찰자의 눈으로 들어가는 모든 종류 광선들의 전반사에 의해서, 흰색으로 밝게 보인다는 것이 성립하기 때문이다. 그리고 p와 C 사이 모든 곳은, 모든 종류의 광선 대부분이 그냥 통과해버리기 때문에, 더 어슴푸레하고, 더 분명하지 못하고 어둡게 보인다. 그러나 가장 많이 굴절하는 광선 모두가 관찰자의 눈으로 반사되는, 그리고 덜 굴절하는 광선 중에서 많은 부분이 그냥 통과하는 r에서, 그리고 p와 t 사이의 다른 곳에서는, 반사된 빛에 더 많이 포함된 가장 많이 굴절하는 광선이 그 빛을 자기 색깔인 보라색과 파란색으로 보이게 만들 것이다. 그리고 프리즘의 양쪽 끝 HG와 EI 사이의 아무데서나 선분 CprtB를 그리면 이것과 똑같이 설명된다.

명제 9. 문제 4.

빛에 대해 발견한 성질을 이용하여 무지개의 색깔들을 설명하기.

무지개는 햇빛이 나면서 동시에 비가 오는 곳이 아니면 결코 나타나지 않지만, 물을 뿌려서 그 뿌린 물이 높은 곳에서 쪼개져 작은 방울로 흩어진 다음 마치 비처럼 떨어지게 하면 인공적으로도 만들 수 있다. 왜냐하면 이 물방울들을 비추는 햇빛이 비와 태양에 대해 알맞은 위치에 서 있는 관찰자에게는 무지개가 나타나게 만들기 때문이다. 그래서 이제 이런 무지개는 떨어지는 빗방울에 햇빛이 굴절해서 만들어진다는 것에 모두 동의하고 있다. 이것은 일부 고대인들에게도 알려져 있었고, 최근에는 스팔라토[90] 대주교인 유명한 안토니오 도미니스[91]가 발견했는데,

---

[90] 스팔라토(Spalato)는 중세 이탈리아에 속한 지명의 이름이다.
[91] 이탈리아의 대주교 안토니오 도미니스(Antonius de Dominis, 1560- 1624)는 과학에 많은 업적을 남긴 것으로 유명하다.

그 내용은 이미 20년 전에 저술한 것을 1611년에 베네치아에서[92] 그의 친구 바톨루스[93]가 출판한 그의 책『낮에 보이는 빛』에[94] 아주 상세하게 설명되어 있다. 그는 이 책에서 어떻게 무지개가 만들어지는지 설명하는데, 둥그런 빗방울에서 햇빛이 두 번 굴절한다는 것, 그 두 굴절 사이에 한 번 반사되어 무지개 안쪽이 만들어진다는 것, 무지개의 바깥쪽은 두 번의 굴절과 그리고 물방울마다 굴절과 굴절 사이에 두 가지 종류의 반사를 해서 만들어진다는 것을 설명하고, 물을 가득 담은 작은 병과 역시 물을 담은 공 모양의 유리를 햇빛이 비치는 곳에 놓고 그 안에 나타난 무지개 두 개의 색깔을 만드는 실험으로 그가 설명한 것을 증명한다. 데카르트는[95] 그의 저서『유성(流星)』에서[96] 똑같은 설명을 추구하고 무지개의 바깥쪽에 대한 설명을 수정했다. 그러나 그들은 색깔의 진정한 기원(起源)이 무엇인지 이해하지 못했기 때문에, 여기서는 무지개의 색깔에 대해 좀 더 자세하게 살펴볼 필요가 있다. 무지개가 어떻게 만들어지는지 이해하기 위해, 빗방울 한 개를 또는 어떤 다른 구형(球形)의 투명한 물체를 [그림 14에서] 중심이 C이고 반지름이 CN인 구(球) BNFG로 대표하자. 그리고 AN이 N에서 그 구(球)로 입사해서 F로 굴절하는 태양의 광선 중 하나라고 하자. 이 광선은 V를 향해 굴절하면서 구(球) 바깥으로 나가거나 또는 구(球) 바깥으로 나가지 않고 다시 G로 반사된다고 하자. 그리고 그 광선은 G에서 굴절해 R을 향해 구(球) 밖으로 나

---

[92] 베네치아(Venice)는 이탈리아의 지명이다.
[93] 바톨루스(Giovanni Bartolus)는 17세기 이탈리아의 출판업자이다.
[94] 『낮에 보이는 빛』(De radiis visus & lucis)은 대주교 안토니오 도미니스의 저서 이름이다.
[95] 데카르트(Des-Cartes, 1596~1650)는 뉴턴과 비슷한 시대를 살았던 프랑스의 철학자, 수학자, 물리학자이다.
[96] 데카르트는 1637년에 그의 저서『유성(流星)』을 출판했는데, 그 책에서 데카르트는 소금의 본질과 바람과 천둥의 원인, 겨울의 눈의 형상, 무지개의 색깔, 해와 달의 후광(後光) 등을 다루었다.

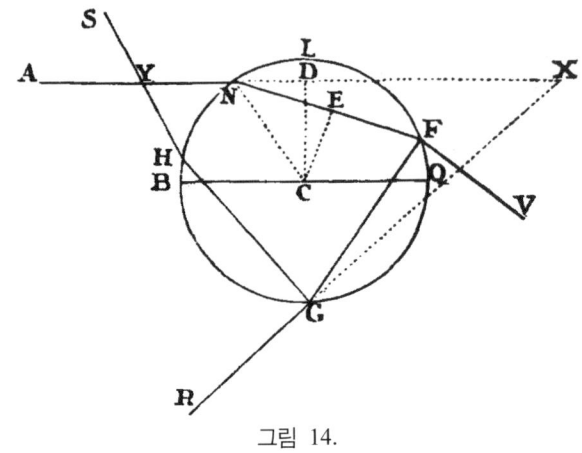
그림 14.

가거나, 또는 H로 반사된다고 하자. 그리고 그 광선은 H에서 굴절해 S를 향해 구(球) 밖으로 나가면서 최초로 구(球)로 입사한 광선과 Y에서 교차한다고 하자. 그리고 선분 AN과 선분 RG를 연장하여 만나는 점을 X라고 하고, 두 선분 AX와 NF에 구의 중심 C에서 수선(垂線)을 내려그어서 각각 CD와 CE가 된다고 하고 선분 CD를 연장하여 구(球)의 표면과 만나는 점을 L이라고 하자. 그리고 입사한 광선 AN과 평행하고 구(球)의 중심 C를 지나는 지름 BQ를 그리고, 공기에서 나와 물로 들어가는 입사의 사인과 굴절의 사인 사이의 비를 I와 R 사이의 비라고 쓰자. 이제, 만일 광선이 구(球)로 입사하는 점 N을 점 B에서 시작해서 점 L에 도달할 때까지 계속해서 이동시키면, 원호 QF는 처음에는 증가하다가 그 다음에는 감소할 것이며, 그래서 두 광선 AN과 GR 사이의 사잇각 AXR도 역시 처음에는 증가하다가 그 다음에는 감소할 것이다. 그리고 원호 QF와 각 AXR은, ND와 CN 사이의 비가 $\sqrt{II-RR}$과 $\sqrt{3RR}$ 사이의 비와 같을 때, 최대가 될 것인데, 그 경우에 NE와 ND 사이의 비는 2R과 I 사이의 비와 같게 될 것이다. 또한 두 광선 AN과 HS의 사잇각 AYS는 처음에는 감소하다가 그 다음에는 증가하고 ND와 CN 사이의 비가 $\sqrt{II-RR}$과 $\sqrt{8RR}$ 사이의 비와 같을 때, 최소가 될 것인데, 그 경우에 NE와 ND 사이의 비는 3R과 I 사이의 비와 같게 될 것이다. 그래서 그 다음에 (다시 말하면, 3번의 반사 뒤에) 구(球) 바깥으로 나가는 광선과 구(球)로 맨 처음에 입사한 광선 AN이 만드는 각은 ND와 CN 사이의 비가 $\sqrt{II-RR}$과 $\sqrt{15RR}$ 사이의 비와 같을 때 최댓값 또는 최솟값을 갖게 될 것인데, 그 경우에 NE와 ND 사이의 비는 4R과 I 사이의 비와 같게 될 것이다. 그리고 위에서 구(球) 밖으로 나간 광선의 다음 광선과, 즉 4번의 반사를 거친 뒤에 구(球)에서 밖으로 나가는 광선과 맨 처음 구(球)에 입사한 광선 사이의 각은 ND와 CN 사이의 비가 $\sqrt{II-RR}$과 $\sqrt{24RR}$ 사이의 비와 같을 때 최댓값 또는 최솟값을 갖게 될 것인데, 그 경우에 NE와 ND 사이의 비는 5R과 I 사이의 비와 같게 될 것이다. 그리고 이런 식으로 3, 5, 7, 9, …로 계속되는 등차수열의 항들을 계속해서 더하면 3, 8, 15, 24, …로 무한히 계속된다. 여기서 나오는 모든 수학이 제대로 성립하는지는 어렵지 않게 검토할 수 있다.[13]

이제 마치 태양이 회귀선(回歸線)에 도달하게 되면 상당히 긴 시간 동안에도 낮의 길이가 아주 조금밖에 변하지 않는 것과 마찬가지로, 거리 CD가 점점 커져서 두 각 AXR과 ASY가 가질 수 있는 한곗값에 도달하면, 그 각들은 상당히 긴 시간 동안 매우 조금밖에는 변하지 않으며, 그러므로, 어떤 다른 각도보다도, 이 각들이 한곗값에 도달할 때, 사분(四分) 원호 BL에 존재하는 모든 점 N에 도달하는 광선들이 훨씬 더 많아지고 이들이 구(球) 바깥으로 나가게 될 것임을 알아야 한다. 그리고 더 나아가서, 굴절하는 정도가 서로 다른 광선들은 구(球) 바깥으로 나가는 각의 한곗값도 다르며, 결과적으로 그렇게 서로 굴절하는 정도가 다른 것에 따라서, 가장 많이 구(球) 바깥으로 나가는 각도도 역시 달라지고, 그래서 각 광선에 고유한 색깔들이 서로 분리되어 나타날 것임도 역시 알아야 한다. 그리고 굴절하는 정도가 다른 데 따라 달라지는 각, 구(球) 바깥으로 나가는 각은 앞에서 나온 정리를 이용한 계산에 의해 어렵지 않게 얻을 수 있다.

그래서 가장 적게 굴절하는 광선의 경우에 (위에서 구한 것과 같은) 입사의 사인 I와 굴절의 사인 R은 각각 108과 81이며, 그러므로 계산에 의하면 최대각 AXR은 42도 2분임을 알게 될 것이며, 최소각 AYS는 50도 57분임을 알 수 있다. 그리고 가장 많이 굴절하는 경우에는 입사의 사인 I와 굴절의 사인 R은 각각 109와 81이며, 그러므로 계산에 의하면 최대각 AXR은 40도 17분임을 알게 될 것이고, 최소각 AYS는 54도 7분임을 알 수 있다.

이제 [그림 15에서] O는 관찰자의 눈이고, OP는 태양에서 온 광선에 평행하게 그린 직선이라고 가정하고, POE, POF, POG, POH는 각각 40도 17분, 42도 2분, 50도 57분, 그리고 54도 7분인 각이라고 하자. 이 각들은 공통인 변 OP과 차례로 다른 변들 OE, OF, OG, 그리고 OH 사이의 각인데, 이 다른 변들은 각각 두 무지개 AFBE와 CHDG의 양쪽 가장자리를 지나간다. 만일 E, F, G, H가 OE, OF, OG, OH로 만들어지는 원뿔 겉면 위의 아무 위치에나 놓인 물방울이라면, 그리고 태양광선 SE, SF, SG, SH에 의해 비추어진다면, 40도 17분인 각 POE와 같은 각 SEO는 가장 많이 굴절하는 광선이 한 번 반사한 뒤에 눈으로 굴절해 들어가는 데 있을 수 있는 최대각일 것이며, 그러므로 직선 OE 위에 놓인 모든 물방울은 가장 많이 굴절하는 광선을 눈으로 가장 많이 보내게 될 것이며, 그래서 그 영역에서 가장 짙은 보라색으로 감각기관을 자극할 것이다. 그리고 똑같은 방식으로 42도 2분인 각 POF와 같은 각 SFO는 가장 적게 굴절하는 광선이 한 번 반사한 뒤에 물방울 바깥으로 나올 수 있는

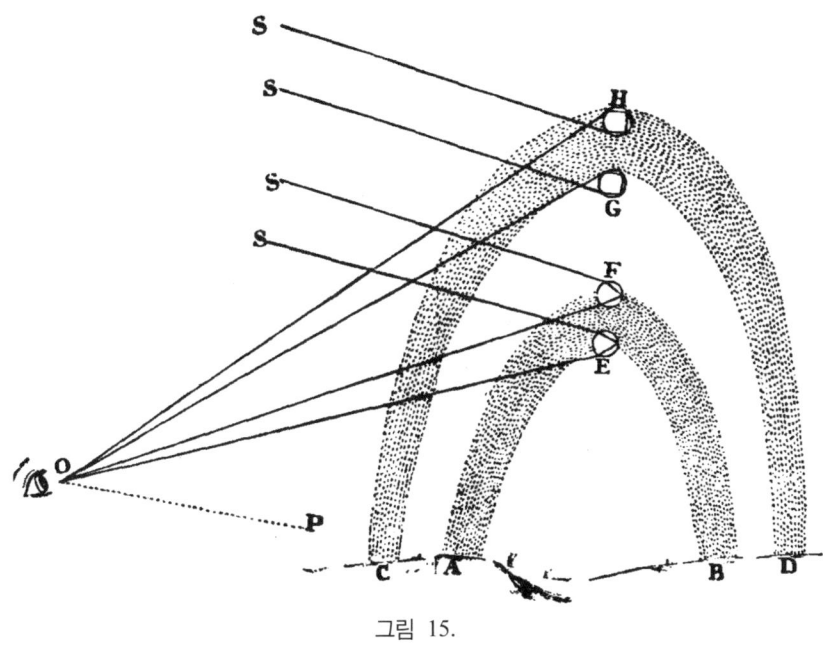

그림 15.

가장 큰 각이 될 것이며, 그러므로 그 광선들은 직선 OF 위에 놓인 물방울들에서 가장 많이 눈으로 들어오고, 그 영역에서 가장 짙은 빨간색으로 감각기관을 자극할 것이다. 그리고 똑같은 논거(論據)에 의해서, 중간 정도로 굴절하는 광선들은 E와 F 사이에 놓인 물방울들에서 가장 많이 나오고, 각 광선이 굴절하는 정도에 따라 정해지는 순서로, 즉 E에서 F로 가면서, 또는 무지개의 안쪽에서부터 바깥쪽으로 가면서, 보라색, 남색, 파란색, 초록색, 노란색, 주황색, 빨간색 순서인, 중간 색깔들로 감각기관을 자극할 것이다. 그러나 보라색은, 구름의 흰색 빛과 섞여서, 희미하고 진홍색에 가까운 색으로 나타날 것이다.

한 번 더, 50도 51분인 각 POG와 같은 각 SGO는 가장 적게 굴절하는 광선이 두 번 반사를 한 뒤에 물방울 바깥으로 나올 수 있는 가장 작은 각이 될 것이며, 그러므로 가장 적게 굴절하는 광선들은 직선 OG 위에 놓인 물방울들에서 가장 많이 눈으로 들어오고, 그 영역에서 가장 짙은 빨간색으로 감각기관을 자극할 것이다. 그리고 54도 7분인 각 POH와 같은 각 SHO는 가장 적게 굴절하는 광선이 두 번 반사를 한 뒤에 물방울 바깥으로 나올 수 있는 가장 작은 각이 될 것이며, 그러므로 그런 광선들은 직선 OH 위에 놓인 물방울들에서 가장 많이 눈으로 들어오고, 그 영역에서 가장 짙은 보라색으로 감각기관을 자극할 것이다. 그리고 똑같은 논거(論據)에 의해서, 중간 정도로 굴절하는 광선들은 G와 H 사이 영역의 물방울들에서 가장 많이 나오고, 각 광선이 굴절하는 정도에 따라 정해지는 순서로, 즉 G에서 H로 가면서, 또는 무지개의 안쪽에서부터 바깥쪽으로 가면서, 빨간색, 주황색, 노란색, 초록색, 파란색, 남색, 보라색 순서인, 중간 색깔들로 감각기관을 자극할 것이다. 그리고 이 네 직선 OE, OF, OG, OH는 위에서 언급한 원뿔 겉면 위의 어느 위치에나 놓일 수 있으므로, 이 네 직선과 연관해 물방울과 색깔에 관해 이야기한 것은 그 원뿔 겉면 모두와 연관된 물방울과 색깔이라고 이해해야 한다.

이와 같이 여러 가지 색깔로 이루어진 무지개는 두 개가 만들어져야 하는데, 물방울에서 한 번 반사로 만들어지는 더 뚜렷한 안쪽 하나와, 그리고 물방울에서 두 번 반사로 만들어지는 더 희미한 바깥쪽 다른 하나가 만들어진다. 반사를 한 번씩 더 할 때마다 빛이 더 약해지니 두 번째 무지개가 더 희미하게 된다. 그리고 두 무지개에서 색깔들은 서로 반대 순서로 놓이게 되는데, 두 무지개 모두 빨간색이 두 무지개의 중간에 위치한 공간 GF를 사이에 두고 서로 마주보며 접해 있다. 안쪽 무지개 EOF의 폭을 무지개 색깔 모두를 가로질러 측정하면 10도 45분이며, 바깥쪽 무지개 GOH의 폭은 3도 10분이고, 두 무지개 사이의 거리 GOF는 8도 15분이고, 안쪽 무지개가 그리는 원의 가장 큰 반지름은, 즉 각 POF는 42도 2분이며, 바깥쪽 무지개가 그리는 원의 가장 작은 반지름은,

즉 각 POG는 50도 57분이다. 이들이 태양을 점이라고 가정한 경우에 나올 두 무지개의 치수이다. 왜냐하면 태양 본체(本體)의 폭을 고려하면 두 무지개의 폭이 증가해서, 두 무지개 사이의 거리가 $\frac{1}{2}$도 감소하고, 그래서 안쪽 무지개의 폭은 2도 15분 그리고 바깥쪽 무지개의 폭은 3도 40분이 되며, 두 무지개 사이의 거리는 8도 25분이 되고, 안쪽 무지개가 그리는 가장 큰 원의 반지름은 42도 17분 그리고 바깥쪽 무지개가 그리는 가장 작은 원의 반지름은 50도 42분이 될 것이기 때문이다. 그리고 이 수치들이 바로 무지개의 색깔이 선명하고 완벽하게 보일 때, 하늘에서 발견되는 두 무지개의 크기와 매우 비슷하다. 이렇게 수치가 나온 이유는, 내가 관찰 당시에 가지고 있던 방법으로 안쪽 무지개의 가장 큰 원의 반지름을 측정했더니 약 42도였고, 그 무지개의 빨간색과 노란색 그리고 초록색의 폭이 63분에서 64분이었으며, 거기에 구름이 너무 밝아서 가장 바깥쪽 빨간색이 희미해진 때문에 3분에서 4분 정도를 더해야 할 것이기 때문이었다. 파란색의 폭은 보라색의 폭보다 약 40분 정도 더 컸지만, 구름이 너무 밝아서 보라색은 너무 모호해지는 바람에 보라색의 폭은 측정할 수 없었다. 그러나 파란색과 보라색을 합한 것의 폭이 빨간색과 노란색 그리고 초록색을 합한 것의 폭과 같다고 가정하면, 이 안쪽 무지개의 전체 폭은 위에서와 같이 약 $2\frac{1}{4}$도가 될 것이다. 이 안쪽 무지개와 바깥쪽 무지개 사이의 최단(最短) 거리는 약 8도 30분 정도였다. 바깥쪽 무지개의 폭이 안쪽 무지개의 폭에 비해 더 큰데, 그러나 바깥쪽 무지개가 아주 희미하고, 특히 파란색 쪽은 너무 희미해서, 바깥쪽 무지개의 폭은 분명하게 측정할 수 없었다. 그런데 두 무지개가 모두 더 뚜렷하게 보인 다른 날 측정하자, 안쪽 무지개의 폭은 2도 10분이었고, 바깥쪽 무지개의 빨간색, 노란색 그리고 초록색의 폭과 안쪽 무지개의 똑같은 색깔의 폭 사이의 비는 3 대 2였다.

무지개에 대한 이 설명은 (안토니오 도미니스와 데카르트가 수행한) 햇빛을 비추는 곳에 물로 채운 유리 공을 걸어 놓고, 유리 공에서 눈으로 들어오는 광선과 태양광선 사이의 각이 42도 또는 50도가 되도록 자세를 잡고 유리 공을 바라보며 진행된 실험이 알려지면서 한 번 더 확인할 수 있었다. 왜냐하면 만일 그 각이 약 42도에서 43도 정도라면, (O에 있다고 가정된) 관찰자는 F로 표시된 태양과 반대편인 유리 공 쪽에서 완전한 빨간색을 보게 될 것이고, 그리고 만일 (유리 공을 E를 향해 누른다고 가정해) 그 각이 더 작아진다면 그곳에는 유리 공과 같은 쪽에서 다른 색깔인 노란색, 초록색 그리고 파란색이 차례로 나타날 것이기 때문이다. 그러나 만일 (유리 공을 G를 향해 위로 들어 올린다고 가정해) 그 각이 약 50도라면, 태양을 향하는 유리 공 쪽에 빨간색이 나타날 것이고, 만일 (유리 공을 H를 향해 위로 들어 올린다고 가정해) 그 각이 더 커진다면, 처음에 나타났던 빨간색은 차례로 노란색, 초록색, 그리고 파란색으로 바뀌게 될 것이다. 나도, 유리 공은 정지시켜 놓고, 딱 알맞은 크기의 각을 만들기 위해 눈을 위로 올리거나 아래로 낮춰서, 또는 다른 방법으로 움직여서 위에서 설명한 것과 똑같은 실험을 시도했다.

나는 만일 촛불에서 나오는 빛이 프리즘에 의해 굴절한 다음에 눈으로 들어온다면, 눈으로 파란색이 들어올 때는 관찰자가 프리즘에서는 빨간색을 보게 되고, 눈으로 빨간색이 들어올 때는 관찰자는 프리즘에서 파란색이 들어온다는 이야기를 들었다. 그리고 그 말이 정말 옳다면, 유리 공과 무지개의 색깔이 우리가 본 것과는 반대의 순서로 나타나야 한다. 그러나 이는 촛불이 매우 약해서, 눈에 어떤 색깔이 들어오는지 구별하기 어려워서 그런 잘못이 생긴 것처럼 보인다. 왜냐하면, 그와는 반대로, 나는 자주 프리즘에 의해 굴절한 태양의 빛을 관찰했는데, 관찰자는 항상 그의 눈으로 들어오는 색깔과 똑같은 바로 그 색깔을 프리즘에서 볼 수 있다. 그리고 촛불에서 나오는 빛에 대해서도 똑같은 일이 벌어지는 것을 관찰했다. 왜냐하면 프리즘을 촛불에서 눈까지 똑바로 그린 직선 위에서 천천히 움직이도록 할 때, 프리즘에는 빨간색이 제일 먼저 나타나고 그 다음에는 파란색이 나타난다. 그러므로 각 색깔이 우리 눈으로 들어올 때 우리는 바로 그 색깔을 보는 것이다. 왜냐하면 빨간색이 처음으로 눈으로 들어오고 그 다음에 파란색이 들어오기 때문이다.

빗물 방울에서 반사는 전혀 하지 않고 두 번의 굴절을 통해서 나오는 빛은 태양에서 약 26도가 되는 거리에서 가장 강하게 나타나서 태양에서 거리가 증가하거나 감소하면 양쪽으로 점진적으로 희미해져야 한다. 그리고 우박 알갱이를 통하여 전달된 빛도 똑같은 방식으로 이해해야 한다. 그리고 만일 우박이, 자주 그렇듯이, 약간 납작해진다면, 그렇게 납작해진 우박을 통해 전달된 빛은 26도가 되는 거리보다 약간 더 작은 거리에서 너무 강해져서 태양이나 달 둘레에 햇무리 또는 달무리를 만들 수도 있다. 그런 햇무리나 달무리는, 우박들의 형태가 딱 들어맞으면, 색깔을 띠기도 하는데, (호이겐스가[97] 관찰한 것처럼) 특히 만일 햇무리나 달무리 안쪽의 빛을 가로채서 그렇지 않을 때에 비해 안쪽 부분의 경계가 더 분명해지는 것이 우박 알갱이들 중심부에 불투명한 눈 싸라기가 있기 때문이라면, 그 햇무리나 달무리의 안쪽은 가장 적게 굴절하는 광선들에 의해서 빨간색이 되고, 바깥쪽은 가장 많이 굴절하는 광선들에 의해서 파란색이 되어야만 한다. 이러한 우박 알갱이들은, 비록 구형(球形)이지만, 내리는 눈이 빛을 차단해서, 햇무리나 달무리가 안쪽은 빨간색이고 바깥쪽은 색깔이 없으며, 늘 그렇듯이 안쪽 빨간색을 바깥쪽보다 더 어두운 빨간색으로 만들 수도 있다. 왜냐하면 눈 옆으로 지나가는

---

[97] 호이겐스(Hugenius, 1629~1695)는 뉴턴과 동시대에 활동했던 네델란드의 물리학자로 뉴턴의 빛의 입자설에 반대하고 빛은 파동이라고 주장한 것으로 유명한 사람이다.

광선 중에서는 빨간색-만들기 광선이 가장 적게 굴절하고, 그래서 가장 똑바른 직선을 따라 관찰자의 눈으로 들어오게 되기 때문이다.

빗방울에서 두 번 굴절하고 세 번 또는 그 이상 반사되어 나오는 빛은 감지(感知)될 만한 무지개를 만들 만큼 강한 경우가 극히 드물다. 그러나 호이겐스가 파헬리아를[98] 설명할 때 사용한 원기둥 모양의 얼음조각에서는 아마 두 번 굴절하고 세 번 이상 반사해서 만든 무지개를 감지할 수 있을 수도 있다.

명제 10. 문제 5.

빛에 대해 발견한 성질을 이용하여 주위에 보이는 물체들의 원래 색깔이 나오게 된 원인을 설명하기.

우리 주위에 자연에 존재하는 물체는 물체마다 특별한 종류의 광선을 나머지 종류의 광선보다 훨씬 더 많이 반사하기 때문에 물체의 색깔이 생기게 된다. 연단(鉛丹)은[99] 가장 적게 굴절하는 광선 즉 빨간색-만들기 광선을 가장 많이 반사하며, 그래서 빨간색으로 보인다. 제비꽃은[100] 가장 많이 굴절하는 광선을 가장 많이 반사하며 그래서 그 색깔도 보라색이고 다른 보라색 물체들도 마찬가지로 가장 많이 굴절하는 광선을 가장 많이 반사시킨다. 모든 물체는 각 물체에 고유한 색깔의 광선을 나머지 광선들보다 더 많이 반사하며, 그렇게 반사된 빛에 다른 색 광선보다

---

[98] 파헬리아(Parhelia)는 지평선 부근에 나타나는 작은 무지개를 부르는 명칭으로 환일(幻日)이라고도 한다.
[99] 연단(鉛丹, minium)은 주성분이 사산화삼납(Pb_3O_4)인 광물로 익은 고춧빛 색깔이다.
[100] 제비꽃은 영어로 violet으로 보라색도 같은 단어가 사용된다.

훨씬 더 많이 포함된 광선이 각 물체의 색깔이 된다.

실험 17. 만일 제1권 제1부의 명제 4에서 제안한 문제의 풀이로 구한 균질인 빛에 서로 다른 색깔을 갖는 여러 물체를 놓는다면, 내가 실험에서 한 것처럼, 물체는 모두 예외 없이 각 물체 자신의 색깔과 같은 빛 아래서 가장 멋지고 가장 밝은 빛으로 보인다는 것을 알게 될 것이다. 진사(辰砂)는[101] 균질인 빨간색 빛 아래서 가장 눈부시게 보이고, 초록색 빛 아래서는 눈에 띄게 덜 눈부시며, 파란색 빛 아래서는 훨씬 덜 눈부시게 보인다. 인디고는[102] 보랏빛 파란색 빛 아래서 가장 눈부시게 보이고, 비추는 빛의 색깔을 초록색에서 노란색 그리고 빨간색 순으로 바꾸면 눈부신 정도가 점차로 줄어든다. 리크에서는[103] 초록색 빛이, 그리고 다음으로는 초록색을 합성하는 파란색과 노란색 빛이 그 외 색깔인 빨간색과 보라색 그리고 나머지 다른 색의 빛보다 더 강력하게 반사된다. 그러나 더 분명한 결과를 얻을 수 있도록 이런 실험들을 계획하려면, 가장 풍부하고 가장 생생한 색깔을 갖는 그런 물체들을 선정해야 하고, 그리고 그런 물체 두 개를 함께 비교해야 한다. 그래서, 예를 들어, 진홍색(眞紅色)의 진사(辰砂)와 군청색(群靑色) 파란색 또는 어떤 다른 풍부한 파란색 물체를 균질인 빨간색 빛 아래 함께 놓으면, 두 물체 모두 빨간색으로 보이지만, 진사(辰砂)는 강렬하게 밝고 눈부신 빨간색으로 보이고 군청색의 파란색 물체는 희미하고 어스레하며 어두운 빨간색으로 보인다. 그리고 만일 그 똑같은 두 물체를 균질인 파란색 빛 아래 함께 놓으면, 두 물체 모두 파란색으로 보이지만, 군청색의 파란색 물체는 강렬하

---

[101] 진사(辰砂, cinnaber)는 황화수은(HgS)으로 된 광물로 진홍색이며 빨간색 염료를 만드는 데 이용된다.
[102] 인디고(indigo)는 쪽이라고도 불리는 남색 식물 이름으로 무지개의 일곱 가지 색깔 가운데 파란색과 보라색 사이의 남색의 영어 명칭이 인디고이다.
[103] 리크(leek)는 큰 부추같이 생긴 푸르무레한 초록색 채소이다.

게 밝고 눈부신 파란색으로 보이고 진사(辰砂)는 희미하고 어두운 파란색으로 보인다. 이 실험 결과는 진사(辰砂)가 군청색(群靑色) 물체보다 빨간색 빛을 훨씬 더 많이 반사하며, 군청색(群靑色) 물체는 진사(辰砂)보다 파란색 빛을 훨씬 더 많이 반사시킨다는 것에 대한 논란에 종지부를 찍었다. 똑같은 실험을 연단(鍊丹)과 인디고로도 성공적으로 수행할 수 있고, 어떤 다른 두 물체라도 각 물체의 색깔과 빛에서 서로 다른 강점과 약점이 적절하게 배분된다면, 그런 두 물체로도 똑같은 실험을 성공적으로 수행할 수 있다.

그리고 이 실험으로 우리 주위에 볼 수 있는 물체들이 색깔을 띠는 원인이 분명해졌으므로, 제1권 제1부의 실험 1과 실험 2에 거론되었던 지난 쟁점, 즉 서로 다른 색깔을 띠는 물체에서 반사된 빛의 색깔이 다르면 그 빛이 굴절하는 정도도 역시 다르다고 증명했던 것이, 더 명확하게 확인되었다. 왜냐하면 어떤 물체는 더 많이 굴절하는 광선을 더 많이 반사시키고, 다른 물체는 더 적게 굴절하는 광선을 더 많이 반사시킨다는 것이 확실하기 때문이다.

그리고 이것이 물체들이 색깔을 갖는 옳은 원인일 뿐 아니라, 심지어 단 하나뿐인 원인이라는 것이, 균질인 빛의 색깔은 자연에 존재하는 물체들에 의한 반사에 의해서 바뀔 수 없다는 것을 고려하면, 더 확실히 밝혀질 수도 있다.

왜냐하면 만일 물체들이 반사에 의해서 어떤 종류의 광선의 색깔도 조금도 바꿀 수 없다면, 그 물체들은, 각 물체 자신의 색깔인 광선 또는 그 색깔을 만들어내야만 하는 혼합된 광선을 반사시키는 것을 제외한, 어떤 다른 수단으로도 색깔을 가지고 나타날 수가 없기 때문이다.

그러나 이러한 종류의 실험을 계획하면서 반드시 해야 할 일은, 빛은 충분히 균질인지 확인하는 것이다. 왜냐하면 만일 물체들이 프리즘을 통해 나오는 평상시의 색깔들에 의해 비춰진다면, 그 물체들은 물체들 자신이 한낮에 보이는 색깔로도 나타나지 않을 뿐 아니라 그 물체들에 비춘 빛의 색깔로도 나타나지 않고, 오히려, 내가 경험으로 이미 발견한 것처럼, 그 색깔들 사이의 어떤 중간 색깔로 나타날 것이기 때문이다. 이와 같이 (예를 들어) 연단(鍊丹)을 프리즘을 통해 나오는 평상시의 초록색으로 비추면 그 연단은 빨간색으로도 초록색으로도 보이지 않고, 오히려 주황색이나 노란색으로 보이든가 또는 비춰준 초록색 빛이 어느 정도 합성되어 있는지에 따라 노란색과 초록색 사이의 어떤 색으로 보인다. 왜냐하면 연단(鍊丹)은 모든 종류의 광선이 똑같은 비율로 혼합되어 있는 흰색 빛으로 비추면 빨간색으로 나타나지만, 초록색 빛에는 모든 종류의 광선이 똑같은 비율로 혼합되어 있지 않고, 처음 쪼여주는 초록색 빛에 포함된 노란색-만들기 광선, 초록색-만들기 광선 그리고 파란색-만들기 광선 중에서 다른 광선보다 더 많이 포함된 광선의 초과분이, 연단(鍊丹)의 색깔을 빨간색에서 초록색 빛이 비춰서 보이는 색깔 쪽으로 이동시킬 것이기 때문이다. 그리고 연단(鍊丹)은 빨간색-만들기 광선을 그 광선의 수(數)에 비례해서 가장 많이 반사하고, 빨간색-만들기 광선 다음으로는 주황색-만들기 광선과 노란색-만들기 광선을 반사하기 때문에, 반사된 빛에 포함된 빨간색-만들기 광선과 주황색-만들기 광선과 노란색-만들기 광선은, 그 빛에 비례하여, 입사하는 초록색 빛에 포함된 광선들보다 더 많게 될 것이고, 그 결과로 반사된 빛이 초록색에서 연단의 보이는 색깔로 이동시키게 될 것이다. 그러므로 연단(鍊丹)은 빨간색으로도 초록색으로도 나타나지 않으며, 그 둘 모두 사이의 어떤 색깔로 나타나게 된다.

　색깔을 띠지만 투명한 액체로 된 술에서는, 그 액체의 두께에 따라서 술의 색깔이 변한다는 것을 관찰할 수 있다. 그래서, 예를 들어, 발광체와 보는 눈 사이에 놓인 원뿔 모양의 유리잔에 담긴 빨간색 술은, 두께가 얇은 유리잔의 바닥에서는 엷고 옅은 노란색으로 보이고, 두께가 조금 더 두꺼워진 유리잔의 조금 더 높은 곳에서는 주황색으로 바뀌고, 그리고 두께가 더 두꺼워진 곳에서는 빨간색이 되며, 두께가 가장 두꺼운 곳에서는 그 빨간색이 가장 짙고 가장 어두워진다. 왜냐하면 그런 술을 만드는 액체는 남색-만들기 광선과 보라색-만들기 광선을 가장 쉽게 가로막고, 파란색-만들기 광선을 가로막기는 조금 어렵고, 초록색-만들기 광선을 가로막기는 조금 더 어렵고, 그리고 빨간색-만들기 광선을 가로막는 것은 가장 어렵기 때문이라는 생각이 든다. 그리고 만일 액체인 술의 두께가 단지 보라색-만들기 광선과 남색-만들기 광선을 가로막기에 충분할 정도로만 두껍고 나머지 광선들은 대부분 줄일 수가 없다면, (제2부 명제 6에 의해서) 가로막히지 않고 통과한 광선들은 옅은 노란색으로 합성되어야 한다. 그러나 만일 술을 만드는 액체가 파란색-만들기 광선 중에서 많은 부분과 초록색-만들기 광선 중에서 일부도 역시 가로막을 정도로 충분히 두껍다면, 가로막히지 않고 통과한 나머지 광선들은 주황색으로 합성되어야만 한다. 그리고 술을 만드는 액체가 아주 두꺼워서 초록색-만들기 광선 대부분과 노란색-만들기 광선 중 상당수를 가로막는다면, 나머지 가로막히지 않고 통과한 광선은 빨간색을 합성하기 시작해야 하며, 이 빨간색은, 액체인 술의 두께가 점점 더 두꺼워져서 빨간색-만들기 광선을 제외하고 노란색-만들기 광선과 주황색-만들기 광선은 거의 모두 가로막힐 정도가 되면, 더 짙어지고 더 어두워져야만 한다.

최근에 이것과 똑같은 종류의 한 가지 실험에 대해 핼리가[104] 나에게

---

[104] 핼리(Halley, 1656~1742)는 뉴턴과 같은 시대의 영국 물리학자로 뉴턴에게 『프린키피아』를 저술하도록 요청하고 혜성의 운동에 뉴턴의 운동법칙을 적용하여 다음에 그 혜성이 나타날 날짜와 위치를 정확히 예언한 사람이다.

알려왔다. 햇빛이 쨍쨍 비치는 청명한 낮에, 잠수정을 타고 바닷속 깊이 들어간 핼리는, 바닷물 아래로 수 패덤에[105] 이르렀을 때, 물을 통과한 태양의 빛이 함정의 작은 유리창을 통하여 직접 쪼이고 있는 그의 손 위쪽 부분은 담홍색 장미의 색과 같은 빨간색으로 나타나고, 맨 아래의 물에서 반사된 빛에 의해 조명된, 그의 손보다 아래 부분인 아래쪽 물은 초록색으로 보였다고 했다. 그렇기 때문에 바닷물은 보라색-만들기 광선과 파란색-만들기 광선을 가장 쉽게 반사시켜 되돌려 보낼 수 있고, 그리고 빨간색-만들기 광선을 아주 깊은 깊이까지 가장 자유롭게 그리고 가장 많이 통과시킬 수 있다고 종합해도 좋다. 그러므로 태양에서 직접 오는 빛은 바닷속 아주 깊은 곳에서는, 빨간색-만들기 광선이 절대적으로 많이 존재하기 때문에, 빨간색으로 보여야만 한다. 그리고 깊이가 깊을수록 빨간색은 더 풍부해지고 더 강해져야만 한다. 그리고 보라색-만들기 광선은 거의 침투하지 못하는 그런 깊이에서는, 파란색-만들기 광선과 초록색-만들기 광선 그리고 노란색-만들기 광선이 빨간색-만들기 광선보다 더 많이 아래에서 반사되어, 그 광선들이 초록색으로 합성된다고 할 수 있다.

이제, 만일 짙은 색깔을 갖는 두 가지 술이, 예를 들어 빨간색 술과 파란색 술이 있다면, 그리고 그 두 가지 술이 모두 충분히 두꺼워서 두 술의 색깔이 모두 충분히 짙다면, 비록 그 두 술이 따로 떼어서 보면 충분히 투명하다 해도, 두 술을 연달아 놓고 보면 두 술 모두를 관통해서 볼 수는 없을 것이다. 왜냐하면, 만일 빨간색-만들기 광선만 한 가지 술을 관통해서 통과할 수 있고, 그리고 파란색-만들기 광선만 다른 한 가지 술을 관통해서 통과할 수 있다면, 어떤 광선도 두 가지 술 모두를 관통해서 지나갈 수가 없기 때문이다. 유리로 만든 쐐기 모양의 용기에 빨간색

---

[105] 패덤(fathom)은 길이의 단위로 1패덤은 6피트에 해당한다.

술과 파란색 술을 채우고 우연히 이와 비슷한 실험을 하게 되었던 후크는[106] 당시에는 그 이유가 알려지지 않았던 예상하지 못한 결과를 보고 놀랐다고 하는데, 비록 내가 그 실험을 직접 시도해보지는 않았지만, 그가 놀랐다는 사실이 나로 하여금 그의 실험을 더 믿게 만들었다. 그러나 누구든 그 실험을 반복하려는 사람은 색깔이 매우 좋고 짙은 술을 고르도록 조심해야만 한다.

이제, 물체들은 이 종류의 광선 또는 저 종류의 광선을 나머지 다른 광선들보다 더 많이 반사시키거나 통과시켜서 색깔을 갖게 되지만, 물체들은 또한 그 물체들이 반사시키지 않거나 통과시키지 않는 광선들을 가로막고 방해한다는 것도 생각해야만 한다. 만일 금(金)을 얇게 펼친 금박(金箔)으로 만들어서 우리의 눈과 발광체 사이에 놓는다면, 그 금박에서 나오는 빛은 초록빛을 띠는 파란색으로 보이며, 그러므로 덩어리 금은 파란색-만들기 광선이 자신의 몸체 속으로 들어와 결국 정지해서 없어질 때까지 반사시키고, 그동안에 금은 노란색-만들기 광선을 반사시켜 밖으로 내보내는데, 그렇게 해서 노란색으로 보이는 것이다. 그래서 바로 그런 똑같은 방식을 따르면 금박(金箔)은 반사된 빛에 의해 노란색이고 투과된 빛에 의해서 파란색이며, 덩어리 금은 보는 눈이 어디에 있건 모두 노란색이다. 술 중에는 리그눔 네프리티쿰에서[107] 추출한 팅크와[108] 같은 술도 있고, 유리잔 중에는 어떤 한 가지 종류의 빛은 가장 많이 통과시키고 다른 종류의 빛은 반사시켜서, 결과적으로 그 유리잔을

---

[106] 후크(Hook, 1635~1703)는 뉴턴과 같은 시대에 활동한 영국의 물리학자로 만유인력을 자신이 맨 처음 발견했다고 주장하고 뉴턴이 주장한 빛의 입자설을 공격한 사람으로, 뉴턴은 후크가 사망한 다음 해인 1704년에 이 책, 『광학』을 발표했다.
[107] 리그눔 네프리티쿰(Lignum Nephriticum)은 라틴어로 narra라는 나무와 멕시코의 kidney-wood에서 만든 전승(傳承)되어 온 이뇨제를 부르는 말이다. 이것은 물에 섞이면 비춘 빛과 바라보는 각도에 따라 여러 가지 다른 색깔을 띠게 한다.
[108] 팅크(tincture)는 알코올에 혼합하여 약제로 쓰이는 물질이다.

어떤 자세로 보느냐에 따라 여러 가지 색깔로 보이는 종류의 유리잔도 있다. 그러나 만일 이런 술이나 유리잔이 너무 두껍고 육중(肉重)해서 어떤 빛도 그런 술이나 유리잔을 통과해 나올 수가 없다면, 나는 그 술이나 유리잔이, 보는 눈의 자세를 어디로 하든, 모든 다른 불투명한 물체들과 마찬가지로 하나의 똑같은 색깔로 보이지 않을지 의문을 가졌는데, 내가 이 점에 대해서는 아직 실험으로 확인을 하지 못했다. 색깔이 있는 모든 물체는, 내가 관찰로 알 수 있는 한, 만일 충분히 얇게 만든다면, 투과해볼 수 있으며, 그러므로 약간은 투명하고, 이는 색깔이 있는 투명한 술과는 단지 투명한 정도에서만 차이가 난다. 이 액체로 된 술은 물론이고, 색깔이 있는 모든 물체도 두께만 충분히 두꺼워지면 불투명하게 된다. 투과한 색깔에 의해서 어떤 색깔로라도 보이는 투명한 물체는, 그 색깔의 빛이, 그 물체의 뒤쪽 표면이나 물체 건너편의 공기에 반사된 빛으로도 역시 똑같은 색깔로 보일 수 있다. 그리고 그런 경우에 반사된 색깔은, 그 물체를 매우 두껍게 만들거나, 또는 물체의 뒤쪽 표면에서 반사되는 것을 줄여서 색깔을 내는 입자에서 반사되는 빛이 우세하도록 만들기 위해 물체의 뒤쪽 면을 검게 칠하면, 약해지거나 어쩌면 아예 없어질 것이다. 그런 경우에, 반사된 빛의 색깔은 투과된 빛의 색깔과는 다르게 될 것이다. 그러나 색깔을 띤 물체나 술이 어떤 종류의 광선은 반사시키지만 어떤 종류의 광선은 어떻게 해서 들어가게 하거나 통과시키는지에 대해서는 다음의 제2권에서 설명할 것이다. 이 명제에서 나는 물체들이 그런 성질을 지니고 있고 그래서 색깔을 띠고 나타난다는 점에 대한 논쟁에는 종지부를 찍는 것으로 만족하고자 한다.

명제 11. 문제 6.

태양에서 직접 온 빛의 빛줄기와 똑같은 색깔과 성질을 갖는 빛의 빛줄기를 합성하기 위해, 색깔이 있는 여러 빛을 혼합하고, 그로부터 앞에서 다룬 명제들의 진위(眞僞)를 판별하기.

[그림 16에서] ABC*abc*는 프리즘을 표시한다고 하자. 구멍 F를 통하여 캄캄한 방으로 들어온 태양의 빛이 그 프리즘에서 렌즈 MN을 향해 굴절하고, 그 렌즈 위의 *p*, *q*, *r*, *s*, 그리고 *t*에 전과 마찬가지의 보라색, 파란색, 초록색, 노란색, 그리고 빨간색의 색깔을 칠하고, 이렇게 갈라진 광선들이 이 렌즈의 굴절에 의해 다시 X를 향해 모이며, 거기서 그러한 색깔이 모두 섞여서 위에서 보였던 것에 따라서 흰색으로 합성된다. 그러면 다른 프리즘 DEG*deg*를 처음 프리즘과 평행하게 X에 놓고 그 위치에 도달한 흰색 빛을 위쪽으로 Y를 향해 굴절시킨다고 하자. 두 프리즘의 굴절각은 같고, 두 프리즘에서부터 렌즈까지의 거리도 같아서, 렌즈에서 X를 향해 모이는 광선들은, 거기서 굴절하지 않는다면 서로 교차한 다음에 다시 갈라지겠지만, 두 번째 프리즘의 굴절에 의해서 평행한 광선들이 되고 더 이상 갈라지지 않게 된다. 그렇게 되면 그 광선들은 흰색 빛 XY로 재합성된다. 만일 두 프리즘 중 어느 한 프리즘의 굴절각이 더 크다면, 그 프리즘은 그렇게 큰 만큼 렌즈까지의 거리가 더 가까워야 한다. 빛 XY의 빛줄기를 잘 관찰하여 그 빛이 두 번째 프리즘에서 완벽하게 흰색으로 나오고 빛의 양쪽 끝 가장자리까지 모두 흰색이며, 프리즘에서 나온 직후부터 모든 거리에서 마치 태양 빛의 빛줄기와 똑같이 완벽하고 전체적으로 계속해서 흰색이라면 프리즘들과 렌즈의 배치가 아주 잘 되었음을 알 수 있다. 그렇게 되기까지, 프리즘과 렌즈의 상대적인 위치를 수정해야만 한다. 그리고 만일 그림에 표시된 것과 같은 긴

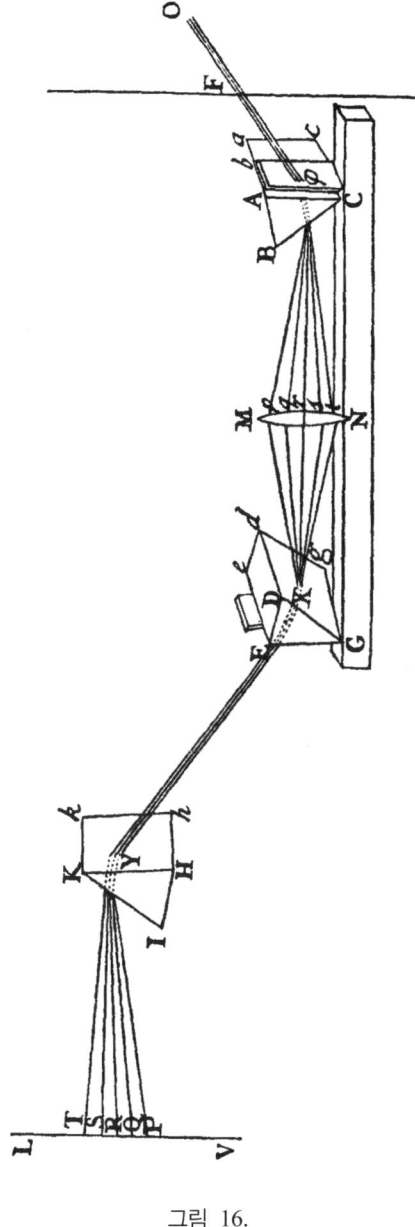

그림 16.

나무 기둥을 설치하거나 긴 통을 이용하거나 또는 그런 목적으로 만든 어떤 다른 비슷한 장치를 이용하면, 그런 상황에서 필요한 배치를 빨리 할 수 있고, 태양에서 직접 온 빛으로 수행했던 모든 실험과 똑같은 실험을, 빛 XY로 된 합성된 빛줄기를 이용해서도 똑같이 시도할 수가 있다. 왜냐하면 이렇게 빛을 합성하여 만든 빛줄기가, 내가 관찰할 수 있는 한에서, 태양에서 온 빛에서 직접 온 빛줄기와 외관상(外觀上) 똑같을 뿐 아니라 성질도 모두 똑같이 가지고 있기 때문이다. 그리고 이렇게 합성된 빛줄기를 이용하여 실험을 수행하면, 렌즈에서 $p, q, r, s,$ 그리고 t의 색깔 중 어떤 것을 가로막더라도, 이 실험에서 만들어진 색깔들은 다름이 아닌 바로 이 빛줄기를 합성하기 위해 전에 이미 렌즈로 들어와 있던 바로 그 색깔들임을 알게 될 것이다. 그리고 그 결과로, 그 색깔들은 굴절이나 반사에 의해서 빛이 조금이라도 새롭게 수정되어 생겨난 것이 아니고, 오히려 원래부터 부여받은 각 광선의 색깔 만들기 성질을 지닌 광선들이 분리되고 혼합되어 생겨났음을 알 수 있다.

그래서, 예를 들어, 폭이 $4\frac{1}{4}$인치인 렌즈와 렌즈에서 양쪽으로 각각 $6\frac{1}{4}$피트 떨어진 곳에 놓인 두 프리즘을 가지고 그런 합성된 빛의 빛줄기를 만들어 보자. 프리즘으로 만든 색깔들의 원인을 조사하기 위해, 나는 빛 XY로 표시된 이 합성된 빛줄기를 또 다른 프리즘 HIKkh를 가지고 굴절시켜서 잘 알려진 프리즘에서 나오는 색깔 PQRST를 프리즘 뒤에 놓인 종이 LV 위에 비추었다. 그리고 그런 다음에 렌즈에 비친 색깔 p, q, r, s, t 중에서 아무것이나 하나를 골라 가로막았는데, 나는 내가 가로막은 것과 똑같은 색깔이 종이 위에서 사라진 것을 발견했다. 그래서 만일 렌즈에서 진홍색 p를 가로막았다면, 종이 위에서도 진홍색 P가 사라지고, 나머지 색깔들은 전혀 변화하지 않고 그대로 남아 있었는데, 다만 어쩌면 렌즈에서 파란색에 숨어있는 약간의 진홍색이 다음 순서에 일어난 굴절에 의해서 파란색에서 분리되었을 수는 있다. 그래서 렌즈에서 초록색을 차단하면, 종이 위의 초록색 R이 사라지게 되고, 나머지 색깔들도 마찬가지가 된다. 이것은 빛 XY로 이루어진 흰색 빛줄기가 렌즈에서 서로 다른 색깔로 된 여러 가지 빛으로 합성되었으므로, 새로운 굴절에 의해서 나중에 렌즈에서 나오는 색깔들은 다름이 아니라 그 빛줄기를 원래 흰색으로 합성했던 바로 그 색깔들이었음을 무엇보다도 분명하게 보여주었다. 프리즘 HIK*kh*에 의한 굴절은, 광선들이 지닌 색에 관한 성질을 바꾸는 방식이 아니라, 흰색 빛 XY로 된 굴절한 빛줄기로 합성되는 렌즈로 들어오기 전부터, 색에 관한 바로 그 똑같은 성질을 원래 지녔던 광선들을 분리함으로써, 종이 위에 색깔 PQRST를 만들어낸다. 만일 이렇게 되지 않는다면, 렌즈에서는 어떤 한 색깔이었던 광선이, 우리가 발견한 것과 어긋나게, 종이 위에서는 다른 색깔로 나타날 수도 있을 것이다.

 그러므로 다시 한 번 더, 자연에 존재하는 물체들이 갖는 색깔의 원인을 조사하고자, 빛 XY로 된 빛줄기 속에 그런 물체를 놓았더니, 거기서는 그 물체들은 한 번의 예외도 없이 모두 낮에 햇빛 아래서 보였던 그 물체들 자신의 색깔로 나타났으며, 그 색깔은 흰색 빛줄기를 합성하기 위해 들어오기 전에 렌즈에 비친 것과 똑같은 색깔을 가졌던 광선에 의존하는 것을 발견했다. 이와 같이, 예를 들어, 이 빛줄기로 비춘 진사(辰砂)는 낮에 태양 빛 아래서와 마찬가지로 똑같은 빨간색으로 나타나며, 그리고 만일 렌즈에서 초록색-만들기 광선과 파란색-만들기 광선을 차단하면, 진사(辰砂)의 빨간 정도는 더욱 풍부해지고 더욱 생생해진다. 그러나 만일 렌즈에서 빨간색-만들기 광선을 차단한다면, 진사(辰砂)는 이제 더 이상 빨간색으로 나타나지 않고, 차단하지 않은 색깔이 무엇이냐에 따라 오히려 노란색이나 초록색 또는 어떤 다른 색깔로 나타난다.

그래서 이 빛 XY 아래서 금(金)은 낮에 햇빛 아래서 보이는 것과 같은 노란색으로 나타나지만, 렌즈에서 노란색-만들기 광선을 적당한 양만큼 차단하면 (내가 시도했던 것처럼) 금(金)은 은(銀)처럼 흰색으로 나타나는데, 이것은 금(金)이 노란 정도는, 노란색-만들기 광선을 차단하지 않았을 때 흰색 빛에 포함되어 있던, 다른 색깔 광선과 동일한 양을 넘는 그 노란색-만들기 광선의 초과분 때문에 생긴다는 것을 보여준다. 마찬가지로 (내가 역시 시도했던 것처럼) 리그눔 네프리티쿰이 주입된 용기를 빛 XY의 빛줄기 아래 놓았을 때도, 마치 그 용기를 낮에 햇빛 아래서 볼 때처럼, 그 빛이 반사된 부분에 의해서는 파란색으로 보이며, 그 빛이 투과된 부분에 의해서는 빨간색으로 보인다. 그러나 만일 렌즈에서 파란색을 차단한다면 그 주입된 용기는 반사된 파란색은 잃게 되지만 투과된 빨간색은 완전하게 남아 있게 되며, 그 주입된 용기는 앞서 물들었던 약간의 파란색-만들기 광선이 없어짐에 따라 더 강력하고 더 풍부한 빨간색으로 바뀐다. 그리고, 이와는 반대로, 만일 렌즈에서 빨간색-만들기 광선과 주황색-만들기 광선이 차단된다면, 그 주입된 용기는 투과된 빨간색은 잃게 되지만 파란색은 그대로 남아서 더 풍부하고 완전해진다. 이것은 주입된 용기가 광선을 파란색과 빨간색으로 물들이는 것이 아니라, 오히려 그 전에 빨간색-만들기 광선이었던 것을 가장 많이 투과하고, 전에 파란색-만들기 광선이었던 것을 가장 많이 반사시켰을 뿐임을 알려준다. 그리고 똑같은 방식으로, 다른 현상들이 일어나는 원인에도 빛 XY로 만든 이러한 인위적인 빛줄기 실험을 시도함으로써 조사할 수 있다.

제2권

OPTICKS:

OR, A

TREATISE

OF THE

Reflections, Refractions, Inflections and *Colours*

OF

LIGHT.

The FOURTH EDITION, *corrected.*

By Sir *ISAAC NEWTON*, Knt.

LONDON:

Printed for WILLIAM INNYS at the West-End of St. *Paul's.* MDCCXXX.

TITLE PAGE OF THE 1730 EDITION

제1부

반사와 굴절 그리고 얇고 투명한 물체의 색깔에 관한 관찰.

유리, 물, 공기 등과 같은 투명한 물질은, 불어서 기포(氣泡)로 만든다든가, 또는 다른 방법으로 얇은 판으로 만들었을 때, 비록 상당히 두껍다면 매우 깨끗하고 무색(無色)으로 나타나지만, 얼마나 얇은가에 따라서는 여러 가지 색깔을 드러낸다는 것을 여러 관찰자가 말한 바 있다. 제1권에서 나는 이러한 색깔들을 취급하기를 삼갔는데, 그 이유는 그러한 색깔들을 고려하는 것이 좀 더 어렵고, 제1권에서 논의한 빛의 성질을 수립하는 데는 필요하지 않아 보였기 때문이다. 그러나 얇고 투명한 물질의 색깔이, 특히 자연에 존재하는 물체에서 그 색깔이나 투명성을 결정하는 부분이 어떻게 구성되어 있느냐에 관해서, 빛에 대한 이론을 완성할 발견을 추가로 할 수도 있기 때문에, 나는 여기에 얇은 투명한 물질의 색깔에 대한 설명을 기록해 놓기로 했다. 이 논의를 짧고 분명하게 만들고자, 나는 먼저 내가 관찰한 데서 중요한 부분들을 설명했으며, 그 다음에 그 부분들에 대해 숙고하고 이용했다. 내가 관찰한 것들은 다음과 같다.

관찰 1. 두 프리즘을 (이 두 프리즘은 우연히 매우 약간 볼록했는데) 겹쳐 놓고 옆을 세게 누르면 어느 부분에선가 서로 접촉하게 된다. 나는 두 프리즘이 접촉한 부분이, 마치 원래부터 유리가 연속되어 있었던 것처럼, 정말로 투명해진 것을 발견했다. 왜냐하면 빛이 공기에서 아주 기울어지게 도달했을 때, 가운데에 위치한 그렇게 접촉한 부분을 제외한 다른 부분에서는 빛이 모두 반사했지만, 접촉한 바로 그 부분에서는, 위에서 내려다보았을 때, 다른 부분과 비교하여, 그 부분에서는 반사된 빛이 극히 적거나 전혀 감지할 수 없을 정도로 없어서, 하나의 검은색 또는 어두운 작은 점처럼 보였을 정도로, 빛이 모두 투과한 것처럼 보였다. 그리고 그 부분을 통해서 보면, (말하자면) 두 프리즘의 유리 면 사이에서 압축되어, 마치 얇은 판의 형태로 된 공기에 구멍이 뚫려 있는 것처럼 보였다. 그리고 이 구멍을 통하면 건너편에 있는 물체들이 분명하게 보일 수도 있었지만, 그 구멍 주위의 공기가 사이에 들어있는 유리의 다른 부분을 통해서는 그 물체들을 전혀 볼 수가 없었다. 비록 프리즘의 면이 약간 볼록했지만, 이 투명한 작은 점의 폭이 상당히 컸고, 그 폭은 주로 두 프리즘을 서로 미는 압력에 의해서 양쪽 프리즘에서 안쪽으로 생기는 것처럼 보였다. 왜냐하면 두 프리즘을 매우 세게 누르면 그 작은 점은 그렇게 세게 누르지 않을 때보다 훨씬 더 커지기 때문이었다.

관찰 2. 두 프리즘의 공통 축에 대하여 두 프리즘을 회전시키면, 두 프리즘 사이에 공기로 채워진 판은 입사하는 광선들에 대해 아주 조금밖에 기울지 않아서, 그 광선 중 일부는 투과되기 시작했는데, 공기로 채워진 판 안에서는 여러 가지 색깔을 띤 많은 수의 가느다란 원호가 생겼고, 그 원호들이 처음에는 마치 거의 콘코이드와[109] 같은 모습인데, 그 모습은 그림 1에 그려놓은 것과 같다. 그리고 프리즘을 누르는 동작을 계속하면, 이 원호들이 증가했으며 앞에서 언급한 투명한 작은 점 주위로 점점 더 많이 구부러져서 나중에는 그 원호들이 그 작은 점을 둘러싸는

---

[109] 콘코이드(conchoid)는 마치 조개나 소라 등에 그려있는 선들과 같은 모양의 선들을 말한다.

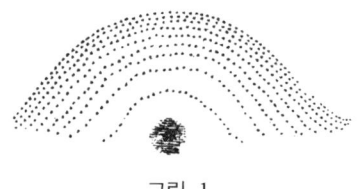

그림 1.

동그라미 또는 반지 모양으로 완성되었으며, 그 다음에는 동그라미 사이의 간격이 점점 더 줄어들었다.

이 중 맨 처음 나타난 원호는 보라색과 파란색이었으며, 그 사이는 원을 이루는 흰색 원호들이었는데, 그 흰색 원호들은 두 프리즘을 미는 동작을 계속하면 안쪽으로 가지를 치면서 즉시 빨간색과 노란색으로 약간의 색깔을 띠었으며, 바깥쪽의 가지를 향해서는 파란색이 인접해 있었다. 그래서 그때 중심의 어두운 작은 점에서부터 이 색깔의 순서는 흰색, 파란색, 보라색, 검은색, 빨간색, 주황색, 노란색, 흰색, 파란색, 보라색 순으로 계속되었다. 그러나 노란색과 빨간색은 파란색과 보라색에 비해 훨씬 더 희미했다.

두 프리즘의 공통 축에 대해 움직임이 계속되면, 이 색깔들 사이의 간격은 어떤 방향의 흰색 쪽으로든 점점 더 좁아져서 마지막에는 모두 흰색으로 합쳐지게 된다. 그런 다음에 그 부분에서 동그라미 모양은 어떤 다른 색깔도 섞이지 않고 검은색과 흰색으로만 나타난다. 그러나 두 프리즘을 공통 회전축을 중심으로 더 많이 움직이면, 흰색에서 그 색깔들이 다시 나타나는데, 안쪽을 향하는 가지에는 보라색과 파란색이, 그리고 바깥쪽을 향하는 가지에는 빨간색과 노란색이 나타난다. 그래서 이제 중심 작은 점에서 그 색깔의 순서는, 전에 나타난 순서와는 반대로, 흰색, 노란색, 빨간색, 검은색, 보라색, 파란색, 흰색, 노란색, 빨간색의 순서가 된다.

관찰 3. 반지 모양 또는 그 반지 모양의 어떤 부분이 검은색과 흰색만으로 나타났을 때는, 그 모양이 매우 분명하고 경계가 뚜렷했으며, 그 부분의 검은색은 중심의 작은 점에 보이는 검은색과 그 세기가 비슷해 보였다. 또한 흰색에서 색깔들이 나타나기 시작하는 반지 모양의 경계에서는, 그 경계가 상당히 분명했으며, 그래서 그 경계의 수(數)가 굉장히 많은 것처럼 보이게 만들었다. 나는 때로는 (반지 모양이 검은색에서 흰색으로 갈 때마다 색 순서쌍이 한 번 바뀐 것으로 계산해서) 연속해서 30번이 넘게 바뀐 것을 센 적도 있으며 그보다 더 많은 경우도 보았는데, 그 경우에는 간격이 너무 작아서 숫자를 셀 수는 없었다. 그러나 반지 모양이 여러 가지 색깔로 나타난 프리즘의 다른 위치에서는, 그 경계가 바뀐 것을 8번 또는 9번보다 더 많이 구분할 수는 없었으며, 그 부분의 바깥쪽은 매우 헷갈렸고 색깔도 너무 희미했다.

반지 모양을 분명하게 보고, 그리고 검은색과 흰색 외에는 어떤 다른 색깔도 없었던 이 두 경우를 관찰하고, 나는 그 반지 모양에서 보는 눈까지의 거리를 어느 정도 유지해야 함을 발견했다. 왜냐하면, 점점 더 가까이 접근하면 할수록, 비록 반지들이 놓인 평면과 내 눈 사이의 기울기가 똑같은 경우라 해도, 흰색 부분에서 푸른색을 띤 색깔이 나타났는데, 그 푸른색은 저절로 더 퍼지고 점점 더 검은색으로 변해서, 동그라미 모양이 덜 분명해지고, 그 흰색 부분이 빨간색과 노란색으로 물들게 만들었다. 나는 또한, 두 프리즘에 평행하게 그리고 프리즘에 가까운 곳에 놓은, 좁은 틈이나, 또는 내 눈동자보다도 더 좁은, 옆으로 길쭉한 구멍을 통해서 봄으로써, 동그라미들을 훨씬 더 분명하게, 그리고 다른 방법으로 보았을 때보다 훨씬 더 많은 수(數)의 동그라미를 볼 수가 있었다.

관찰 4. 광선들이 공기로 된 판에 점점 덜 기울어지면서 흰색 동그라미들에서 색깔들이 어떤 순서로 나오는지 좀 더 꼼꼼히 관찰하기 위해,

나는 14인치 망원경에 쓰는 한쪽은 평면이고 한쪽은 볼록한 렌즈 하나와, 15인치 망원경에 쓰는 양쪽이 볼록인 렌즈 하나, 그래서 모두 두 개의 대물렌즈를 가져왔는데, 두 번째 렌즈 위에 첫 번째 렌즈의 평면인 쪽을 아래로 하여 올려놓고, 그 두 렌즈를 함께 천천히 눌러서, 동그라미의 가운데에서 색깔들이 연달아 나타나도록 만들었다. 그리고 그런 다음에는 위쪽 렌즈를 아래쪽 렌즈에서 천천히 들어 올려서 원래 장소에 있던 동그라미들이 연속해서 사라지게 만들었다. 두 렌즈를 함께 눌러서 다른 색깔들의 가운데에서 가장 마지막으로 나타난 그 색깔은, 처음 나타났을 때는 동그라미의 가장자리에서 중심에 이르기까지 거의 균일한 색깔의 동그라미처럼 보였고, 두 렌즈를 여전히 좀 더 누르면, 동그라미의 중심에 새로운 색깔이 나타날 때까지 처음 동그라미가 점점 더 커졌으며, 그렇게 해서 그 커진 동그라미는 그 새로운 색깔을 둘러싸는 반지 모양이 되었다. 그리고 그 두 렌즈를 여전히 더 세게 누르면, 이 반지 모양의 지름이 점점 더 커지고, 그 반지 모양의 궤도 즉 양쪽 경계선 사이의 폭은 점점 줄어들어서 마침내는 마지막 동그라미의 가운데에서 새로운 색깔이 나타났다. 그리고 그런 식으로 세 번째, 네 번째, 다섯 번째, 그리고 그 다음으로도 계속해서 연달아 새로운 색깔들이 그곳에서 나타나서, 가장 안쪽에는 검은색 작은 점이고 그 점 주위의 안쪽의 색깔을 둘러싸는 반지 모양이 되었다. 그리고, 이와는 반대로, 아래쪽 렌즈에서 위쪽 렌즈를 들어 올리면, 반지 모양들의 지름은 감소하고, 그 동그라미의 폭은 증가해서, 마침내 마지막에는 동그라미들의 색깔이 연속해서 중심에까지 도달했다. 그리고 그 다음에는 그 동그라미들의 폭이 상당히 커져서, 그 동그라미들이 어떤 종류인지를 전보다 훨씬 더 쉽게 알아보고 구별할 수가 있었다. 그리고 이런 방식으로 나는 그 동그라미들이 어떻게 연달아 있고 그 양은 얼마인지 다음과 같이 관찰했다.

두 렌즈의 접촉으로 만들어진 중심부의 명료한 작은 점 다음에는 파란색, 흰색, 노란색, 그리고 빨간색이 계속되었다. 파란색은 그 양이 너무 적어서, 프리즘에 의해 만들어진 동그라미 중에서 그 파란색을 식별해내지 못했을 뿐 아니라, 그 동그라미 안에서 어떤 보라색도 구별할 수가 없었으나, 노란색과 빨간색은 상당히 많은 양이 포함되어 있어서, 빨간색이 있는 범위는 흰색만큼이나 넓고, 그 양은 파란색보다 네 배 또는 다섯 배나 더 많았다. 이것들 바로 다음을 둘러싸는 동그라미 다발을 색깔 순서대로 말하면 보라색, 파란색, 초록색, 노란색, 그리고 빨간색이었다. 그리고 이 색깔들은, 그 양이 아주 조금밖에 되지 않고 다른 색보다 훨씬 더 희미하고 옅은 초록색 외에는, 모두 양도 풍부했고 색깔도 생생했다. 초록색을 제외한 나머지 네 색깔 중에서 보라색은 그 범위가 가장 작았고, 파란색은 노란색이나 빨간색보다 범위가 작았다. 세 번째 동그라미 다발에서 순서는 진홍색, 파란색, 초록색, 노란색, 그리고 빨간색이었는데, 그중에서 진홍색은 바로 앞 동그라미 다발의 보라색보다 더 빨갛게 보였고, 초록색은 노란색을 제외한 다른 어떤 색깔보다도 기운차고 풍부해서 훨씬 더 똑똑히 보였지만, 그러나 빨간색은 훨씬 더 진홍색으로 기울어 약간 바래기 시작했다. 이 동그라미 다발들 다음에는 초록색과 빨간색으로 된 네 번째 동그라미 다발이 왔다. 그 초록색은 양이 매우 풍부하고 생기가 넘쳤고 한쪽은 파란색에 그리고 다른 쪽은 노란색에 기울어 있었다. 그러나 이 네 번째 동그라미 다발에는 보라색이나 파란색뿐 아니라 노란색도 없었으며, 빨간색은 매우 완전하지 못했고 지저분했다. 그뿐 아니라 계속되는 색깔은 모두 점점 더 완전하지 못하고 옅어졌으며, 세 바퀴나 네 바퀴 정도 더 돈 다음에는 완벽한 흰색으로 끝났다. 중심부에 검은색 작은 점이 만들어질 정도로 두 렌즈가 가장 세게 압축될 때, 이 마지막 부분의 형태는 그림 2로 묘사할 수 있다.

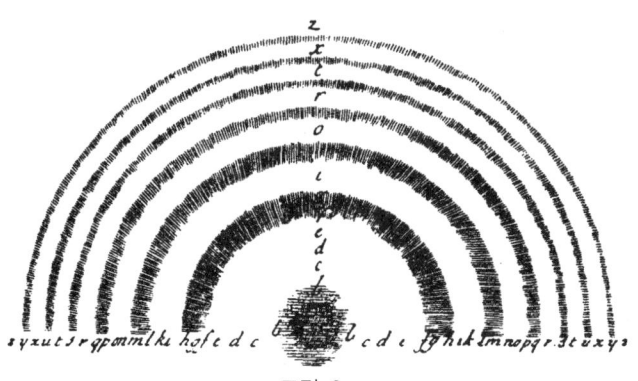
그림 2.

이 그림에서 *a, b, c, d, e*: *f, g, h, i, k*: *l, m, n, o, p*: *q, r*: *s, t*: *v, x*: *y, z*는 중심부에서 센 색깔을 순서대로 표시하며 각각 검은색, 파란색, 흰색, 노란색, 빨간색: 보라색, 파란색, 초록색, 노란색, 빨간색: 진홍색, 파란색, 초록색, 노란색, 빨간색: 초록색, 빨간색: 초록빛 나는 파란색, 빨간색: 초록빛 나는 파란색, 파란색, 빛바랜 빨간색: 초록빛 나는 파란색, 빨간빛 나는 흰색이 된다.

관찰 5. 하나하나의 색깔들을 만들어낸 두 렌즈 사이의 간격 즉 중간에 포함된 공기의 두께를 결정하기 위해, 나는 동그라미 중에서 가장 선명한 부분에서 처음 여섯 개의 반지 모양의 지름을 측정한 다음에 그 결과를 제곱했는데, 이렇게 얻은 제곱을 한 숫자들이 홀수로 이루어진 수열(數列)인 1, 3, 5, 7, 9, 11이 된다는 것을 발견했다. 그리고 두 렌즈 중에서 하나는 평면이고 다른 하나는 구면(球面)이었으므로, 그러한 반지 모양이 있는 위치에서 두 렌즈 사이의 간격도 똑같은 수열을 만들 것임이 틀림없었다. 나는 좀 더 선명한 색깔들 사이에 놓인 어둡고 희미한 반지 모양의 지름들도 측정했는데, 그 지름들의 제곱은 짝수로 이루어진 수열(數列)인 2, 4, 6, 8, 10, 12가 되는 것을 발견했다. 그리고 그러한 측정을 아주 정확하게 한다는 것은 매우 신중해야 하고 어려운 일이었으므로,

나는 유리의 여러 부분에서 여러 번 반복해서 측정했으며, 그렇게 반복한 결과가 일치했기에 나는 그 결과들이 옳다는 것을 확인했다. 그리고 다음과 같은 다른 관찰을 하는 데 있어서도 지금과 똑같은 방법을 사용했다.

관찰 6. 동그라미가 만드는 궤도 중에서 가장 선명한 부분에 있는 여섯 번째 반지 모양의 지름은 $\frac{58}{100}$인치였으며, 양쪽이 볼록한 볼록렌즈 대물렌즈를 만든 구면(球面)의 지름은 약 102피트였는데, 그러므로 나는 그 고리 부분에서 공기의 두께 즉 두 렌즈 사이의 공기가 차 있는 간격을 얻었다. 그러나 약간의 시간이 지난 뒤에, 이 관찰을 수행하는 동안에 내가 구(球)의 반지름을 충분한 정확도로 결정하지 못했고, 한 면이 평면이고 다른 면이 구면(球面)인 렌즈에서 평면인 부분이 정말로 평면이었는지, 내가 평면이라고 생각한 면이 혹시나 볼록하거나 오목한 어떤 것은 아니었는지 의심이 들었고, 또 내가 가끔 그랬던 것처럼 두 렌즈가 접촉하게 만들려고 두 렌즈에 충분히 센 압력을 가하지 않았던 것은 아닌지 의심이 들어서, (왜냐하면 그 두 렌즈를 양쪽에서 서로를 향해 누르면 두 렌즈의 접촉한 부분은 쉽게 안쪽으로 밀려 들어가고, 거기서 만들어지는 동그라미들은 두 렌즈가 원래 형태를 그대로 유지했을 경우보다 감지(感知)될 정도로 넓어졌기 때문에) 나는 그 실험을 반복했고, 여섯 번째 선명한 동그라미의 지름이 $\frac{55}{100}$인치인 것을 발견했다. 나는 또한 주위에서 쉽게 구할 수 있는 다른 망원경의 대물렌즈를 가지고 똑같은 실험을 반복했다. 이 렌즈는 양쪽 면이 모두 볼록했는데, 양쪽 볼록한 부분이 모두 동일한 구(球)의 구면(球面)으로 연마된 것이었으며, 이 렌즈의 초점은 렌즈에서 $83\frac{2}{5}$인치가 되는 곳이었다. 그래서, 만일 밝은 노란색 빛의 입사의 사인과 굴절의 사인 사이의 비가 11 대 17이면, 렌즈로 깎은 구면(球面)을 이루는 구(球)의 지름을 계산하면 182인치가 된다.

나는 이 렌즈를 편평한 렌즈 위에 올려놓아서, 다른 압력은 작용하지 않고 단지 렌즈의 무게만으로 색깔이 있는 동그라미들 중심에 검은색 작은 점이 나타나도록 했다. 그리고 이제 내가 할 수 있는 한 가장 정확하게 다섯 번째 어두운 동그라미의 지름을 측정하고서, 그 지름이 정확하게 $\frac{1}{5}$인치임을 발견했다. 이 지름의 길이는 위쪽 렌즈의 위쪽 표면에서 컴퍼스로 측정했고, 내 눈에서 렌즈까지의 거리는 렌즈 표면에서 거의 수직 방향으로 약 8에서 9인치쯤 되었으며, 렌즈의 두께는 $\frac{1}{6}$인치였고, 그래서 두 렌즈 사이에 생기는 동그라미의 실제 지름이 두 렌즈의 위에서 측정된 지름보다 대략적으로 80 대 79의 비율로 더 크다는 것을 취합하는 것이 어렵지 않았으며, 그 결과 그 동그라미의 지름은 $\frac{16}{79}$인치이고 따라서 그 동그라미의 실제 반지름은 $\frac{8}{79}$인치였다. 이제 (182인치) 구(球)의 지름과 ($\frac{8}{19}$인치인) 이 다섯 번째 어두운 동그라미의 반지름 사이의 비는 이 반지름과 이 다섯 번째 동그라미가 있는 위치에서 공기층의 두께 사이의 비와 같은데, 그러므로 그 두께는 $\frac{32}{567931}$인치 즉 $\frac{100}{1774784}$인치이며, 그것의 $\frac{1}{5}$은 $\frac{1}{88739}$인치가 되는데, 이것이 이 어두운 동그라미 중에서 첫 번째 동그라미가 있는 위치에서 공기층의 두께이다.

 나는 똑같은 실험을 또 다른 망원경의 대물렌즈를 가지고 반복했다. 이 렌즈도 양쪽 면이 모두 볼록했는데, 양쪽 볼록한 부분이 모두 동일한 구(球)의 구면(球面)으로 연마된 것이었다. 이 렌즈의 초점은 렌즈에서 $168\frac{1}{2}$인치가 되는 곳이었으며, 그러므로 그 구(球)의 지름은 184인치였다. 이 렌즈도 앞에서 사용한 것과 똑같이 편평한 유리 위에 놓았으며, 두 렌즈를 서로 누르지 않은 채로 동그라미들의 중간에 검은색 작은 점이 나타났을 때 다섯 번째 어두운 반지 모양의 지름은, 위쪽 렌즈 위에서 컴퍼스를 가지고 측정하여 $\frac{121}{600}$인치였고, 그 결과 두 렌즈 사이에서는 다섯 번째 어두운 반지 모양의 지름이 $\frac{1222}{6000}$인치였다. 위쪽 렌즈의 두께가 $\frac{1}{8}$인치였고, 내 눈은 위쪽 렌즈에서 8인치 더 높은 곳에 있었다. 그리고 구(球)의 지름에서 이것의[110] 절반까지의 제3 비례항은[111] $\frac{5}{88850}$인치이다. 그러므로 이것이 이 동그라미가 있는 위치에서 공기층의 두께이고, 그로부터 그것의 $\frac{1}{5}$인 즉 $\frac{1}{88850}$인치가, 위에서 구한 것과 마찬가지로, 첫 번째 동그라미가 있는 위치에서 공기층의 두께가 된다.

나는 이 대물렌즈를 깨진 거울의 편평한 부분에 올려놓고서도 똑같은 실험을 시도했는데, 그 경우에도 동그라미들에 대해서 똑같은 측정값을 얻었다. 그래서 나는 더 큰 구에 맞춰 연마된 렌즈들을 이용해서 그 측정값들을 더 정확하게 결정할 수 있을 때까지는 앞에서 구한 결과들을 신뢰하기로 했는데, 그렇지만 그렇게 만든 렌즈들을 가지고 실험할 때는 평면이 진짜로 평면이어야만 한다는 것을 명심해야만 한다.

이 치수들은, 내 눈이 거의 수직으로 렌즈들을 내려다보고, 입사 광선에서는 약 1인치 또는 $1\frac{1}{4}$인치가 떨어져 있고, 렌즈에서는 8인치가 떨어져 있어서, 입사 광선이 렌즈에 약 4도 정도의 각도로 기울어져 있을 때 구한 것이었다. 그러므로 다음 관찰들에서 만일 광선들이 렌즈에 수직인 방향으로 들어왔다면, 그러한 동그라미들의 위치에서 공기층의 두께는 반지름과 4도의 시컨트[112] 사이의 비에 비례하여, 다시 말하면, 10000과 10024 사이의 비에 비례하여, 더 줄어든다는 것을 알 수 있을 것이다. 그러므로 공기층의 두께가 그 비례로 감소한다고 하자. 그러면 그 두께들은 $\frac{1}{88952}$와 $\frac{1}{89063}$ 즉 (둘 사이에 가장 가까운 어림수를 취하면)

---

[110] 여기서 '이것'이 가리키는 것은 다섯 번째 어두운 반지 모양의 지름인 $\frac{1222}{6000}$인치이다.
[111] 제3 비례항(third proportional)이란 세 수 x, y, z가 연속적인 비례관계에 있을 때, 즉 $\frac{y}{x}=\frac{z}{y}$를 만족할 때, 세 번째 수 z를 말한다.
[112] 시컨트(secant)는 코사인의 역수로 정의되는 삼각함수를 말한다.

$\frac{1}{89000}$ 인치가 된다. 이것이 수직하게 내리쬔 광선에 의해 만들어진 첫 번째 어두운 반지 모양의 가장 어두운 부분에서 공기층의 두께이다. 그리고 이 두께의 절반에 수열 1, 3, 5, 7, 9, 11 등을 곱하면 모든 가장 밝은 반지 모양의 가장 빛나는 부분에서 공기층의 두께가 $\frac{1}{178000}$, $\frac{3}{178000}$, $\frac{5}{178000}$, $\frac{7}{178000}$ 등이 되며 그것들의 산술 평균인 $\frac{2}{178000}$, $\frac{4}{178000}$, $\frac{6}{178000}$ 등은 모든 어두운 반지 모양의 가장 어두운 부분에서 공기층의 두께가 된다.

관찰 7. 내 눈이 반지 모양들의 축에서 렌즈에 수직으로 위에 놓여 렌즈를 내려다보는 위치에 있을 때, 반지 모양이 가장 작았다. 그리고 내가 반지 모양들을 비스듬히 보았을 때, 그 반지 모양들은 더 커졌고, 내 눈을 동그라미들의 축에서 더 멀리 가져가면 갈수록, 그 반지 모양들은 계속해서 부풀었다. 그리고 한편으로는 내 눈을 몇 가지 경사각에 놓고 동일한 동그라미의 지름을 그때마다 측정하는 방법으로, 또 다른 한편으로는 경사각이 매우 큰 경우에 두 개의 프리즘을 이용하는 것과 같은 다른 방법으로, 나는 반지 모양의 지름을 구했는데, 그 결과 모든 그러한 경사각에서 반지 모양의 가장자리에서 공기층의 두께가 다음 표에 표현된 비율과 매우 가깝다는 것을 발견했다.

Angle of In-cidence on the Air.		Angle of Re-fraction into the Air.		Diameter of the Ring.	Thickness of the Air.
Deg.	Min.				
00	00	00	00	10	10
06	26	10	00	$10\frac{1}{13}$	$10\frac{2}{13}$
12	45	20	00	$10\frac{1}{3}$	$10\frac{2}{3}$
18	49	30	00	$10\frac{3}{4}$	$11\frac{1}{2}$
24	30	40	00	$11\frac{2}{5}$	13
29	37	50	00	$12\frac{1}{2}$	$15\frac{1}{2}$
33	58	60	00	14	20
35	47	65	00	$15\frac{1}{4}$	$23\frac{1}{4}$
37	19	70	00	$16\frac{4}{5}$	$28\frac{1}{4}$
38	33	75	00	$19\frac{1}{4}$	37
39	27	80	00	$22\frac{6}{7}$	$52\frac{1}{4}$
40	00	85	00	29	$84\frac{1}{12}$
40	11	90	00	35	$122\frac{1}{2}$

이 표의 첫 번째 기둥과 두 번째 기둥에는 공기층의 판으로 들어가고 나가는 광선들의 경사각 즉 입사각과 굴절각이 나와 있다. 세 번째 기둥에는 각 경사각에서 모든 색깔을 띤 반지 모양의 지름이 비율로 나와 있는데, 세 번째 기둥에 나와 있는 숫자 중에서 10은 광선이 수직일 때 지름에 해당한다. 그리고 네 번째 기둥에는 반지 모양의 가장자리에서 공기층의 두께가 비율로 나와 있는데, 네 번째 기둥에 나와 있는 숫자 중에서 역시 10은 광선이 수직일 때 공기층의 두께에 해당한다.

그리고 이 측정값들에서 나는 다음과 같은 규칙을 찾아낸 것 같다. 첫 번째 규칙은 공기층의 두께는 입사의 사인과 굴절의 사인 사이의 어떤 특정한 산술 비례 중항이[113] 사인인 각의 시컨트에 비례한다는 것이

---

[113] 여기서 a와 b 사이의 n개의 산술 비례 중항(arithmetical mean proportional)이란 b-a를 n+1 등분하여 b에 이를 때까지 a에 차례로 더한 값을 말한다. 예를 들어, 6과 14 사이에 3개의 산술 비례 중항은 8, 10, 12이다.

다. 두 번째 규칙은 그 비례 중항은, 이 측정값들을 이용해서 내가 그 비례 중항의 값을 결정할 수 있는 한, 더 큰 사인에서 시작한, 즉 렌즈에서 공기층 판으로 굴절할 때는 굴절의 사인에서 시작하고, 공기층 판에서 렌즈로 굴절할 때는 입사의 사인에서 시작한, 106개의 산술 비례 중항들 사이에서 첫 번째 비례 중항에 해당한다는 것이다.

관찰 8. 반지 모양들의 중간에 위치한 어두운 작은 점도 역시, 비록 거의 감지(感知)되지는 못할 정도지만, 내 눈이 더 기울어지면 더 커졌다. 그러나, 만일 대물렌즈 대신 프리즘을 이용했더라면, 그 어두운 점은 충분히 기울어서 그 주위에 어떤 색깔도 나타나지 않았을 때 가장 분명하게 커졌다. 그 작은 점은 광선들이 중간에 들어있는 공기층에 가장 많이 기울어졌을 때 가장 작았으며, 그리고 경사각이 감소하면 작은 점은 색깔을 띤 반지 모양들이 나타날 때까지 점점 더 커졌으며, 그리고 나서 다시 작아졌는데, 그렇지만 전에 커진 것만큼 그렇게 많이 작아지지는 않았다. 그러므로 두 렌즈가 오로지 확실히 접촉해야만 투명해지는 것이 아니라, 두 렌즈 사이에 아주 약간의 간격이 있어도 투명해진다는 것은 분명했다. 나는 때로는, 거의 수직으로 내려다보았을 때, 그 작은 점의 지름은 첫 번째 둘레 또는 궤도에서 빨간색의 바깥쪽 원의 둘레의 지름의 $\frac{2}{5}$ 배와 $\frac{1}{2}$ 배가 되는 것을 관찰했다. 반면에 옆으로 기울어서 경사지게 바라보면, 그 작은 점은 완전히 사라지고 렌즈의 다른 부분과 마찬가지로 불투명하고 희게 되었다. 그래서 그런 경우에는 렌즈들이 겨우 살짝 접촉하거나 아니면 전혀 접촉하지 않고, 수직으로 바라보았을 때 그 작은 점의 가장자리에서 두 렌즈 사이의 간격은 앞에서 이야기한 빨간색 둘레에서 두 렌즈 사이의 간격의 약 $\frac{1}{5}$ 배이거나 $\frac{1}{6}$ 배가 된다고 추정할 수 있었다.

관찰 9. 두 개의 접촉된 대물렌즈를 통해 관찰함으로써, 나는 두 렌즈 사이에 끼어있는 공기층이, 빛을 반사시키는 방법뿐 아니라 빛을 투과시키는 방법으로도, 색깔이 있는 동그라미들을 만들어내는 것을 발견했다. 이번에는[114] 중심부의 작은 점이 흰색이었으며, 그리고 그 작은 점 다음으로 나타나는 색깔들의 순서는 노란빛 나는 빨간색: 검은색, 보라색, 파란색, 흰색, 노란색, 빨간색: 보라색, 파란색, 초록색, 노란색, 빨간색 등이었다. 그러나 이 색깔들은, 빛이 렌즈들을 통해서 매우 기울어 투과될 때가 아니면, 매우 희미하고 옅었다. 그렇지만 빛을 투과시키는 방법으로 보면 그 색깔들은 상당히 생생하게 되었다. 단지 첫 번째 노란빛 나는 빨간색만, 마치 관찰 4에서 파란색과 마찬가지로, 그 양이 너무 적고 희미해서 있는지 거의 알 수가 없었다. 반사에 의해서 만들어진 색깔을 띤 반지 모양들을 투과된 빛에 의해서 만들어진 색깔을 띤 반지 모양들과 비교하면서, 나는 흰색이 검은색의 반대편에, 빨간색이 파란색의 반대편에, 노란색이 보라색의 반대편에, 그리고 초록색은 빨간색과 보라색이 합성된 것의 반대편에 놓인 것을 발견했다. 그것은 다시 말하면, 렌즈를 통과해서 보면 검은색으로 보인 부분이, 위에서 내려다보면, 이와는 반대로, 흰색으로 보였다는 것이다. 그리고 또 한 경우에는 파란색으로 보인 부분이 다른 경우에는 빨간색으로 보였다는 것이다. 그리고 위에서 언급한 다른 색들도 다 그런 식이었다. (200쪽의) 그림 3에 나와 있는 것은 다음과 같다. AB와 CD는 E에서 접촉하고 있는 두 렌즈의 표면이고 AB와 CD 사이에 그린 검은색 선(線)들은 등차수열로 되어 있는 두 렌즈의 표면 사이의 거리들이며, 위쪽에 기록되어 있는 색깔들은 반사된 빛에 의해 보인 색깔들이고, 아래쪽에 기록되어 있는 색깔들은 투과된 빛에 의해 보인 색깔들이다.

관찰 10. 대물렌즈의 끝 테두리를 물로 약간 적시면, 물은 두 대물렌즈

---

[114] 여기서 '이번에는'은 빛을 투과시키는 방법으로 관찰한 것을 의미한다.

사이로 천천히 스며들어가고, 그와 함께 동그라미들은 줄어들고 색깔은 더 희미해졌다. 두 대물렌즈 사이로 물이 스며드는 만큼, 물이 처음에 도달한 동그라미 중에서 절반은 나머지 절반과 절단(切斷)되어 나타났으며, 더 작은 공간으로 좁아졌다. 그렇게 좁아진 동그라미들을 측정했더니, 공기에 의해 만들어진 비슷한 동그라미들의 지름과 비교하여 좁아진 동그라미들의 지름이 줄어든 비율은 약 $\frac{7}{8}$이었으며, 결과적으로 두 대물렌즈 사이에 물이 스며들어 있을 경우와 공기가 들어있을 경우 사이에, 두 대물렌즈 사이의 간격의 비율은 약 $\frac{3}{4}$이 된다. 두 렌즈 사이에 물보다 밀도가 어느 정도 더 큰 어떤 다른 매질이 압축되어 있다면, 그렇게 해서 만들어진 반지 모양들에서 두 렌즈 사이의 간격들과, 두 렌즈 사이에 차 있는 공기에 의해서 만들어진 그런 간격들 사이의 비율은 그 매질과 공기 사이에서 만들어지는 굴절을 측정하는 사인들 사이의 비율과 같다는 것이 아마도 일반적인 규칙이 될 수 있을지도 모른다.

관찰 11. 렌즈들 사이에 물이 들어 있을 때, 만일 내가 위쪽 렌즈의 바깥쪽 끝 테두리를 여러 가지 다양한 방법으로 눌러서, 위에 생기는 반지 모양이 한 장소에서 다른 장소로 재빨리 움직이면, 흰색 작은 점이 즉시 그 움직이는 반지 모양의 중심을 따라 이동하는데, 그 흰색 작은 점은 주위의 물이 그 장소까지 스며들어오면 즉시 없어지곤 했다. 그 작은 점의 출현은 두 렌즈 사이의 공기가 원인이 된 것과 같았고, 그 작은 점은 똑같은 색깔을 나타냈다. 그러나 그것이 공기는 아니었는데, 왜냐하면 물이 있는 곳 중에서 공기의 기포(氣泡)가 있는 장소에서는 그 색깔들이 없어지지 않았기 때문이다. 오히려 반사는 무엇인지 모르는 어떤 매질 때문에 생긴 것이 분명한데, 그 매질은 물이 스며들어옴에 따라 렌즈를 통하여 빠져나갔을 수도 있다.

관찰 12. 지금까지 관찰들은 야외(野外)에서 진행되었다. 그러나 렌즈를 비추는 색깔을 띤 빛의 효과를 더 자세하게 조사하기 위해, 나는 방을 어둡게 만들고, 흰색 종이에 비춘 프리즘의 색깔들의 반사에 의해서 포개 놓은 두 개의 렌즈를 바라보았는데, 이때 나의 눈의 위치는 마치 거울을 보듯이 렌즈의 반사에 의해 색깔을 띤 종이를 바라볼 수 있도록 조절되었다. 그리고 이런 방법에 의해서, 반지 모양은 야외(野外)에서 볼 때보다 더 선명해지고, 보이는 반지 모양의 수(數)도 훨씬 더 많았다. 나는 어떤 때는 20개도 넘는 수의 반지 모양을 보았는데, 야외(野外)에서는 반지 모양을 8개 또는 9개 이상은 구별해낼 수가 없었다.

관찰 13. 다른 사람에게 프리즘을 그 축을 따라 앞뒤로 움직여서 모든 색깔이, 렌즈에서 동그라미들이 나타났던 그 부분에서 반사에 의해, 내가 보는 종이의 똑같은 그 부분에 잇달아 비출 수 있도록 지시해서, 모든 색깔이 그 동그라미들에서 내 눈으로 잇달아 반사될 수가 있도록 만들었더니, 나는 파란색과 보라색에 의해 만들어진 동그라미들보다 분명히 더 크게 빨간색에 의해 만들어진 동그라미들을 발견했다. 그리고 그 동그라미들이, 빛의 색깔이 바뀌는 것과 보조를 맞추어 점점 커지거나 작아지는 것을 보는 것이 매우 기분이 좋았다. 한쪽 가장 끝의 빨간색에 의해 만들어진 반지 모양 중 어느 하나가 있는 곳에서 두 렌즈 사이의 간격은, 다른 쪽 가장 끝의 보라색에 의해 만들어진 대응하는 반지 모양이 있는 곳에서 두 렌즈 사이의 간격에 비해 $\frac{3}{2}$배보다 더 크고 $\frac{13}{8}$배보다 더 작았다. 내가 관찰한 것 중에서 가장 큰 경우는 $\frac{14}{9}$배였다. 그리고 이 비율은, 두 대물렌즈 대신에 두 개의 프리즘이 이용되었을 때를 제외하고는, 내 눈의 모든 경사각에서 아주 거의 똑같은 것처럼 보였다. 왜냐하면 두 개의 프리즘이 이용되었을 때는 내 눈의 경사각이 상당히 큰 어떤 경우에는, 몇 가지 색깔에 의해 만들어진 반지 모양들이 똑같아 보였고, 그리고 그보다 경사각이 더 큰 경우에는 보라색에 의해 만들어진 반지

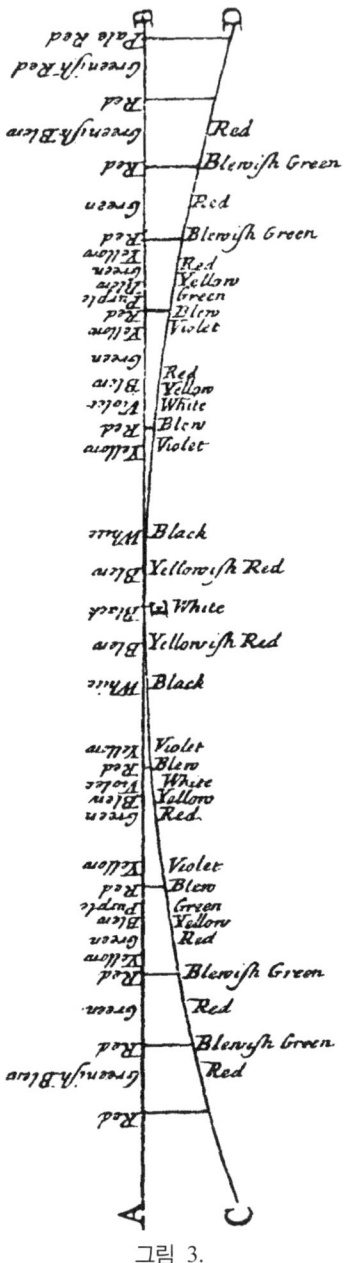

그림 3.

모양들이 빨간색에 의해 만들어진 똑같은 반지 모양들보다 더 컸기 때문이다. 이 경우에 프리즘의 굴절이 가장 많이 굴절하는 광선으로 하여금 가장 적게 굴절하는 광선보다 그 공기층의 판에 더 기울어져서 비추게 만들었다. 이와 같이 이 실험은, 만들어진 반지 모양들이 감지(感知)되게 만들 수 있을 정도로 충분히 강하고 그 양이 충분히 많은 색깔을 띤 빛에서도 성공했다. 그리고 그로부터 만일 가장 많이 굴절하는 광선과 가장 적게 굴절하는 광선이, 다른 광선이 섞이지 않더라도, 반지 모양들이 감지(感知)되도록 만들 수 있을 정도로 그 양이 충분히 많으면, 여기서는 9분의 14배였던 비율이 예를 들어 9분의 $14\frac{1}{4}$ 배 또는 9분의 $14\frac{1}{3}$ 배로 약간 더 클 것이라고 예상할 수 있다.

관찰 14. 프리즘을 그 축을 중심으로 균일한 속도로 회전시켜서 여러 가지 색깔 모두가 대물렌즈에 잇달아 비추도록 하여 그 결과로 생기는 반지 모양들이 수축하고 팽창하도록 만들면, 비춘 빛의 색깔들이 바뀌는 것에 의해서 각 반지 모양이 수축하거나 팽창하는 속도는 빨간색일 때 가장 빠르고 보라색일 때 가장 느렸으며, 그 중간의 색깔일 때는 속도가 중간 정도였다. 각 색깔의 모든 정도에 대해, 각 색깔에 의해 만들어지는 수축과 팽창의 양을 비교해서, 나는 빨간색에서 그 양이 최대이었으며, 노란색에서는 약간 감소했고, 파란색에서는 그보다 조금 더 감소했고, 보라색에서 그 양이 최소였음을 발견했다. 내가 각 색깔에 의한 수축 또는 팽창의 비율을 관찰했더니 어떤 반지 모양이든, 빨간색의 모든 정도에 의해 만들어진 그 반지 모양의 지름의 전체 수축 또는 팽창과, 보라색의 모든 정도에 의해 만들어진 반지 모양의 지름의 전체 수축 또는 팽창 사이의 비는 약 $\frac{4}{3}$ 또는 $\frac{5}{4}$ 와 같았으며, 그리고 노란색과 초록색 사이의 중간 색깔의 빛에 의해 만들어진 반지 모양의 지름은, 가장 끝의 빨간색에 의해 만들어진 같은 반지 모양의 가장 큰 지름과 가장 끝이 보라색에 의해 만들어진 역시 같은 반지 모양의 가장 작은 지름 사이의 산술 평균과 아주 거의 똑같았다. 이것은 프리즘의 굴절에 의해 만들어진, 길쭉하게 길고 양옆은 둥그런 스펙트럼의 색깔들에서는, 빨간색이 가장 많이 수축되고, 보라색은 가장 많이 팽창되며, 모든 색깔의 중간에는 초록색과 파란색의 영역이 놓여 있는 것과는 대조적이다. 그래서 나는 (빨간색, 노란색, 초록색, 파란색, 보라색의) 다섯 가지 주요 색깔로 제한해서 순서대로 그 색깔들에 의해서 (다시 말하면, 가장 끝의 빨간색에 의해서, 주황색의 중간에서 빨간색과 노란색의 끝에 의해서, 노란색과 초록색의 끝에 의해서, 초록색과 파란색의 끝에 의해서, 남색의 중간에서 파란색과 보라색의 끝에 의해서, 그리고 가장 끝의 보라색에 의해서) 잇달아 만들어지고 있는 반지 모양의 위치에서 두 렌즈 사이의 공기층의 두께들은 여섯 번째 장음계의 음들인 솔, 라, 미, 파, 솔, 라에서 발견되는 화음의 여섯 번째 길이들과 매우 비슷함을 찾아낸 것 같다. 그런데 빨간색, 주황색, 노란색, 초록색, 파란색, 남색, 보라색의 순서로 일곱 가지 색깔의 끝에 의해서 잇달아 만들어지는 반지 모양들이 있는 곳에서 공기층의 두께들은 서로 여덟 번째 음들인 솔, 라, 파, 솔, 라, 미, 파, 솔에서 발견하는 화음의 여덟 개의 길이들이 제곱의 세제곱근과, 다시 말하면 다음 숫자들 1, $\frac{8}{9}$, $\frac{5}{6}$, $\frac{3}{4}$, $\frac{2}{3}$, $\frac{3}{5}$, $\frac{9}{16}$, $\frac{1}{2}$ 의 제곱의 세제곱근과 오히려 더 잘 일치한다.

관찰 15. 이 반지 모양들은 야외(野外)에서 만들어진 반지 모양들처럼 다양한 색깔로 되어 있지는 않았지만, 그러나 프리즘을 통해 만들어지는 색깔이면 어느 것이든 쪼여주는 색깔로만 나타났다. 그리고 렌즈 위에 프리즘을 통해 만든 색깔들을 직접 비추는 방법으로, 나는 색깔을 띤 반지 모양들 사이의 어두운 부분을 비춘 빛이 렌즈들을 통과하면서 조금도 그 빛의 색깔이 바뀌지 않는 것을 발견했다. 왜냐하면 렌즈의 뒤쪽에

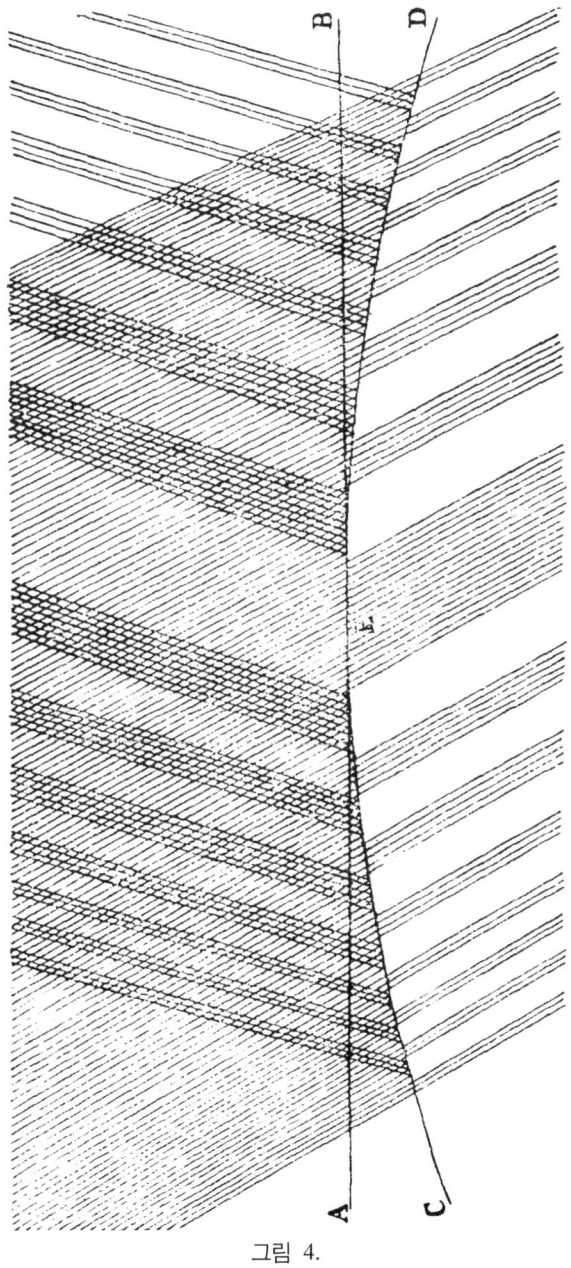

그림 4.

놓은 흰색 종이 위에, 그 빛은 반사된 색깔과 같은 색깔의 반지 모양을 만들었고, 그 반지 모양 바로 다음 공간도 똑같은 크기로 만들었기 때문이었다. 그리고 이것에서 이 반지 모양들이 만들어진 원인이 분명하게 되었다. 다시 말하면, 렌즈 사이의 공기층은, 그 공기층의 여러 가지 두께마다 그 두께가 얼마인지에 따라서, 어떤 위치에서는 반사가 일어나고, 어떤 다른 위치에서는 (그림 4에 표시된 것에서 알 수 있듯이) 어떤 단지 하나의 색깔의 빛만 투과되고, 그리고 다른 색깔의 빛을 투과한 똑같은 그 위치에서 하나의 색깔의 빛이 반사된다.

관찰 16. 프리즘으로 만들어지는 색깔 중에 어느 하나의 색깔로 만들어진 이 반지 모양들의 지름의 제곱은 관찰 5에서와 같이 등차수열을 만들었다. 그리고 담황색 빛의 노란색으로 만들어지고, 거의 수직으로 바라본, 여섯 번째 동그라미의 지름은 약 $\frac{58}{100}$ 인치이거나 약간 더 작았으며, 관찰 6과 상당히 일치했다.

지금까지의 관찰은 두 렌즈 사이에서 압축된 공기나 물과 같은 더 밀(密)한 것으로 둘러싸인 더 희박한 얇은 매질을 이용하여 수행되었다. 앞으로 나올 관찰에서는 더 희박한 매질 속에 얇게 끼워진, 운모(雲母)로[115] 만든 얇은 판이나 물방울, 그리고 모든 면이 공기로 둘러싸인 다른 얇은 물질과 같이, 더 밀(密)한 매질의 외관(外觀)을 기록한다.

관찰 17. 먼저 물에다 비누를 약간 풀어서 물이 끈끈하게 만든 뒤에 그 물을 불어 방울을 만들면, 잠시 뒤에 그 방울은 굉장히 다양한 색깔을 띠고 나타나게 되는 것은 흔히 볼 수 있는 광경이다. 외부 공기가 이 방울들을 휘젓지 못하도록 지키기 위해(실제로 물방울에 나타난 색깔들은 불규칙적으로 이리저리 움직여서, 그 색깔들에서 어떤 정확한 관찰도 만들어질 수가 없었다), 나는 공기 방울들을 불자마자 곧 그 공기 방울들

---

[115] 원문의 Muscovy glass는 운모(雲母)를 의미한다.

을 깨끗한 유리로 덮어씌웠으며, 그렇게 해서 물방울에는 색깔들이 매우 규칙적인 순서로 나타나서 그 색깔들은 물방울의 꼭대기를 중심으로 둘러싸는 수많은 동심원을 만드는 반지 모양이 되었다. 그리고 물이 계속해서 아래로 내려가 물방울이 점점 더 얇게 됨에 따라서, 이 반지 모양들은 천천히 팽창했으며 전체 물방울에 걸쳐서 펼쳐나갔는데, 반지 모양은 물방울의 바닥 쪽을 향해 내려가고 맨바닥에 있던 색깔들은 연이어 하나씩 사라졌다. 그러는 동안에, 꼭대기에서 모든 색깔이 다 나타난 다음에, 반지 모양의 중심에는, 관찰 1에서처럼, 작고 둥그런 검정 점이 생겨서, 물방울이 깨지기 전까지, 그 둥근 검정 점의 폭이 때로는 $\frac{1}{2}$인치 또는 $\frac{3}{4}$인치보다 더 클 정도로, 점점 더 커졌다. 나는 처음에는 그 장소에서 물에서 반사되는 빛은 없다고 생각했지만, 그러나 그 물방울을 좀 더 세심하게 관찰하고 나서, 나는 그 물방울 내부에서, 다른 나머지 점들보다 훨씬 더 검은색이고 더 어두운 몇 개의 더 작은 둥그런 작은 점들을 보았으며, 그로부터 나는 그 검은색 점들보다 그렇게 어둡지는 않은 다른 위치들에서 약간의 반사가 일어났음을 알았다. 그리고 더 자세한 조사에 의해서, 나는 단지 아주 큰 검은색 점뿐 아니라 물방울 내부에 포함된 약간 더 어두운 점들에서도 역시 (양초나 태양과 같은) 어떤 다른 것들의 매우 희미하게 반사된 상(像)을 볼 수도 있다는 것을 발견했다.

앞에서 말했던 색깔을 띤 반지 모양들을 제외하고도, 물방울의 겉면 위치에 따라서 물이 아래로 내려가는 것이 똑같지가 않은 이유 때문에, 물방울 옆을 따라 올라가고 내려가면서 색깔을 띤 작은 점들이 자주 나타났다. 그리고 때로는 물방울의 옆면에서 생겨난 검은색 작은 점이 물방울의 꼭대기에 위치한 더 큰 검은색 점에 이르기까지 위로 올라가서 그 큰 점과 합쳐지기도 했다.

관찰 18. 이 물방울들에서 나타나는 색깔들이 두 렌즈 사이를 메운 공기층에 나타나는 색깔들보다 더 확장되어 있고 더 생생해서, 그만큼 더 구별하기가 쉽기 때문에, 나는 물방울의 뒤에 검은색 물체를 놓고서, 흰색인 하늘의 반사에 의해서 물방울들을 바라보며 관찰할 때, 물방울에서 나타나는 색깔들의 순서에 대해서 더 자세히 설명하려고 한다. 그 색깔들은 빨간색, 파란색; 빨간색, 파란색; 빨간색, 파란색; 빨간색, 초록색; 빨간색, 노란색, 초록색, 파란색, 진홍색; 빨간색, 노란색, 초록색, 파란색, 보라색; 빨간색, 노란색, 흰색, 파란색, 검은색 순이다.

처음에 연달아 세 번 계속된 빨간색과 파란색은 매우 엷고 우중충했는데, 특히 빨간색이 어떤 면으로 보면 거의 흰색처럼 보인 빨간색이 더 그랬다. 이 색깔 중에는 빨간색과 파란색을 제외하고는 어떤 다른 색깔도 거의 구분할 수가 없었으며, 다만 파란색들은 (그리고 주로 두 번째 파란색이) 약간 초록색에 더 가까웠다.

네 번째 빨간색도 역시 엷고 우중충했지만, 그러나 처음 세 번의 경우보다는 덜 그랬다. 네 번째 빨간색 다음에는 노란색이 약간 있거나 아니면 아예 없었는데, 그러나 처음에는 약간 노란색에 더 가까운 초록색이 풍부하게 있었고, 그 다음에는 상당히 활기차고 좋은 버드나무 빛의 초록색이 뒤따랐는데, 그것이 나중에는 파란색을 띤 색깔로 바뀌었지만, 그러나 그 다음으로 파란색 또는 보라색이 나타나지는 않았다.

다섯 번째 빨간색은 처음에는 상당히 진홍색에 가까웠고, 그 다음에는 좀 더 밝고 생생하게 바뀌었지만, 그러나 아직은 아주 깨끗한 빨간색은 아니었다. 그 빨간색은 매우 밝고 짙은 노란색으로 이어졌는데, 그 노란색의 양은 그리 풍부하지가 못했으며, 그리고 곧 초록색으로 바뀌었다. 그러나 그 초록색은 양이 풍부했고 그 이전 초록색보다 좀 더 순수하고 깊고 생생한 어떤 색깔이었다. 그 초록색 다음으로는 맑은 하늘 색깔인 뛰어난 파란색이 뒤따랐으며, 그 다음에는 파란색보다는 양이 풍부하지 못했지만 훨씬 더 빨간색에 치우친 진홍색이 나타났다.

 여섯 번째 빨간색은 처음에는 매우 깨끗하고 활기찬 주홍색이었는데, 그 다음에는 바로 매우 깨끗하고 기운찬 더 밝은 색깔이 되어 모든 빨간색 중에서 가장 좋은 빨간색이었다. 그 다음에는 생기 있는 주황색을 거쳐서 짙고 밝으며 풍부한 양의 노란색이 뒤따랐는데, 이 노란색도 역시 노란색 중에서 가장 좋은 노란색이었고, 이 노란색이 처음에는 초록빛 나는 노란색으로 바뀌었고 그 다음에는 초록빛 나는 파란색으로 바뀌었다. 그러나 노란색과 파란색 사이의 초록색은 매우 작았고 매우 엷어서 초록색이라기보다는 오히려 초록빛 나는 흰색처럼 보였다. 그 뒤를 이은 파란색은 매우 좋은 파란색이 되었으며, 아주 밝은 하늘빛 색깔이 되었지만, 그러나 아직은 그 전 파란색에 비해 질이 좀 떨어지는 무엇이었으며, 보라색은 그 안에 빨간빛이 아주 조금 있거나 거의 없는 강렬하고 짙은 색깔이었다. 그리고 보라색의 양은 파란색의 양보다는 적었다.

 마지막으로 나타난 빨간색에는 보라색 다음의 주홍색 색조를 띤 것으로 보였으며, 그 색깔은 곧 주황색에 가까운 더 밝은 색깔로 바뀌었다. 그리고 그 뒤를 이은 노란색은 처음에는 상당히 좋았고 활기찼지만, 그러나 그 다음에는 그 노란색이 점점 더 엷어졌으며 마침내 완전한 흰색이 될 정도로 계속 엷어졌다. 그리고 이 흰색 빛깔은, 만일 물이 매우 끈끈하고 잘 섞였다면, 천천히 퍼져나가서 물방울의 더 많은 부분을 차지하도록 팽창했는데, 꼭대기에서 계속해서 점점 더 엷어지고, 그곳에서 한참 있다가 여러 장소로 갈라져서, 그렇게 갈라진 것들이 팽창하면서 상당히 좋은 그렇지만 아직도 분명하지는 않은 어두운 하늘빛 색깔로 나타났다. 파란색 점들 사이의 흰색은 불규칙적인 직물(織物)의 실들을 닮을 때까지 가늘어져서, 곧 사라진 다음에, 물방울의 위쪽 부분 전체를 앞에서 이야기한 어둡고 파란 색깔로 만들어 놓았다. 그리고 이 색깔은,

앞에서 설명한 방식으로, 아래쪽을 향해 스스로 팽창해서 때로는 물방울 전체까지 퍼져나가기도 했다. 그러는 동안에, 바다 쪽보다 더 짙은 파란색이었고, 그리고 또한 나머지 점들보다 좀 더 짙은 무엇이었던 수많은 둥그런 파란색 점들이 가득히 나타났던 꼭대기에서는, 하나 또는 그보다 더 많은 수의 매우 검은 점들이 출현했고, 그 점들 내부에서, 내가 앞의 관찰들에서 언급한 더 짙은 검은색 다른 점들이, 마침내 물방울이 깨질 때까지, 계속해서 팽창했다.

만일 물이 매우 끈끈하지는 않았다면, 검은색 점들은, 어떤 감지할 정도의 파란색이 개입되지 않은 채로, 흰색 속에서 갑자기 생겨났을 것이다. 그리고 때로는, 중간 색깔들이 스스로를 나타낼 시간을 갖기 전에, 그 검은색 점들이 앞에서 생긴 노란색 또는 빨간색 속에서, 또는 어쩌면 두 번째 순서의 파란색 속에서 생겨났을지도 모른다.

이 설명에서는, 색깔들이 물방울이 가장 두꺼울 때 나타나기 시작했고, 색깔들이 물방울의 가장 아래 가장 두꺼운 부분에서 출발하여 위쪽으로 가면서 가장 편리하게 설명할 수 있다는 이유 때문에, 비록 관찰 4에서 설명한 공기층이 색깔을 설명했을 때와는 반대되는 순서로 기록되었지만, 물방울에 나타나는 색깔들과 관찰 4에서 설명한 공기층의 색깔들이 얼마나 밀접하게 연관되는지 인식했을 것이다.

관찰 19. 물방울의 꼭대기에서 나타나는 색깔들이 만드는 반지 모양을 내 눈이 여러 가지 경사각 위치에서 바라보면서, 나는 경사각을 높이면 반지 모양들이 감지될 정도로 팽창하는 것을 발견했지만, 그러나 아직은 관찰 7에서 얇은 공기층에 의해 만들어진 반지 모양들처럼 그렇게 많이 팽창하지는 않았다. 왜냐하면 관찰 7에서는 가장 많이 기울어져서 보았을 때 반지 모양이 팽창한 위치에서 공기층의 두께는 수직으로 내려다보았을 때 반지 모양이 나타났던 위치에서 공기층 두께의 12배보다도 더 두꺼웠지만, 반면에 물방울의 경우에, 가장 많이 기울어져서 보았을 때 반지 모양이 도착한 부분의 물의 두께는, 수직인 광선에 의해 나타나는 반지 모양이 있는 곳의 물의 두께의 $\frac{8}{5}$배보다도 약간 더 작았기 때문이다. 내가 가장 잘 관찰한 것에 따르면, 그 비율은 10분의 15 그리고 10분의 $15\frac{1}{2}$ 사이에 있었으며, 그래서 다른 경우에 비해 약 24배 더 증가한 것이다.

때로는 검은색 작은 점에서 가까운 물방울의 맨 꼭대기를 제외하면, 물방울은 전체적으로 균일한 두께로 만들어지기도 하는데 그것을 나는 바라보는 눈의 위치가 어디든 물방울이 똑같은 색깔의 외관(外觀)을 내보이는 것으로 알았다. 그리고 그렇다면 물방울에서 비스듬한 광선에 의해 겉으로 보이는 둘레의 색깔들은 다른 장소에서 물방울과 덜 비스듬한 광선에 의해서 보이는 색깔들과 다를 수도 있다. 그리고 몇몇 서로 다른 관찰자는 물방울의 같은 부분을 보더라도 물방울을 매우 다른 기울기로 바라보면 서로 다른 색깔을 볼 수도 있다. 이제 물방울의 동일한 위치에서 또는 동일한 두께를 갖는 서로 다른 여러 위치에서, 얼마나 많은 색깔을 관찰하는지는 광선들의 서로 다른 기울기에 따라서 바뀌었다. 지금부터 설명하려고 하는 방법으로 관찰 4와 관찰 14, 관찰 16 그리고 관찰 18을 이용해서, 몇 가지 기울기에 대해, 나는 어떤 한 가지 동일한 색깔이라도 나타내는 데 필요한 물의 두께에 대한 정보를 수집했더니 아래 표에 표현된 것과 같은 비율과 거의 일치했다.

Incidence on the Water.		Refraction into the Water.		Thickness of the Water.
Deg.	Min.	Deg.	Min.	
00	00	00	00	10
15	00	11	11	$10\frac{1}{4}$
30	00	22	1	$10\frac{4}{5}$
45	00	32	2	$11\frac{4}{5}$
60	00	40	30	13
75	00	46	25	$14\frac{1}{2}$
90	00	48	35	$15\frac{1}{5}$

처음 두 기둥에는 물의 외관(外觀)으로 들어오는 광선의 기울기, 즉 그 광선의 입사각과 굴절각이 표현되어 있다. 여기서 나는 입사각과 굴절각을 측정하는 사인들은, 비록 물에 비누가 녹아있는 정도에 따라 아마도 물의 굴절에 대한 성질이 약간은 바뀌게 되더라도, 3 대 4처럼 우수리 없는 수(數)라고 생각한다. 세 번째 기둥에는, 몇 가지 광선이 기울어진 정도에 대해, 임의의 한 색깔이 나타나는 위치에서 물방울의 두께가 비율로 표현되어 있는데, 광선이 수직으로 비출 때 물방울의 두께를 10으로 선정했다. 그리고 관찰 7에서 발견한 규칙은, 만일 제대로 적용하면, 여기 나온 측정값들과 매우 잘 일치한다. 여기서 제대로 적용된 규칙이란, 눈까지의 몇 가지 기울기에서 한 가지 동일한 색깔을 나타내는 데 필요한 물로 된 판의 두께는 다음과 같이 정해지는 각의 시컨트에 비례한다는 것이다. 이 각의 사인은 더 작은 사인에서 시작한, 즉 공기에서 물로 굴절할 때는 굴절의 사인에서 시작하고, 물에서 공기로 굴절할 때는 입사의 사인에서 시작한, 106개의 산술 비례 중항들 사이에서 첫 번째 비례 중항에 해당한다는 것이다.

나는 때로는 강철을 가열(加熱)하면 그 강철의 윤이 나게 문지른 표면에서 나타나는 색깔들이, 또는 녹아 있는 종청동(鐘靑銅)과[116] 몇 가지 다른 금속들을 땅 위에 쏟아서 식으면 나타나는 색깔들이, 여러 가지 기울기에서 바라보면 마치 물방울에서 나타나는 색깔들이 약간 바뀌는 것처럼, 그리고 특별히 매우 기울어진 각도로 물방울을 바라보았을 때 짙은 파란색 또는 짙은 보라색이 짙은 빨간색으로 바뀌는 것처럼, 역시 바뀌는 것을 관찰했다. 그러나 이 경우에 색깔들이 바뀌는 정도는 물에서 만들어지는 변화처럼 그렇게 심하거나 감지(感知)할 수 있는 정도는 아니었다. 스코리아나[117] 또는 대부분의 금속이 가열되거나 녹았을 때 계속해서 불거져 나와서 표면으로 보내져서 금속의 표면을 얇은 유리 같은 표면으로 덮어서 이러한 색깔들을 만들어내는, 금속의 유리화된 부분은 밀도가 물보다 훨씬 더 큰데, 내가 발견한 것에 따르면, 눈의 기울기에 의해서 만들어지는 변화는 밀도가 가장 큰 얇은 물질에서 생기는 색깔들에서 가장 적었다.

관찰 20. 관찰 9에서와 마찬가지로, 여기 거품에서도 반사에 의해서 나타나는 것과 반대되는 색깔이 투과된 광선에 의해서 나타났다. 이와 같이 거품에서 반사된 구름의 빛으로 거품을 보았을 때, 겉으로 보이는 거품의 둘레는 빨간색으로 보였는데, 만일 동시에 또는 그 직후에 거품을 통해서 구름을 보면 거품의 둘레가 파란색이었다. 그리고, 이와는 반대로, 반사된 빛에 의하면 거품이 파란색으로 나타났을 때, 투과된 빛으로 보면 거품은 빨간색으로 나타났다.

관찰 21. 운모(雲母)로 만든 매우 얇은 판을 물로 적시면, 그 판이 얼마나 얇은지에 따라 비슷한 색깔들이 나타나는데, 특히 얇은 판의 양쪽

---

[116] 종청동(鐘靑銅, bell metal)이란 구리와 주석의 합금을 말한다.
[117] 스코리아(scoria)는 화산분출물 중에서 공기구멍이 많고 검정, 갈색, 빨간색 등의 암석 덩어리를 말한다.

면 중에서 눈으로 보이는 쪽의 건너편 쪽을 물로 적시면, 나타나는 색깔은 좀 더 희미하고 시들해졌다. 그러나 나는 그 색깔의 종류가 바뀌는 것을 조금도 감지(感知)할 수가 없었다. 그것은 어떤 색깔이라도 만들어 내려면 얇은 판의 두께가 얼마나 되어야 하는지는 단지 그 판의 밀도에 의해서만 결정되고 그 판을 둘러싸는 매질의 밀도와는 상관이 없음을 의미한다. 그러므로, 관찰 10과 관찰 16에 의해서, 어떤 색깔이 만들어지는 물방울 또는 운모(雲母)판, 또는 다른 물질의 두께가 알려질 수도 있다.

관찰 22. 내가 특별히 공기와 렌즈를 관찰하면서 알아냈던 것처럼, 밀도가 주위 매질의 밀도보다 더 큰 얇고 투명한 물체는 더 작은 물체에 비해 더 기운차 보이고 생생한 색깔을 나타낸다. 왜냐하면 화로(火爐)에서 유리를 매우 얇게 불면, 공기로 둘러싸인 그 유리 방울의 껍질은, 두 렌즈 사이에 얇게 들어있는 공기에서 나타나는 색깔들보다, 훨씬 더 생생한 색깔들을 나타내기 때문이다.

관찰 23. 몇 개의 반지 모양들에서 반사되는 빛의 양을 비교하면서, 나는 첫 번째 반지 모양, 즉 가장 안쪽의 반지 모양에서 빛의 양이 가장 많았고, 그 바깥쪽 반지 모양들에서는 빛의 양이 점점 더 줄어든다는 것을 발견했다. 또한 두 개의 대물렌즈에 의해서 만들어진 반지 모양들을 멀리서 바라보고 분명하게 인식할 수 있었던 것처럼, 또는 두 개의 물방울을 서로 다른 시간에 비교해서, 모든 색깔의 뒤를 이어 나타난 첫 번째 반지 모양의 흰색의 정도와, 그리고 두 번째 반지 모양에서 다른 모든 색을 뒤이은 흰색의 정도를 보면서 분명하게 인식할 수 있었던 것처럼, 첫 번째 반지 모양에서 흰색의 정도는 반지 모양이 없는 얇은 매질이나 판의 같은 부분에서 반사된 흰색의 정도보다 더 강했다.

관찰 24. 색깔을 띤 반지 모양들이 나타나게 만들기 위해 두 개의 대물렌즈를 겹쳐 놓으면, 맨눈으로 보아서는 그런 반지 모양을 8개 또는 9개 보다 더 많게는 구별할 수 없지만 프리즘을 통해 관찰하면 훨씬 더 많은 수(數)를 볼 수 있는데, 너무 작고 가까워서 그 수를 세려고 내 눈을 흔들리지 않게 고정할 수 없었던 다른 많은 것을 제외해도, 나는 40개가 넘게 셀 수가 있었다. 그리고 그 반지 모양들이 퍼져 있는 범위를 고려하면 나는 때로는 그 숫자가 100을 넘는다고 추산했다. 그리고 나는 훨씬 더 많은 수의 반지 모양을 발견할 수 있을 정도로 실험을 개선할 수 있다고 믿는다. 왜냐하면 그 반지 모양들은 비록 단지 프리즘의 굴절에 의해서 분리될 수 있는 정도만 감지될 수 있다고 하지만, 다음에 설명할 것처럼, 반지 모양의 수는 정말로 무제한이라고 여겨지기 때문이다.

그러나 이것은 이러한 반지 모양들의 단지 한 쪽 면에 불과했다. 다시 말하면, 굴절이 만들어지는 한쪽 방향에 불과했다. 그 방향에 대해서는 굴절에 의해서 반지 모양들이 더 분명해졌지만, 다른 쪽 면은 굴절에 의한 것이 맨눈으로 보는 것보다 더 혼란스럽게 되었다. 그래서 그쪽 면에서는

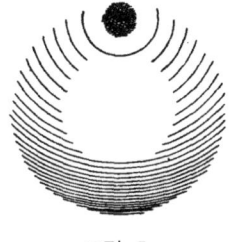

그림 5.

나의 맨눈으로는 8개 또는 9개를 구별할 수가 있었지만, 굴절에 의해서는 1개 또는 2개보다 더 많게는 구별할 수가 없었고, 때로는 반지 모양을 하나도 구별해낼 수가 없었다. 그리고 반지 모양들의 일부분 즉 원호는, 다른 쪽 면에서는 그렇게도 많이 나타났지만, 대부분에서 원의 $\frac{1}{3}$배를 초과하지 않았다. 만일 굴절이 매우 컸다면, 또는 프리즘이 대물렌즈에서 매우 멀리 떨어져 있었다면, 그런 원호들의 중간 부분도 또한 혼란스럽게 되어, 사라지고 심지어 흰색을 만들었는데, 한편으로 다른 쪽 면에서는 원호들의 양쪽 끝이, 중심에서 가장 먼 전체 원호도 역시 마찬가지지만, 전보다 더 분명해졌으며, 그림 5에 묘사되어 있는 것과 같은 형태

로 나타났다.

가장 분명해 보이는 곳에서 원호들은 다른 어떤 색깔도 섞여 있지 않고 교대로 단지 흰색과 검은색일 뿐이었다. 그러나 다른 위치에서는 색깔들이 나타났는데, 그렇게 나타난 색깔들의 순서는 다음과 같은 방식으로 굴절에 의해서 거꾸로 뒤집혀서, 만일 내가 처음에 프리즘을 대물렌즈에 매우 가까이 가지고 간 다음에, 서서히 내 눈을 향해서 가지고 온다면, 두 번째, 세 번째, 네 번째 그리고 그 다음에 오는 반지 모양들의 색깔들은, 그 색깔들 사이에 나타난 흰색을 향해서 줄어들어서, 나중에는 결국 원호의 중간에 전체적으로 흰색으로 사라져버렸으며, 그 다음에는 그 반대 순서로 다시 나타났다. 그러나 원호들의 양 끝에서는 색깔들이 원래 순서를 바꾸지 않고 그대로 유지하고 있었다.

나는 때로는 대물렌즈 하나를 다른 대물렌즈 위에 놓고 맨눈으로 보면 색깔을 띤 반지 모양이 조금도 나타나지 않고 모든 곳이 균일하게 흰색으로 보였다. 그렇지만 여전히 프리즘을 통해서 그 겹쳐 놓은 대물렌즈를 보면 그런 반지 모양들이 수도 없이 많이 나타났다. 그리고 비슷한 방식으로 운모(雲母)판들과, 그리고 화로(火爐) 옆에서 본 유리 방울의 껍질은, 처음에는 맨눈으로는 어떤 색깔도 보이지 않을 정도로 충분히 얇지 않지만, 프리즘을 통해서 보면 파동의 형태로 불규칙적으로 위를 향하기도 하고 아래를 향하기도 하는 아주 다양한 형태의 원호들을 드러내 보였다. 그리고 물방울에서도 마찬가지로, 옆에 서 있는 사람의 맨눈에 반지 모양들의 색깔이 드러나기 전에, 프리즘을 통해서 보면 그 색깔들이 나타났는데, 물방울이 많은 수의 수평 방향으로 평행한 반지 모양들로 둘러싸였다. 그런 효과를 만들어내려면, 프리즘을 수평 방향과 평행하게 또는 아주 비슷하게 평행하게 유지하고 광선들은 위쪽을 향해 굴절하도록 배치해야 했다.

제2부

이전 관찰들에 대한 유의사항.

제1부에서는 많은 색깔을 관찰한 것을 기술했는데, 자연에 존재하는 물체의 색깔이 생기는 원인을 규명하는 데 그 관찰들을 활용하기 전에, 그 관찰 중에서 가장 간단한 관찰 2, 관찰 3, 관찰 4, 관찰 9, 관찰 12, 관찰 18, 관찰 20, 그리고 관찰 24를 활용해서 먼저 좀 더 복잡한 것을 설명하는 것이 편리하리라 생각한다. 그리고 가장 먼저 관찰 4와 관찰 18에서 기술한 색깔들이 어떻게 만들어졌는지 보여주기 위해, [그림 6에서] 점 Y에서 시작하는 직선을 그린 다음에 그 직선 위에 길이 YA, YB, YC, YD, YE, YF, YG, YH가 다음 수(數) , 1의 제곱의 세제곱근에 비례하도록 점 A, B, C, D, E, F, G, H를 찍자. 이 수들은 각각 6300, 6814, 7114, 7631, 8255, 8855, 9243, 10000에 비례하며,[118] 8음계의 모든 음표를 소리 내는 음계의 길이를 대표한다. 그리고 다음 점 A, B, C, D, E, F, G, H에서 수선(垂線) Aα, Bβ 등을 그려서 그 수선들 사이의 간격으로 하여금 그 간격 아래에 표시된 몇 가지 색깔의 범위를 대표하게 한다. 그리고 직선 Aα를 그림에 1, 2, 3, 5, 6, 7, 9, 10, 11 등과 같이 표시한 점에 해당하는 비율로 나눈다.[119] 그리고 Y에

---

[118] 실제로 계산하면 $(1/2)^{2/3}$=0.6300, $(9/16)^{2/3}$=0.6814, $(3/5)^{2/3}$=0.7114, $(2/3)^{2/3}$=0.7631, $(3/4)^{2/3}$=0.8255, $(5/6)^{2/3}$=0.8855, $(8/9)^{2/3}$=0.9245, $(1)^{2/3}$=1.0000이다.

서 그렇게 나눈 점들을 지나가는 선을 그려서 직선들 1I, 2K, 3L, 5M, 6N, 7O 등을 만든다.[120]

이제 만일 A2가, 첫 번째 반지 모양 또는 한 계열의 색깔 중에서, 한쪽 가장 끝의 보라색이 제일 선명하게 반사되는, 어떤 얇은 투명한 물체의 두께를 대표한다고 가정하면, 관찰 13에 의해서 HK는 동일한 계열에 속한 반대쪽 가장 끝의 빨간색이 제일 선명하게 반사되는 물체의 두께를 대표하게 된다.[121] 똑같이 관찰 5와 관찰 16에 의해서, A6과 HN은 각각 두 번째 계열에서 그러한 양쪽 끝 두 색깔 즉 보라색과 빨간색이 가장 선명하게 반사되는 물체의 두께를 표시하게 될 것이며, 마찬가지로 A10과 HQ는 각각 세 번째 계열에서 양쪽 끝 두 색깔 즉 보라색과 빨간색이 가장 선명하게 반사되는 두께를 표시하게 될 것이고, 그런 식으로 계속될 것이다. 그리고 중간에 위치한 색깔 중 하나가 가장 선명하게 반사되는 위치의 두께는, 관찰 14에 의해서, 선분들 2K, 6N, 10Q 등의[122] 중간 부분에서부터 선분 AH까지 거리에 따라 정해질 것인데, 그 중간 부분은 아래쪽에 적힌 바로 그 색깔의 이름에 대응하여 정해진다.[123]

그러나 더 나아가, 각 반지 모양 또는 계열에서 이 색깔들의 범위를 정하기 위해서, 첫 번째 계열에서 한쪽 가장 끝의 보라색이 반사되는 위치에서, A1은 가장 작은 두께를, 그리고 A3는 가장 큰 두께를 만든다고 하고, HI와 HL은 각각 반대쪽 끝의 빨간색에 대해 그렇게 가장 작은 두께와 가장 큰 두께를 만든다고 하면, 중간 색깔들은 두 선분 1I와 3L

---

[119] 숫자 중에서 4, 8, 12, 16 등과 같은 4의 배수가 제외되어 있다.
[120] 점 Y는 그림 6의 아래 가로축의 맨 왼쪽 끝에 있다.
[121] 관찰 13에 의하면 그림 3에 표시된 것처럼 한쪽 끝은 보라색이고 다른 쪽 끝은 빨간색이며 중간에 파란색, 흰색, 노란색이 있는 계열들이 반복된다.
[122] 이 선분들은 그림 6에 가로 방향으로 실선으로 그려져 있다.
[123] 여기서 아래쪽에 적힌 색깔이란 그림 6의 아래쪽에 왼쪽에서부터 오른쪽으로 보라색, 남색, 파란색, 초록색 노란색, 주황색, 빨간색이라고 적힌 것을 말한다.

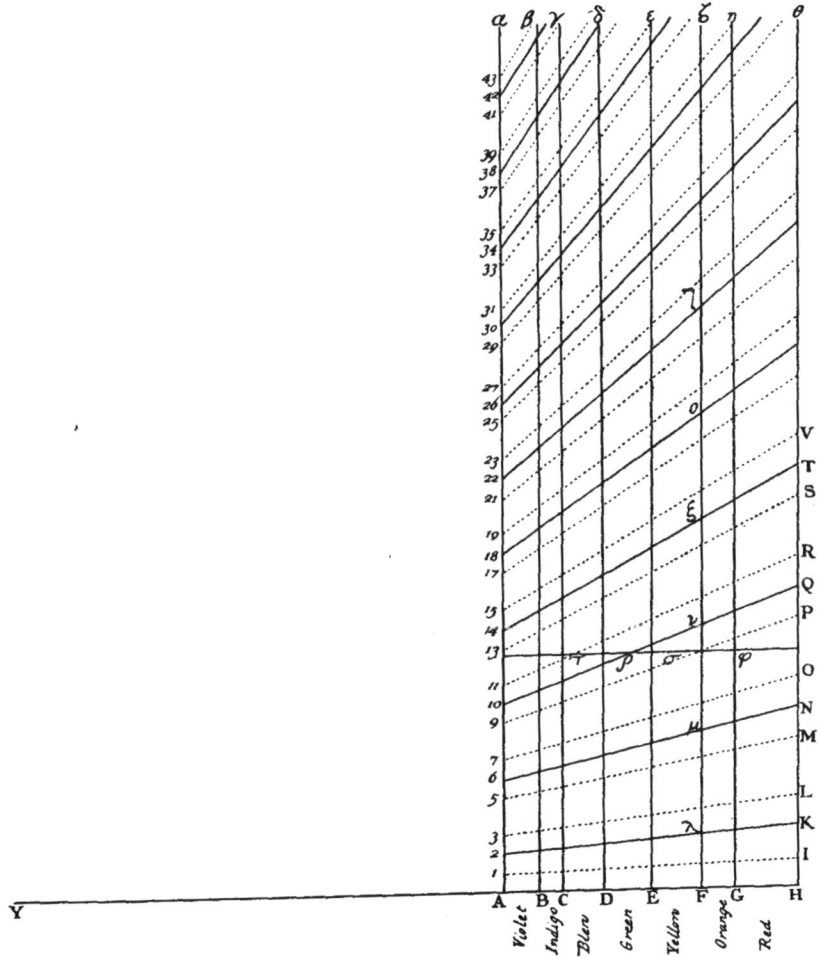

그림 6.

사이의 중간 부분에 의해서 제한받는데, 그 중간 부분은 역시 아래쪽에 적힌 바로 그 색깔의 이름에 의해 정해진다. 그런데 그런 점을 염두에 두면, 2K, 6N, 10Q 등과 같은 중간 위치에서 반사가 가장 강하게 일어나고, 그 중간 위치에서 1L과 3L 그리고 5M과 7O 등과 같은 양쪽 모두의 한계선을 향해서 진행하면서 반사의 세기가 완만하게 감소하는데,[124] 그러나 반사가 그 한계선까지로 정확하게 제한되는 것이 아니라 끝없이 계속 감소한다고 생각해야 한다. 그리고 내가 어떤 계열이나 모두 똑같은 범위를 부여했는데, 비록 더 강하게 반사한 첫 번째 계열에 속한 색깔들이 나머지 계열들에 속한 색깔들보다 약간 더 넓어 보이기는 했지만, 그러나 그 차이는 그냥 관찰만 해서는 도저히 감지될 수 없을 정도였기 때문이다.

이제 이런 설명에 따르면, 원래는 몇 가지 색깔이었던 광선들이 차례차례로 다음 공간 1IL3, 5MO7, 9PR11 등에서 반사되고, 다음 공간 AHI1, 3LM5, 7OP9 등에서 투과된다고 생각하면, 투명한 얇은 물체의 두께가 얼마인지에 따라서 야외(野外)에서 이 물체를 통과한 빛이 어떤 색깔을 나타내야 할지를 아는 것은 어렵지 않다. 왜냐하면, 만일 막대 자를 직선 AH에 평행하게 놓되 AH에서 그 막대 자까지의 높이가 물체의 두께와 같도록 하면, 막대 자가 공간 1IL3 또는 공간 5MO7 등과 차례로 만나게 되는데, 그렇게 만나는 부분의 아래에 표시된 색깔이 바로 야외에서 나타나는 색깔을 의미한다. 그래서 만일 세 번째 계열의 초록색이 구성되어야 한다면, $\pi\rho\sigma\varphi$가 보이는 곳에 막대 자를 가져다 놓으면, 막대 자가 ρ의 위치에서 초록색뿐만 아니라 π 위치에서 파란색을 그리고 σ 위치에서 노란색을 지나가므로, 그 물체의 바로 그 두께에서 나타

---

[124] 그림 6의 실선 2K의 양옆에 그려진 점선 1I와 3L을 향해, 또 실선 6N의 양옆에 그려진 점선 5M과 7O를 향해 감소하고 그 위의 다른 실선들에서도 똑같은 일이 반복된다는 의미이다.

나는 초록색은 주로 원래 초록색으로 구성되어 있지만 파란색과 노란색이 전혀 섞이지 않는 것은 아니라고 결론지어도 좋다.

지금까지 설명은 반지 모양의 색깔들이 관찰 4와 관찰 18에서 기술된 것과 같게 하려면 그 색깔들이 반지 모양의 중심부에서 바깥쪽으로 어떤 순서로 잇따라 나타나는지를 알아야 한다는 것을 의미한다. 왜냐하면 만일 막대 자를 AH에서 출발시켜서, 대상 물체의 두께가 아주 얇아서 반사가 아주 조금이거나 거의 없음을 표시하는, 첫 번째 공간을 지나 모든 거리를 거치면서 조금씩 이동시킨다면, 막대 자는 맨 처음에 보라색인 1을 지나가고 그 다음에 즉시 파란색과 초록색을 지나가는데, 그 두 가지 색깔이 보라색과 함께 파란색을 합성하고, 그런 다음에 노란색과 빨간색을 지나가면서, 그 두 색깔이 추가되어 파란색은 흰색으로 바뀌게 된다. 그 흰 빛은 막대 자의 테두리가 I에서 3까지 지나가는 동안 계속 유지되고, 그리고 그 뒤에 흰 빛에 포함된 성분 색깔들이 하나씩 차례로 부족하게 되어 맨 처음에는 합성된 노란색으로 바뀌고 그 다음에는 빨간색, 그리고 마지막에 막대 자가 L에 도달하면 빨간색도 더 이상 보이지 않게 된다. 그 다음에 두 번째 계열의 색깔들이 시작하는데, 막대 자의 테두리가 5에서 시작하여 O에 이를 때까지 이동하는 동안 색깔이 차례로 하나씩 나타나며, 좀 더 많이 펼쳐지고 더 많이 잘려나갔기 때문에, 그 색깔들은 전보다 더 생기가 있어 보인다. 그리고 똑같은 이유로 이전의 흰색 대신 파란색과 노란색 사이에 주황색과 노란색, 초록색, 파란색, 그리고 남색이 혼합된 색깔이 끼어들어 오는데, 그것이 모두 합쳐 약하고 불완전한 초록색을 나타내게 된다. 그런 다음에 세 번째 계열의 색깔이 모두 차례로 이어지는데, 맨 처음에는 두 번째 순서의 빨간색이 약간 섞여 붉은빛을 내는 자주색 경향을 띤 보라색이 나오고, 그 다음에는 다른 색깔들과 덜 섞여서 결과적으로 전보다 더 생생한 파란색과 초록색이 나오는데 초록색이 더 생생하다. 그 다음에 나오는 색깔은 노란 색인데, 그 노란색 범위에서 앞의 초록색 쪽에 가까운 부분은 분명하고 좋지만, 노란색 다음에 나오는 빨간색 쪽에 가까운 부분은, 그 빨간색도 그런 것처럼, 역시 네 번째 계열의 보라색 그리고 파란색과 섞여 있는데, 그래서 자주색에 상당히 가까운 여러 가지 단계의 빨간색이 합성되어 나타난다. 이 빨간색에 뒤이어 나타나야 하는 이 보라색과 파란색은, 서로 섞이고 그 색깔 안에 숨어서 초록색으로 이어진다. 그리고 이 색깔이 처음에는 파란색에 훨씬 더 가깝지만, 그러나 곧 아주 좋은 초록색이 되어가는데, 이 초록색은 이 네 번째 계열에서 유일하게 섞이지 않고 생생한 빛깔을 띤다. 왜냐하면 그 초록색이 포함된 범위 중에서 노란색 쪽으로 다가가면 갈수록 그 색은 다섯 번째 계열의 색깔들과 섞이기 시작하고, 그런 색깔들이 섞임으로써 초록색 다음에 나타나는 노란색과 빨간색은 매우 엷어지고 우중충해지는데, 특별히 노란색은 빨간색보다 약한 색깔이어서 스스로를 선명하게 내보이는 것이 어렵기 때문이다. 이 색깔 다음에는 여러 계열에 속한 색깔들이 점점 더 많이 간섭하게 되고 그렇게 섞여서 만들어진 색깔들은 점점 더 서로 섞여서 세 번 또는 네 번 더 순환한 다음에 (그동안 빨간색과 파란색이 교대로 더 강하게 나타나는데) 결국에는 모든 종류의 색깔이 모든 장소에 상당히 균일하게 혼합되어 전체적으로 고른 흰 빛을 합성해낸다.

그리고 관찰 15에 따르면 한 가지 색깔로만 만들어진 광선은 투과되고 다른 광선은 반사되기 때문에, 관찰 9와 관찰 20에서 설명한 투과된 빛에 따라 색깔이 생기는 원인이 이제부터는 명백하다.

만일 이 색깔들의 순서와 종류뿐 아니라 그 색깔들이 나타나는 판 또는 얇은 물체의 정확한 두께가 1인치의 몇 분의 1인지도 알려 한다면, 그것도 역시 관찰 6 또는 관찰 16의 도움으로 구할 수가 있다. 왜냐하면,

관찰 6과 관찰 16에 의하면, 처음 여섯 개의 반지 모양 중에서 가장 밝은 부분이 나타나도록 만드는 (두 유리 사이에서 얇아진) 공기층의 여섯 가지 두께는, 1인치를 178000으로 나눈 것에 차례로 1, 3, 5, 7, 9, 11을 곱한 값과 같기 때문이다. 이 두께들에서 가장 풍부하게 반사된 빛이 밝은 레몬 빛의 노란색 또는 노란색과 주황색의 범위 안이라고 가정하면 이 두께는 각각 Fλ, Fμ, Fν, Fξ, Fo, Fτ가 될 것이다.[125] 그리고 이 두께들을 알면, 공기의 어떤 두께가 Gφ에 의해, 또는 AH에서 막대 자까지의 어떤 다른 거리에 의해, 대표되는지 결정하기는 어렵지 않다.

그러나 더 나아가, 관찰 10에 의하면, 동일한 렌즈 사이에 들어가 있고 동일한 색깔을 나타내는 공기와 물의 두께의 비는 4 대 3이며, 관찰 21에 의하면, 얇은 물체에서 나타나는 색깔들은 주위를 에워싸는 매질을 바꾸더라도 변화하지 않는다. 나타나는 색깔이 무엇인지에는 관계없이, 물방울의 두께는 동일한 색깔을 만드는 공기 두께의 $\frac{3}{4}$이다. 그러므로 동일한 두 번의 관찰 10과 21에 따르면, 평균 정도로 굴절하는 광선의 입사의 사인과 굴절의 사인의 비가 31 대 20으로 측정되는 유리판의 두께는 동일한 색깔을 만드는 공기의 두께의 $\frac{20}{31}$배가 되며, 이것은 다른 매질에서도 비슷하게 결정된다. 나는 20 대 31이라는 이 비율이 모든 광선에 대해 엄밀하게 똑같이 성립할 것이라고 단언하지는 않는다. 왜냐하면 다른 종류의 광선에 대한 입사의 사인과 굴절의 사인은 다른 비율을 갖기 때문이다. 그렇지만 그 비율들의 차이란 것이 너무 작아서 나는 여기서 그 차이를 고려하지 않으려고 한다. 바로 그런 근거 아래서, 나는 다음 표를 작성했는데, 공기와 물 그리고 유리 각각의 두께 즉 각 색깔이 가장 진하고 분명할 때의 두께가 백만 분의 몇 인치인지 그 표에 나와 있다.

이제 만일 이 표를 관찰 6에 나오는 방식과 비교한다면, 관찰 6에서는

---

[125] 이 선분들은 그림 6에서 AH에 수직으로 그린 선 중 Fζ에 표시되어 있다.

The thickness of colour'd Plates and Particles of

		Air.	Water.	Glass.
Their Colours of the first Order,	Very black	$\frac{1}{2}$	$\frac{3}{8}$	$\frac{10}{31}$
	Black	1	$\frac{3}{4}$	$\frac{20}{31}$
	Beginning of Black	2	$1\frac{1}{2}$	$1\frac{2}{7}$
	Blue	$2\frac{2}{5}$	$1\frac{4}{5}$	$1\frac{11}{15}$
	White	$5\frac{1}{4}$	$3\frac{7}{8}$	$3\frac{2}{5}$
	Yellow	$7\frac{1}{9}$	$5\frac{1}{3}$	$4\frac{3}{5}$
	Orange	8	6	$5\frac{1}{6}$
	Red	9	$6\frac{3}{4}$	$5\frac{4}{5}$
Of the second order,	Violet	$11\frac{1}{6}$	$8\frac{3}{8}$	$7\frac{1}{5}$
	Indigo	$12\frac{5}{8}$	$9\frac{5}{8}$	$8\frac{2}{11}$
	Blue	14	$10\frac{1}{3}$	9
	Green	$15\frac{1}{5}$	$11\frac{3}{5}$	$9\frac{5}{7}$
	Yellow	$16\frac{2}{7}$	$12\frac{1}{5}$	$10\frac{3}{5}$
	Orange	$17\frac{2}{9}$	13	$11\frac{1}{10}$
	Bright red	$18\frac{1}{3}$	$13\frac{3}{4}$	$11\frac{5}{6}$
	Scarlet	$19\frac{2}{3}$	$14\frac{3}{4}$	$12\frac{2}{3}$
Of the third Order,	Purple	21	$15\frac{3}{4}$	$13\frac{11}{20}$
	Indigo	$22\frac{1}{10}$	$16\frac{4}{7}$	$14\frac{1}{4}$
	Blue	$23\frac{2}{5}$	$17\frac{11}{20}$	$15\frac{1}{10}$
	Green	$25\frac{1}{5}$	$18\frac{9}{10}$	$16\frac{1}{4}$
	Yellow	$27\frac{1}{7}$	$20\frac{2}{3}$	$17\frac{1}{2}$
	Red	29	$21\frac{3}{4}$	$18\frac{2}{5}$
	Bluish red	32	24	$20\frac{2}{3}$
Of the fourth Order,	Bluish green	34	$25\frac{1}{2}$	22
	Green	$35\frac{2}{7}$	$26\frac{1}{2}$	$22\frac{3}{4}$
	Yellowish green	36	27	$23\frac{2}{5}$
	Red	$40\frac{1}{3}$	$30\frac{1}{4}$	26
Of the fifth Order,	Greenish blue	46	$34\frac{1}{2}$	$29\frac{2}{3}$
	Red	$52\frac{1}{2}$	$39\frac{3}{5}$	34
Of the sixth Order,	Greenish blue	$58\frac{3}{4}$	44	38
	Red	65	$48\frac{3}{4}$	42
Of the seventh Order,	Greenish blue	71	$53\frac{1}{4}$	$45\frac{1}{5}$
	Ruddy White	77	$57\frac{3}{4}$	$49\frac{3}{5}$

각 색깔의 성분이 무엇인지 또는 원래 어떤 색깔들에서 그 색깔이 합성되었는지 등 각 색깔이 어떻게 구성되어 있는지 보게 되고, 그로부터 그 색깔이 진한 정도 또는 그 색깔에 포함되지 않은 것이 무엇인지 판단할 수 있게 된다. 그리고 두 대물(對物)렌즈를 서로 포개 놓았을 때 나타나는 각각의 색깔이 어떤 원리에 따라 보이게 되는 것인지 더 자세하게 알고자 하지 않는다면, 위에서 기술한 내용을 이해하는 데는, 관찰 4와 관찰 18에 나오는 상세한 설명으로 충분하다. 이 표에서는 그보다 좀 더 자세하게 알기 위해서, 한 원에 속한 큰 원호(圓弧)와 그 원호에 접하는 직선을 생각하자. 그리고 그 접선에 평행하고 그 접선과의 거리가 표에 기록해 놓은 몇 가지 색깔 옆에 적힌 숫자와 같은, 몇 개의 보이지 않는 선도 생각하자. 그러면 원호와 그 원호에 대한 접선은 가운데 끼어 있는 공기의 양쪽 벽을 만드는 렌즈의 표면을 대표하게 되고, 그 보이지 않는 선들이 원호를 자르는 위치는 원의 중심에서, 즉 두 렌즈가 접촉하는 점에서, 각 색깔이 반사되는 곳까지의 거리를 알려준다.

이 표는 다른 용도로도 사용할 수 있다. 왜냐하면 이 표의 도움으로 관찰 19에 나오는 물방울의 두께가 그 물방울이 보이는 색깔에 따라 결정되었기 때문이다. 그래서 자연에 존재하는 물체의 부분들의 크기도 그 부분의 색깔에 따라 다음에 설명되는 것처럼 추측할 수 있을지도 모른다. 또한, 만일 두 개 또는 그보다 더 많은 매우 얇은 판들이 겹겹이 포개져서 그들의 전체 두께와 같은 하나의 판을 만들게 된다면, 그 결과로 보이는 색깔도 이 표에 의해 정해질 수가 있다. 실제 그런 예 중 하나로, 후크는, 그의 저서 『마이크로그라피아』에[126] 언급한 것처럼, 푸른색 운모(雲母)판 위에 올려놓은 얇은 노란색의 운모(雲母)판에서 매우 짙

---

[126] 『마이크로그라피아』(micrographia)는 17세기 영국의 과학자 로버트 후크의 저서로 현대 광학 현미경과 비교할 만큼 정교한 현미경을 제작한 그는 이 저서에서 오늘날 현미경학의 기초를 제공했다.

은 자주색이 만들어지는 것을 관찰했다. 이 표에서 첫 번째 순서의 색깔에 포함되는 노란색은 아주 엷은 색이며, 표에 의하면 그 운모판의 두께는 $4\frac{3}{5}$이므로, 그 두께에 이 표에서 두 번째 순서의 색깔 중 하나인 파란색의 두께 9를 더하면, 합계가 $13\frac{3}{5}$이 되는데, 이 숫자는 표에서 세 번째 순서에 있는 자주색을 나타내는 두께이다.

두 번째로, 관찰 2와 관찰 3에 나오는 상황을 설명하기 위해, 다시 말하면, (관찰 2와 관찰 3에서 표현된 것과는 반대 방향으로 공동의 축에 대해 두 프리즘을 회전시킴에 따라) 색깔로 된 반지 모양들이 어떻게 흰색과 검은색의 반지 모양들로 바뀌게 되고, 그리고 나중에는 색깔로 된 반지 모양들로 다시 바뀌지만 각 반지 모양의 색깔 순서가 이제는 정반대가 되는지 설명하려면, 색깔로 된 그러한 반지 모양들은 두 유리 사이를 채우고 있는 공기층으로 들어오는 광선이 기울어짐에 따라 폭이 더 커지며, 관찰 7에 나오는 표에 따라서 그 반지 모양들의 폭 또는 지름은 광선들이 가장 많이 기울어져 있을 때 가장 잘 증가하고 가장 빠르게 증가한다는 것을 기억해야만 한다. 이제 노란색 광선이 빨간색 광선보다 앞에서 말한 공기층의 첫 번째 표면에서 더 많이 굴절하므로, 노란색 광선은 공기층의 두 번째 표면에 더 많이 기울게 되고, 거기서 색깔로 된 반지 모양들을 만들도록 반사되며, 결과적으로 각 반지 모양에서 노란색 원의 폭이 빨간색 원의 폭보다 더 크게 된다. 그리고 노란색 원의 폭이 빨간색 원의 폭보다 더 큰 정도가 너무 커져서, 얼마나 더 커지는지는 광선이 기울어진 정도와 같은데, 결국에는 노란색 원이 동일한 반지에서 빨간색 원까지 커지게 된다. 그리고 똑같은 이유로 광선이 여전히 더 많이 기울어지면 초록색과 파란색 그리고 보라색의 폭도 빨간색과 거의 같을 정도로 충분히 커진다. 다시 말하면 이 색깔이 모두 반지의 중심에서 똑같은 거리에 놓이게 된다. 그러면 동일한 반지 모양에서는 색깔이 모두 일치해야 하고, 그 색깔이 모두 섞여서 하나의 흰색 반지 모양을 나타낸다. 그리고 이 흰색 반지 모양들은, 그들끼리는 전에 그랬던 것처럼 더 퍼지지는 못하고 서로 간섭하기 때문에, 그 사이에 검거나 어두운 빛의 반지 모양이 있어야만 한다. 그리고 바로 그와 똑같은 이유로 반지 모양들도 더 선명하게 구분되고 훨씬 더 많은 수가 보여야 한다. 그러나 가장 기울어진 보라색은 다른 색깔들과 비교하면 그 색깔이 차지한 범위에 비례해서 폭이 더 크고, 그래서 흰색의 바깥쪽 끝에 나타나기가 아주 쉬워진다.

  그 다음에는, 광선이 더 많이 기울어져서, 보라색과 파란색은 빨간색과 노란색보다 폭이 두드러지게 더 커지고, 그래서 반지 모양의 중심에서 더 멀리 이동해서, 흰색에서 색깔들 순서가 전에 그랬던 것과는 반대로 나타나게 되는데, 보라색과 파란색은 각 반지 모양의 바깥쪽 가장자리에서, 그리고 빨간색과 노란색은 안쪽 가장자리에서 나타난다. 그리고 보라색은, 그 광선이 가장 많이 기울어져 있기 때문에, 비례 관계로 볼 때 모든 색깔 중에서 가장 많이 퍼져 있어서, 각 흰색 반지 모양의 바깥쪽 가장자리에서 가장 먼저 나타나고, 나머지 색깔들보다 훨씬 더 똑똑하게 보인다. 그리고 여러 개의 반지 모양에 속한 여러 계열의 색깔이 나타나고 퍼지면서 다시 서로 간섭하기 시작하고, 그 결과로 덜 분명한 반지 모양들을 만들어내며 그래서 반지 모양의 개수도 그렇게 많이 보이지는 않게 된다.

  만일 프리즘 대신에 대물렌즈를 이용한다면, 보는 눈의 위치를 기울여도 대물렌즈에서 나타나는 반지 모양들은 흰색으로 보이지도 않고 분명하게 보이지도 않는데, 그 이유는 두 대물렌즈 사이를 채우고 있는 공기를 통과하는 경로를 지나가는 광선이 그 대물렌즈에 처음 입사했을 때 지나간 선(線)과 거의 완벽히 평행하게 지나가고, 그 결과로 여러 색깔을 갖는 광선 중의 어느 하나도 어떤 다른 하나보다 공기층에 대해 더 기울어지지 않기 때문인데, 앞에서 프리즘의 경우에는 그렇지가 않았다.

한편 이 실험들에는 여전히 더 고려해야 할 또 다른 상황이 존재한다. 그 상황이 바로 멀리서 바라보았을 때는 서로 구분되어 분명하게 보이는 검은색과 흰색 반지 모양들이, 가까이서 바라보면 분명하지 않게 보일 뿐만 아니라, 그에 더해서 모든 흰색 반지 모양의 양쪽 가장자리에서 보랏빛 색깔이 나타나게 만드는지 설명해 준다. 그 상황이란, 눈동자에서 여러 다른 부분을 통하여 눈으로 들어오는 광선들이 렌즈로 향하는 기울기가 여러 가지이고, 그 광선들을 하나씩 따로 생각한다면, 그중에서 가장 기울어진 광선이 대표하는 반지 모양의 크기는 가장 덜 기울어진 광선이 대표하는 반지 모양의 크기보다 더 크다는 것이다. 그러므로 각각의 흰색 반지 모양의 둘레의 폭은 가장 많이 기울어진 광선에 의해서 바깥쪽으로 넓어지고, 가장 덜 기울어진 광선에 의해서 안쪽으로 넓어진다. 그리고 폭이 넓어지는 정도도 기울기의 차이가 얼마나 더 벌어지느냐에 따라, 다시 말하면 눈동자의 크기가 얼마나 더 큰지에 따라, 또는 눈이 렌즈에 얼마나 더 가까운지에 따라, 비례해서 더 커진다. 그리고 보라색의 폭이 가장 많이 퍼지는데, 그 이유는 그 보랏빛 색깔에 대한 감각을 자극하기 쉬운 광선은 그 광선이 반사되는 얇아진 공기의 두 번째 표면 즉 더 먼 쪽 표면에 대해 가장 큰 기울기를 가지며, 그리고 그 기울기의 변화 또한 가장 큰데, 그것이 흰색의 가장자리에서 그 보라색이 가장 먼저 출현하게 만들기 때문이다. 그리고 각각의 반지 모양의 폭이 이처럼 확장하면서, 반지 모양 사이의 어두운 간격은, 이웃하는 반지 모양들이 연속적으로 분포하는 것처럼 보일 때까지 줄어들어야만 하고, 바깥쪽에서 먼저 그리고 그 다음에는 중심에 가까운 쪽에서 서로 혼합되어, 결국에는 그 반지 모양들이 더 이상 서로 떼어 구분할 수 없고 그냥 고르고 균일한 흰 빛을 만드는 것처럼 여겨질 수밖에 없다.

제2권 제1부에서 다룬 모든 관찰 중에서 관찰 24가 가장 이상한 상황을 수반한다. 그런 이상한 상황 중에서 가장 중요한 예는, 맨눈으로 보면 어둡게 끝나는 부분이 전혀 없으면서 고르고 균일하게 투명한 흰 빛으로 보이는 얇은 판을 프리즘을 통해 보면, 프리즘의 굴절이 그 얇은 판 위에 색깔을 띤 반지 모양이 나타나게 만든다는 것이다. 사실 보통의 경우 프리즘은 어두운 부분의 경계에서나 또는 서로 다른 밝기의 부분이 있을 때만 물체가 색깔을 띤 것을 보게 하지만, 이번에는 그렇지 않아도 색깔을 띤 반지 모양이 나타나기 때문에 이상하다. 그리고 또 프리즘은 보통은 물체가 불분명한 색깔을 띤 것으로 보이게 하는 데 반하여, 이번에는 프리즘이 반지 모양들을 대단히 분명하고 하얗게 만들어서 이상하다. 이런 일이 일어나게 된 원인은, 비록 각 반지 모양의 둘레의 폭이 너무 크기 때문에 반지 모양들이 상당히 많이 서로 간섭하고 서로 합쳐져서 균일한 흰 빛처럼 보인다 해도, 맨눈으로 바라보면 실제로는 색깔로 된 모든 반지 모양이 판 속에 이미 포함되어 있다는 것을 고려하면, 이해할 수 있다. 그러나 광선이 프리즘을 통과해 눈으로 들어갈 때, 각 반지 모양에 포함된 여러 색깔이 만드는 동그라미 중에서, 각 색깔이 지닌 굴절하는 능력의 정도에 따라, 어떤 동그라미는 다른 동그라미보다 더 굴절된다. 이 말은 반지 모양의 한쪽(다시 말하면 반지 모양의 중심의 한쪽에 위치한 둘레의 일부분의) 색깔들이 더 펼쳐지고 넓어지는 데 반하여, 다른 쪽의 색깔들은 더 복잡해지고 좁아진다는 것을 의미한다. 그리고 정해진 굴절에 의해서 광선들이 적당히 축소되어 여러 반지 모양이 서로 간섭하지 않을 정도로 좁아지는 곳에서는, 만일 반지 모양을 구성하는 색깔들이 전체적으로 일치할 정도로 축소된다면, 반지 모양은 그 경계가 분명하고 흰색으로 나타나게 된다. 그러나 그와는 다르게 각 반지 모양의 궤도가 그 궤도를 구성하는 색깔들이 더 많이 펼쳐져서 더 넓어진 곳에서는, 전보다 다른 반지 모양들과 더 많이 간섭하게 되고 그래서 덜 분명해진다.

이것을 조금 더 자세히 설명하기 위해, [그림 7에서] 두 동심원 AV와 BX가 어떤 임의의 순서의 빨간색과 보라색을 대표하며, 그 두 가지 색깔이 그 중간의 다른 색깔들과 함께 반지 모양 중 임의의 하나를 구성한다고 가정하자. 이제 프리즘을 통하여 이 반지 모양을 보면, 보라색 동그라미 BX는, 더 많이 굴절하기 때문에, 빨간색 동그라미 AV보다 더 멀리 이동하게 되며, 그래서 굴절이 만들어지는 쪽을 향하는 동그라미에 더 가까이 접근한다. 예를 들어, 만일 빨간색이 av로 이동한다면, 보라색은 bx로 이동할 수도 있고, 그러면 x에서는 보라색이 빨간색에 이동하기 전보다 더 가까이 접근하게 되며, 그리고 만일 빨간색이 av로 더 멀리 이동한다면, 보라색도 bx로 그만큼 더 멀리 이동할 수 있고, 그러면 x에서 보라색은 빨간색과 접촉하게 되고, 그리고 만일 빨간색이 αY으로 훨씬 더 멀리 이동한다면, 보라색도 역시 $\beta \xi$로 여전히 그만큼 더 멀리 이동할 수 있고, 그러면 보라색은 ξ에서 빨간색을 넘어가게 되고 빨간색과는 e와 f에서[127] 접촉하게 된다. 지금까지의 설명은 빨간색과 보라색에 대해서만 성립하는 것이 아니라 그 사이의 모든 중간 색깔에 대해서도 성립하고, 또한 그러한 색깔들로 이루어진

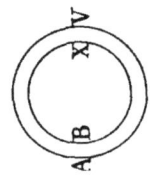

그림 7.

---

[127] 그림 7 맨 위의 두 동그라미가 접촉하는 두 점 중에서 왼쪽 점이 e이고 오른쪽 점이 f이다.

모든 동그라미에 대해서도 성립한다. 그러므로 동일한 동그라미 또는 순서에 속한 색깔들이, xv와 $Y\xi$에 얼마나 가까운지에 따라, 그리고 그 색깔들이 xv, e 그리고 f에서 동시에 존재하는지에 따라, 특별히 xv에서 또는 e와 f에서, 상당히 분명한 원호(圓弧)를 만들고, xv에서는 그 색깔들이 여러 개로 나타나며, xv에서는 그 색깔들이 동시에 존재하므로 흰빛으로 나타나고, 그리고 $Y\xi$에서는 다시 여러 개로 나타나지만, 그러나 그 색깔들이 전에 나타난 것과는 반대 순서가 되고, e와 f를 지나가더라도 여전히 똑같이 유지된다는 것을 어렵지 않게 이해할 수 있을 것이다. 그러나 다른 쪽인 ab나 ab 또는 $\alpha\beta$에서는, 이 색깔들이, 폭이 넓어지고 다른 순서의 색깔들과 간섭할 정도로 퍼져서, 훨씬 더 모호하게 된다. 그리고 만일 굴절이 매우 크게 일어나거나, 프리즘이 대물렌즈에서 매우 멀면, 똑같은 정도의 모호함이 e와 f 사이의 $Y\xi$에서도 생기게 된다. 그런 경우에는 오직 e와 f에 보이는 두 개의 작은 원호(圓弧)를 제외하면, 반지 모양의 어떤 부분도 보이지 않게 되는데, 그 두 원호 사이의 거리는 대물렌즈에서 프리즘을 더욱더 멀리 이동시키면 더 멀어지게 된다. 그리고 이 두 개의 작은 원호는 각 원호의 중간 부분이 가장 분명하고 가장 하얗게 보이며, 각 원호의 양쪽 끝으로 갈수록 분명하게 보이던 데서 조금씩 모호하게 되어가며 색깔을 띠게 된다. 그리고 각 원호의 한쪽 끝 색깔 순서는 다른 쪽 끝 색깔 순서와 반대여야 하는데, 그런 이유로 각 원호의 중간에서 색깔들은 흰색을 가운데 두고 나뉜다. 다시 말하면 두 원호의 양쪽 끝 중에서 $Y\xi$를 향하는 쪽의 끝은 동그라미에서 중심을 향하는 안쪽에서는 빨간색과 노란색이, 그리고 바깥을 향하는 다른 쪽에서는 파란색과 보라색이 된다. 그러나 두 원호의 양쪽 끝 중에서 $Y\xi$에서 먼 쪽의 끝은, 그와는 반대로, 중심을 향하는 안쪽에서는 파란색과 보라색이, 그리고 바깥을 향하는 다른 쪽에서는 빨간색과 노란색이 된다.

지금까지 설명한 내용은 모두 빛이 지닌 성질을 수학적 방법으로 분석한 결과에 따른 것이므로, 그 내용이 옳은지 옳지 않은지는 실험으로 확인할 수 있다. 왜냐하면 다음과 같은 실험에서 여러 색깔이 차례로 만드는 원들의 위치가, 그 원들 사이에서 상대적으로 볼 때, 내가 그림에서 $abxv$ 또는 abxv 또는 $\alpha\beta\xi\Upsilon$라고 묘사한 것과 똑같다는 것을 관찰하게 될 것이기 때문이다. 실험은 캄캄한 방에서 프리즘을 통하여 벽 또는 종이 위에 비춘 반지 모양을 보는 것인데, (관찰 13에서와 같이) 관찰자의 눈과 프리즘 그리고 대물렌즈는 움직이지 않도록 고정하고, 조수가 프리즘에서 나오는 여러 색깔을 반사시키는데, 조수는 그 색깔들이 반사되는 동안에, 벽이나 종이 위에 보이는 여러 색깔이 앞뒤로 이동하게 만든다. 그리고 다른 관찰들에서 한 해설도 똑같은 방법을 이용하여 옳은지 옳지 않은지를 조사해볼 수 있을 것이다.

지금까지 설명한 내용을 이용하면, 물 그리고 얇은 유리판에서 관찰되는 비슷한 현상도 이해할 수 있을 것이다. 그리고 그런 얇은 판의 작은 조각들에서는 다음과 같은 것을 더 관찰할 수 있다. 작은 조각을 책상 면에 평행하게 놓고 그 조각의 중심 주위로 회전시키며 프리즘을 통해 보면, 그 조각이 놓인 자세에 따라 여러 가지 색깔이 요동치는 모습이 나타나며, 어떤 조각은 그런 모습이 그 조각의 단지 한두 위치에서만 보이지만, 대부분의 조각들은 모든 위치에서 그렇게 요동치는 모습이 나타나며, 얇은 조각의 거의 모든 곳에서 그런 모습이 보인다. 그렇게 되는 이유는, 그런 얇은 판의 표면은 고르기보다는 약간 움푹 들어간 곳과 약간 돌출되어 나온 곳이 많은데, 그렇게 들어가거나 나온 부분이 아무리 작더라도 판의 두께를 조금은 변화시키기 때문이다. 그리고 프리즘의 자세를 여러 가지로 바꾸면서 프리즘을 통해 보면, 그렇게 굴곡진 곳의 몇 부분에서는, 위에서 설명한 새로운 이유 때문에, 색깔이 요동치는 모습이 나타난다. 비록 대부분 이런 요동치는 모습의 원인이 유리판 중 일부 매우 작고 더 좁은 부분이라 해도, 그 요동치는 모습은 유리판 전체로 퍼져나가는 것처럼 보이게 된다. 그 이유는 그런 부분 중 가장 좁은 부분에서 이미 혼란스럽게 반사된 여러 순서의, 다시 말하면 여러 반지 모양 색깔들이 존재하기 때문인데, 그 여러 색깔은 프리즘을 통한 굴절에 의해서 펼쳐지고 분리되며, 굴절하는 정도에 따라서, 서로 다른 여러 위치로 흩어져서, 그 결과로 요동치는 모습을 그렇게 많이 구성하며, 그로부터 유리로 된 판의 각 부분에서 불규칙하게 반사된 다양한 순서의 색깔들이 존재하게 되었다.

여태까지 설명한 내용은 얇은 판이나 거품에서 관찰한 중요한 현상들로써, 그런 현상이 왜 일어나는지에 대한 설명은 지금까지 이야기한 빛의 성질들에 의해 결정된다. 그리고 우리가 보는 이런 것들은, 가장 지엽적인 상황에서까지, 필연적으로 빛의 성질에 의한 결과로 나타나고 빛의 성질에 부합한다. 그리고 그럴 뿐만 아니라 참으로 그 현상들을 증명하는 데 기여하는 것처럼 보인다. 그래서 관찰 24에 의해, 단지 프리즘의 굴절에 의해 만들어진 여러 색깔을 나르는 광선들뿐 아니라 얇은 유리판 또는 거품에 의해 만들어진 여러 색깔을 나르는 광선들도 역시 몇 단계로 서로 다른 굴절을 하는 것으로 보인다. 그렇게 해서 각 순서에 속하는 여러 색깔이 유리판이나 거품에서 반사되면서 다른 순서에 속한 여러 색깔과 섞이게 되는데, 그렇게 섞인 것들이 굴절에 의해 분리되고, 그리고 서로 결합하여 그것들이 여러 가지 크기의 원호(圓弧)들로 보이게 된다. 왜냐하면 만일 광선이 모두 비슷한 정도로 굴절한다면, 맨눈으로 보면 균일하게 나타나는 흰 빛이 굴절에 의해서 어떤 부분은 검은색 원호로 그리고 다른 부분은 흰색 원호로 이동하고 배열될 수가 없기 때문이다.

또한 굴절하는 정도가 같지 않은 여러 서로 다른 광선들이 그럴듯한 불규칙성에 의거하여 진행하는 것처럼 보이지도 않는다. 그럴듯한 불규칙성이란, 유리의 갈라진 틈이나 유리판 표면의 고르지 못한 연마(練磨), 유리 내부의 여기저기에 흩어져 있는 기공(氣孔), 공기 또는 에테르에서 고르지 못하고 예기치 못하게 일어나는 운동들로 인해 동일한 광선을 많은 다양한 부분으로 펼쳐 내거나 조각내거나 나누는 것, 그밖에 이와 유사한 것들이다. 그런 불규칙성 중 어느 하나라도 인정한다면, 굴절에 의해서 앞에서 관찰된 반지 모양들이, 관찰 24에서 설명한 것처럼, 그렇게도 분명하고 또한 경계가 뚜렷하게 만들어진다는 것이 가능하지 않을 것이다. 그러므로 어떤 광선이든 모두 그 광선이 어느 정도로 굴절할지가 각 광선에 고유하게 그리고 항상 일정한 양으로 미리 정해져 있어야만 하고, 그렇게 정해진 것에 따라서 항상 어김없이 그리고 규칙적으로 굴절이 이루어져야 하고, 그래서 여러 다른 광선은 성질이 각각 달라야 한다.

그리고 광선이 굴절하는 성질에 대해 이야기한 것들이 광선이 반사되는 성질에 대해서도, 다시 말하면 얇은 판이나 거품에서 두께가 좀 더 크거나 좀 더 작을 때 광선이 어떻게 반사되는지에 대해서도, 역시 그대로 적용될 수 있다. 이 말은, 관찰 4와 관찰 18과 비교하여 관찰 13과 관찰 13 그리고 관찰 15에서 나타나는 것처럼, 그러한 성질들도 역시 광선이 갖는 고유한 특징이며 바뀌지 않는다는 의미이다.

앞에서 설명한 관찰들에 의하면, 또한 흰 빛이란 모든 색깔을 일률적이지는 않은 방법으로 섞어 놓은 것이고, 빛이란 그렇게 색깔이 부여된 모든 광선을 섞어 놓은 것처럼 보인다. 왜냐하면, 관찰 3과 관찰 12 그리고 관찰 24에서 색깔들로 이루어진 수많은 반지 모양을 고려하면, 비록 관찰 4와 관찰 18에서는 그러한 반지 모양들이 여덟 개 또는 아홉 개보다 더 많이 나타나지는 않지만, 실제로는 훨씬 더 많은 수의 반지 모양이 존재하는데, 그 반지 모양들이 너무 많이 간섭하고 서로 섞여서, 그러한 반지 모양 여덟 개나 아홉 개 다음에는 전체적으로 서로가 옅어지고 그래서 눈으로 보기에는 고르고 균일한 흰 빛이 된다. 그러므로 결과적으로 그 흰 빛은 모든 색깔이 섞여 있어야만 하며, 눈으로 전달되는 빛은 그렇게 색깔이 부여된 모든 광선이 섞여 있어야만 한다.

그러나 더 나아가, 관찰 24에 의해서, 색깔과 굴절하는 성질 사이에는, 가장 많이 굴절하는 광선이 보라색이고, 가장 적게 굴절하는 광선이 빨간색이며, 중간 색깔들은 비례해서 중간 정도로 굴절하는 것처럼, 일정하게 대응하는 관계가 존재하는 것처럼 보인다. 그리고 관찰 4 또는 관찰 18과 비교하여 관찰 13, 관찰 14, 그리고 관찰 15에 의하면, 색깔과 반사하는 성질 사이에도 똑같이 일정한 관계가 성립하는 것처럼 보인다. 보라색은 다른 조건은 모두 같을 때 얇은 판이나 거품의 두께가 가장 작을 때 반사되었고, 빨간색은 두께가 가장 클 때 반사되었으며, 그 중간 색깔들은 두께가 중간일 때 반사되었다. 그러므로 광선들의 색깔에 대한 성질도 역시 굴절하는 성질이나 반사하는 성실과 똑같아서 광선에 고유하게 존재하고 불변이다. 그리고 그 결과, 색깔들이 생겨나거나 나타나는 것은 모두 굴절 또는 반사에 의해 빛의 성질에 어떤 변화가 생겨서 그렇게 되는 것이 아니라, 오로지 광선마다 원래 가지고 있는 서로 다른 굴절하는 성질 또는 반사하는 성질 때문에, 어떤 광선들이 섞여 있는지, 어떤 광선이 분리되어 있는지에 따라 달라질 뿐이다. 그리고 이러한 관점에서 색깔에 대해 연구하는 학문은 광학의 어떤 다른 부분을 다루는 학문과 마찬가지로 진실로 수학을 이용한 탐구가 가능한 분야이다. 다시 말하면, 색깔이 빛의 성질에 의해 결정된다는 의미는 색깔이 상상력에 의하거나 눈을 때리거나 눌러서 만들어지거나 바뀌지 않는다는 것이다.

제3부

자연에 존재하는 물체의 고정된 색깔에 대해서, 그리고 그런 색깔과 얇은 투명한 판의 색깔 사이의 유사함에 대해서.

이제 나는 얇고 투명한 판에서 관찰되는 현상이 어떻게 모든 다른 자연에 존재하는 물체에서 관찰되는 현상과 연관되는지 살펴보는 계획 중에서 또 다른 부분을 시작하려 한다. 그런 물체들에 관해서는 이미 설명한 것처럼, 그 물체들은 원래 띠고 있는 색깔을 가장 많이 반사하도록 되어 있기 때문에 그 색깔로 보이는 것이다. 그러나 어떤 광선을 다른 광선보다 얼마나 더 많이 반사하는지 알려주는 조성 비율에 대해서는 아직 알려져 있지 않다. 나는 다음 명제들에서 그 조성 비율을 규명하려 노력하고자 한다.

명제 1.

투명한 물체의 표면은 굴절하는 능력이 가장 큰 빛을 가장 많이 반사한다. 다시 말하면 굴절하는 밀도가[128] 가장 크게 차이 나는 매질 사이에서 가장

---

[128] 어떤 매질의 굴절하는 밀도(refractive density)란 공기에서 그 매질로 광선이 입사하여 굴절할 때 굴절의 사인을 입사의 사인으로 나눈 것 즉 단위 입사의 사인에 대한 굴절의 사인을 말한다.

많이 반사한다.[129] 그리고 동일하게 굴절하는 매질들의[130] 경계에서는 반사가 일어나지 않는다.

빛이 한 매질에서 다른 매질로 비스듬히 지나가면서 두 매질의 경계의 수선(垂線)에서 굴절할 때, 두 매질의 굴절 밀도의 차이가 더 클수록, 전반사를 일으키는 데는 더 작은 입사각이 필요하다는 것을 고려하면, 반사와 굴절이 어떻게 비슷한지를 알 수 있다. 왜냐하면, 입사의 사인과 굴절의 사인이 굴절을 결정하는 것처럼, 전반사가 시작하는 각의 입사의 사인과 원의 반지름도 굴절을 결정하며,[131] 결과적으로 입사의 사인과 굴절의 사인 사이의 차이가 가장 클 때 입사각이 최소가 되기 때문이다. 그래서 빛이 물에서 공기로 지나가는 경우에 굴절을 측정하면, 입사의 사인과 굴절의 사인 사이의 비가 3 대 4가 되고, 입사각이 약 48도 35분일 때 전반사가 시작된다. 유리에서 공기로 지나가는 경우에 굴절을 측정하면, 입사의 사인과 굴절의 사인 사이의 비가 20 대 31이 되고, 입사각이 40도 10분일 때 전반사가 시작된다.[132] 그리고 빛이 결정체와 같이 좀 더 많이 굴절하는 매질에서 공기로 지나가는 경우에는, 전반사가 일어나기에 필요한 입사각은 점점 더 작아진다. 그러므로 가장 많이 굴절하는 표면이 가장 빨리 그 표면에 입사하는 빛을 반사하고, 그래서 가장 강력한 반사 성질을 갖게 되어야만 한다.

---

[129] 두 매질의 경계면에서 가장 크게 굴절하는 빛이 그 경계면에서 가장 많이 반사된다는 의미이다.

[130] 동일하게 굴절하는 매질이란 굴절하는 밀도가 같은 매질을 말한다.

[131] 굴절을 결정하는 입사의 사인과 굴절의 사인 사이의 비가 전반사의 경우에는 입사의 사인과 굴절각이 90도인 굴절의 사인 즉 반지름이 1인 원의 반지름 사이의 비와 같음을 가리킨다.

[132] 빛이 물에서 공기로 지나가는 경우 전반사가 시작되는 입사각의 사인이 $\frac{3}{4}$와 같아서 그 각은 48도 35분이고, 빛이 유리에서 공기로 지나가는 경우 전반사가 시작되는 입사각의 사인이 $\frac{20}{31}$과 같아서 그 각은 40도 10분이다.

그러나 이 명제가 옳다는 것은, (공기나 물, 기름, 보통 유리, 방해석(方解石), 금속 유리, 아일랜드 유리,133 하얗고 투명한 비소, 다이아몬드 등의) 두 가지의 투명한 매질을 연결하는 표면에서, 표면의 굴절시키는 능력이 더 큰지 또는 더 작은지에 따라, 반사가 더 강한지 또는 더 약한지를 관찰함으로써 더 확실하게 알 수 있다. 왜냐하면 공기와 암염(岩塩) 사이 경계에서의 반사가 공기와 물 사이 경계에서의 반사보다 더 강하고, 공기와 보통 유리 또는 방해석 사이 경계에서의 반사는 훨씬 더 강하며, 공기와 다이아몬드 사이 경계에서의 반사가 그보다도 더 강하기 때문이다. 이들 중 어느 것이든 그리고 이와 비슷하게 투명한 고체를 물속에 집어넣는다면, 그 물체의 반사는 전보다 훨씬 더 약해지며, 그런 물체들을 잘 정제된 녹반(綠礬) 기름이나134 테레빈 기름과 같이 더 강하게 굴절시키는 액체에 담근다면, 반사는 그보다 더 약해진다. 만일 가상적인 표면으로 물을 두 부분으로 나눈다고 상상한다면, 두 부분의 경계에서 반사는 전혀 일어나지 않는다. 물과 얼음의 경계에서는 반사가 아주 조금 일어난다. 물과 기름의 경계에서는 그 반사가 조금 더 커진다. 물과 암염(岩塩)의 경계에서는 반사가 그보다 더 커진다. 그리고 물과 유리, 또는 방해석, 또는 그보다도 더 밀(密)한 물질 사이의 경계에서는, 그 매질에서 굴절하는 능력이 더 큰지 작은지에 따라서 반사가 더 커진다. 그러므로 보통 유리와 방해석 사이의 경계에서는 반사가 약하게 일어나야 하며, 보통 유리와 금속 유리 사이의 경계에서는 반사가 더 강하게 일어나야 하는데, 나는 이것을 아직 확인해보지는 않았다. 그러나 관찰 1에서 이미 보였던 것처럼, 밀도가 같은 두 가지 종류의 유리의 경계에서는 어떤 감지할 만한 반사도 존재하지 않는다. 그리고 똑같은 두 개의

---

133 이탈리아 베네치아의 교외를 구성하는 무라노 섬에서 제조된 유리를 말하며 무라노 유리 또는 베네치아 유리라고도 하는데, 품질이 좋은 유리로 유명하다.
134 녹반 기름(oil of vitriol)이란 녹반(황산철)을 증류해서 만든 진한 황산을 의미한다.

방해석을 접촉시킨 경계에서나, 똑같은 두 액체를 접촉시킨 경계, 또는 굴절이 일어나지 않는 어떤 다른 두 물질을 접촉시킨 경계에서도 반사가 거의 일어나지 않는다고 똑같이 이해될 수가 있다. 그래서 (물이나 유리 또는 크리스털과 같이) 균일하게 투명한 매질에서는, 밀도가 동일하지 않은 다른 매질과 접촉된 외부 표면을 제외하고는, 어떤 감지할 만큼의 반사도 일어나지 않는 이유는 바로 그 내부의 인접한 부분이 모두 단 한 가지의 똑같은 정도의 밀도를 가지고 있기 때문이라고 할 수 있다.

명제 2.

자연에 존재하는 물체를 이루는 가장 작은 부분은 거의 모두 어느 정도는 투명하다. 그런데 그런 물체가 불투명해 보이는 것은 그 물체 내부의 부분들에서 반사가 중복하여 발생하기 때문이다.

 물체가 불투명한 것이 내부 작은 부분에서 반사가 중복해 발생하기 때문이라는 것은 다른 사람들도 관찰했으며, 현미경에 정통한 그들이 어렵지 않게 밝혀냈을 것이다. 그리고 그것은 작은 구멍을 통해 캄캄한 방으로 들어오는 빛에 어떤 물질이든 가져다 놓는다면 역시 밝힐 수 있다. 왜냐하면 그 물질이 밝은 야외에서는 아무리 불투명하게 보여도, 만일 그것이 충분히 얇기만 하다면, 그런 방법으로 매우 투명하게 될 것이 분명하기 때문이다. 거기서 단 한 가지 하얀 금속성 물체는 제외해야만 하는데, 그런 물체는 밀도가 굉장히 커서 빛이 표면에 닿으면 거의 모두 반사되는 것처럼 보인다. 그렇지만 그런 물질도 용매에 녹여서 매우 작은 입자들로 만들면 역시 투명해진다.

명제 3.

불투명한 물체나 색깔을 띤 물체는 여러 부분으로 구성되어 있고 그 부분들 사이에는 공간이 많은데, 그 공간은, 마치 액체가 스며들어 있는 색깔을 띤 입자들 사이의 물처럼, 또는 마치 구름이나 안개를 만드는 작은 물방울들 사이의 공기처럼, 비어 있거나 아니면 밀도가 다른 매질로 채워져 있다. 그리고 대부분의 공간은 공기로도 그리고 물로도 채워져 있지 않지만, 그러나 단단한 물체를 구성하는 부분들 사이에는 잘은 모르지만 아마도 어떤 물질도 전혀 없지는 않을지도 모른다.

이 명제가 옳다는 것은 앞의 두 명제에 의해 증명된다. 왜냐하면 명제 2에 의해서 물체의 내부를 구성하는 부분들에서 수많은 반사가 일어나는데, 만일 물체 내부의 그런 부분들이 그들 사이에 어떤 틈도 없이 연속되어 있다면, 명제 1에 의해 그런 반사는 일어날 수 없기 때문이다. 즉 명제 1은 오직 서로 다른 밀도의 두 매질이 접촉하는 표면에서만 반사가 일어난다고 말한다.

그런데 더 나아가서, 물체 내부의 부분들이 이렇게 연속되어 있지 않다는 것이 물체가 투명하지 않은 가장 중요한 원인이라는 사실은, 투명하지 않던 물체를 투명하게 바꾸려면 물체 내부 틈새의 기공(氣孔)들을 그 물체를 구성하는 부분들을 이루는 물질과 거의 같은 밀도인 그 어떤 물질로든 채우면 된다는 것을 고려하면 알 수 있다. 그래서 물이나 기름에 담근 종이나, 물에 적신 눈돌이나,[135] 기름 또는 왁스를 바른 아마(亞麻) 섬유 천이나, 그런 종류의 액체에 담근 수많은 다른 물질이, 그 물질을 이루는 아주 작은 기공(氣孔)들이 액체로 가득 채워짐에 따라, 그렇게 채워지지 않을 때보다 위에서 설명한 방법에 의해서 훨씬 더 투명해

---

[135] 눈돌(Oculus Mundi Stone)은 중세에 오팔(단백석)을 부르는 이름이다. 오팔은 물에 적시면 색깔이 바뀐다.

진다. 또한 그와는 반대로, 아주 투명한 물질이라도 그 물질을 구성하는 부분들 사이의 틈새를 차지하고 있는 기공(氣孔)을 모두 비우거나, 또는 그 부분들을 서로 떼어놓으면, 충분히 불투명해진다. 그러한 예로 소금이나 젖은 종이 또는 눈돌을 건조시키거나, 짐승의 뿔을 문지르거나, 유리를 가루로 만들거나 또는 다른 방법으로 흠집을 내면 투명했던 것이 불투명해지는 것을 볼 수 있다. 또한 원래는 투명한 물에 역시 원래는 투명한 테레빈(송진)이나 올리브기름 또는 손쉽게 구할 수 있는 어떤 다른 종류의 기름을 넣어 휘저어서 거품 형태로 수많은 작은 기포를 형성하면 그 물은 불투명해지지만 기포가 다 없어질 때까지 충분히 더 휘저으면 불투명했던 물은 다시 투명해진다. 그리고 이런 물체들의[136] 불투명한 정도가 증가한다는 점은 관찰 23에서 본 매우 얇은 투명한 물질의 반사는 두께가 더 두꺼운 동일한 물질의 반사보다 더 강력하다는 것에서 설명할 수 있다.

명제 4.

물체가 불투명하거나 색깔을 띠려면 물체를 이루는 부분들과 그 부분들 사이의 간격이 어떤 정해진 크기보다 더 작지 않아야 한다.

왜냐하면 가장 불투명한 물체도, (마치 산성(酸性) 용액과 같은 용액에 녹아있는 금속처럼) 아주 미세한 부분들로 나뉘면 완벽하게 투명해지기 때문이다. 그리고 독자들이 아직 기억할지 모르지만, 관찰 8에서 비록 확실히 접촉하지는 않았다 해도 간격이 매우 작은 두 대물렌즈의 표

---

[136] 여기서 이런 물체들이란, 바로 위에서 설명하면서 투명한 것이 불투명해진 예로 든, 건조시킨 소금이나 젖은 종이 또는 눈돌, 그리고 각종 기름과 섞어서 휘저은 물을 가리킨다.

면에서는 감지할 만한 반사가 존재하지 않았다. 그리고 관찰 17에서 두께가 가장 얇아진 물방울에서 반사는 거의 감지되지 못할 정도여서, 반사된 빛이 존재하지 않기 때문에 물방울의 꼭대기에는 매우 검은 점이 보였다.

    이런 이유들 때문에 나는 물이나 소금, 유리, 석재(石材), 그리고 그와 유사한 물질들이 투명하다는 것을 알게 되었다. 왜냐하면, 여러 가지 다양한 상황에서, 그런 물질로 만들어진 물체들은, 다른 물체들과 마찬가지로, 그 물체를 구성하는 부분들 사이에 수많은 기공(氣孔) 또는 틈새로 꽉 차 있는 것처럼 보이는데, 그렇지만 그 부분들이나 틈새들이 너무 작아서 각 부분이 공동 표면에서 반사가 일어나지 않기 때문이다.

명제 5.

물체를 구성하는 부분들 중에서 투명한 부분은 그 부분의 크기에 따라 한 가지 색깔의 광선을 반사하고 다른 색깔의 광선을 투과시키는데, 그것은 마치 얇은 판이나 거품이 한 가지 색깔의 광선을 반사하고 다른 색깔의 광선을 투과시키는 것과 똑같은 이치이다. 그리고 나는 이것이 물체가 색깔을 띠는 이유라고 이해한다.

    왜냐하면 만일 전체가 한 가지 똑같은 색깔로 보이는, 균일한 두께로 된 얇게 만들거나 판 모양으로 만든 물체를, 원래 두께와 같은 크기의 가는 줄 모양으로 자르거나 또는 작은 조각들로 나눈다고 할 때, 각각의 줄 모양 또는 조각으로 나뉜 것들이 원래 색깔을 그대로 유지하지 않을 이유가 없으며, 그래서 결과적으로 한꺼번에 많이 쌓아놓은 그런 줄 모양의 것들이나 조각들이 그렇게 쪼개지기 전의 색깔과 똑같은 색깔의 덩어리나 똑같은 색깔의 분말(粉末)이 되지 않을 이유가 없기 때문이다. 그리고 자연에 존재하는 물체를 이루는 부분들도, 판 모양의 물체를 나눈 수많은 조각이 원래 판의 색깔과 똑같은 색깔을 보여야 하는 이유와 똑같은 이유에 의해서, 똑같은 색깔을 보여야 한다.

 이제 그 물체들의 색깔이 그렇게 보이는 것은 각 물체를 구성하는 부분들의 성질이 유사하기 때문이다. 특히 공작새의 꼬리 부분처럼, 몇몇 새의 색이 매우 아름다운 깃털은, 그 깃털 중에서 정확히 동일한 부분이, 그 부분을 응시하는 우리 눈의 위치에 따라서 몇 가지 서로 다른 색깔로 나타나는데, 그것은 마치 관찰 7과 관찰 19에서 얇은 판을 볼 때 알려진 것과 아주 똑같은 방식으로 일어난다. 그러므로 그 깃털이 여러 가지 색깔로 나타나는 것은 깃털에서 투명한 부분이 매우 얇아서 발생한다. 다시 말하면, 그 깃털의 측면을 구성하는 굵은 가지의 옆쪽에서 자라나는 매우 미세한 털인 카필러멘트[137] 즉 그러한 깃털을 구성하는 섬유가 아주 가느다랗기 때문에 발생한다. 그리고 거미들이 매우 미세한 거미줄로 지은 거미집이, 흔히 관찰되는 것처럼, 여러 가지 색깔로 나타나는 것이나, 비단으로 만든 천을 구성하는 재색된 실이 바라보는 눈의 위치를 바꾸면 다른 색깔로 보이는 것도 모두 동일한 이치이다. 또한 비단이나 직물처럼 수분이나 기름이 깊숙이 스며들 수 있는 물질의 색깔은 물이나 기름과 같은 액체에 담그면 더 희미해지고 어스레해지는데, 관찰 10과 관찰 21에서 얇은 물체에 대해 설명한 것과 거의 똑같이, 마르게 되면 다시 원래의 선명한 색깔을 되찾는다. 금박(金箔)과 일부 스테인드글라스,[138] 리그눔 네프리티쿰을[139] 주입한 물체, 그리고 그밖에 다른 몇

---

[137] 카필러멘트(capillament)는 털과 같은 미세한 섬유를 의미하는 라틴어이다.
[138] 원문에서는 painted glass라고 되어 있는데, 이는 착색유리 즉 스테인드글라스를 의미한다.
[139] 리그눔 네프리티쿰(lignum nephriticum)은 라틴어로 narra라는 나무와 멕시코의

가지 물질도, 관찰 9와 관찰 20에서 설명한 얇은 물체와 마찬가지로, 한 가지 색깔을 반사하고 그와는 다른 색깔을 투과시킨다. 그리고 화가(畫家)들이 사용하는 색깔을 띤 분말 중에서 어떤 종류는 매우 공들여서 아주 미세한 가루로 만들면 그 분말의 색깔이 약간 바뀐다. 여기서 나는 그러한 변화에 대해, 얇은 판이 그 판의 두께를 바꾸면 원래 색깔이 다른 색깔로 바뀌는 것과 똑같은 이치로, 분말을 더 미세한 가루로 만듦으로써 각 부분을 더 작은 부분들로 쪼개기 때문이라는 것 말고는 어떤 적절한 설명도 찾을 수 없다. 왜냐하면 그와 똑같은 이유로 나무나 풀의 꽃잎을 잘게 찢게 되면 보통은 전보다 더 투명하게 되거나 또는 최소한 그 색깔이 어느 정도는 바뀌게 되기 때문이다. 또한 여러 가지 다양한 액체를 혼합함으로써 매우 진기하고 놀라운 색깔을 만들어내고 원래 색깔을 다른 색깔로 변화시킬 수가 있다는 것 역시 여기서 나의 목적에 대단히 부합되는데, 왜냐하면 한 가지 액체의 염기(鹽基)를 띤 친화력이 있는 미세 입자는 다른 액체의 채색된 미세 입자에 여러 가지 다양한 방법으로 작용하거나 또는 결합하여 두 미세 입자가 부풀거나 오그라들게 만들고(그렇게 함으로써 그 입자들의 크기뿐 아니라 밀도까지도 바꿀 수 있고), 또는 두 미세 입자를 더 작은 미세 입자로 나누거나(그렇게 함으로써 색깔을 띤 액체를 투명하게 만들 수도 있고), 또는 많은 수의 미세 입자를 하나의 덩어리로 만들어서 두 가지의 투명한 액체가 결합하여 하나의 색깔을 띤 액체로 만든다는 것보다 색깔 변화에 더 명백하고 합리적인 원인을 찾을 수가 없기 때문이다. 즉 물질을 그렇게 염기를 띤 용매(溶媒)에 담그면 얼마만큼이나 용이하게 그 물질에 침투해서 그 물질을 녹이는지, 그리고 어떤 물질은 녹지만 다른 물질은 오히려 응고하

---

kidney-wood에서 만든 전승(傳承)되어 온 이뇨제를 부르는 말이다. 이것은 물에 섞이면 비춘 빛과 바라보는 각도에 따라 여러 가지 다른 색깔을 띠게 한다.

는지 볼 수 있기 때문이다. 마찬가지로, 대기(大氣)에서 관찰되는 여러 가지 현상을 고려해보면, 공기에서 수증기 양이 증가하는 초기에는, 수증기가 그 표면에서 반사를 조금이라도 일으키기에는 너무 작은 부분으로 나뉘어서, 공기의 투명도를 조금도 저해시키지 않음을 관찰할 수 있다. 그러나 빗방울을 만들 때 수증기가 모든 종류의 중간 크기의 물방울을 형성하며 합쳐지기 시작하면, 그런 물방울들이 일부 색깔을 반사하고 다른 색깔은 투과시키기에 적당한 크기가 될 때, 그 물방울들의 크기에 따라 다양한 색깔을 띠는 구름이 만들어진다. 그리고 나는 물처럼 그렇게도 투명한 물질에서 이런 색깔들이 만들어지는 이유로, 물방울을 만드는 유체가 여러 가지 다양한 크기로 공 모양 덩어리가 된다는 것을 제외하면 어떤 다른 이유도 찾아볼 수가 없다.

명제 6.

물체를 구성하는 부분들 중에서 물체의 색깔을 결정하는 부분의 밀도는 그 부분의 표면에 접촉하는 매질의 밀도보다 더 크다.

이 명제가 성립한다는 사실은, 물체의 색깔을 결정하는 문제가 그 물체의 각 부분에 수직으로 입사하는 광선에 의해서만 결정되는 것이 아니라, 모든 다른 각도로 입사하는 광선에 의해서도 결정된다는 것을 고려하면 명백해질 것이다. 그리고 관찰 7에서 설명한 것처럼, 얇은 물체 또는 작은 입자의 밀도가 그 주위를 둘러싸는 매질의 밀도보다 더 작으면 그 작은 입자가 다양한 여러 가지 기울기로 입사하는 광선을 모든 종류의 색깔로 반사하는 것처럼, 입사각을 아주 조금만 변화시켜도 반사되는 색깔이 매우 다양하게 변해서, 굉장히 많은 수의 그렇게 작은 입자들에서 아무렇게나 반사된 광선들에 의해 결과적으로 만들어지는 색깔은 특정한 다른 색깔이기보다는 오히려 흰색 또는 회색이어야 하며, 아니라면 적어도 매우 불완전하고 우중충한 색깔이어야만 한다. 반면에 얇은 물체 또는 작은 입자의 밀도가 그 주위를 둘러싸는 매질의 밀도보다 훨씬 더 크다면, 관찰 19에서 설명한 것처럼, 그 물체의 색깔은 광선이 물체로 입사하는 기울기가 변하더라도 거의 바뀌지 않아서, 가장 적게 기울어져 반사되는 광선이 나머지 다른 기울기로 반사되는 광선보다 더 우세하게 되어 굉장히 많은 수의 그렇게 작은 입자들이 그 입자들의 원래 색깔로 매우 강하게 나타나도록 만든다.

또한 관찰 22에 의해서, 밀도가 더 작은 매질 내에 존재하는 밀도가 더 큰 얇은 물체에 의해 나타나는 색깔은, 밀도가 더 큰 매질 내에 존재하는 밀도가 더 작은 얇은 물체에 의해 나타나는 색깔보다 더 선명하다는 사실이 이 명제가 성립함을 보여주는 데 기여한다.

명제 7.

자연에 존재하는 물체를 구성하는 부분들 하나하나의 크기는 그 물체의 색깔에서 짐작할 수가 있다.

왜냐하면 그런 물체를 구성하는 부분들의 색깔은, 명제 5에 의해서, 그 물체와 동일한 굴절률을 갖는 물체로 된 동일한 두께의 판의 색깔과 같을 것이 틀림없기 때문이다. 그리고 그 부분들의 밀도는, 주변에서 접하기 쉬운 대부분 상황에 의하면, 물 또는 유리의 밀도와 상당히 비슷하므로, 임의의 색깔을 나타내는 물 또는 유리의 두께가 수록된 앞에 나오는 표를 참고하기만 하면, 그런 부분들의 크기를 바로 구할 수 있다. 그래서 그 표에서 세 번째 순서의 색깔들 중 하나인 초록색을 반사하는 유리의 밀도와 동일한 밀도인 미세 입자의 지름을 알아야 한다면, 숫자 $16\frac{1}{4}$에서[140] 그 지름은 1인치의 $\frac{16\frac{1}{4}}{10000}$ 배임을 알 수 있다.

여기서 가장 큰 어려움은 물체의 색깔이 몇 번째 순서에 해당하는지를 아는 것이다. 그것을 알아내려면 관찰 4와 관찰 18을 참고해야만 하는데, 거기서 그런 세세한 점들을 구할 수가 있다.

진홍색 그리고 다른 종류의 빨간색과 주황색 그리고 노란색은, 만일 그 색깔이 순수하고 강하면, 두 번째 순서에 속하는 것이 거의 틀림없다. 첫 번째 순서와 세 번째 순서에 속하는 그런 색깔들도 역시 상당히 좋다. 단지 첫 번째 순서의 노란색은 희미하며, 세 번째 순서의 주황색과 빨간색은 보라색과 파란색이 상당히 많이 혼합되어 있다.

네 번째 순서에도 좋은 초록색이 있을 수 있지만, 그러나 가장 순수한 초록색은 세 번째 순서에 속한다. 그리고 이 세 번째 순서에는 모든 종류의 식물에서 관찰되는 초록색이 속한 것처럼 보이는데, 그것이 한편으로는 그 초록색이 상당히 강하기 때문이고, 그리고 다른 한편으로는 그 식물 중 일부는 초록색을 띤 노란색으로 시들지만, 다른 일부는, 처음에는 앞에서 이야기한 모든 중간 색깔을 거쳐 결국에는 좀 더 완전한 노란색이나 주황색, 또는 경우에 따라서는 빨간색으로 시들기 때문이다. 그러한 변화는 식물이 공기 중 수증기를 흡수하여 색깔을 띤 미세 입자들의 밀도를 증가시키고, 그 수증기의 기름기가 있고 토류(土類)를[141] 포함한 부분이 더해져서 미세 입자가 더 커진 결과로 생기는 것처럼 보인다. 그러므로 이 초록색이 속한 순서는 그 초록색이 나중에 변한 색깔이 속

---

[140] 이 숫자는 앞의 제2권 제2부에 나오는 첫 번째 표의 '세 번째 순서의 색깔들' 항목에서 초록색에 해당하는 행 중 마지막인 세 번째 칸에 나온다.
[141] 토류(earths)는 물이나 불에도 잘 녹지 않고 환원하기도 어려운 금속 산화물을 의미한다.

한 순서와 동일할 것이 틀림없는데, 그 이유는 색깔 변화가 점진적으로 일어나며, 그렇게 차례로 바뀌어 나타나는 색깔들은 보통 아주 짙지는 않더라도 대체로 네 번째 순서에 속한다고 볼 수는 없을 정도로 상당히 풍부하고 생생하기 때문이다.

파란색과 자주색은 두 번째 또는 세 번째 순서 중 어느 것에나 속할 수 있지만 세 번째 순서에 속할 확률이 더 높다. 그래서 제비꽃의[142] 색깔은 그 세 번째 순서에 속하는 것처럼 보이는데, 그 이유는 제비꽃의 당밀(糖蜜)이 산성 액체에 의해서는 빨간색으로 바뀌고 지린내 나는 알칼리성 액체에 의해서는 초록색으로 바뀌기 때문이다. 왜냐하면 녹이거나 희석시키는 것이 산(酸)의 성질이고, 침전시키거나 농축시키는 것이 알칼리의 성질이므로, 만일 당밀의 자줏빛 색깔이 두 번째 순서에 속한다면, 산성 액체가 당밀이 색깔을 띠게 만드는 미세 입자를 희석시켜서 그 색깔을 첫 번째 순서에 속하는 빨간색으로 변화시키고, 또한 알칼리성 액체가 미세 입자를 농축시켜서 그 색깔을 두 번째 순서에 속하는 초록색으로 변화시킬 것이기 때문이다. 그러한 빨간색과 초록색은, 특별히 초록색은, 이러한 변화에 의해 만들어진 색깔이라고 결론 내리기에는 너무 불완전해 보인다. 그러나 만일 앞에서 말한 자주색이 세 번째 순서에 속한다고 가정한다면, 그 자주색이 두 번째 순서에 속한 빨간색으로 바뀌고, 그리고 세 번째 순서에 속한 초록색으로 바뀌는 것이 허용되는 데는 어떤 어려움도 없다.

만일 제비꽃의 보라색보다 더 깊고 덜 붉은 자주색 물체가 발견된다면, 그 물체의 색깔은 두 번째 순서에 속할 확률이 가장 높다. 그러나 아직은 흔히 알려진 물체 중에서 항상 제비꽃 색깔보다 더 깊은 색깔을 가지고 있는 물체는 없어서, 나는 제비꽃을, 순수한 정도에서 제비꽃의

---

[142] 제비꽃(violet)의 색깔은 보라색이다.

색깔을 명백하게 초월하는 것과 같이 가장 깊고 가장 덜 붉은 빛을 띠는 자주색을 대표하는 이름으로 사용했다.

첫 번째 순서에 속하는 파란색은, 비록 매우 희미하고 차지하는 비율도 낮지만 어떤 물질을 대표하는 색깔일 수가 있는데, 특히 하늘의 푸른 담청색이 바로 그런 첫 번째 순서에 속하는 것처럼 보인다. 왜냐하면 응축하여 작은 덩어리로 만들어지기 시작할 때의 수증기는 모두 처음에는 그 크기가 되어, 그 덩어리들이 다른 색깔의 구름을 형성하기 전에는 그런 담청색이 반사되어야만 하기 때문이다. 그래서 수증기가 가장 먼저 반사하기 시작하는 색이 담청색이고, 우리가 경험으로 알듯이, 수증기가 다른 색깔들을 반사하게 되는 크기까지 도달하기 전에 반사하는 그 담청색이 바로 가장 맑고 가장 투명한 하늘의 색깔이어야만 한다.

순백(純白)의 하얀 색깔은, 만일 가장 강하고 밝다면 첫 번째 순서에 속하고, 만일 덜 강하고 덜 밝다면, 더 높은 순서에 속한 색깔들이 혼합된 것이다. (맥주 거품과 같은) 거품, 종이, 리넨, 그리고 대부분의 흰색 물질이 후자(後者)의 흰색에 속하고, 내가 판단하기로는 하얀 금속과 같은 것이 전자(前者)의 흰색이다. 금속 중에서 밀도가 가장 높은 금(金)은, 만일 아주 얇게 편다면, 투명하며, 그밖에도 모든 종류의 금속이 용액에 녹거나 또는 유리로 만들면 투명해지지만, 흰색 금속이 투명하지 않은 원인은 단지 그 금속의 밀도 하나만이 아니다. 금보다 밀도가 더 작은 흰색 금속이 금보다 더 투명해야 하겠지만, 흰색 금속이 불투명한 정도와 그 밀도가 비례하지 않는 것은 어떤 다른 원인 때문이다. 나는 흰색 금속을 구성하는 입자의 크기가 첫 번째 순서의 흰색을 반사하는 크기와 같은 것이 바로 그 원인이라고 생각한다. 왜냐하면, 만일 그 입자들의 크기가 흰색을 반사하는 두께와 일치하지 않는다면 그 입자들은, 마치 강철(鋼鐵)을 만들기 위해 담금질하고 있는 뜨거운 쇠에서 나타나는 색깔, 그리고 금속의 녹아 있는 표면에서 종종 나타나는 색깔, 또는 뜨거운 쇠가 냉각되는 동안에 형성되는 스코리아에서[143] 나타나는 색깔에서 분명한 것처럼, 다른 색깔을 반사할 것이기 때문이다. 그리고 투명한 물질로 이루어진 판에서 만들 수 있는 색깔 중에서는 첫 번째 순서에 속한 흰색이 가장 강하기 때문에, 밀도가 작은 공기나 물 그리고 유리의 경우에서보다는 밀도가 더 큰 금속 물질의 경우에 색깔이 강한 정도가 더 커야 한다. 또한 비록 그런 두께를 갖는 금속 물질이 첫 번째 순서에 속하는 흰색을 반사시키기에 적합하다 해도, (앞에 나오는 명제 중에서 명제 1의 취지에 따라서)[144] 그런 금속 물질은 밀도가 너무 크기 때문에 입사된 빛을 모두 반사시켜서, 어떤 물체나 빛을 모두 반사할 때처럼 불투명해지고 반짝이지 않을 수 없다. 금(金)이나 구리를, 그 무게의 절반에 못 미치는 양만큼의 은(銀)이나 주석 또는 순수한 안티모니[145]를 융합시키거나 또는 매우 작은 양의 수은과 함께 아말감으로[146] 만들면, 흰색이 된다. 이것은 이 흰색 금속 입자들 각각의 크기가 더 작고 그 입자들의 수가 금이나 구리 입자들보다 더 많아 그 모두의 표면적을 합한 것도 훨씬 더 넓으리라는 것을 보여주며, 그뿐 아니라 흰색 금속 입자들 사이에 있는 금이나 구리 입자가 보이지 않을 만큼 흰색 금속 입자들이 불투명하다는 것도 보여준다. 이제 금과 구리의 색깔은 두 번째 순서와 세 번째 순서에 속한다는 것이 의심할 수 없을 정도로 분명해졌으므로, 흰색 금속 입자들은 첫 번째 순서에 속한 흰색을 반사시키는 데 필요

---

[143] 스코리아(scoria)란 화산 분출물의 일종으로 괴상의 다공질이며 어두운 색깔을 띠는 광물을 말한다.
[144] 명제 1에서는 두 매질의 경계면에서 두 매질의 밀도의 차이가 클수록 그 경계면에 입사하는 빛의 반사가 많이 일어난다고 말한다.
[145] 뉴턴 시대에 안티모니(antimony)는 원자번호 51번인 금속 원소 안티몬을 함유한 주요 광물인 휘안석(輝安石)을 가리킨다.
[146] 수은에 다른 금속을 섞은 것을 아말감이라 한다.

한 크기보다 훨씬 더 클 수는 없다. 수은(水銀)이 지니고 있는 휘발성은 수은 입자가 훨씬 더 크지도 더 작지도 않다는 것을 보여준다. 그렇지 않다면 수은 입자는 불투명성을 잃고, 유리로 바뀌거나 또는 용매(溶媒)에 녹은 용액에 의해 작아질 때 그러하듯 투명하게 바뀌거나, 또는 검은 선(線)을 그리려고 은(銀)이나 주석 또는 납을 다른 물질에 문지르면 더 작은 크기의 입자인 가루가 될 때 그러듯이 검은색으로 바뀐다. 흰색 금속의 입자를 더 작게 갈면 제일 먼저 생기는 색깔이면서 유일한 색깔은 검은색이고, 그러므로 흰색 금속의 흰색은 반지 모양의 색깔들 중심에 놓인 검은 색 점 바로 옆에 나타나는 색깔이어야만 한다. 그러나 만일 이제 금속 입자들의 크기를 다 더하려고 한다면, 그 금속 입자들의 밀도를 참작해야만 한다. 왜냐하면 만일 수은(水銀)이 투명하다면, 수은에 들어오는 빛의 입사의 사인과 굴절의 사인 사이의 비가 (나의 계산에 의하면) 71 대 20 즉 7 대 2가 되도록 수은의 밀도가 결정되어야 하기 때문이다. 그러므로 물방울의 색깔과 동일한 색깔을 나타내는 수은 입자의 두께는 물방울 막의 두께와 비교하여 2 대 7의 비율로 더 작아야만 한다. 그러면 수은 입자는 일부 투명한 휘발성 유체의 입자만큼이나 작으면서도 여전히 첫 번째 순서에 속한 흰색을 반사할 수가 있다.

　마지막으로, 검은색을 만들어내려면, 미세한 입자가 색깔을 나타내는 어떤 입자보다도 더 작아야만 한다. 왜냐하면 그보다 더 큰 모든 크기에서는 그런 검은색을 성립시키기에는 너무 많은 빛을 반사하기 때문이다. 그러나 미세 입자가 흰색과 그리고 첫 번째 순서에 속한 매우 약한 파란색을 반사시키는 데 필요한 것보다 약간만 더 작다면, 관찰 4와 관찰 8, 관찰 17 그리고 관찰 18에 의해, 그런 미세 입자들은 너무 작은 양의 빛만 반사해서 아주 진한 검은색으로 나타날 것이고, 거기에 더해서 아마도 미세 입자 자신들 안에서 충분히 오랫동안 앞뒤로 다양하게 굴절해서 결국은 소멸되어 눈을 어떤 방향으로 향하든 검은색으로 나타나고 어떤 투명성도 사라지게 될 것이다. 그래서 이제 왜 불, 그리고 그보다 더 절묘한 분해 장치인 부패가, 물질의 입자를 더 작게 나누는 방법으로, 그 물질을 검은색으로 바꾸는지,[147] 그리고 소량(少量)의 검은색 물질을 다른 물질에 바르면 그 검은색을 조금도 어려움이 없이 그리고 매우 진하게 다른 물질에 나눠주게 되는지 이해할 수가 있게 된다. 검은색의 아주 미세한 입자들은, 그 숫자가 무척 많기 때문에, 전혀 어렵지 않게 다른 색깔의 큰 입자들을 뒤덮게 된다. 그뿐 아니라 구리판 위에서 모래를 이용하여 광택이 잘 날 때까지 유리를 매우 정성 들여 연마하면, 왜 모래와 그리고 유리와 구리에서 떨어져 나온 가루들이 함께 매우 검게 바뀌는지 이해할 수 있게 된다. 또한 햇볕 아래 놓아두면 왜 검은색 물질이 모든 다른 색 물질에 비해 가장 빨리 뜨거워지고 볕에 타는지, (그런 효과는 부분적으로는 작은 공간에서 일어난 많은 굴절에 의해 일어날 수도 있고, 부분적으로는 그렇게도 매우 작은 미세 입자들이 쉽게 일으키는 동요(動搖)에 의해서도 일어날 수 있다) 그리고 왜 검은색은 약한 푸르스름한 색깔을 띠는 경향이 있는지도 이해할 수 있게 된다. 그렇게 되는 것은 검은색 물질에서 반사된 빛을 흰색 종이에 비추어보면 알 수 있다. 그 종이는 대부분 푸르스름한 흰색으로 나타날 것인데, 그 이유는 검은색이 관찰 18에서 설명한 그 순서의 희미한 파란색과 바로 이웃하여 접하고 있으므로 어떤 다른 색깔보다 그 파란색에 속한 광선을 더 많이 반사하기 때문이다.

나는 위에서는 상당히 구체적으로 설명했는데, 그 이유는 현미경이, 아직 그런 완전한 단계에까지 도달하지 않았다 해도, 앞으로 언젠가는

---

[147] 물질이 불에 타거나 부패하면 검은색으로 바뀌는 이유를 이렇게 설명할 수 있다는 의미이다.

충분히 개선되어 물체의 색깔을 결정하는 구성 입자를 발견하기 불가능하지 않을 것이기 때문이다. 만일 1피트 앞에 놓인 물체가 맨눈으로 보이는 크기보다 500배에서 600배 정도로 더 크게 보이도록 현미경과 같은 장치가 충분히 개선되거나 또는 개선될 수 있다면, 그런 미세 입자 중에서 가장 큰 것 중 일부를 찾을 수 있을지도 모른다는 기대를 할 수 있을 것이다. 그리고 3000배에서 4000배 정도로 확대할 수 있는 현미경을 이용한다면 아마도 그런 미세 입자를, 검은색을 만드는 미세 입자만 제외하고, 모두 찾을 수 있을 것이다. 그런데, 지금까지 내 설명은 대부분 모두 그럴듯하다고 생각되지만, 판과 동일한 두께와 동일한 밀도를 갖는 투명한 미세 입자는 판의 그 두께에서 색깔과 동일한 색깔을 나타낸다는 내용에 대해서는 합리적인 의심을 해볼 만하다. 하지만 지금까지 내가 이해한 것에 융통성이 조금도 없는 것은 아닌데, 그것은 그런 미세 입자 내부의 모든 공간에 차 있는 매질의 곧음이 그 매질의 운동을 바꾸거나 반사를 결정하는 다른 성질을 바꿀 수 있기 때문이기도 하지만, 그보다 더 그런 미세 입자가 불규칙하게 서로 다른 형태로 되어 있을 수도 있고, 상낭수의 광선은 미세 입자에 비스듬히 입사할 것이 분명해서 광선이 미세 입자를 통과하는 거리가 미세 입자의 지름보다 더 작기 때문이다. 그렇지만 내가 마지막에 언급한 부분을 전적으로 의심할 수는 없는데, 그 이유는 일부 운모(雲母)로[148] 만든 균일한 두께의 작은 판을 현미경으로 관찰했더니 포함된 매질의 끝부분인 모서리나 귀퉁이가 모두 그 판의 다른 부분이 보인 색깔과 동일한 색깔로 나타났기 때문이다. 그렇지만 현미경을 이용하여 그런 미세 입자들을 발견할 수만 있다면 우리의 만족감은 한층 더 높아질 것이다. 그리고 그런 일이 언젠가 이루어진다면, 이런 종류의 깨달음 중에서 최고의 성취가 될 것이다. 왜냐하

---

[148] 원문의 Muscovy glass는 운모(雲母)를 의미한다.

면 미세 입자가 투명하다는 이유만으로는 미세 입자 내부에서 더 많은 비밀과 그리고 자연의 숭고한 동작을 본다는 것은 불가능하다고 여겨지기 때문이다.

명제 8.

반사의 원인은, 사람들이 일반적으로 믿는 것처럼, 빛이 물체의 단단한 부분 즉 광선이 스며들 수 없는 부분에 부딪혔기 때문이 아니다.

이 명제가 옳다는 것은 다음과 같은 상황들을 고려해보면 알게 된다. 첫째, 빛이 유리에서 공기로 들어갈 때도, 빛이 공기에서 유리로 들어갈 때 발생하는 반사와 세기가 비슷하거나 또는 오히려 세기가 조금 더 큰 반사가 발생하는데, 빛이 유리에서 공기로 들어갈 때 반사의 세기는 빛이 유리에서 물로 들어갈 때 반사의 세기보다 몇 배나 더 크다. 그리고 공기가 물이나 유리보다 더 강력하게 반사하는 부분을 가지고 있다고 생각하기는 어려워 보이고, 그렇게 가정하는 것이 가능하다 해도 얻는 것은 별로 없어 보인다. 왜냐하면 빛이 유리에서 공기로 들어갈 때 반사의 세기가 (오토 귀리케[149]가 발명하고 보일[150]이 유용하게 개선한 공기 펌프를 이용한다고 가정하면) 공기가 제거된 경우가 공기가 그대로 있을 경우에 비해서 비슷하거나 더 강하기 때문이다. 둘째, 만일 빛이 유리에

---

[149] 원문의 Otto Gueriet는 독일의 물리학자 오토 폰 귀리케(Otto von Guericke, 1602~1686)를 지칭하는데, 그는 구리로 만든 구 내부의 공기를 제거하여 진공을 만들 수 있으며, 배기(排氣) 전후의 구리 구의 무게에서 공기의 무게를 측정한 사람이다.

[150] 로버트 보일(Robert Boyle, 1627~1691)은 화학의 아버지라고 불리는 영국의 화학자, 물리학자이다. 귀리케의 진공 펌프 개선에 기여하고 공기의 부피는 압력에 반비례한다는 보일 법칙을 발표했다.

서 공기로 진행하는데 입사각이 40~41도보다 더 크다면[151] 그 빛은 모두 반사되지만, 만일 입사각이 그보다 더 작다면 그 빛은 대부분 반사되지 않고 투과된다. 그런데 빛이 입사하는 기울기 단 1도 차이로도 빛의 더 많은 부분이 투과되도록 빛이 공기에 도달하여 충분히 많은 기공(氣孔)을 만나고, 기울기가 1도만 더 증가하면 빛을 모두 반사시키는 부분 말고는 어떤 다른 것과도 마주치지 못하는 경우는 도저히 상상할 수 없는데, 특히 빛이 공기에서 유리로 진행할 때는 입사각의 각도가 얼마든 빛의 더 많은 부분을 유리로 투과시키기에 충분한 기공(氣孔)을 마주칠 수 있다는 사실을 고려하면 더 그러하다. 만일 누군가가 빛이 공기에 반사되는 것이 아니라 유리의 가장 바깥쪽 표면 부분에 반사된다고 가정하더라도, 여전히 똑같은 어려움이 존재한다. 게다가 그런 가정은 지성적이지 못하고, 유리 다음에 놓인 공기 대신 물이 있다고 생각하면 그 가정이 바로 잘못된 것임이 밝혀지게 된다. 왜냐하면, 쉬운 예로 입사각이 45도 또는 46도라면, 빛이 유리에서 공기로 입사할 때 모두 반사되는데, 똑같은 입사각에서 빛이 유리에서 물로 입사할 때는 대부분 투과되기 때문이다. 그렇다면 빛이 반사할지 투과할지는 유리 다음에 공기가 놓여 있는지 아니면 물이 놓여 있는지에 따를 뿐이고, 광선이 유리를 구성하는 부분들과 충돌하는 것은 영향 주지 않는다는 것이 분명하다. 셋째, 만일 캄캄한 방으로 들어오는 빛줄기의 앞부분에 놓인 프리즘에 의해 생긴 색깔들을 차례로, 첫 번째 프리즘보다 더 먼 곳에 놓인, 두 번째 프리즘에 비춘다면, 그리고 각 색깔이 두 번째 프리즘으로 들어오는 입사각이 모두 같도록 한다면, 입사 광선에 대한 두 번째 프리즘의 기울기를 잘 조절하여, 두 번째 프리즘에 의해 파란색 빛은 모두 반사되

---

[151] 빛이 굴절률이 1.5인 유리에서 공기로 진행할 때 모두 반사하는 전반사가 시작하는 임계각은 41.8도이다.

지만 빨간색 빛의 상당 부분은 투과되도록 만들 수도 있다. 그러므로 만일 반사의 원인이 공기의 부분이거나 유리의 부분이라면, 나는 도대체 왜 똑같은 각도로 입사하는 파란색 빛이 어떨 때는 바로 그 부분에 정확히 충돌해서 모두 반사되고 어떨 때는 하필 기공(氣孔)을 만나서 대부분 투과되는지 묻고 싶다. 넷째, 관찰 1에서 밝혀졌듯이, 두 유리가 서로 접촉한 부분에서는 감지(感知)될 만큼의 반사가 일어나지 않는다. 그런데 유리가 공기와 접촉해 있을 때 유리를 이루는 부분에는 광선이 충돌하지만, 유리가 다른 두 번째 유리와 접촉해 있을 때는 유리를 이루는 똑같은 부분에 광선이 충돌하지 않는 이유를 나는 도저히 찾을 수가 없다. 다섯째, (관찰 17에서) 물방울을 만들어 공기를 불어 넣으면 물이 아래로 흘러 내려오면서 물방울의 꼭대기가 아주 얇아지고, 그러면 물방울 꼭대기에서는 빛이 반사되는 양이 거의 감지되지 못할 정도가 되어 그 꼭대기는 진한 검은색으로 나타났다. 반면에 그 검은색 작은 점 주위의 물방울의 두께가 더 두꺼운 곳에서는 반사가 충분히 강해서 물이 매우 희게 보이게 된다. 그런데 얇은 판 또는 거품의 두께가 가장 얇은 경우에만 반사가 분명하게 존재하지 않는 것이 아니라, 그보다 큰 다른 두께에서도 역시 반사가 분명하게 존재하지 않는 경우가 계속 나타난다. 관찰 15에서 보았듯이 동일한 색깔의 광선이 교대로, 상당히 많이 반복해서, 한 가지 두께에서는 투과되고 다른 두께에서는 반사된다. 그렇지만 모두 어떤 한 가지 값의 동일한 두께로 된 아주 얇은 물체의 표면에 광선이 충돌할 부분이 얼마나 있는지 그 개수는 어떤 다른 값의 동일한 두께로 된 얇은 물체의 표면에 존재하는 그런 부분의 개수와 다르지 않아야 한다. 여섯째, 만일 반사가 반사시키는 물체를 구성하는 부분들을 원인으로 해서 일어난다면, 관찰 13과 관찰 15에서 알게 된 현상인, 얇은 물체나 거품의 어떤 하나의 동일한 부분에서 한 색깔의 광선은 반사시키고 다른 색깔의 광선은 투과하는 것은 불가능할 것이다. 왜냐하면 어떤 위치에서, 예를 들어 파란색을 나타내는 광선은 물체를 구성하는 단단한 부분으로 돌진해 들어가는 행운을 차지하는 반면에, 빨간색을 나타내는 광선은 똑같은 그 위치에서 물체의 비어있는 기공(氣孔)과 충돌한다는 것, 그러나 물체가 조금 더 두껍거나 조금 더 얇은 위치에서는, 반대로 파란색을 나타내는 광선은 기공(氣孔)과 맞닥뜨리지만 빨간색을 나타내는 광선은 단단한 부분과 충돌하게 된다는 것은 도저히 상상이 안 되기 때문이다. 마지막으로, 빛을 나르는 광선이 물체의 단단한 부분과 충돌해서 반사된다면, 표면이 잘 연마된 물체에서의 반사가 흔히 볼 수 있듯이 그렇게 가지런할 수가 없다. 왜냐하면 유리를 모래나 퍼티 분[152] 또는 트리폴리를[153] 이용하여 연마하는데 그런 연마제들이 유리를 비비거나 갊아서 유리를 만드는 가장 작은 입자를 모두 빈틈없이 광택이 나도록 만들 수 있어서, 그 입자들의 표면 전체가 진정으로 평평하거나 완전한 구형이어서 이들이 모두 함께 똑같은 모양으로 보이고 유리 전체의 겉면은 하나의 고른 표면을 이룰 것이라고는 상상이 되지 않기 때문이다. 연마제 입자들이 너 삭을수록, 유리가 연마될 때까지 그 연마제 입자들이 갊아내거나 닳게 만들어 유리에 생기는 긁힌 자국은 더 작게 되지만, 연마제 입자들이 유리를 갊아내지도 못하고 상처 주지도 못하면 유리를 닳게 만들거나 돌기들을 쳐낼 수가 없다. 그래서 유리의 거친 표면을 매우 결이 곱도록 연마해서 표면의 상처 자국이나 흠집이 전혀 보이지 않을 정도가 되도록 (연마제 입자가) 작을 수는 없다. 그러므로 만일 빛이 유리의 단단한 부분에 부딪혀 반사되는 것이라면, 그 빛이 가장 고르

---

[152] 퍼티 분(putty powder)은 대리석이나 유리 또는 금속을 연마하는 데 이용되는 주석(납)으로 만든 가루이다.
[153] 트리폴리(원문에서는 tripoly, 오늘날에는 tripoli)는 규질(珪質) 석회암이 분해되어 생성된 연마제이다.

게 연마된 유리에 의해서 산란된 정도나 가장 거칠게 연마된 유리에 의해 산란된 정도가 같아야 한다. 그런데 그렇다면 연마제에 의해 연마된 유리가, 흔히 그렇듯이, 어떻게 빛을 그렇게 고르게 반사시킬 수 있느냐는 문제가 그대로 남는다. 그래서 광선의 반사는 반사시키는 물체의 어떤 한 점에 의해서가 아니라 그 물체의 표면 전체에 고르게 흩어져 있는 어떤 요인(要因)에 의해서 일어나며 그 요인이 직접적인 접촉이 없어도 광선에 작용하여 일어난다고 말하는 것 말고는 다른 방법으로 이를 설명하기가 매우 어렵다. 물체의 각 부분이 빛과 직접 접촉하지 않고도 작용한다는 것에 대해서는 곧 설명할 것이다.

이제 만일 빛이 물체의 단단한 부분과 충돌해서가 아니라 어떤 다른 원리 때문에 반사된다면, 빛을 이루는 광선 중에서 상당수가 물체의 단단한 부분들과 부딪히고서 반사되는 것이 아니라 물체 속에 갇혀서 없어지는 것도 가능하다. 그렇지 않다면 두 가지 종류의 반사를 인정해야 하기 때문이다. 내부가 훤히 들여다보이는 맑은 물 또는 유리 내부의 단단한 부분에 부딪히는 광선이 모두 반사된다면, 그런 물질은 맑게 투명하기보다는 오히려 탁한 색깔을 가지고 있게 될 것이다. 물체가 검은 색으로 보이게 만들려면 광선 중에서 많은 수(數)가 그 물체 내부에서 정지한 다음 머물다가 없어져야 한다. 그리고 어떤 광선이라도 물체를 이루는 부분과 부딪히지 않고서도 그 물체 내부에서 정지하고 머물게 되는 것은 별로 있을 법하지 않아 보인다.

그래서 물체는 보통 그러려니 믿는 것보다 훨씬 더 희박하고 기공(氣孔)을 많이 포함하고 있음을 알게 된다. 물은 금(金)보다 열아홉 배 더 가볍고 그 결과로 물은 금보다 열아홉 배 더 희박함을 알 수 있다. 그리고 금은 자석(磁石)의 성질을 가지고 있는 자기소(磁氣素)를 즉시 그리고 최소한의 방해도 없이 전달하고, 자신의 기공(氣孔)에 수은(水銀)을 용이하게 받아들이며, 물이 빠져나갈 정도로 충분히 희박하다. 금(金)을 속이 빈 오목한 구(球) 껍질 형태로 만들어 놓고, 그 안을 물로 채운 다음, 물이 들어간 구멍을 납땜으로 메꾸고, 큰 힘으로 그 구를 압축하면, 금으로 된 구 자체는 터지거나 갈라지지 않고, 물이 금으로 만든 구 껍질 바깥으로 비집고 나와서, 구 표면에 마치 이슬처럼 수많은 작은 물방울들이 송송이 맺힌다는 이야기를 나는 직접 본 사람에게서 들었다. 이런 증거들에서 금은 단단한 부분보다 기공을 더 많이 가지고 있고, 결과적으로 물은 단단한 부분보다 40배 이상의 기공을 가지고 있다고 결론지을 수가 있다. 그리고 누군가가 물은 아무리 희박하더라도 어떤 큰 힘으로도 도저히 압축시킬 수가 없다는 가설을 세운다면, 그 사람은 의심할 여지가 없이 바로 그 가설을 이용하여, 금이나 물 그리고 모든 다른 물체를 그 사람이 원하는 만큼 희박하게 만들 수 있을 것이다.[154] 그래서 빛은 투명한 물체를 통과하기에 충분한 통로를 찾을 수가 있다.

　자석은 자성(磁性)을 띤 물체가 아니고 시뻘겋게 단 물체만 아니라면, 예를 들어 금이나 은, 납, 유리, 물과 같은, 밀도(密度)가 높은 어떤 물체가 사이에 놓여 있더라도 그 세기가 조금도 감소하지 않고 철(鐵)에 자력(磁力)을 작용한다. 태양이 끌어당기는 능력은 그 세기가 조금도 감소하지 않고 거대한 행성의 몸체를 통하여 전달되어, 행성의 바로 중심에 이르기까지 행성을 구성하는 모든 부분에, 마치 그 부분이 행성의 몸체로 전혀 둘러싸이지 않은 것처럼, 동일한 힘과 동일한 법칙에 의해, 작용한다. 빛을 나르는 광선은, 그 광선이 던져진 극히 작은 물체일 수도 있고, 또는 그냥 전달만 되는 동작이거나 힘일 수도 있지만,[155] 어쨌든 직선

---

[154] 이 문장은 물이 희박하더라도, 즉 기공을 많이 포함하고 있더라도, 압축시킬 수가 없다면, 단단해 보이는 어떤 다른 물질도 모두 기공을 많이 포함할 수 있을 것임을 설명한다.
[155] 빛을 나르는 광선(the rays of light)이 실제로 무엇이 움직이는 현상인지 궁금한

을 따라 이동한다. 그리고 빛을 나르는 광선이 어떤 장애물에 의해서건 원래 이동하던 직선에서 비껴나게 되면, 아마도 좀처럼 일어나기 어려운 우연에 의하지 않고서는, 결코 처음 이동하던 직선으로 되돌아오지 않는다. 그렇다 해도 빛은, 단단하더라도 맑고 투명한 물체 내부에서, 대단히 먼 거리까지 직선을 따라 전달된다. 물체가 어떻게 그런 효과를 낼 만큼 충분히 많은 양의 기공(氣孔)을 가질 수 있는지 이해하기는 무척 어렵지만, 그러나 어쩌면 전혀 불가능한 것은 아니다. 왜냐하면 물체의 색깔은, 위에서 설명한 것처럼, 그 색깔을 반사한 입자들의 크기에 의해서 결정되기 때문이다. 그러면 이제 물체에서 그런 입자들 사이의 간격 즉 빈 공간이 그 입자들의 크기를 모두 더한 크기와 같도록 그 입자들이 배열된다고 생각하자. 그리고 그 입자들은 다시 훨씬 더 작은 다른 입자들에 의해서 구성되는데, 그 더 작은 입자들 사이에도 역시 그 작은 입자들의 크기를 모두 더한 크기와 같은 빈 공간이 있다고 생각하자. 그리고 그 더 작은 입자들도 똑같은 방식으로 반복하여 그보다 훨씬 더 작은 다른 입자들에 의해 구성되어 있는데, 그 훨씬 더 작은 입자들 크기를 모두 더한 크기는 그 입자들 사이의 모든 기공 즉 빈 공간의 크기와 똑같다고 생각하자. 그리고 마침내는 내부에 어떤 기공(氣孔) 즉 빈 공간이 없어서 속이 비지 않은 입자에 도달할 때까지 이 같은 일이 계속된다고 생각하자. 그러면 어떤 큰 물체라도, 예를 들어 세 단계의 그런 입자로 구성되어 있고, 마지막 가장 작은 입자가 속이 비지 않은 단단한 입자라면, 그 물체가 가지고 있는 기공은 단단한 부분의 일곱 배가 될 것이다.[156]

뉴턴은 그것이 매우 작은 물체(very small bodies)일 수도 있고 그냥 단지 움직이는 모습(motion) 즉 동작뿐일 수도 있고 힘(force)일 수도 있다고 상상한 것이다. 19세기 말 맥스웰에 의해 광선은 순수한 에너지의 흐름임을 알게 되었다.

[156] 그 물체의 처음 절반이 기공이고, 나머지 절반의 절반, 즉 처음의 4분의 1이 기공이고, 마지막으로 나머지 절반의 절반의 절반, 즉 처음의 8분의 1이 기공이므로,

그리고 만일 물체가 네 단계의 그런 입자로 구성되어 있고, 마지막 가장 작은 입자가 속이 비지 않은 단단한 입자라면, 그 물체가 가지고 있는 기공은 단단한 부분의 열다섯 배가 될 것이다.[157] 그리고 만일 그러한 입자가 다섯 단계 존재한다면, 그 물체가 가지고 있는 기공은 단단한 부분의 서른한 배가 될 것이다. 그리고 만일 여섯 단계가 존재한다면, 기공은 단단한 부분의 예순세 배가 될 것이다. 그리고 이런 식으로 계속된다. 또한 물체에 단단한 부분보다 기공이 더 많다는 것을 보이는 다른 방법을 생각해낼 수도 있다. 그러나 물체 내부가 어떤 구조로 되어 있는지에 대해서 우리는 아직 제대로 알지 못한다.[158]

명제 9.

물체는 다양한 주변 조건에서 다양한 방법으로 동일한 한 가지 능력을 이용하여 빛을 반사하거나 굴절시킨다.

이 명제가 옳다는 것은 몇 가지 고려를 통해서 분명해진다. 첫째, 빛이 유리에서 공기로 진행할 때는 가능한 가장 많이 굴절한다. 만일 빛의 입사각이 더 커지면, 빛은 모두 반사된다. 입사각이 가장 많이 굴절하는 경우의 입사각보다 더 커지면, 유리가 빛을 가능한 한 가장 큰 굴절각으

그 물체의 전체 기공은 처음 부피의 $\frac{1}{2}+\frac{1}{4}+\frac{1}{8}=\frac{7}{8}$이어서 기공과 단단한 부분의 비는 $\frac{7}{8}:\frac{1}{8}=7:1$이라는 의미이다.

[157] 물체의 전체 기공은 처음 부피의 $\frac{1}{2}+\frac{1}{4}+\frac{1}{8}+\frac{1}{16}=\frac{15}{16}$이어서 기공과 단단한 부분의 비는 $\frac{15}{16}:\frac{1}{16}=15:1$이라는 의미이다.

[158] 1911년 러더퍼드가 원자핵을 발견한 후 원자 내부의 구조에 대해 알게 되었는데, 원자 내부는 실제로 텅 비어있어서 만일 지구를 모든 원자에 빈 공간이 없도록 압축시킨다면 지구는 야구공 크기로 줄어든다.

로 굴절시킨 후 유리의 능력은 빛의 광선 중에서 어떤 부분도 유리 밖으로 나가지 못하게 할 정도로 커져서 그 결과로 전반사를 일으키기 때문이다. 둘째, 얇은 유리판에서 빛은, 유리판의 두께가 등차급수로 증가함에 따라, 교대로 반사되기와 투과되기를 연속해서 여러 번 반복한다. 이때 유리가 빛에 작용하는 능력이 빛을 반사시킬지 아니면 그냥 투과시킬지를, 유리판의 두께가 결정하기 때문이다. 그리고 셋째, 명제 1에서 보였던 것처럼, 굴절시키는 능력이 가장 큰 투명한 물체의 표면은 가장 많은 양의 빛을 반사시킨다.

명제 10.

만일 빛이, 각 물체의 입사의 사인과 굴절의 사인 사이의 비에 비례하여, 진공에서보다 물체에서 더 빨리 진행한다면,[159] 물체가 빛을 반사하거나 굴절시키는 힘은 그 물체의 밀도에 거의 비례한다. 단 기름기가 있는 물체와 유황을 포함한 물체는 예외인데, 그런 물체는 동일한 밀도를 갖는 다른 물체보다 더 많이 굴절한다.

[그림 8에서][160] AB가 굴절 평면인 물체의 표면을 대표하고, IC는 매우 큰 입사각으로 물체 표면 위의 C로 입사하는 광선을 대표한다고 하자. 그래서 각 ACI는 무한히 작을 수도 있다. 그리고 CR은 굴절한 광선이라고 하자. 굴절 평면의 한 점 B에서 굴절 평면에 수직인 선 BR를 세워서 R에서 이 선과 굴절 광선 CR이 만난다. 그리고 만일 CR이 굴절

---

[159] 빛의 속력은 진공에서 가장 빠르다. 뉴턴 시대에는 빛이 소한 매질에서 밀한 매질로 굴절할 때 빛이 경계면의 수선에 더 가까운 쪽으로 진행하는 것은 소한 매질에서보다 밀한 매질에서 더 힘을 받기 때문이라고 잘못 생각했다.
[160] [그림 8에서]는 원문에 없는 것을 역자가 삽입했다.

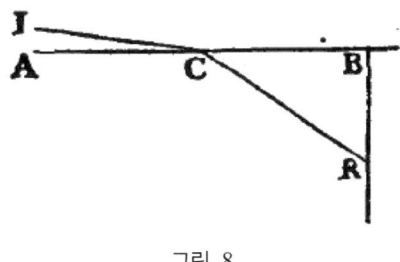

그림 8.

광선의 동작을 대표한다면, 이 동작은 두 동작 CB와 BR로 분해될 수 있는데, 이때 CB는 굴절 평면에 평행하고 BR은 굴절 평면에 수직이다. 그러면 CB는 입사 광선의 동작을 대표하고, BR은 최근에 렌즈 제작자들이 설명한 것처럼, 굴절에 의해서 발생하는 동작을 대표한다.[161]

이제 어떤 물체 또는 무엇인가가, 평행한 두 평면 사이의 정해진 너비의 공간을 통하여 움직이면서, 그 공간의 모든 부분에서 두 번째 평면을 향해 평면과 수직인 방향으로 작용하는 힘을 받으며 앞으로 가도록 강요받는다고 하자. 그리고 그 물체 또는 그 무엇이 첫 번째 평면에 입사하기 전에는 첫 번째 평면을 향하는 동작은 전혀 없거나 아니면 단지 아주 조금만 있다고 하자.[162] 그리고 두 평행한 평면 사이의 공간 모두에서 평면에서 거리가 같으면 작용하는 힘이 모두 같지만 거리가 다르면 적당하게 주어진 비례 관계에 의해 더 크거나 작다고 하자. 그러면 그러한 힘을 받고 그 공간 전체를 통과한 물체 또는 무엇에 발생한 동작은 받는 힘의 제곱근에 비례하게 되는데, 이는 수학자라면 쉽게 이해할 수 있다. 그러므로, 물체의 표면에 가까운 부분 중에서 굴절을 야기하는 공간을

---

[161] 이 문장에서 '동작'은 원문의 'motion'을 번역한 것으로 광선이 '운동하는 양'을 의미한다. 여기서는 입사 광선은 굴절 평면에 평행인 성분의 '운동하는 양'을 갖는데, 굴절 광선은 굴절과 함께 물체로부터 굴절 평면에 수직인 성분의 '운동하는 양'을 갖게 된다고 설명한다. 이 설명은 오늘날 이해한 것에 비춰보면 옳지 않다.

[162] 입사 전 광선 IC를 굴절 평면 AB에 수직인 성분과 평행인 성분으로 분해할 때 수직인 성분이 아주 작다는 의미이다.

그러한[163] 공간이라고 간주하면, 광선이 그 공간을 통과하는 동안에, 물체의 굴절시키는 힘에 의해 발생한 광선의 동작은, 다시 말하면 동작 BR은, 그 굴절시키는 힘의 제곱근에 비례해야만 한다. 그러므로 나는 선분 BR의 제곱은, 그래서 결과적으로 물체의 굴절시키는 힘은, 그 동일한 물체의 밀도에 굉장히 가깝게 비례한다고 말한다. 그렇다는 것은 다음 표에서 분명해지는데, 이 표에는 몇 개의 세로 칸에 여러 물체의 굴절을 측정하는 입사의 사인과 굴절의 사인 사이의 비와, CB를 단위라고 가정하고[164] 구한 BR의 제곱, 물체의 비중에 의해 추정한 그 물체의 밀도, 각 물체의 밀도에 대한 그 물체의 굴절 능력이 열거되어 있다.

---

[163] 여기서 그러한 공간이란 발생한 동작이 받는 힘의 제곱근에 비례한 공간을 말한다.
[164] CB를 단위라고 가정하는 것은 CB를 1로 놓는다는 의미이다.

The refracting Bodies.	The Proportion of the Sines of Incidence and Refraction of yellow Light.		The Square of BR, to which the refracting force of the Body is proportionate.	The density and specifick gravity of the Body.	The refractive Power of the Body in respect of its density.
A Pseudo-Topazius, being a natural, pellucid, brittle, hairy Stone, of a yellow Colour.	23 to	14	1'699	4'27	3979
Air.	3201 to	3200	0'000625	0'0012	5208
Glass of Antimony.	17 to	9	2'568	5'28	4864
A Selenitis.	61 to	41	1'213	2'252	5386
Glass vulgar.	31 to	20	1'4025	2'58	5436
Crystal of the Rock.	25 to	16	1'445	2'65	5450
Island Crystal.	5 to	3	1'778	2'72	6536
Sal Gemmæ.	17 to	11	1'388	2'143	6477
Alume.	35 to	24	1'1267	1'714	6570
Borax.	22 to	15	1'1511	1'714	6716
Niter.	32 to	21	1'345	1'9	7079
Dantzick Vitriol.	303 to	200	1'295	1'715	7551
Oil of Vitriol.	10 to	7	1'041	1'7	6124
Rain Water.	529 to	396	0'7845	1'	7845
Gum Arabick.	31 to	21	1'179	1'375	8574
Spirit of Wine well rectified.	100 to	73	0'8765	0'866	10121
Camphire.	3 to	2	1'25	0'996	12551
Oil Olive.	22 to	15	1'1511	0'913	12607
Linseed Oil.	40 to	27	1'1948	0'932	12819
Spirit of Turpentine.	25 to	17	1'1626	0'874	13222
Amber.	14 to	9	1'42	1'04	13654
A Diamond.	100 to	41	4'949	3'4	14556

이 표에서 공기의 굴절은 천문학자에 의해 관찰된 대기(大氣)의 굴절에 의해 결정된다. 왜냐하면, 만일 평행한 두 평면 사이에 많은 물체 즉 매질이 놓여 있고 이들의 밀도가 완만하게 점점 더 증가하는데, 빛이 그 평행한 두 평면 사이의 매질을 지나 굴절한다면, 빛이 통과할 때 이들의 굴절을 모두 합한 전체 굴절은 첫 번째 매질에서 마지막 매질로 직접 통과하면서 발생한 단 하나의 굴절과 같을 것이기 때문이다. 그리고 이것은 굴절시키는 물체의 수가 무한히 많아지더라도, 그리고 물체들 사이의 거리가 아주 작게 감소하더라도 성립해서, 빛은 통과하는 경로의 모든 점에서 굴절할 수도 있으며, 연속적인 굴절에 의해서 곡선으로 휘어질 수도 있다. 그러므로 빛이 대기(大氣)의 가장 높고 가장 희박한 부분에서 시작해서 가장 낮고 가장 밀(密)한 부분까지 통과하면서 발생한 전체 굴절은, 진공에서 동일한 입사각으로 직접 대기(大氣)의 가장 낮은 부분의 밀도와 같은 밀도로 균일한 공기를 통과할 때 발생한 굴절과, 같아야만 한다.[165]

이제, 유사 벽옥(碧玉)이나 셀레니티스, 수정(水晶), 방해석(方解石),[166] (모래가 함께 녹아있는) 보통 유리, 땅속에서 돌처럼 굳은 알칼리성 응고물인 안티몬 유리, 그리고 아마도 발효 작용에 의해 그러한 물체들에서 발생한 공기가, 비록 밀도에서는 서로 큰 차이를 보이지만, 그러나 이 표에서 알 수 있는 것처럼, 그 물체들의 굴절 능력 사이의 비는

---

[165] 대기(大氣)의 밀도는 위로 올라갈수록 낮아진다. 이 문단은 빛이 진공에서 시작해서, 대기와 같이 서로 다른 밀도의 매질을 거쳐서, 마지막으로 어떤 밀도의 매질로 나오면, 그때 진공에서 매질로 들어온 입사의 사인과 마지막 매질로 나간 굴절의 사인 사이의 비는 중간에 많은 매질이 있을 때나 없을 때나 같다고 설명한다.
[166] 원문에 island crystal이라고 나와 있는 것을 역자가 문맥으로 판단하여 방해석으로 번역했다. 방해석은 자연에 존재하는 광물 중 가장 다양한 결정형을 보이는 탄산염 광물로 이중굴절의 성질을 가지고 있어서 방해석을 통해 물체를 보면 상(像)이 두 개로 보인다. 방해석 중에서 가장 투명한 종류를 iceland crystal이라고 부르기도 한다.

그 물체들의 밀도 사이의 비와 거의 같다. 단 하나의 예외는 방해석으로, 그 이상한 물체의 굴절은 나머지 다른 물체들의 굴절보다 약간 더 크다. 그리고 특히 공기는, 유사 벽옥(碧玉)보다 3,500배나 더 희박하고, 안티몬 유리보다는 4,400배나 더 희박하며, 셀레니티스나 보통 유리 또는 수정(水晶)보다는 2,000배나 더 희박하지만, 그렇게 밀도가 작은데도, 밀도에 대한 굴절 능력은 그렇게 밀도가 높은 물체들의 밀도에 대한 굴절 능력과 동일하다. 다만 밀도가 서로 다른 경우에는 예외이다.

또한, 황을 다량으로 함유한 유질(油質) 물체인 장뇌 기름과 올리브기름, 아마인 기름, 테레빈 기름, 호박(琥珀), 그리고 아마도 유질 물체가 응고되어 만들어진 다이아몬드의 굴절은, 서로 어떤 대단한 차이도 없이, 각 물체의 밀도에 비례하는 굴절 능력을 갖는다. 그러나 이러한 응고된 물체의 밀도에 대한 굴절 능력은 앞에서 설명한 물체의 밀도에 대한 굴절 능력에 비해서 두 배에서 세 배 정도 더 크다.

물의 굴절 능력은 앞에서 언급한 두 가지 종류의 물체의 굴절 능력 사이에서 중간 정도이며, 아마도 물의 성질도 중간 정도일 것이다. 왜냐하면 물에서 모든 식물성 물질과 동물성 물질이 자라나는데, 그런 물질은 토양(土壤)으로 된 비유질(非油質)의 알칼리성 부분뿐 아니라 황이 많이 포함된 가연성(可燃性) 부분으로도 구성되어 있기 때문이다.

소금과 황산염은 토양(土壤)으로 된 물체와 물 사이의 중간 정도의 굴절 능력을 지니며, 따라서 그 두 종류 즉 토양(土壤)으로 된 물체와 물로 구성되어 있다. 왜냐하면 그들의 정수(精髓)를 증류(蒸溜)하고 정류(精溜)하면, 대부분은 물로 가고 나머지 대부분은 유리로 만들 수 있는 건조되고 응고된 토양(土壤)의 형태로 남게 되기 때문이다.

주정(酒精)의 굴절 능력은 물의 굴절 능력과 유질(油質) 물체의 굴절 능력 사이의 중간 정도이며, 따라서 그 두 가지가 발효 작용에 의해서 결합된 것처럼 보인다. 물에는 염분(鹽分)이 스며들어 있어서, 기름을 분해하고, 그런 작용에 의해서 기름을 발산한다. 주정(酒精)은 그 안에 포함된 유질(油質) 부분 때문에 가연성(可燃性)인데, 흔히 타타르 염(鹽)에서[167] 증류되어, 증류될 때마다 점점 수분(水分)을 더 많이 포함하고 점점 더 점액질(粘液質)이 된다. 그리고 화학자들은 발효가 되기 전의 증류된 (라벤더,[168] 루타,[169] 마요람과[170] 같은) 식물은 가연성(可燃性) 주정을 전혀 포함하지 않은 기름을 만들어내지만, 그러나 발효가 된 다음에는 전혀 유질(油質)을 포함하지 않는 독한 주정(酒精)을 만들어낸다는 것을 알고 있다. 이는 그 식물들의 기름이 발효에 의해서 주정으로 바뀐다는 것을 보여준다. 화학자들은 또한 발효 중인 식물에 소량의 기름을 첨가하면, 발효 후에 그 식물들은 주정(酒精) 형태로 증류된다는 것도 알고 있다.

앞에서 설명한 표에 의하면, 그러니까, 어떤 물체나 모두 굴절 능력은 그 물체의 밀도에 비례하는 것처럼 (또는 거의 비례하는 것처럼) 보인다. 다만 예외적으로 황을 포함한 유질(油質) 입자를 소량 포함하는 경우, 그런 물체의 굴절 능력은 조금 더 커지거나 조금 더 작아진다. 그래서 모든 물체의 굴절 능력은, 비록 전부 다는 아니더라도, 대부분 그 물체에 결합되어 있는 유황 성분을 포함한 부분에 기인한다고 보는 것이 합리적이다. 왜냐하면 모든 물체에는 다소간의 유황 성분이 결합되어 있다고 예상되기 때문이다. 그리고 화경(火鏡)을[171] 통해 모인 빛은 대부분 물체의 유황을 포함한 부분에 작용하여 그 물체가 타고 불꽃이 일어나게 만

---

[167] 타타르 염(salt of tartar)이란 오늘날 탄산칼륨에 해당하는 물질이다.
[168] 라벤더(lavender)는 방향이 있는 꿀풀과 식물 이름이다.
[169] 루타(rue 또는 ruta)는 운향과의 상록 다년초 식물 이름이다.
[170] 마요람(marjoram)은 박하 종류의 식물 이름이다.
[171] 여기서 화경(burning glass)은 볼록렌즈로 빛을 초점에 모이게 만드는 확대경을 의미한다.

든다. 그리고 모든 작용은 상호 관계로 일어나는 것이므로, 유황도 빛에 최대한으로 작용해야 한다. 그러므로 빛과 물체 사이의 작용이 상호 관계로 일어난다는 것은 다음과 같은 것으로도 알 수 있다. 빛을 가장 강력하게 굴절시키고 반사시키는 밀도가 가장 큰 물체는, 여름 햇볕 아래 놓으면, 굴절하거나 반사된 빛의 작용에 의해서, 가장 뜨거워진다.

나는 지금까지 물체가 빛을 반사시키고 굴절시키는 능력에 대해 설명했고 얇고 투명한 판과 섬유 그리고 입자가 그것들의 두께나 밀도에 따라서 어떤 종류의 광선을 반사시키는지, 그래서 그것들이 어떤 종류의 색깔로 나타나는지를 증명했다. 그 결과로 자연에 존재하는 모든 물체는 그 물체에 어떤 크기와 어떤 밀도의 투명한 입자가 포함되어 있는지만 알면 그 물체가 보이는 모든 색깔을 다 설명할 수 있고 그밖에 어떤 다른 것도 필요하지 않음을 보였다. 그렇지만 그런 얇은 판이나 섬유 그리고 입자가 그 두께가 얼마인지 그리고 밀도가 얼마인지에 따라서 어떻게 특정한 종류의 광선을 반사시키는지에 대해서는 내가 아직 설명하지 않았다. 그런 문제의 본질에 대한 통찰력을 제공하고, 다음 제2권 제4부에 다룰 내용에 대한 이해를 돕기 위해서, 제3부에 아직 추가할 명제가 몇 가지 더 남아 있다. 앞에서 다룬 명제들은 물체의 성질과 관계되었다면, 다음에 다룰 명제들은 빛의 성질과 관계된다. 이렇게 하는 이유는 물체와 빛 사이의 상호 작용에 대해 알려면 이 두 가지 성질을 반드시 모두 이해해야 하기 때문이다. 그리고 위의 마지막 명제 10은 빛의 속도의 영향을 받기 때문에, 다음에 빛의 속도와 관련된 명제로 시작하고자 한다.

명제 11.

빛은 빛을 내는 물체로부터 시간을 두고 전달되며, 태양에서 지구까지 오는 데 한 시간 중에서 약 7분 또는 8분이 소요된다.

이것은 목성을 회전하는 위성의 월식(月蝕) 현상을 보고 뢰머가[172] 최초로, 그리고 그 뒤 다른 사람들이 관찰했다. 지구가 태양과 목성 사이에 있을 때는 이 위성들의 월식이 표에 나와 있는 예정 시간보다 7분에서 8분 정도 더 먼저 시작하고 지구가 태양을 지나 있을 때는 예정 시간보다 7분에서 8분 정도 더 나중에 시작한다. 그 이유는 위성에서 출발한 빛이 지구까지 도달하는 데 앞의 경우보다 뒤의 경우에 더 멀리까지, 지구 궤도의 지름만큼 더 먼 거리를 진행해야 하기 때문이다. 월식이 일어나는 시간의 차이가 그 위성들의 궤도의 이심률 차이 때문에 발생한다고 생각할 수도 있다. 그러나 위성 궤도의 이심률만으로 지구의 위치와 태양에서 지구까지 거리에 의해 항상 일어나는 모든 위성에 대한 차이를 설명할 수는 없다. 또한 목성을 회전하는 위성들의 평균 운동은 목성이 태양 주위를 회전하는 궤도 중에서 절반인 근일점(近日點)에서 원일점(遠日點)으로 올라갈 때보다 원일점(遠日點)에서 근일점(近日點)으로 내려가는 다른 절반에서 더 빠르다. 그러나 이러한 차이는 지구의 위치와는 아무런 관련이 없으며, 위성에 작용하는 중력에 대한 이론으로 내가 계산한 것에 따르면, 안쪽 세 개의 위성에서는 그런 차이를 거의 느낄 수가 없다.

---

[172] 뢰머(Olaus Roemer, 1644~1710)는 뉴턴과 같은 시대에 활동한 덴마크의 천문학자이다.

명제 12.

굴절시키는 표면을 통하여 지나가는 빛의 모든 광선은 어떤 일시적인 성질 또는 상태로 들어가게 되는데, 광선이 진행하면서 일정한 시간 간격마다 광선은 이 성질 또는 상태로 되돌아가고, 그렇게 되돌아갈 때마다 그 성질 또는 상태는 광선이 다음에 마주치는 굴절시키는 표면에 쉽게 투과되도록 준비시키며, 그리고 그렇게 되돌아가는 사이사이에 그 굴절시키는 표면에 쉽게 반사되도록 준비시킨다.

이 명제는 관찰 5와 관찰 9, 관찰 12, 그리고 관찰 15에 의해 증명된다. 왜냐하면 이 네 가지 관찰에 의해서 어떤 정해진 종류의 동일한 광선이 임의의 얇은 투명한 판에 동일한 입사각으로 입사할 때, 그 얇은 판의 두께가 등차수열(等差數列)로 주어진 숫자인 0, 1, 2, 3, 4, 5, 6, 7, 8 등으로 증가하면 그 광선은 여러 번 연속해서 교대로 반사와 투과를 반복하게 되기 때문이다. 그래서 얇은 판의 두께가 1일 때 (판에 나타난 색깔을 띤 반지 모양 중에서 첫 번째 즉 가장 안쪽 것을 만드는) 첫 번째 반사가 일어난다면, 얇은 판의 두께가 0, 2, 4, 6, 8, 10, 12 등일 때는 광선이 투과되고, 그것에 의해서 투과 때문에 나타나는 중심의 점과 빛의 반지 모양들이 생긴다. 그리고 얇은 판의 두께가 1, 3, 5, 7, 9, 11 등일 때는 광선이 반사되고, 그것에 의해서 반사 때문에 나타나는 반지 모양들이 생긴다. 그리고 관찰 24에서 밝혔던 것처럼, 이렇게 교대로 발생하는 반사와 투과는 백 번 이상 반복하는 동안에도 계속되고, 다음 제2권 제4부에서 나올 관찰에서 알 수 있겠지만, 수천 번 이상 계속되어, 비록 얇은 판의 두께가 $\frac{1}{4}$인치를 초과하더라도, 유리판의 한 표면에서 다른 표면으로 계속해서 전파된다. 그래서 이렇게 교대로 반사와 투과가 계속되는 것은 모든 굴절시키는 표면에서 끝도 없고 제한도 없이 모든 거리까지 전파되는 것처럼 보인다.

　이렇게 교대로 발생하는 반사와 투과는 모든 얇은 판의 양쪽 표면 모두에 영향을 받는데, 그 이유는 그것이 둘 사이의 거리에 따라 달라지기 때문이다. 관찰 21에 의해서, 만일 운모(雲母)로 된 얇은 판의 한쪽 표면이 젖어 있다면, 교대로 발생하는 반사와 투과에 의해 만들어진 색깔들은 점점 더 희미해지며, 그러므로 그것은 양쪽 표면 모두에 관계된다.

　그러므로 반사와 굴절은 두 번째 표면에서 일어난다. 왜냐하면 만일 광선이 두 번째 표면에 도달하기 전인 첫 번째 표면에서 반사와 굴절이 일어난다면, 반사와 굴절은 두 번째 표면과는 상관이 없을 것이기 때문이다.

　반사와 굴절은 첫 번째 표면에서 두 번째 표면으로 전파된 어떤 작용 또는 성질에도 역시 영향을 받는데, 만일 그런 영향을 받지 않는다면 두 번째 표면에서는 반사와 굴절이 첫 번째 표면과는 상관이 없을 것이기 때문이다. 그리고 전파되는 과정에서 이러한 작용 또는 성질은 동일한 간격마다 잠시 멈춘 뒤 되돌아가는데, 그래서 모든 진행 과정에서 그 작용 또는 성질이 광선을 첫 번째 표면으로부터 특정한 거리에서 두 번째 표면에 반사되게 만들고, 첫 번째 표면으로부터 특정한 다른 거리에서 역시 두 번째 표면을 통과해 투과되게 만드는데, 이런 것이 같은 간격으로 셀 수 없을 만큼 많이 반복된다. 그리고 광선은 이런 간격 거리가 1, 3, 5, 7, 9번째 등일 때 반사되고, 거리가 0, 2, 4, 6, 8, 10번째 등일 때 투과되도록 되어 있으므로, 거리가 2, 4, 6, 8, 10번째 등일 때 투과되려는 성질은 (광선이 거리가 0일 때 첫 번째 표면을 통해서는 투과되는데, 만일 두 표면 사이의 거리가 무한히 작거나 1보다 훨씬 더 작다면, 광선은 두 표면 모두를 함께 통해서 투과될 것이므로) 그 광선이 거리가 0일 때 최초로 가졌던, 다시 말하면 첫 번째 굴절시키는 표면을 통한 그 광선의 투과에서 가졌던, 동일한 성질이 되돌아온 것이라고 설명할 수 있다. 이 모든 것이 내가 증명하려는 사항이다.

  이것이 어떤 종류의 작용 또는 성질일까? 그 작용 또는 성질이 광선의 회전운동 또는 진동운동에 속하는지, 아니면 매질의 회전운동 또는 진동운동에 속하는지, 또는 어떤 다른 것에 속하는지, 나는 여기서 묻지 않으려 한다. 어떤 새로운 발견을 추구하지는 않지만 그러나 가정을 이용하여 설명하려는 사람은, 당분간은, 마치 호수에 떨어진 돌멩이가 수면(水面)에 물결을 만들듯이, 그리고 모든 물체가 충격에 의해서 공기 중에 진동을 발생시키듯이, 빛을 나르는 광선이 굴절시키거나 반사시키는 표면에 부딪혀 굴절시키거나 반사시키는 그 매질 또는 물체에 진동을 발생시키며, 그렇게 발생한 진동에 의해 그 빛의 광선이 굴절시키거나 반사시키는 대상 물체의 단단한 부분들을 무질서하게 움직이도록 휘저어 놓고, 그렇게 휘저어 놓은 단단한 부분들의 무질서한 움직임에 의해 그 빛의 광선이 대상 물체로 하여금 따뜻하거나 뜨겁게 되도록 만든다고 가정할 수 있다. 그래서 그렇게 발생한 진동은, 마치 진동이 공기 중에서 전파되어 소리를 만들어내는 것과 상당히 흡사한 방식으로, 굴절시키거나 반사시키는 매질 또는 물체에서 전파되고 광선보다 더 빨리 움직여서 광선을 추월할 정도가 된다. 그리고 어떤 광선이 진동하는 부분 중에서 광선의 운동을 촉진하는 부분에 존재할 때는 그 광선은 굴절시키는 표면에서 용이하게 쪼개지지만, 진동하는 부분 중에서 광선의 운동을 방해하는 부분에 존재할 때는 그 광선은 용이하게 반사된다. 그 결과로, 어떤 광선이든 그 광선을 추월하는 모든 진동에 의해서 끊임없이 용이하게 반사되거나 용이하게 굴절하는 경향이 있다. 그렇지만 이 가정이 성립할지 성립하지 않을지에 대해서는 나는 여기서 고려하지 않는다. 나는 단지 빛의 광선이 어떤 원인 또는 다른 원인에 의해서 무수히 교대로 반사되거나 굴절하는 경향이 있다는 분명한 발견에 만족할 뿐이다.

정의

광선이 반사되려는 성질이 반복하여 되돌아오는 것을 나는 광선의 용이한 반사의 피트라고[173] 부르고, 광선이 투과하려는 성질이 되돌아오는 것을 나는 광선의 용이한 투과의 피트라고 부르려고 한다. 그리고 광선이 한 번 되돌아오고 그다음 되돌아올 때까지 그 광선이 통과한 공간을 광선의 피트의 간격이라고 부르려 한다.[174]

명제 13.

두꺼운 투명한 물체의 표면에서는 항상 그 표면에 입사한 광선의 일부가 반사되고 나머지는 굴절하는 이유는, 광선이 표면에 입사할 때 광선들 중에서 일부 광선은 용이한 반사의 피트에 존재하고 나머지 광선은 용이한 투과의 피트에 존재하기 때문이다.

 이 명제가 성립하는 것은 관찰 24에서 추정할 수 있다. 관찰 24에서는 공기와 유리로 된 얇은 판에 반사된 빛이, 맨눈으로 보면 판 전체 모두에

---

[173] 관찰 15에서 본 것처럼 얇은 판의 두께가 변할 때 광선이 교대로 반사와 투과를 반복하는 것을 입자인 광선으로 설명하기 위하여 뉴턴은 이 책에서 입자인 광선이 두 매질의 경계에서 일종의 파동을 유발시킨다는 이론을 제안하고 그것을 'fit'라고 부른다. 그러나 나중에 빛은 파동임이 밝혀지면서 뉴턴이 제안한 'fit' 이론은 사라지게 되었다. 뉴턴의 'fit'를 대표할 적당한 한글 단어가 없으므로 역자는 그냥 '피트'라고 번역한다.
[174] 뉴턴이 제안한 피트 이론에서 'interval of fits'를 정의하는데, 역자는 이것을 '피트의 간격'이라고 번역한다.

서 균일하게 흰색으로 나타나지만 그 빛을 프리즘을 통해서 보면 용이한 반사의 피트와 용이한 투과의 피트가 교대로 만든 밝은 빛과 어두운 빛이 여러 번 연달아 물결 모양으로 나타나는데, 여기서 프리즘은 위에서 설명한 것처럼 흰색으로 반사된 빛을 구성하는 물결 모양을 나누어 구분하는 역할을 한다.

그러므로 빛은 투명한 물체에 입사하기 전에 용이한 반사의 피트와 용이한 투과의 피트에 존재한다. 그리고 아마도 광선은 빛을 내는 물체에서 방출되는 순간부터 그런 피트에 이미 들어가 있으며, 그 빛이 진행하는 동안 내내 계속해서 그 피트에 존재할 것이다. 왜냐하면 다음 제2권 제4부에서 설명할 내용에 의해서 그 피트는 영구불변의 속성이기 때문이다.

이 명제에서 나는 투명한 물체의 두께가 두껍다고 가정한다. 그 이유는 만일 투명한 물체의 두께가 광선의 용이한 반사의 피트와 용이한 투과의 피트의 간격보다 훨씬 더 작다면, 그 물체는 자신의 반사 능력을 잃기 때문이다. 왜냐하면 만일 물체로 입사하는 광선이 용이한 투과의 피트에 들어가 있었는데, 광선이 그 용이한 투과의 피트에서 나오기도 전에 물체의 가장 먼 표면에 도달한다면, 그 광선은 투과해야 할 것이기 때문이다. 그리고 이것이 바로 물방울이 커져서 물방울 표면의 두께가 매우 얇아지면 물방울은 반사시키는 능력을 잃게 되는 이유이다. 그리고 또한 이것이 모든 불투명한 물체도 매우 작은 부분들로 나뉘면 투명해지는 이유이다.

명제 14.

투명한 물체의 표면은 굴절의 피트에 있는 광선을 가장 강력하게 굴절시키고,

반사의 피트에 있는 광선을 가장 용이하게 반사시킨다.

우리는 앞의 명제 8에서 빛이 물체의 단단하고 광선이 스며들지 않는 부분에 부딪혀 반사가 일어나는 것이 아니라, 그 단단한 부분이 멀리서 작용하는 어떤 다른 능력을 지녀 그 능력에 의해서 빛이 부딪히기 전에 반사가 일어나도록 만든다는 것을 보였다. 또한 우리는 명제 9에서 물체는 한 가지 동일한 능력을 이용해서 빛을 반사하기도 하고 굴절시키기도 하는데, 그 능력은 다양한 환경 아래서 다양하게 행사된다는 것을 보였다. 그리고 명제 1에서는 가장 강력하게 굴절시키는 표면이 가장 많은 양의 빛을 반사한다는 것도 보였다. 이 모든 것을 함께 비교하면, 이 명제와 앞의 마지막 명제가 분명해지고 세밀(細密)해진다.

명제 15.

어떤 굴절시키는 표면에서 임의의 각도로 나와서 한 가지 동일한 매질로 들어가는 한 가지 같은 종류의 광선에서, 뒤따르는 용이한 반사의 피트와 용이한 투과의 피트의 간격은, 한 변의 길이는 굴절각의 시컨트이고[175] 다른 한 변의 길이는 아래 설명한 것과 같이 정해지는 다른 각의 시컨트인 직사각형의 폭과 정확히 같거나 아주 거의 정확히 같다. 여기서 그 다른 각의 사인은, 입사의 사인과 굴절의 사인 사이의 106개의 산술 비례 중항 중에서,[176] 굴절의 사인에서 시작하여 세었을 때 첫 번째에 있는 항과 같다.

이 명제는 관찰 7과 관찰 19에 의해 명백하게 성립한다.

---

[175] 시컨트(secant)는 코사인의 역수로 정의되는 삼각함수를 말한다.
[176] a와 b 사이의 n개의 산술 비례 중항이란 b−a를 n+1 등분하여 b에 이를 때까지 a에 차례로 더한 값을 말한다.

명제 16.

어떤 굴절시키는 표면에서 동일한 각도로 나와서 똑같은 매질로 들어가는 몇 가지 종류의 광선에서, 뒤따르는 용이한 반사의 피트와 용이한 투과의 피트의 간격은, 아래 설명한 것처럼 정해지는 화음(和音)의 길이의 제곱의 세제곱근과 정확히 같거나 아주 거의 정확히 같다. 여기서 위에서 말한 화음은, 제1권 제2부의 실험 7에서 설명한 비례 관계에 의거해서, 위의 광선의 색깔에 응답하는 모든 중간 단계가 있는 솔, 라, 파, 솔, 라, 미, 파, 솔의 여덟 음표를 만드는 화음을 의미한다.

 이 명제는 관찰 13과 관찰 14에 의해 명백하게 성립한다.

명제 17.

만일 어떤 종류의 광선이든 몇 개의 매질을 수직으로 통과한다면, 어떤 한 매질에서 용이한 반사의 피트와 용이한 투과의 피트의 간격과 어떤 다른 매질에서 용이한 반사의 피트와 용이한 투과의 피트의 간격 사이의 비는, 그 광선이 그 두 매질 중 첫 번째 매질에서 두 번째 매질로 진행할 때 입사의 사인과 굴절의 사인 사이의 비와 같다.

 이 명제는 관찰 10에 의해 명백하게 성립한다.

명제 18.

만일 노란색과 주황색의 영역에 해당하는 색깔을 물체에 비추는 광선이 어떤 매질에서 수직으로 공기로 들어가면, 그 광선의 용이한 반사의 피트의 간격은 1인치의 $\frac{1}{89000}$ 배이다. 그리고 그 광선의 용이한 투과의 피트의 간격도 같은 길이다.

이 명제는 관찰 6에 의해 명백하게 성립한다. 이 명제들에서 어떤 매질의 경우든, 그 매질을 향해 어떤 각도로든 굴절해 들어가는 어떤 종류의 광선이든, 그 광선의 용이한 반사의 피트와 용이한 투과의 피트의 간격을 추정하는 것은 어렵지 않다. 그리고 그로부터 그 광선이 잇따라 그 다음의 어떤 다른 맑게 투명한 매질로 입사하면 거기서 반사될지 투과될지를 아는 것도 어렵지 않다. 이 명제는 다음 제2권 제4부의 내용을 이해하는 데 도움이 되기 때문에 여기에 기록해 놓았다. 그리고 똑같은 이유로 다음 두 개의 명제를 더 추가한다.

명제 19.

만일 어떤 맑고 투명한 매질이든 그 매질의 매끈매끈한 표면에[177] 도달한 광선이 어떤 종류의 광선이더라도, 그 광선이 반대 방향으로 반사되면, 그 반사 지점에서 광선이 갖는 용이한 반사의 피트는 그 뒤에도 계속해서 되돌아오게 되는데, 그러한 되돌아오기는 반사 지점에서 숫자가 2, 4, 6, 8, 10, 12 등과 같은 등차수열이 되는 거리에서 일어나고, 이러한 간격들 사이사이에서 그 광선은 용이한 투과의 피트에 놓이게 될 것이다.

용이한 반사의 피트와 용이한 투과의 피트는 되돌아오는 속성이 있으므로, 광선이 반사시키는 매질에 도달해서 그곳에서 광선을 반사하도록

---

[177] 원문에는 'the polite surface'라고 되어 있는 부분을 역자는 '매끈매끈한 표면'이라고 번역했다. 17세기 영국에서는 polite이 광택이 있거나 매끈매끈한 것을 묘사하는 glossy 또는 smooth라는 의미로도 사용되었다.

만들 때까지 계속되는 이러한 피트들이 그곳에서 멈추어야 할 이유가 없다. 그리고 만일 반사되는 지점에서 광선이 용이한 반사의 피트 안에 있었다면, 그 지점에서 시작하여 그 용이한 반사의 피트까지의 거리는 반드시 0부터 시작하여 숫자들 0, 2, 4, 6, 8 등으로 커져야만 한다. 그러므로 용이한 반사의 피트 사이사이의 중간에 오는 용이한 투과의 피트까지의 거리가 커지는 경우에는, 동일한 지점에서 계산하면, 홀수인 1, 3, 5, 7, 9 등으로 커져야만 하는데, 이것은 그 피트들이 굴절 지점에서 전파될 때 생기는 것과는 반대이다.

명제 20.

반사된 지점에서 어떤 매질로든 전파되는 용이한 반사의 피트와 용이한 투과의 피트의 간격은, 동일한 광선이 반사각과 동일한 굴절각으로 동일한 매질에서 굴절하면 갖게 되는 용이한 반사의 피트와 용이한 투과의 피트의 간격과, 같다.

왜냐하면 빛이 얇은 판을 통과해 그 판의 뒤쪽 표면 즉 두 번째 표면에 반사될 때, 그 빛은 그렇게 반사된 뒤에는 첫 번째 표면에서 거리낌 없이 퍼져나가면서, 반사에 의해 나타나는 색깔과 같은 색깔을 띤 반지 모양들을 만들기 때문이다. 그리고 그 광선은 밖으로 나간 뒤의 자유로움에 의하여, 그 판의 뒤쪽으로 투과되어 판의 다른 쪽에 나타나는 반지 모양의 색깔보다 더 선명하고 더 강력한 색깔의 반지 모양들을 만들기 때문이다. 그러므로 반사된 광선은 판의 밖으로 나가면서 용이한 투과의 피트 안에 있게 되는데, 만일 두 번째 표면에서 반사된 뒤에, 얇은 판의 내부에서 피트의 간격 하나의 길이는 물론 판 내부에 포함된 간격의 수가, 두 번째 표면에서 반사되기 전에 얇은 판 내부에서 피트의 간격 하나의 길이와 판 내부에 포함된 간격의 수와 같지 않다면, 그런 일이 항상 일어나지는 않는다. 그리고 이것이 앞의 명제 19에서 기록된 비례 관계가 옳다는 것 또한 확인시켜준다. 왜냐하면 만일 첫 번째 표면으로 들어오는 광선이나 반사되어 나가는 광선이나 모두 용이한 투과의 피트 안에 있고, 그리고 반사 전에 있었던, 첫 번째 표면과 두 번째 표면 사이에서, 그러한 피트들의 간격 하나의 길이와 그 사이에 포함된 간격들의 수가 반사 후에도 같다면, 두 표면 중 어느 표면에서든지 용이한 투과의 피트들까지의 거리가, 반사 후에도 반사 전과 마찬가지로 동일한 수열(數列)을 이루어야 하기 때문이다. 한편 명제 19와 명제 20은 다음의 제2권 제4부에 나오는 관찰들로 훨씬 더 명백해질 것이다.

제4부

표면이 윤이 나는 두껍고 투명한 판의 반사와 색깔에 관한 몇 가지 관찰.

 유리 또는 금속 반사경을 아무리 잘 연마해도, 규칙적으로 굴절하거나 반사되는 빛 이외에, 모든 방향으로 불규칙적으로 흐트러뜨려서 생기는 희미한 빛을 제거할 수는 없다. 그리고 캄캄한 방에서 태양에서 온 빛줄기를 그렇게 연마된 표면에 비출 때, 어떤 방향에서 보더라도 그렇게 생기는 희미한 빛에 의해서 그 표면을 쉽게 볼 수 있다. 이렇게 흐트러뜨려진 빛에 의해 발생하는 현상이 존재하는데, 나는 그런 현상을 처음 보았을 때 그 현상이 매우 이상하고 놀라웠다. 내가 관찰한 것들은 다음과 같다.

 관찰 1. 지름이 $\frac{1}{3}$인치인 구멍을 통하여 캄캄한 방으로 태양 빛이 들어오는데, 나는 그렇게 들어온 빛줄기를 유리 반사경의 표면에 수직으로 쪼이도록 했다. 그 유리 반사경의 한쪽 면은 오목하고 다른 쪽 면은 볼록하게 연마했는데, 볼록한 면은 반지름이 5피트 11인치인 구의 표면 일부이고, 볼록한 쪽은 수은을 발랐다. 그리고 불투명한 흰색 차트 또는 접지 않은 큰 종이를 유리 반사경이 표면의 일부인 구(球)의 중심을 지나가게, 다시 말하면 유리 반사경에서 높이가 5피트 11인치가 되도록, 펴 놓았는데, 이때 빛줄기는 그렇게 펴 놓은 차트의 중심에 뚫린 작은 구멍을 통하여 유리 반사경에 도달한 다음 반사하여 다시 중앙에 뚫린 그 동일한 구멍으로 되돌아오도록 장치했다.[178] 그랬더니 그 차트 위에서 가운데 구멍을 둘러싸는 반지 모양이 네 개 또는 다섯 개 정도가 여러 가지 색깔로 마치 무지개처럼 나타나는 것을 볼 수 있었는데, 이것은 제2권 제1부의 관찰 4와 그 뒤를 이은 관찰들에서 두 개의 접촉된 대물렌즈들 사이에서 중앙의 검은색 점을 둘러싸는 반지 모양이 나타나는 것과 매우 흡사한 방식이었으며, 다만 이번에 관찰된 것이 이전보다 더 크고 더 희미하다는 점이 달랐다. 이 반지 모양들은 더 큰 것일수록 점점 더 옅어지고 더 희미해져서, 다섯 번째 반지 모양은 거의 보이지 않았다. 그러나 때로는, 태양이 매우 맑게 비출 때, 희미하지만 여섯 번째와 일곱 번째의 윤곽이 나타났다. 만일 유리 반사경에서 차트까지 거리가 6피트보다도 훨씬 더 멀거나 훨씬 더 가까우면, 반지 모양들은 옅어져서 결국 사라졌다. 그리고 만일 창문에서 유리 반사경까지의 거리가 6피트보다 훨씬 더 멀면, 유리 반사경에서 거리가 6피트인[179] 반지 모양들이 나타나는 곳에서는 반사된 빛줄기의 단면이 너무 넓어져서 가장 안쪽 한두 개의 반지 모양이 분명하게 보이지 않게 되었다. 그러므로 나는 평소에는 유리 반사경을 창문에서 약 6피트 되는 곳에 놓아서, 차트 위의 반지 모양이 나타나는 곳의 중심에 유리 반사경의 초점이 맺히도록 했다. 그리고 다음에 설명하는 관찰들에서도 다르게 설명되어 있지 않으면 언제나 그런 식으로 유리 반사경을 설치했다고 생각하면 된다.

관찰 2. 이 무지개 모양의 색깔들은, 제2권 제1부의 관찰 9에서 두 개

---

[178] 유리 반사경의 뒤쪽 볼록한 부분은 반지름이 5피트 11인치인 구 표면의 일부와 일치한다. 그래서 그림에 보인 것처럼 차트가 그 구의 중심을 지나가도록 펴 놓는다.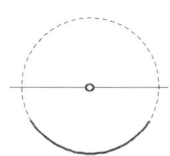

[179] 앞에서는 종이를 유리 반사경 바닥에서 거리가 5피트 11인치인 곳에 놓았다고 했는데, 여기서는 거리가 6피트 즉 5피트 12인치인 곳에서 반지 모양이 나타난다고 한다.

의 접촉된 대물렌즈를 통해 반사된 빛이 아니라 투과된 빛에 의해 만들어진 반지 모양의 색깔과 동일한 형태와 동일한 순서로, 중심에서 바깥쪽으로 연달아 이어졌다. 우선, 반지 모양들의 공통 중심에는 희미한 빛으로 된 흰색 둥그런 점이 있는데, 이 둥근 점은 반사된 빛줄기보다 약간 더 넓어서, 때로는 반사된 빛줄기가 그 둥근 점의 정 중앙에 닿는 경우도 있었지만, 때로는 유리 반사경이 중앙에서 뒤쪽으로 약간 기울어져 있어서 반사된 빛줄기가 그 둥근 점의 정 중앙에 닿지 못하고, 그래서 중앙에 흰색 점이 남아 있는 경우도 있었다.

이 흰색 점은 바로 옆에 어두운 회색 또는 황갈색으로 둘러싸여 있고, 그 어두운 회색 바로 옆에는 첫 번째 무지개 모양의 색깔들로 둘러싸여 있었다. 이 무지개 모양의 색깔들은 안쪽 어두운 회색 바로 옆에 약간의 보라색과 남색이 나오고, 그리고 그 다음에 바깥으로 나갈수록 점점 더 엷어지는 파란색이 나오고, 그리고 그 다음에는 약간 초록빛이 나는 노란색이, 그리고 그 다음에 더 밝은 노란색이, 그리고 그 다음에는 그 무지개 모양의 바깥쪽 테두리에 빨간색이 나오는데, 그 빨간색의 가장 바깥쪽은 보라색에 가까워졌다.

이 무지개 모양은 바로 그 다음에 두 번째 무지개 모양으로 둘러싸였는데, 두 번째 무지개 모양의 색깔은 안쪽에서 바깥쪽을 향하면서 차례로 보라색, 파란색, 초록색, 노란색, 옅은 빨간색, 보라색이 혼합된 빨간색이었다.

그러고 나서 즉시 세 번째 무지개 모양의 색깔들이 뒤따랐는데, 그 색깔들은 바깥쪽으로 나가면서 차례로 보라색에 가까운 초록색, 짙은 초록색, 그리고 그 이전 두 번째 무지개 모양에서 빨간색보다 좀 더 밝은 빨간색이었다.

네 번째 무지개 모양과 다섯 번째 무지개 모양은 안쪽에서는 푸른빛이 도는 초록색처럼 보였고 바깥쪽에서는 빨간색처럼 보였지만, 너무 희미해서 색깔을 구분하는 것이 쉽지 않았다.

관찰 3. 차트 위에 보이는 이 반지 모양들의 지름을 내가 할 수 있는 한 정확하게 측정해서, 나는 그 지름들 사이의 비례 관계가 두 개의 접촉된 대물렌즈를 통해 투과된 빛에 의해 만들어진 반지 모양에서 관찰된 지름 사이의 비례 관계와 같다는 것을 발견했다. 유리 반사경에서 거리가 6피트인 곳에 만들어진 밝은 반지 모양 중에서 처음 네 개의 지름은, 반지 모양의 궤도 중에서 가장 밝은 부분 사이를 측정했더니 $1\frac{11}{16}$인치, $2\frac{3}{8}$인치, $2\frac{11}{12}$인치, $3\frac{3}{8}$인치였는데, 이것을 제곱하면 숫자 1, 2, 3, 4와 같은 등차수열이 된다.[180] 만일 중심에 위치한 흰색 동그란 점을 반지 모양에 포함하고 그래서 가장 밝게 빛나는 것처럼 보이는 그 중심의 빛을 반지 모양과 같은 것인데 단지 무한히 작을 뿐이라고 한다면, 반지 모양들의 지름의 제곱은 0, 1, 2, 3, 4 등과 같은 수열이 된다. 나는 이 밝은 반지 모양들 사이사이에 놓인 어두운 빛을 띤 원들의 지름도 측정했는데, 그랬더니 유리 반사경에서 거리가 6피트인 곳에서 처음 네 개의 지름은 $1\frac{3}{16}$인치, $2\frac{1}{16}$인치, $2\frac{2}{3}$인치, $3\frac{3}{20}$인치였고, 그 지름의 제곱들 사이의 비는 숫자 $\frac{1}{2}$, $1\frac{1}{2}$, $2\frac{1}{2}$, $3\frac{1}{2}$ 등과 같은 수열이 되는 것을[181] 발견했다. 만일 유리 반사경에서 차트까지의 거리를 증가시키거나 감소시키면, 원 모양들의 지름도 비례해서 증가하거나 감소했다.

관찰 4. 위에서 관찰한 반지 모양들과 제2권 제1부의 관찰에서 설명한 반지 모양들이 무척 유사하기 때문에, 나는 이번 실험에서도 서로 겹쳐서 펼쳐져 있고 그 반지 모양들의 색깔들이 혼합되어 서로 간섭함으로써

---

[180] 본문에 나온 이 네 숫자를 제곱하고, 첫 번째 숫자를 제곱한 것으로 나누면 차례로 1.000, 1.981, 2.987, 4.000이 된다.
[181] 본문에 나온 이 네 숫자를 제곱하고, 첫 번째 숫자를 제곱한 것의 두 배로 나누면 차례로 0.500, 1.508, 2.521, 3.518이 된다.

서로를 엷어지게 만들었고 그래서 서로 분리되어 관찰될 수가 없는 더 많은 수의 반지 모양들이 있을지도 모른다는 것을 어렴풋이 느꼈다. 그러므로 나는 그 반지 모양들을, 제2권 제1부의 관찰 24에서 반지 모양들을 관찰한 것처럼, 프리즘을 통하여 바라보았다. 그래서 제2권 제1부의 관찰 24에서 그랬던 것처럼, 반지 모양들에서 혼합된 색깔들의 빛을 굴절시켜서 여러 반지 모양이 서로 구분되도록 프리즘이 장치되었을 때, 나는 반지 모양들을 전보다 더 분명하게 볼 수 있었고, 그래서 반지 모양 여덟 또는 아홉 개는 쉽게 볼 수가 있었으며, 어떤 경우에는 열두 개 또는 열세 개까지도 볼 수가 있었다. 그리고 그렇게 구분된 반지 모양들의 빛이 아주 희미하지 않았더라면, 훨씬 더 많이 볼 수도 있었으리라는 것을 의심하지 않았을 것이다.

관찰 5. 창문으로 들어온 빛줄기를 굴절시켜서 여러 색깔로 된 길쭉한 스펙트럼을 유리 반사경에 비추기 위해 창문에 프리즘을 놓고, 유리 반사경을 검은색 종이로 가리는데, 그 검은색 종이의 중앙에는 구멍이 나 있어서 어느 한 가지 색깔만 그 구멍을 통과해 유리 반사경까지 도달하고 나머지 색깔들은 그 검은색 종이에 의해 차단되게 한다. 그러자 오로지 유리 반사경에 도달한 색깔로 된 반지 모양들만 볼 수 있었다. 유리 반사경을 빨간색으로 비추면, 반지 모양은 모두 빨간색이고 그 사이에 어두운 간격이 있었으며, 파란색으로 비추면, 반지 모양도 역시 모두 파란색이고, 다른 색깔로 비추더라도 마찬가지였다. 그리고 반지 모양들이 단지 어느 한 가지 색깔로만 비춰졌다면, 가장 밝은 부분으로 측정된 반지 모양들의 지름의 제곱은 숫자 0, 1, 2, 3, 4로 이루어진 등차수열이 되며, 밝은 부분들 사이사이의 어두운 간격들까지의 지름의 제곱은 중간 숫자 $\frac{1}{2}, 1\frac{1}{2}, 2\frac{1}{2}, 3\frac{1}{2}$로 이루어진 등차수열이 되었다. 그러나 색깔이 달라지면 지름의 크기도 바뀌었다. 빨간색에서 지름이 최대였고, 남색과 보라색에서 최소였으며, 중간 색깔인 노란색, 초록색, 그리고 파란색에서는 색깔에 따라서 크기가 그 중간의 몇 가지 단계로 변했는데, 즉 노란색에서 지름이 초록색에서 지름보다 더 컸으며, 초록색에서 지름이 파란색에서 지름보다 더 컸다. 그러므로 유리 반사경을 흰색 빛으로 비추면, 바깥쪽에 있는 빨간색과 노란색 반지 모양은 가장 적게 굴절하는 광선에 의해서 만들어지고, 파란색과 보라색 반지 모양은 가장 많이 굴절하는 광선에 의해서 만들어지며, 앞의 제2권 제1부와 제2부에서 이미 설명한 것과 같은 방식을 따라서, 각 반지 모양의 색깔은 양쪽으로 인접한 다른 색깔의 반지 모양으로 퍼지고, 그렇게 색깔들이 섞임으로써 옅어져서, 반지 모양의 중심 부근에 색깔이 섞이지 않은 부분을 제외하고는, 그 색깔들을 제대로 식별할 수 없음을 나는 알고 있었다. 이 관찰에서 나는 반지 모양들을 좀 더 분명하게 볼 수 있었으며, 전보다 더 많은 반지 모양을 볼 수가 있어서, 노란색을 이용했을 때는 반지 모양을 여덟 개에서 아홉 개까지도 볼 수가 있었고, 거기다 더 해서 열 번째 희미한 부분까지도 보였다. 몇몇 반지 모양의 색깔이 얼마나 서로 겹쳐져서 퍼졌는지에 대한 개인적인 호기심을 충족시키기 위해, 나는 두 번째 반지 모양의 지름과 세 번째 반지 모양의 지름을 측정했는데, 빨간색과 주황색의 경계에 의해 만들어진 지름은 같았고, 파란색과 남색의 경계에 의해 만들어진 지름은 9 대 8 정도라는 것을 발견했다. 그렇지만 이 비례 관계를 정확히 정하기는 쉽지 않았다. 또한 빨간색과 노란색, 그리고 초록색으로 연달아 만들어진 원들은 초록색과 파란색 그리고 남색으로 연달아 만들어진 원들보다 더 많이 달랐다. 또 보라색으로 만들어진 원은 식별하기에는 너무 어두웠다. 그러므로 계산을 계속하기 위해서 가장 바깥쪽의 빨간색이 만든 원의 지름과, 빨간색과 주황색의 경계가 만든 원의 지름, 주황색과 노란색의 경계가 만든 원의 지름, 노란색과 초록색의 경계가 만든 원의 지름, 초록색과 파란색의 경계가 만든 원의 지름, 파란색과 남색의 경계가 만든 원의 지름, 남색과 보라색의 경계가 만든 원의 지름, 그리고 가장 안쪽의 보라색이 만든 원의 지름의 차이는 여덟 개의 음조 솔, 라, 파, 솔, 라, 미, 파, 솔을 소리 내는 일현금(一絃琴)[182] 길이 차이에 비례한다고, 다시 말하면 $\frac{1}{9}, \frac{1}{18}, \frac{1}{12}, \frac{1}{12}, \frac{2}{27}, \frac{1}{27}, \frac{1}{18}$에 비례한다고 가정하자. 그리고 만일 빨간색과 주황색의 경계가 만든 원의 지름이 9A이고, 위에서처럼 파란색과 남색의 경계가 만든 원의 지름이 8A라면, 그 두 지름의 차이인 9A − 8A와 가장 바깥쪽 빨간색에 의해 만들어진 원의 지름과 빨간색과 주황색의 경계에 의해 만들어진 원의 지름 사이의 차이의 비는, $\frac{1}{18}+\frac{1}{12}+\frac{1}{12}+\frac{2}{27}$과 $\frac{1}{9}$ 사이의 비와 같고, 그것은 다시 $\frac{8}{27}$과 $\frac{1}{9}$ 사이의 비와 같은데, 그러므로 8과 3의 비와 같다. 그리고 9A − 8A와 가장 바깥쪽 보라색이 만드는 원의 지름과 파란색과 남색의 경계가 만드는 원의 지름 사이의 차이의 비는 $\frac{1}{18}+\frac{1}{12}+\frac{1}{12}+\frac{2}{27}$와 $\frac{1}{27}+\frac{1}{18}$ 사이의 비와 같은데, 이것은 다시 $\frac{8}{27}$과 $\frac{5}{54}$ 사이의 비와 같고, 그래서 16과 5 사이의 비와 같다. 그러므로 이러한 차이는 $\frac{3}{8}$A와 $\frac{5}{16}$A가 된다. 처음 결과에 9A를 더하고 나중 결과에 8A를 빼면 가장 적게 굴절하는 광선과 가장 많이 굴절하는 광선이 만드는 원의 지름을 구하게 되는데, 그 결과는 $\frac{75}{8}$A와 $\frac{61\frac{1}{2}}{8}$A이다. 그러므로 이 두 지름 사이의 비는 75 대 $61\frac{1}{2}$ 또는 50 대 41이 되며, 그래서 두 지름의 제곱 사이의 비는 2500 대 1681로 이것은 대략 3 대 2이다. 이 비율은 제2권 제1부의 관찰 13에서 가장 바깥쪽 빨간색에 의해 만들어진 원의 지름과 가장 바깥쪽 보라색에 의해 만들어진 원의 지름 사이의 비와 별로 다르지 않다.

관찰 6. 이 반지 모양들이 가장 분명하게 나타나는 곳에 눈을 고정했더니, 유리 반사경의 겉면이, 마치 제2권 제1부의 관찰에서 대물렌즈 사이

---

[182] 일현금(monochord)이란 중세에 이용된 줄 하나로 음을 내는 악기이다.

에서 그리고 물방울에서 그랬던 것처럼, 온통 (빨간색, 노란색, 초록색, 파란색과 같은) 색깔들의 물결로 물들어 보였는데, 단지 이번에 본 물결 모양이 훨씬 더 컸다. 그리고 그 색깔들의 물결은 내 눈의 위치를 바꾸면 크기도 바뀌었는데, 내가 보는 방향을 이 방향으로 또는 저 방향으로 옮김에 따라, 유리 반사경 겉면에 생기는 색깔들의 물결이 늘어나기도 하고 줄어들기도 했다. 그 색깔들의 물결은, 제2권 제1부의 관찰에서도 그랬듯이, 동심원(同心圓)들의 원호들처럼 형성되어 있었고, 내 눈이 유리 반사경의 오목한 부분 바로 위에 있을 때는, (자세하게는 유리 반사경에서 내 눈까지의 거리가 5피트 10인치였는데,) 그 동심원들의 공동 중심은 유리 반사경의 오목한 부분의 중심과 창문에 만든 구멍을 잇는 직선 위에 있었다. 그러나 내 눈의 위치가 바뀌면 그 동심원들의 공동 중심의 위치도 다른 곳으로 바뀌었다. 반지 모양들은 창문에 뚫은 구멍을 통하여 유리 반사경까지 전달된 구름의 빛에[183] 의해 나타났으며, 태양이 그 구멍을 통하여 유리 반사경을 비추었을 때, 유리 반사경을 비춘 태양의 빛은 그 빛이 닿은 반지 모양의 색깔이었지만, 그러나 태양의 빛이 자기가 가지고 있는 광채에 의해서 구름의 빛에 의해 만들어진 반지 모양들을 흐리게 했다. 다만 유리 반사경을 창문에서 아주 멀리 가지고 갔을 때는, 유리 반사경을 비추는 태양의 빛이 아주 넓게 퍼지고 희미해져서 그런 현상이 나타나지 않았다. 내 눈의 위치를 바꾸고, 또한 눈을 태양의 빛이 직접 쪼이는 빛줄기에서 가까이 또는 멀리 움직이면, 반사된 태양 빛의 색깔은 유리 반사경 위에서 끊임없이 바뀌었는데, 그것은 태양 빛이 내 눈에서 반사된 것과 같아서, 내 옆에 있던 사람이 내 눈에서 본 색깔은 내가 유리 반사경에서 본 색깔과 항상 똑같았다. 그러므로

---

[183] 여기서 구름의 빛(light of the clouds)란 태양에서 직접 비친 직사광선이 아닌 낮의 환한 빛을 의미한다.

나는 차트 위에 그려진 여러 색깔로 된 반지 모양들은 유리 반사경에서 서로 다른 여러 각도로 전파된 그 반사된 색깔들에 의해서 만들어졌으며 그리고 그러한 반지 모양들이 생겨나는 원인은 빛이나 그림자를 가로막는 것과는 상관없다는 것을 깨달았다.

관찰 7. 제2권 제1부에서 설명한 여러 색깔로 이루어진 비슷한 반지 모양 현상과 유사하게, 나에게는 그 색깔들이, 아주 얇은 유리판에 의해 만들어진 것과 똑같은 방식으로, 그 두꺼운 유리판에 의해서 만들어진 것처럼 보였다. 왜냐하면, 경험에 의하면 유리 반사경 뒤쪽의 수은을 문질러 벗겨낸 유리만으로도 색깔들로 만들어진 동일한 반지 모양들이 생기지만 전보다 훨씬 희미하기 때문이다. 그러므로 수은이 유리 뒤쪽의 반사를 증가시켜서 색깔들로 만들어진 반지 모양들이 빛을 증가시키는 것을 제외하고는, 이 현상이 수은 때문인 것은 아니다. 나는 또한 광학 도구로 이용하려고 수년 전에 제작한, 유리는 포함하지 않고 금속만을 매우 정교하게 가공해서 만든 금속 반사경은 그런 반지 모양들을 전혀 만들지 않는다는 것을 발견했다. 그러므로 나는 그러한 반지 모양들이 반사경의 한 표면에 의해서만 생겨나는 것이 아니고, 유리 반사경이 만들어진 유리판의 양쪽 두 표면과 그리고 그 두 표면 사이의 유리 두께 때문이라고 이해했다. 제2권 제1부의 관찰 7과 관찰 19에서와 같이, 두께가 균일한 공기나 물 또는 유리로 된 얇은 판에 광선을 수직으로 쬘 때는 한 가지 색깔로 보이고, 광선을 약간 기울여 쬐면 다른 색깔로 보이고, 광선을 좀 더 많이 기울여 쬐면 또 다른 색깔로 보이고, 이런 식으로 계속된다. 그러므로 바로 앞의 관찰 6에서, 유리에서 여러 서로 다른 기울기로 나오는 빛이 유리를 여러 서로 다른 색깔로 나타나게 만들었으며, 그 빛이 그런 서로 다른 기울기로 차트까지 전달되어 차트에는 그런 여러 색깔의 반지 모양들을 그려 놓았다. 그리고 얇은 판에 광선이 여러 서로 다른 기울기로 비추면 왜 서로 다른 여러 색깔로 나타나느냐 하면, 광선의 종류에 따라 얇은 판에서 반사되는 기울기와 투과되는 기울기가 따로 정해져 있어서, 같은 종류의 광선은 항상 똑같은 정해진 기울기로 반사되고 또 반사되는 기울기와는 다르지만 역시 항상 똑같은 정해진 기울기로 투과되는데, 한 종류의 광선이 반사된 곳에서 다른 종류의 광선은 투과되고, 그리고 처음 종류의 광선이 투과된 곳에서 나중 종류의 광선은 반사되기 때문이었다. 마찬가지로, 유리 반사경이 만들어진 두꺼운 유리판을 여러 서로 다른 기울기로 바라보면 왜 다양한 여러 가지 색깔로 나타나는지, 그리고 그런 기울기마다 서로 다른 색깔들이 차트로 전파되는지, 그 이유는, 광선의 종류에 따라서 유리에서 나타나는 기울기가 정해져 있어서, 같은 종류의 광선은 어떤 기울기에서는 나타나고 다른 기울기에서는 나타나지 않지만, 그러나 그 광선이 유리의 한쪽 표면에 의해서 수은을 바른 쪽 표면으로 반사되면, 그에 맞게 기울기가 점점 더 증가하면서, 여러 번 연달아서 교대로 나타나고 반사되기를 반복하게 되며, 한 가지 동일한 기울기에서는 한 가지 종류의 광선은 반사되고 다른 종류의 광선은 투과되기 때문이었다. 이것은 제2권 제4부의 관찰 5에 의해서 명백하게 성립한다. 그 관찰 5에서, 프리즘의 색깔 중에서 어떤 한 가지 색깔로든 유리 반사경을 비추었을 때, 그 빛은 차트 위에 동일한 색깔의 많은 수의 반지 모양과 그 반지 모양들 사이사이에 어두운 간격들을 만들었으며, 그러므로 그 빛이 유리 반사경에서 나타나면서, 그 빛이 나타나는 서로 다른 여러 가지 기울기마다 그 기울기에 알맞게, 여러 번 연달아 유리 반사경에서 차트까지 빛이 교대로 전달되기도 하고 전달되지 않기도 했다. 그리고 프리즘에서 유리 반사경으로 비춘 빛의 색깔이 바뀌었을 때는, 반지 모양의 색깔은 유리 반사경을 비춘 색깔로 바뀌었고, 색깔이 바뀌면 반지 모양들의 크기도 바뀌었다.

그러므로 그 빛은 이제 전과는 다른 기울기로 유리 반사경에서 차트까지 교대로 전달되기도 하고 전달되지 않기도 했다. 그러므로 나에게는 이 반지 모양들이 원칙적으로는 얇은 판에서 만들어진 반지 모양들과 동일한 한 가지 원인에 의해서 만들어졌지만 다만 얇은 판의 경우와 다음과 같은 차이가 있을 뿐인 것처럼 보였다. 얇은 판에서 만들어진 반지 모양들은 판의 두 번째 표면에서 광선들이, 한 번 통과한 다음에, 교대로 반사와 투과가 일어나서 만들어진다. 그러나 유리 반사경에서는 광선들이 교대로 반사되고 투과되기 전에 판을 두 번 통과한다. 먼저, 광선들은 첫 번째 표면에서 수은을 향해 유리 반사경을 통과하고, 그 다음에 수은에서 첫 번째 표면을 향해 유리 반사경을 통과해 돌아오는데, 거기서 광선들은, 그 표면에 도달할 때 그 광선들이 용이한 반사의 피트에 있으면[184] 투과되어 차트까지 전달되고, 용이한 반사의 피트에 있으면 수은으로 다시 반사된다. 유리 반사경에 수직으로 도달하여 반사된 뒤에도 역시 동일하게 유리 반사경에 수직인 선을 따라 진행하는 광선들의 피트의 간격은, 반사 전후의 각도와 선의 길이가 같기 때문에, 제2권 제3부의 명제 19에 의해서, 전과 마찬가지로 반사한 뒤에도 유리 내부에서 간격 하나의 길이도 같고 포함된 간격들의 수도 같도록 놓여 있게 된다. 그러므로 어떤 광선이나 첫 번째 표면을 들어올 때 그 광선은 이미 용이한 투과의 피트에 놓여 있으며, 그리고 두 번째 표면에서 반사된 광선도 역시 모두 이미 용이한 반사의 피트에 놓여 있기 때문에, 두 번째 표면에서 반사되어 첫 번째 표면에 돌아온 광선은 역시 모두 용이한 투과의 피트에 놓여 있어야만 하고, 그 결과로 유리에서 나와 차트까지 진행한 다음 그 차트 위에 반지 모양들과 그 반지 모양들의 중심에 빛으로 된

---

[184] 여기서 '피트'는 앞의 제2권 제3부의 정의에서 도입되었다. 거기서 뉴턴이 새롭게 도입한 'fit'이라고 부른 물리량을 역자가 번역한 것이다.

흰색 점을 형성한다. 그 이유는 어떤 종류의 광선들에게나 모두 똑같은 원리가 적용되어, 모든 종류의 광선이 모두 그 중심에 놓인 점을 향해 불규칙적으로 진행하지만, 그렇게 도달한 광선들이 섞여서 흰색으로 되기 때문이다. 그러나 명제 15와 명제 20에 의하면, 들어올 때의 기울기보다 더 큰 기울기로 반사된 광선들의 피트의 간격은 반사 전의 간격보다 더 커야만 한다. 그렇기 때문에 반사된 뒤에 특정한 기울기로 첫 번째 표면을 향해 돌아가는 광선들이 용이한 반사의 피트에 놓여 있는데, 그 뒤에 수은으로 되돌아갈 때는 앞에서와는 다른 중간 기울기로 진행하면서 다시 용이한 투과의 피트에 놓여 있게 되어, 그 결과로 차트까지 도달하여 차트에 그려진 반지 모양들의 중심에 위치한 흰색 점 주위에 여러 가지 색깔로 반지 모양들이 나타날 수도 있게 된다. 그리고 덜 굴절하는 광선에서는 동일한 기울기에서 피트의 간격은 더 크지만 피트가 반복되는 수는 더 적고, 더 많이 굴절하는 광선에서는 동일한 기울기에서 피트의 간격은 더 작지만 피트가 반복되는 수는 더 많기 때문에, 동일한 기울기에서 덜 굴절하는 광선은 더 많이 굴절하는 광선보다 더 적은 수의 반지 모양을 만들고, 덜 굴절하는 광선이 만든 반지 모양들은 더 많이 굴절하는 광선이 만든 같은 수의 반지 모양보다 크기가 더 크다. 다시 말하면 빨간색 반지 모양은 노란색 반지 모양보다 더 크고, 노란색 반지 모양은 초록색 반지 모양보다 더 크며, 초록색 반지 모양은 파란색 반지 모양보다 더 크고, 파란색 반지 모양은 보라색 반지 모양보다 더 큰데, 그것은 관찰 5에서 실제로 그렇다는 것이 발견되었다. 그러므로 관찰 2에서 발견된 것처럼, 빛으로 된 흰색 점을 둘러싸는 모든 색깔의 첫 번째 반지 모양은 그 내부에 어떤 보라색도 포함하지 않은 빨간색이어야 하며, 중간은 노란색과 초록색 그리고 파란색이어야 한다. 그리고 두 번째 반지 모양에 포함된 그런 색깔들과, 그 다음에 계속되는 반지 모양에 포함된 색깔들은, 서로 겹칠 정도로 더 넓게 퍼져서, 결국에는 간섭에 의해서 서로 혼합되게 된다.

이것이 그런 반지 모양들을 형성한 일반적인 이유라고 생각된다. 그래서 이것이 내가 유리의 두께를 측정하고 그 두께에서 반지 모양들의 크기와 그들 사이의 비례 관계를 계산에 의해서 실제로 구할 수 있을 것인지 시도하는 계기가 되었다.

관찰 8. 그런 까닭에 나는 오목하고 볼록한 유리판의 두께를 측정했고, 그 두께는 모든 부분이 정확하게 $\frac{1}{4}$ 인치임을 발견했다. 이제, 제2권 제1부의 관찰 6에 의하면, 공기로 된 얇은 판은 그 두께가 $\frac{1}{89000}$ 인치일 때, 첫 번째 반지 모양의 가장 밝은 빛을, 즉 밝은 노란색 빛을, 투과시킨다. 그리고 제2권 제1부의 관찰 10에 의하면, 유리로 된 얇은 판은, 그 두께가 굴절의 사인과 입사의 사인 사이의 비에 비례해서 더 작을 때, 즉 굴절의 사인과 입사의 사인 사이의 비가 11 대 17이라고 가정하면 그 두께가 $\frac{11}{1513000}$ 인치 즉 $\frac{1}{137545}$ 인치일 때, 앞에서와 똑같은 반지 모양의 똑같은 빛을 투과시킨다. 그리고 만일 이 두께가 두 배가 된다면, 얇은 판은 두 번째 반지 모양에서 동일한 밝은 빛을 투과시키며, 만일 세 배가 된다면, 얇은 판은 세 번째 반지 모양에서 동일한 밝은 빛을 투과시키고, 그런 식으로 계속되는데, 이 모든 경우에 그 밝은 노란색 빛은 투과의 피트에 놓여 있는 것이다. 그러므로 만일 얇은 판의 두께가 처음의 34386배가 되어 그 두께가 $\frac{1}{4}$ 인치가 된다면, 그 얇은 판은 34386번째 반지 모양의 동일한 밝은 빛을 투과시킨다. 이제 유리로 된 반사시키는 볼록한 면에서 오목한 면을 통과해서 차트에 비춘 여러 색깔로 된 반지 모양들의 중심에 위치한 흰색 점을 향해서 수직으로 투과된 밝은 노란색 빛을 생각해보자. 제2권 제1부의 관찰 7과 관찰 19에서 설명한 규칙에 따르면, 그리고 제2권 제3부의 명제 15와 명제 20에 의하면, 만일 광선들이 유리에 기울어져 입사한다면, 어떤 기울기에서든 동일한 반지 모양에서 동일한 밝은 빛을 투과시키는 데 필요한 유리의 두께와 $\frac{1}{4}$인치인 이 두께 사이의 비는, 다음과 같이 정해지는 각도의 시컨트와[185] 반지 모양의 반지름 사이의 비와 같다. 그 각도란, 여기서는 유리에서 나와서 공기로 들어가는 경우지만, 어떤 판 모양의 물체에서 나와서 그 판을 둘러싸는 어떤 매질로 들어가든 굴절이 일어날 때, 입사의 사인에서 세기 시작해서, 입사의 사인과 굴절의 사인 사이의 백여섯 개의 산술 평균 중에서 첫 번째 산술 평균이[186] 그 각도의 사인과 같게 되는 각도이다. 이제 만일 유리판의 두께를 첫 번째 두께에 (즉 $\frac{1}{4}$인치의 두께에) 비견될 수 있을 정도로, 조금씩 증가시킨다면, (유리를 통과해 반지 모양들의 중심에 위치한 흰색 점을 향해서 수직으로 들어가는 광선들의 피트의 수인) 34386과 (유리를 통과해 색깔들로 된 각각 첫 번째, 두 번째, 세 번째, 그리고 네 번째 반지 모양들을 향해 비스듬히 들어가는 광선들의 피트의 수인) 34385, 34384, 34383, 34382와의 비율이 되는데, 그래서 만일 $\frac{1}{4}$인치인 최초의 두께를 1억 개의 똑같은 부분으로 나눈다면, 증가된 두께는 각각 1억 2908, 1억 5816, 1억 8725, 1억 1만 1633이 될 것이고,[187] 반지름이 1억일 때 이 두께들이 시컨트가 되는 각도는 각각 26'13", 37'5", 45'6", 52'26"이며,[188] 그리고 반지름이 10만일 때 이 각도들의 사인은 각각 762, 1079, 1321, 1525이고,[189] 이에 비례하는 굴절의 사인은 각각 1172, 1659,

---

[185] 여기서 시컨트는 코사인의 역수로 정의되는 삼각함수를 말한다.
[186] 17세기의 영국에서 산술 평균(arithmetical means)은 다음과 같이 사용되었다. 즉 a와 b 사이의 n개의 산술 평균들(arithmetical means)이란 $b-a$를 $n+1$등분하여 b에 이를 때까지 a에 차례로 더한 값을 말한다. 예를 들어, 6과 14 사이의 세 개의 산술 평균들은 8, 10, 12이다.
[187] 이 숫자는 각각 34386/34385=1.00002908, 34386/34384=1.00005817, 34386/34383=1.00008725, 34386/34382=1.00011634에 1억을 곱한 것과 같다.
[188] 이 각도들의 시컨트는 sec(26'13")=1.00002908, sec(37'5")=1.00005818, sec(45'6")=1.00008606, sec(52'26")=1.00011633이다.

2031, 2345이다. 왜냐하면 유리에서 나와서 공기로 들어가는 입사의 사인과 굴절의 사인 사이의 비는 11과 17 사이의 비와 같고, 그 입사의 사인과 위에서 언급한 시컨트들과 사이의 비는 11과 그리고 11과 17 사이의 106개의 산술 평균 사이의 첫 번째 것 사이의 비, 즉 11과 $11\frac{6}{106}$ 사이의 비와 같으며, 그 시컨트들과 굴절의 사인들 사이의 비는 $11\frac{6}{106}$과 17 사이의 비와 같게 될 것이고, 이와 비슷하게 그러한 굴절의 사인들이 정해질 것이기 때문이다. 그런 까닭에, 유리 반사경의 오목한 쪽 표면으로 입사하는 광선이 기운 정도가, 그 표면에서 유리에서 공기로 진행하는 광선의 굴절의 사인이 각각 1172, 1659, 2031, 2345가 되도록 맞추어진다면, 34386번째의 반지 모양의 밝은 빛은 다음과 같이 결정되는 두께의 유리판에서 나오게 된다. 즉 그 두께와 $\frac{1}{4}$ 인치 사이의 비가 각각 34386과 34385 사이, 34386과 34384 사이, 34386과 34383 사이, 그리고 34386과 34382 사이의 비와 같도록 결정된다. 그러므로, 만일 이 경우 모두에서 그 두께가 (유리 반사경을 만든 유리의 두께와 같은) $\frac{1}{4}$ 인치라면, 34385번째의 반지 모양의 밝은 빛은 굴절의 사인이 1172인 곳에서 나오고, 34384번째, 34383번째, 34382번쌔의 반지 모양의 밝은 빛은 굴절의 사인이 각각 1659, 2031, 2345인 곳에서 나온다. 그리고 이러한 굴절각에서 이 반지 모양들의 빛은 유리 반사경에서 차트까지 전파되고, 그곳에서 중심에 만들어진 빛으로 된 둥근 점 주위에 우리가 34386번째 반지 모양의 빛이라고 말했던 반지 모양을 그려 놓는다. 그리고 유리 반사경의 오목한 표면에서 굴절각을 연장시키면 이 반지 모양들의 반지름에 도달하고, 그 결과로 반지 모양들의 지름과 유리 반사경에서 차트까지 거리의 비는 그 굴절의 사인의 두 배와 반지 모양의 반지름 사이의

---

[189] 위 각도들의 사인은 sin(26'13")=0.00763, sin(37'5")=0.01079, sin(45'6")=0.01312, sin(52'26")=0.01525이다.

비와 같은데, 즉 이것은 각각 1172, 1659, 2031, 2345의 두 배와 10만 사이의 비와 같다. 그러므로, 만일 유리 반사경의 오목한 표면에서 차트까지의 거리가 (관찰 3에 나온 것처럼) 6피트라면, 차트에 그려진 이 밝은 노란색 빛으로 된 반지 모양들의 지름은 각각 1.688인치, 2.389인치, 2.925인치, 3.375인치가 된다. 왜냐하면 이 지름들과 6피트 사이의 비는 위에서 언급한 굴절의 사인의 두 배와 지름 사이의 비와 같기 때문이다. 이제, 이와 같이 계산에 의해 구한 이러한 밝은 노란색 반지 모양들의 지름은 앞의 관찰 3에서 똑같은 반지 모양들을 측정해서 구한 지름과, 즉 $1\frac{11}{16}$인치, $2\frac{3}{8}$인치, $2\frac{11}{12}$인치, $3\frac{3}{8}$인치와,[190] 정확히 일치하는데, 그러므로 유리 반사경이 제작된 유리판의 두께에서 그리고 유리 반사경의 표면에서 나온 광선의 기울기에서 이러한 반지 모양들을 유도한 이론은 관찰과 일치하는 것을 알 수 있다. 이 계산에서 나는 모든 색깔의 빛이 만든 밝은 반지 모양들의 지름을 밝은 노란색이 만든 반지 모양들의 지름과 같다고 놓았다. 왜냐하면 이 노란색이 모든 색깔로 된 반지 모양들에서 가장 밝은 부분이기 때문이다. 만일 혼합되지 않은 어떤 다른 색깔의 빛으로 만든 반지 모양의 지름을 알려 한다면, 그 지름들과 밝은 노란색 반지 모양들의 지름 사이의 비가, 광선의 피트의 원인을 제공하는, 굴절시키는 표면 또는 반사시키는 표면에 동일한 기울기로 입사할 때 그 색깔들의 광선들의 피트의 간격의 제곱근 사이의 비와 같도록 놓으면 쉽게 구할 수 있다. 이것은 다시 말하면, 반지 모양들에서 빨간색, 주황색, 노란색, 초록색, 파란색, 남색, 보라색의 일곱 가지 색깔 부분의 맨 끝의 경계에서 반지 모양의 지름들 사이의 비가 다음 숫자 1, $\frac{8}{9}$, $\frac{5}{6}$, $\frac{3}{4}$, $\frac{2}{3}$,

---

[190] 이 부분은, 앞에서 이론으로 구한 값은 각각 1.688인치, 2.389인치, 2.925인치, 3.375인치인데, 관찰로 구한 값은 $1\frac{11}{16}$=1.687인치, $2\frac{3}{8}$=2.375인치, $2\frac{11}{12}$=2.916인치, $3\frac{3}{8}$=3.375인치로 서로 일치한다는 의미이다.

$\frac{3}{5}, \frac{9}{16}, \frac{1}{2}$의 세 제곱근의 비와 같다고 놓으면 되는데, 이 숫자들은 8분음표를 소리 내는 일현금(一絃琴)의 현의 길이에 해당한다. 이와 같은 방법으로 이러한 색깔들의 반지 모양의 지름들 사이의 비율이 상당히 같다는 것을 알 수 있는데, 이것은 앞에서 살펴본 관찰 5에 따르면 당연하다.

나는 그러한 반지 모양들이 얇은 판에서 관찰한 반지 모양들과 동일한 종류이고 그래서 얇은 판에서 유래된 것이며, 결과적으로 광선의 피트나 광선이 번갈아 반사되고 투과되는 성질은 모든 반사시키거나 굴절시키는 표면에서 대단히 먼 거리까지 전파된다는 것을 알고 상당히 만족했다. 그러나 일말의 의심도 없도록 만들기 위해, 나는 다음 관찰 9를 추가했다.

관찰 9. 만일 이러한 반지 모양이 유리판의 두께에 따라 그와 같이 결정된다면, 한쪽은 오목하고 다른 쪽은 볼록한 판으로 만든 유리 반사경이 동일한 구(球) 형태로 연마되어 있기만 하면, 그런 유리 반사경에서 동일한 거리에서 나타나는 반지 모양의 지름은 유리 반사경을 만든 유리판 두께의 제곱근에 반비례해야만 한다. 그리고 만일 그 비율이 실험을 통해 사실임을 알게 된다면, 그것은 (얇은 판에서 형성된 반지 모양들과 마찬가지로) 이 반지 모양들도 역시 유리판의 두께에 따라 달라진다는 것을 증명한 셈이 될 것이다. 그래서 나는 양면을 이전의 것과 동일한 구(球) 형태로 연마한 한쪽은 오목하고 다른 쪽은 볼록한 유리판을 하나 더 어렵게 구했다. 그 유리판의 두께는 $\frac{5}{62}$ 인치였으며, 그리고 그 유리에서 거리가 6피트 되는 곳에서 생긴 반지 모양의 가장 밝은 부분들 사이에서 측정된 처음 세 개의 반지 모양들의 지름은 3인치, $4\frac{1}{6}$ 인치, $5\frac{1}{8}$ 인치였다. 이제 $\frac{1}{4}$ 인치인 다른 유리의 두께와 $\frac{5}{62}$ 인치인 이 유리의 두께 사이의 비는 31 대 10으로 3억 1000만 대 1억이며, 이 두 숫자의 제곱근은 각각 17607과 1만이고, 이 중에서 첫 번째 제곱근과 두 번째 제곱근 사이의 비는, 여기 관찰 9에서 더 얇은 유리판에 의해 만든 밝은 반지 모양들의 지름인 3, $4\frac{1}{6}$, $5\frac{1}{8}$과, 앞의 관찰 3에서 더 두꺼운 유리판에 의해 만든 동일한 반지 모양들의 지름인 $1\frac{11}{16}$, $2\frac{3}{8}$, $2\frac{11}{12}$ 사이의 비와 같다. 그러므로 반지 모양의 지름은 유리판 두께의 제곱근에 반비례한다.

그래서 한쪽은 똑같이 오목하고 또 다른 쪽도 똑같이 볼록하며, 그리고 볼록한 쪽에 똑같이 수은을 바른, 그리고 오직 그 두께만 다른 유리판들에서는, 반지 모양의 지름이 그 유리판 두께의 제곱근에 반비례한다. 그리고 이것은 반지 모양이 유리판의 양쪽 표면 모두에 의존한다는 사실을 충분히 잘 보여준다. 반지 모양이 볼록한 표면에 의존하는 이유는, 그 표면에 수은을 바르지 않을 때보다 바를 때 반지 모양이 더 밝기 때문이다. 반지 모양은 오목한 표면에도 역시 의존하는데, 그 표면이 없다면 유리 반사경은 반지 모양을 만들지 않기 때문이다. 반지 모양은 두 표면 모두에 의존하고 또한 두 표면 사이의 거리에도 의존하는데, 반지 모양의 크기는 오직 두 표면 사이의 거리를 바꾸어야만 바뀌기 때문이다. 그리고 이 의존성은 얇은 판에서 나타나는 색깔들이 그 판의 표면에서 거리에 의존하는 것과 똑같은 원리에 의해 생겨나는 성질인데, 왜냐하면 반지 모양들의 크기와, 그들 사이에 서로에 대한 비율과, 유리의 두께가 변해서 생기는 반지 모양 크기의 변화와, 그리고 반지 모양들의 색깔들이 나타나는 순서가 제2권 제3부의 마지막에 나오는, 제2권 제1부에서 설정되었던 얇은 판의 색깔들에 대한 현상에서 유도한, 명제들에서 얻을 수 있는 결과에 부합되기 때문이다.

그러나 색깔들로 된 이러한 반지 모양들에 대해 동일한 명제들로부터 성립해야 하는, 그래서 그러한 명제들이 옳은지에 대한 의문, 그리고 매우 얇은 판에 의해 만들어지는 색깔로 된 반지 모양들과의 유사성을 확인시켜줄 수 있는 다른 현상들도 여전히 남아 있다. 나는 그런 현상 중 일부를 추가하려고 한다.

관찰 10. 태양에서 온 빛줄기가 유리 반사경에서 반사되어 그 빛줄기가 원래 들어온 창문에 뚫린 구멍으로 바로 되돌아가지 않고 그 구멍에서 약간 떨어진 위치로 반사되어 비출 때, 그 점과 여러 색깔로 된 모든 반지 모양의 공동 중심은 입사하는 빛을 나르는 빛줄기와 반사하는 빛을 나르는 빛줄기 사이의 중간 위치에 놓이게 되며, 결과적으로 색깔로 된 반지 모양들이 생기는 차트가 그 중심에 놓이면 언제나 그 공동 중심은 유리 반사경의 오목한 구형(球形)의 중심에 놓였다. 그리고 유리 반사경을 기울여서, 반사된 빛을 나르는 빛줄기가 입사하는 빛줄기에서, 그리고 두 빛줄기 사이의 색깔로 된 반지 모양들의 공동 중심에서 점점 더 멀어지면, 그 반지 모양들은 점점 더 커졌고, 또한 흰색 둥근 점도 또한 점점 더 커졌으며, 색깔로 된 새로운 반지 모양들이 그 반지 모양들의 공동 중심에서부터 바깥쪽을 향해서 연달아 계속 나타났고, 흰색 점은 내부를 둘러싸는 흰색 반지 모양이 되었다. 그리고 입사하는 빛과 반사하는 빛을 나르는 빛줄기는 항상 이 흰색 반지 모양에서 서로 마주보는 부분을 비추었으며, 그것은 반지 모양의 가장자리를 마치 둥근 무지개의 마주보는 두 부분에 만들어지는 환일(幻日)처럼[191] 비추었다. 그래서 한쪽 빛줄기의 빛의 중심에서 시작하여 건너편 다른 쪽 빛줄기의 빛의 중심까지 측정해서 구한 이 반지 모양의 지름은 항상, 반지 모양들이 나타나는 차트에서 측정한, 입사하는 빛을 나르는 빛줄기의 가운데와 반사하는 빛을 나르는 빛줄기의 가운데 사이의 거리와 같았다. 그리고 이 반지 모양을 형성한 광선은 입사각과 동일한 반사각으로, 그래서 결과적으로

---

[191] 환일(mock sun)이란 지평선 부근에 나타나는 무지개의 양쪽에서 밝게 빛나는 부분을 말한다.

광선이 유리에 입사하면서 굴절하는 각도와 동일한 각도로, 유리 반사경에 반사된 광선이었지만, 그러나 그 광선의 반사각은 그 광선의 입사각과 동일한 평면에 놓이지는 않았다.

관찰 11. 새로 생기는 반지 모양들의 색깔은 그 이전의 반지 모양들의 색깔과는 반대 순서였으며, 다음과 같은 방식으로 발생했다. 차트에서 입사하는 빛을 나르는 빛줄기와 반사하는 빛을 나르는 빛줄기 사이의 거리가 약 $\frac{7}{8}$ 인치가 될 때까지, 반지 모양들의 중앙에 생긴 빛으로 된 흰색 둥근 점은 반지 모양들의 중심에 이르기까지 계속 흰색이었으며, 그 다음에 그 둥근 점이 중앙에서 점점 거무스름한 빛으로 변하기 시작했다. 그리고 그 거리가 약 $1\frac{3}{16}$ 인치가 되었을 때, 그 흰색 점은, 중앙에서 보라색과 남색 쪽을 향하는, 거무스름한 둥근 점을 에워싸는 반지 모양이 되었다. 그리고 그 점을 에워싸는 밝게 빛나는 반지 모양들은 그렇게 거무스름한 반지 모양들과 같을 정도로 커졌는데, 그것은 다시 설명하면, 그 흰색 점이 그렇게 거무스름한 반지 모양 중에서 첫 번째 것과 같을 정도로 커졌으며, 그러한 밝게 빛나는 반지 모양 중에서 첫 번째 것은 이제 그렇게 거무스름한 반지 모양 중에서 두 번째 것과 같을 정도로 커졌고, 밝게 빛나는 반지 모양 중에서 두 번째 것은 그렇게 거무스름한 반지 모양 중에서 세 번째 것과 같을 정도로 커졌으며, 이런 식으로 계속되었다. 그래서 밝게 빛나는 반지 모양들의 지름은 이제 $1\frac{3}{16}$ 인치, $2\frac{1}{16}$ 인치, $2\frac{2}{3}$ 인치, $3\frac{3}{20}$ 인치 등이 되었다.

입사하는 빛을 나르는 빛줄기와 반사하는 빛을 나르는 빛줄기 사이의 거리가 조금 더 커졌을 때, 어두운 점의 중앙에서 바깥쪽을 향해 남색 다음에 파란색이, 그런 다음에 그 파란색에서 희미한 초록색이, 그리고 노란색 바로 뒤에 빨간색이 나타났다. 그리고 중심의 색깔이 노란색과 빨간색 사이의 색깔을 보이면서 가장 밝았을 때, 밝은 반지 모양들은,

앞의 관찰 1에서 관찰 4까지 보았을 때, 바로 다음 차례의 반지 모양을 에워싼 반지 모양들과 크기가 같을 정도로 커졌는데, 이것은 다시 설명하면, 그러한 반지 모양들의 중앙에 위치한 흰색 점은 이제 그렇게 밝은 반지 모양 중에서 첫 번째 것과 같을 정도로 커졌고, 그렇게 밝은 반지 모양 중에서 첫 번째 반지 모양은 이제 그중 두 번째 반지 모양과 같을 정도로 커졌고, 그런 식으로 계속되었다는 의미이다. 그래서 흰색 반지 모양과 그것을 에워싸고 있는 다른 밝게 빛나는 반지 모양들의 지름은 이제 $1\frac{11}{16}$인치, $2\frac{3}{8}$인치, $2\frac{11}{12}$인치, $3\frac{3}{8}$인치 등과 같거나 그 정도가 되었다.

차트가 있는 위치에서 입사한 빛을 나르는 빛줄기와 반사한 빛을 나르는 빛줄기 사이의 거리가 조금 더 증가했을 때, 중앙에서 빨간색 다음으로 보라색, 파란색, 초록색, 노란색, 그리고 상당히 보라색에 가까운 빨간색의 순서로 나타났으며, 그리고 색깔이 노란색과 빨간색 사이의 색깔을 보이면서 가장 밝았을 때, 그 이전의 남색, 파란색, 초록색, 노란색, 그리고 빨간색은 무지개 또는 앞의 관찰 1에서 관찰 4까지 나타난 그렇게 밝은 반지 모양 중에서 첫 번째 것과 같은 색깔들의 반지 모양이 되었으며, 그리고 이제 붉게 빛나는 반지 모양 중에서 두 번째 것이 된 흰색 반지 모양은, 흰색 반지 모양 중에서 두 번째 것과 같을 정도로 커졌고, 이제 세 번째 반지 모양이 된 흰색 반지 모양 중에서 첫 번째 것은 밝게 빛나는 반지 모양 중에서 세 번째 것과 같을 정도로 커졌고, 이런 식으로 계속되었다. 그래서 두 빛줄기 사이의 거리와 흰색 반지 모양의 지름이 $2\frac{3}{8}$인치일 때, 그러한 반지 모양들의 지름은 $1\frac{11}{16}$인치, $2\frac{3}{8}$인치, $2\frac{11}{12}$인치, $3\frac{3}{8}$인치였다.

그 두 빛줄기 사이의 거리가 더 멀어졌을 때, 보라색을 띠는 빨간색의 중앙에서 첫 번째 더 어두운 둥근 점이 나타났으며, 그런 다음에 그 점의 중앙에서 더 밝은 둥근 점이 나타났다. 그리고 이제 (보라색, 파란색, 초록색, 노란색, 그리고 보라색을 띠는 빨간색인) 그 이전의 색깔들은 앞의 관찰 1에서 관찰 4까지의 관찰에서 언급한 밝게 빛나는 반지 모양 중에서 첫 번째 것과 같은 반지 모양이 되었으며, 그리고 이 반지 모양 주위의 반지 모양들은 각각 자신을 에워싸는 반지 모양과 같을 정도로 커졌고, 두 빛줄기 사이의 거리와 흰색 반지 모양의 지름은 (이 반지 모양이 이제는 세 번째 반지 모양이 되었는데) 약 3인치였다.

중앙에 위치한 반지 모양들의 색깔은 이제 점점 더 매우 엷어지기 시작했으며, 그리고 만일 그 두 빛줄기 사이의 거리가 $\frac{1}{2}$인치에서 1인치 정도로 더 멀어지면, 비록 흰색 반지 모양은 바깥쪽과 안쪽 두 방향으로 모두 한두 개의 반지 모양이 계속해서 여전히 보이지만, 원래 중앙에 위치한 반지 모양들의 색깔은 보이지 않게 되었다. 그러나 만일 두 빛줄기 사이의 거리가 그보다도 더 멀어지면, 그 흰색 반지 모양과 양쪽에 있는 한두 개의 반지 모양도 역시 보이지 않게 되었다. 왜냐하면 창문에 뚫린 구멍의 여러 부분에서 진행되어 온 빛이 서로 다른 여러 가지 각도로 유리 반사경에 입사하여 여러 가지 크기의 반지 모양을 만들었는데 그 반지 모양들이 엷어지고 서로 뭉개졌기 때문으로, 나는 빛 중에서 일부를 가로막아 보고 그렇다는 것을 알았다. 내가 빛 중에서 유리 반사경의 중심축에 가장 가까운 부분을 가로막았더니 반지 모양들은 더 작아졌으며, 그 중심축에서 가장 먼 부분을 가로막았더니 반지 모양들은 더 커졌다.

관찰 12. 프리즘을 통과해 나온 색깔들을 차례로 유리 반사경에 비추었을 때, 지난 두 관찰인 관찰 10과 관찰 11에서 흰색이었던 반지 모양은 모든 색깔에서 다 똑같은 크기로 나타났지만, 프리즘이 없으면 초록색 반지 모양이 파란색 반지 모양보다 더 컸고, 노란색 반지 모양은 그보다도 더 컸으며, 빨간색 반지 모양이 가장 컸다. 그리고 그와는 반대로,

그 흰색 원 안쪽에서는 파란색 반지 모양이 초록색 반지 모양보다 더 작았고, 노란색 반지 모양은 그보다 더 작았으며, 빨간색 반지 모양이 가장 작았다. 왜냐하면 그 반지 모양을 만든 광선의 반사각은 입사각과 같아서, 그 광선이 반사한 뒤에 유리 내부에서 모든 반사 광선의 피트의 간격은, 그 광선이 그 광선을 반사시킨 표면에 입사하기 전에 유리 내부에서 동일한 광선의 피트의 간격과 그 길이나 수 모두에서 같기 때문이다. 그래서 광선들은 어떤 종류에 속한 광선이든 모두 유리에 입사하려면 투과의 피트에 있어야 하므로, 그 광선들은 반사한 뒤에도 동일한 표면으로 되돌아가면서 역시 투과의 피트에 있어야 하며, 그래서 결과적으로 그 광선들은 투과되어 차트에 만들어진 흰색 반지 모양까지 도달했다. 이것이 어떤 색깔에서든 그 반지 모양의 크기가 모두 같았으며, 그 반지 모양에서 모든 색깔이 다 섞여서 흰색으로 보이게 된 이유이다. 그러나 다른 각도로 반사된 광선에서는 가장 적게 굴절하는 광선의 피트의 간격이 가장 크기 때문에, 흰색의 반지 모양에서 바깥쪽으로 또는 안쪽으로 진행해나가는 과정에서, 가장 적게 굴절하는 광선의 색깔인 반지 모양을 만드는데 이 모양은 가장 큰 간격으로 커지거나 작아진다. 그래서 그렇게 가장 적게 굴절하는 광선의 색깔로 된 반지 모양들은 흰색 반지 모양의 바깥쪽에서는 가장 크고 안쪽에서는 가장 작다. 그리고 이것이 바로 지난 마지막 관찰인 관찰 11에서, 흰색 빛으로 유리 반사경을 비추었을 때, 외부의 반지 모양은 빨간색이 바깥쪽에 그리고 파란색이 안쪽에 나타났고, 내부의 반지 모양은 파란색이 바깥쪽에 그리고 빨간색이 안쪽에 나타난 이유이다.

여기까지가 모든 부분이 동일한 두께로 이루어진 한쪽은 오목하고 다른 쪽은 볼록한 두꺼운 유리판에서 관찰되는 현상들이다. 그런데 이 유리판의 한쪽이 다른 쪽보다 약간 더 두꺼운 경우라든가 또는 유리판이 볼록하기보다는 어느 정도 오목한, 또는 한쪽은 평면이고 다른 쪽은 볼록한, 또는 양쪽이 모두 볼록한 경우에 대한 다른 현상들도 존재한다. 이러한 모든 경우에도 유리판은 여러 가지 색깔로 된 반지 모양을 만들지만, 여러 가지 서로 다른 방식에 의해서 만들게 된다. 지금까지 적어도 내가 관찰한 모든 반지 모양은 모두 제2권 제3부의 마지막에 설명한 명제들을 따르며, 그래서 그러한 명제들이 참인지를 확인하고자 한다. 그러나 그러한 현상들이 너무 다양하고 그 명제들에 의거해서 수행해야 하는 계산들이 너무 복잡해서 여기서 그 현상들을 모두 조사하려고 추진하는 것은 도저히 가능하지가 않다. 나는 이런 종류의 현상들에 대해 조사해서 그러한 현상들이 나타나게 된 원인을 찾아내고, 그렇게 원인을 찾아내서 제2권 제3부에서 소개한 명제들이 옳다는 증거를 보인 것으로 만족한다.

관찰 13. 뒤쪽에 수은을 바른 렌즈에 의해서 반사된 광선이, 앞에서 설명한 여러 가지 색깔로 된 반지 모양들을 만드는 것처럼, 물방울을 통과해 지나가는 광선도 여러 가지 색깔로 된 비슷한 반지 모양들을 만들어야 한다. 물방울 내부에서 일어나는 광선의 첫 번째 반사에서, 렌즈의 경우와 마찬가지로, 일부 색깔들은 투과되어야 하고 나머지 다른 색깔들은 반사되어 눈으로 다시 되돌아와야 한다. 예를 들어, 작은 물방울의 지름이 약 $\frac{1}{500}$ 인치이어서 어떤 빨간색-만들기 광선이 물방울의 중앙을 통과하면서 그 물방울 내부에서 250개의 용이한 투과의 피트를 갖고, 그리고 중앙을 통과하는 광선의 둘레에서 그 광선에서 정해진 어떤 거리만큼 떨어진 모든 빨간색-만들기 광선은 물방울 내부에서 249개의 용이한 투과의 피트를 갖고, 그리고 비슷하게 중앙을 통과하는 광선의 둘레에서 정해진 어떤 더 먼 거리만큼 떨어진 모든 빨간색-만들기 광선은 248개의 피트를 지니며, 그보다도 더 먼 어떤 정해진 거리만큼 떨어진 모든 광선은 247개의 피트를 갖고, 그런 식으로 계속된다면, 그렇게 중심이 같은 동심원을 만드는 광선들이 투과되고 나서 흰색 종이를 비추면, 그 광선은 모두 동일한 한 개의 물방울을 통과하고 눈에 보일 만큼 그 빛이 충분히 세다는 가정 아래서, 그 종이 위에 빨간색으로 된 원의 중심이 모두 같은 반지 모양을 만들게 될 것이다. 그리고 똑같은 방식으로, 다른 색깔-만들기 광선들도 그 다른 색깔의 반지 모양을 만들게 될 것이다. 이제 어떤 화창한 날에 햇빛이 그런 작은 물방울이나 얼음 조각으로 이루어진 얇은 구름을 통하여 비추고, 그 물방울이나 얼음 조각들의 크기는 모두 같다고 가정하자. 그러면 그런 구름을 통해서 보이는 태양은 여러 가지 색깔로 된 중심이 같은 비슷한 반지 모양들로 둘러싸여 있게 되는데, 빨간색의 첫 번째 반지 모양의 지름을 바라보는 각도는 $7\frac{1}{4}$도가 되고, 두 번째 반지 모양의 지름을 바라보는 각도는 $10\frac{1}{4}$도, 그리고 세 번째 반지 모양의 지름을 바라보는 각도는 12도 33분이 될 것이다.[192] 그리고 물방울의 크기가 더 크거나 더 작다면, 그에 따라서 반지 모양도 더 작거나 더 크게 될 것이다. 이것이 이론인데, 다음과 같은 나의 실제 경험으로 그 이론이 옳다는 것을 알았다. 1692년 6월에 나는 움직이지 않는 물방울에서 일어난 반사에 의해서 태양 주위에 생긴, 마치 태양을 공동 중심으로 세 개의 작은 무지개처럼 보이는 세 개의 햇무리라고 부를 수도 후광(後光)이라고 부를 수도 있는 색깔로 된 반지 모양 같은 것을 보았다. 가장 안쪽 또는 첫 번째 후광의 색깔은 태양 바로 다음에서는 파란색이었고 가장 바깥쪽은 빨간색 그리고 파란색과 빨간색 사이의 중간은 흰색이었다. 두 번째 후광의 색깔은 안쪽은 보라색과 파란색이었으며 바깥쪽은 엷은 빨간색이었고 그 중간은 초록색이었다.

---

[192] 여기서 '지름을 바라보는 각도'란 바라보는 눈에서 지름의 양쪽 끝까지 연결한 선 사이의 각도를 말하며 흔히 시야각(視野角)이라고 부르는 각도를 말한다.

그리고 세 번째 후광의 색깔은 안쪽은 파란색이고 바깥쪽은 엷은 빨간색이었다. 이 후광들은 하나가 다른 하나를 바로 잇대어 둘러싸고 있어서, 후광의 색깔들은 태양에서 바깥쪽으로 계속되는 순서가 파란색, 흰색, 빨간색, 보라색, 파란색, 초록색, 엷은 노란색, 빨간색, 엷은 파란색, 엷은 빨간색 순으로 진행되었다. 두 번째 후광의 지름을, 태양의 한쪽에서 노란색과 빨간색의 중앙부터 그 건너편 반대쪽에서 역시 같은 노란색과 빨간색의 중앙까지 측정하여 구했더니, $9\frac{1}{3}$도 정도였다. 첫 번째 후광과 두 번째 후광의 지름을 측정할 시간은 없었는데, 그러나 첫 번째 후광의 지름은 대략 5도에서 6도 정도인 것 같았으며, 세 번째 후광의 지름은 대략 12도 정도인 것 같았다. 비슷한 후광이 때로는 달에서도 나타났다. 1664년 초인 2월 19일 밤에, 나는 달 주위에서 두 개의 그런 후광을 보았다. 첫 번째 가장 안쪽 후광의 지름은 약 3도였으며, 두 번째 후광의 지름은 약 $5\frac{1}{2}$도였다. 달 주위에는 달을 둘러싸는 흰색의 원이 있었고 그 원 다음에 내부(內部) 후광이 있었는데, 흰색 원 다음의 내부 후광 안쪽은 파란빛을 띠는 초록색이었고 바깥쪽은 노란색과 빨간색이었으며, 그리고 그런 색깔들 다음에는 외부(外部) 후광의 안쪽에는 파란색과 초록색 그리고 바깥쪽에는 빨간색이 있었다. 동시에 달의 중심에서 약 22도 35분 정도 떨어진 곳에 달무리가 나타났다. 그 달무리는 타원형이었으며 그 타원의 긴 쪽 지름은 수평 방향과 수직을 이루는데, 달의 가장 먼 쪽에서 아래로 내려왔다. 나는 사람들에게서 때로는 달 주위에 세 개 또는 그보다 더 많은 여러 색깔로 된 후광이 연이어 잇달아 생기는 것을 보기도 했다는 말을 들었다. 물방울 또는 유리 조각의 크기가 서로 같으면 같을수록 여러 색깔로 된 후광이 더 많이 나타날 것이고 그 색깔도 더 선명해질 것이다. 달에서 거리가 $22\frac{1}{2}$도로 보이는 달무리는 또 다른 종류이다. 이 달무리는 달걀 모양으로 아래쪽이 위쪽보다 달에서 더 멀다는 사실에서, 나는 그 달무리가 수평 방향의 자세로 공기 중에서 떠다니는 어떤 종류의 싸락눈이나 눈가루에서 발생하는 굴절에 의해서 형성되었고, 굴절각은 약 58도에서 60도 사이라고 추정한다.

제3권

OPTICKS:

OR, A

TREATISE

OF THE

Reflections, Refractions, Inflections and *Colours*

OF

LIGHT.

The FOURTH EDITION, *corrected.*

By Sir *ISAAC NEWTON*, Knt.

LONDON:

Printed for WILLIAM INNYS at the West-End of St. *Paul's.* MDCCXXX.

TITLE PAGE OF THE 1730 EDITION

제1부

빛의 광선의 굽음과[193] 그 굽음으로 만들어지는 색깔에 대한 관찰.

    태양에서 온 빛을 나르는 빛줄기가 작은 구멍을 통하여 캄캄한 방으로 들어오는 경우, 만일 그 광선들이 물체 옆을 지나가면서 직선에서 벗어난다면, 그 빛이 지나가는 물체의 그림자는 직선에서 벗어나지 않을 경우보다 더 커질 것이며, 그 그림자 바로 옆에는 세 개의 서로 평행인 색깔을 띤 줄무늬가 생긴다는 것을 그리말디가[194] 발견했다. 그렇지만 만일 구멍을 크게 만들면 줄무늬들의 폭이 넓어져서 서로 겹쳐지게 되기 때문에 줄무늬가 구분될 수 없게 된다. 일부 사람들은 이렇게 폭이 넓은 그림자와 줄무늬가 공기에서 평범한 굴절에 의해서 생기는 것이라고 판단했지만, 이 문제에 대해서는 응당 있어야 할 만큼 충분한 검토를 거치지 않았다. 이 현상에 대한 상세한 내용은, 내가 관찰한 한, 다음과 같다.

---

[193] 뉴턴은 오늘날 '회절(diffraction)'이라고 알려진 현상을 'inflexion'이라고 불렀는데, 역자는 'inflexion'을 '굽음'이라고 번역했다.

[194] 프렌체스코 그리말디(Francesco Grimaldi, 1618~1663)는 이탈리아의 천주교 사제로 수학자이며 물리학자였다. 그는 빛이 항상 직진하는 것은 아니고 작은 구멍을 통과한 빛은 원뿔 형태로 진행한다는 것을 처음으로 관찰하여, 이를 빛의 회절이라고 불렀다.

관찰 1. 나는 납으로 된 판에 바늘로 작은 구멍 하나를 뚫었는데, 그 폭은 $\frac{1}{42}$ 인치였다. 그런 바늘 21개를 나란히 늘어놓고 폭을 재었더니 $\frac{1}{2}$ 인치였다. 나는 이 구멍을 통해서 태양 빛을 나르는 빛줄기를 캄캄한 방으로 들여보내고 그 빛줄기가 지나가는 길에 갖다 놓은 머리카락과 실, 바늘, 밀짚, 그리고 그런 것들과 비슷하게 가느다란 물체가 만드는 그림자를 관찰했는데, 그 그림자는 직선을 따라 지나가는 빛의 광선이 그런 물체들을 지나가며 만드는 그림자보다 폭이 상당히 더 넓다는 것을 발견했다. 그리고 구체적으로는 폭이 겨우 $\frac{1}{280}$ 인치인 남자의 머리카락을 작은 구멍에서 거리가 약 12피트인 곳에 놓고 구멍을 통해 나온 빛을 비추었더니 그 머리카락에서 거리가 4인치인 곳에 그림자를 만들었는데, 그 그림자의 폭은 $\frac{1}{60}$ 인치였고, 그것은 원래 머리카락의 폭보다 네 배 이상 더 넓었다. 그리고 머리카락에서 거리가 2피트인 곳에 만든 그림자의 폭은 약 $\frac{1}{28}$ 인치였는데, 그것은 원래 머리카락의 폭보다 열 배 더 넓었다. 그리고 머리카락에서 거리가 10피트인 곳에 만든 그림자의 폭은 $\frac{1}{8}$ 인치로, 원래 머리카락의 폭보다 35배 더 넓었다.

이 결과는 그 머리카락이 공기로 둘러싸여 있든 어떤 다른 투명한 물질로 둘러싸여 있든 관계없이 똑같았다. 왜냐하면 잘 연마된 유리판을 물로 적시고, 유리판 위의 물속에 머리카락을 담가놓고 그 위에 또 다른 잘 연마된 유리판으로 덮어서 두 유리판 사이의 공간이 물로 채워지도록 만든 다음에, 앞에서 설명한 빛의 빛줄기가 그 유리판에 수직인 방향으로 지나가게 만들었더니, 앞에서 설명한 것과 동일한 거리에 만들어진 그림자의 크기는 앞의 경우와 똑같았기 때문이다. 연마된 유리판 표면의 긁힌 자국이 만드는 그림자도 역시 원래 그림자보다 훨씬 더 퍼져 있었으며, 연마된 유리판의 갈라진 틈도 역시 비슷하게 퍼진 그림자를 투영했다. 그러므로 이러한 그림자들의 폭이 넓은 것은 공기의 굴절이라기보다는 어떤 다른 원인에 의해서 진행된다.

[그림 1에서] 이제 원 X가 머리카락의 중간을 대표하고, ADG, BEH, CFI는 몇 가지 서로 다른 거리에서 머리카락의 한쪽을 통과하는 세 개의 광선을 대표하고, KNQ, LOR, MPS는 앞에서와 같은 거리에서 머리카락의 다른 쪽을 통과하는 세 개의 광선을 대표하고, D, E, F와 그리고 N, O, P는 광선이 머리카락을 지나가면서 굽어진 위치를 대표하며, G, H, I와 그리고 Q, R, S는 광선이 종이 GQ를 비추는 위치를 대표하고, IS는 종이에 투영된 그림자의 폭을, 그리고 TI와 VS는 각각 머리카락을 치우면 두 점 I와 S까지 구부러지지 않고 도달하는 두 광선을 대표한다고 하자. 그러면 두 광선 TI와 VS 사이의 모든 빛은 머리카락 주위를 통과하며 구부러져서, 그림자 IS를 벗어나게 되는 것이 분명한데, 그 이유는 만일 이 빛을 구성하는 어떤 부분이라도 구부러지지 않는다면 그 빛은 종이 위의 그림자 안쪽에 도달하게 될 것이고, 그래서 경험과는 반대로 종이의 그림자 안쪽을 비출 것이기 때문이다. 그리고 종이가 머리카락에서 먼 거리에 놓여 있을 때는 그림자의 폭이 넓고, 그러므로 두 광선 TI와 VS가 서로 멀리 떨어져 있기 때문에, 광선이 머리카락을 상당히 멀리 떨어져서 지나가더라도 머리카락은 광선에 영향을 미친다고 판단된다. 그러나 광선에 대한 그런 영향은 거리가 가장 가까울 때 가장 세며, 광선들이 그림에 묘사되어 있는 것처럼 점점 더 멀리서 지나가면, 그에 맞게 그 영향도 점점 더 약해진다. 그렇기 때문에 종이가 머리카락에서 상당히 먼 거리에 놓여 있을 때보다, 종이가 머리카락에 더 가까이 놓여 있을 때, 머리카락의 그림자는 머리카락에서 종이까지의 거리에 비례하여 훨씬 더 넓어진다.

관찰 2. 이런 빛에 의해 만들어지는 (금속이나 돌, 유리, 나무, 짐승의 뿔, 얼음 등과 같은) 모든 물체의 그림자는 색깔을 띤 빛으로 된 세 개의

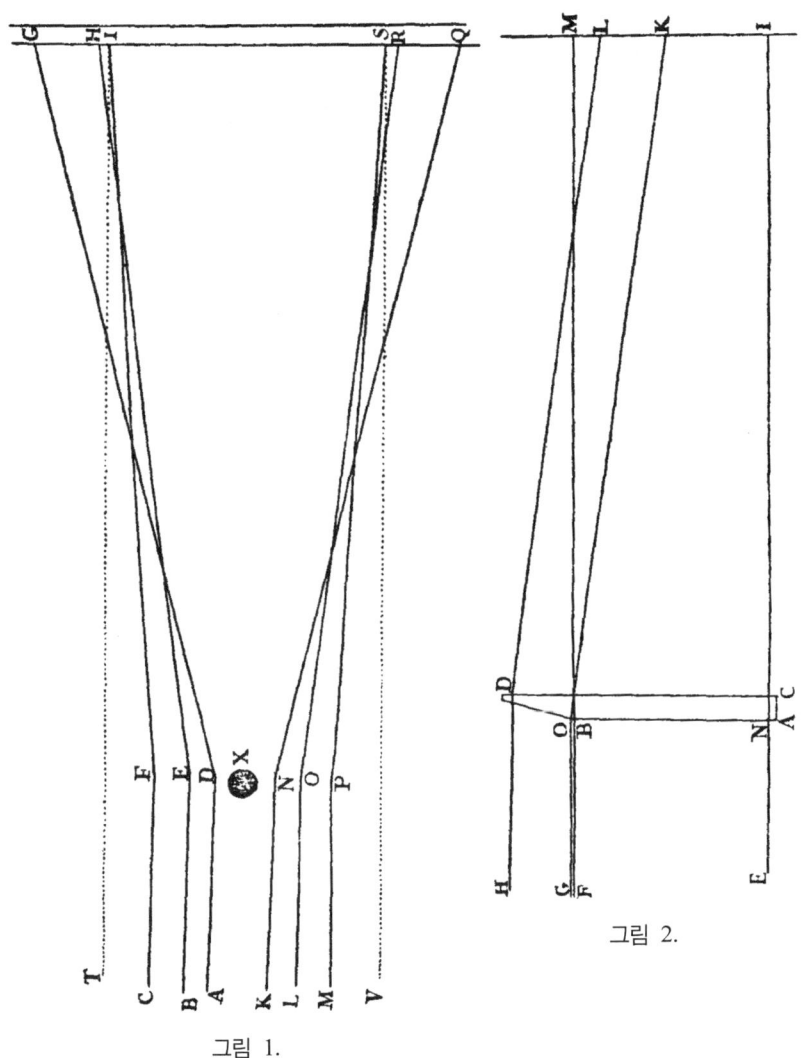

그림 1.

그림 2.

서로 평행인 줄무늬 또는 띠로 테를 두르고 있었는데, 그중에서 그림자와 바로 접촉한 줄무늬가 가장 넓고 가장 밝으며 그림자에서 가장 먼 줄무늬는 희미하고 잘 보이지 않았다. 그 빛이 부드러운 종이 또는 어떤 다른 부드러운 흰색 물체 위에 매우 기울어져 비춰서 그렇지 않은 경우에 비해 줄무늬가 매우 넓게 나타날 때가 아니면 그 줄무늬의 색깔은 좀처럼 구분하기가 어려웠다. 그리고 색깔들이 보일 때는 다음과 같은 순서로 보였다. 첫 번째 즉 가장 안쪽 줄무늬는 그림자 다음이 보라색과 짙은 파란색이었고, 그 다음에는 중간이 옅은 파란색, 초록색 그리고 노란색이었으며, 가장 바깥쪽은 빨간색이었다. 두 번째 줄무늬는 첫 번째 줄무늬와 거의 잇닿아 있었으며, 세 번째 줄무늬도 두 번째 줄무늬에 거의 잇닿아 있었고, 두 줄무늬 모두 안쪽은 파란색이었고 바깥쪽은 노란색과 빨간색이었지만, 그러나 두 번째와 세 번째 줄무늬의 색깔은 매우 희미했고, 특히 세 번째 줄무늬의 색깔은 아주 희미했다. 그러므로 줄무늬의 색깔들은 그림자에서 보라색, 남색, 엷은 파란색, 초록색, 노란색, 빨간색, 그리고 파란색, 노란색, 빨간색, 그리고 엷은 파란색, 엷은 노란색, 빨간색 순서로 진행되었다. 연마된 유리판에 생긴 긁힌 자국이나 기포(氣泡)에 의해 만들어진 그림자도 색깔을 띤 빛으로 된 비슷한 줄무늬로 테를 두르고 있었다. 그리고 만일 가장자리 테두리를 비스듬히 다듬은 거울을 만든 유리판을 동일한 빛을 나르는 빛줄기 아래 놓으면, 거울을 만든 유리의 양쪽 평행한 두 평면을 통과하는 빛은 그 두 평면이 비스듬히 다듬은 테두리와 만나는 위치에 색깔을 띤 비슷한 줄무늬로 테를 두르게 되고, 이런 방식으로 때로는 색깔로 된 줄무늬가 네 개 또는 다섯 개가 나타난다. [그림 2에서] AB와 CD는 거울의 유리판 양면의 평행한 두 평면을 대표하고, BD는 거울의 양쪽 두 평행한 평면 사이를 비스듬히 다듬은 평면을 대표하는데, B에서 이 평면과 평면 AB는 매우 큰 둔각을 이룬다고 하자. 그리고 두 광선 ENI와 FBM 사이의 모든 빛은 유리 양쪽의 평행한 평면을 직접 통과하여 I와 M 사이의 종이 위에 도달하고, 두 광선 GO와 HD 사이의 모든 빛은 비스듬히 다듬은 기울어진 평면 BD에 의해서 굴절하여 K와 L 사이의 종이 위에 도달하며, 유리 양쪽의 평행한 두 평면을 직접 통과하고 I와 M 사이의 종이 위에 도달하는 빛은 M에서 세 개 또는 더 많은 줄무늬로 테를 두르고 있다고 하자.

그와 마찬가지로 눈에 가까이 가져온 깃털 또는 검은색 줄로 짜인 체를 통해서 태양을 바라보면 무지개가 여러 개 보이게 되는데, 가는 섬유나 줄들이 망막에 비추는 그림자의 가장자리는 색깔을 띤 비슷한 줄무늬들로 테를 두르게 된다.

관찰 3. 구멍에서 거리가 12피트인 곳에 머리카락을 놓고, 머리카락에서 건너편 $\frac{1}{2}$피트 되는 곳과 머리카락 건너편 9피트 되는 곳에 눈금자를 놓는다. 그 눈금자는 둘다, 평평하고 흰색이며 인치와 인치의 분수(分數)로 눈금이 그려져 있다. 이렇게 하면 머리카락에서 건너편 $\frac{1}{2}$피트 되는 곳에 놓인 눈금자 위에는 머리카락 그림자가 비스듬히 만들어지며, 머리카락에서 건너편 9피트 되는 곳에 놓인 눈금자 위에는 머리카락 그림자가 수직으로 만들어진다. 나는 그 그림자와 줄무늬 폭을 내가 할 수 있는 한 정확하게 측정했고, 다음 표에 실린 것처럼 1인치의 분수로 구했다.

At the Distance of	half a Foot	Nine Feet
The breadth of the Shadow	$\frac{1}{54}$	$\frac{1}{9}$
The breadth between the Middles of the brightest Light of the innermost Fringes on either side the Shadow	$\frac{1}{38}$ or $\frac{1}{39}$	$\frac{7}{50}$
The breadth between the Middles of the brightest Light of the middlemost Fringes on either side the Shadow	$\frac{1}{23\frac{1}{2}}$	$\frac{4}{17}$
The breadth between the Middles of the brightest Light of the outmost Fringes on either side the Shadow	$\frac{1}{18}$ or $\frac{1}{18\frac{1}{2}}$	$\frac{3}{10}$
The distance between the Middles of the brightest Light of the first and second Fringes	$\frac{1}{120}$	$\frac{1}{21}$
The distance between the Middles of the brightest Light of the second and third Fringes	$\frac{1}{170}$	$\frac{1}{31}$
The breadth of the luminous Part (green, white, yellow, and red) of the first Fringe	$\frac{1}{170}$	$\frac{1}{32}$
The breadth of the darker Space between the first and second Fringes	$\frac{1}{240}$	$\frac{1}{45}$
The breadth of the luminous Part of the second Fringe	$\frac{1}{290}$	$\frac{1}{55}$
The breadth of the darker Space between the second and third Fringes	$\frac{1}{340}$	$\frac{1}{63}$

나는 머리카락에서 거리가 $\frac{1}{2}$ 피트인 곳에 놓은 눈금자에 생긴 그림자가 수직으로 비출 때보다 그 폭이 열두 배가 더 커질 때까지 눈금자를 비스듬하게 뉘어서 폭의 크기를 측정했고, 이 표에는 그렇게 측정한 수치의 $\frac{1}{12}$ 을 기록했다.

관찰 4. 그림자와 줄무늬가 부드러운 흰색 물체에 비스듬히 비춰질 때, 그리고 그 흰색 물체를 머리카락에서 점점 더 멀리 옮기면, 머리카락에서 그 물체까지의 거리가 $\frac{1}{4}$ 인치보다 더 작은 곳에서 첫 번째 줄무늬가 나타나 나머지 빛보다 더 밝게 보이기 시작했고, 머리카락에서 그 물체까지 거리가 $\frac{1}{3}$ 인치보다 더 작은 곳에서 첫 번째 줄무늬와 두 번째 줄무늬 사이의 어두운 선 또는 그늘진 부분이 나타나기 시작했다. 두 번째 줄무늬는 머리카락에서 그 물체까지 거리가 $\frac{1}{2}$ 인치보다 더 작은 곳에서 나타나기 시작했으며, 두 번째 줄무늬와 세 번째 줄무늬 사이의 그늘진 부분은 머리카락에서 거리가 1인치보다 더 작은 곳에서 나타나기 시작했고, 세 번째 줄무늬는 머리카락에서 거리가 3인치보다 더 작은 곳에서 나타나기 시작했다. 더 먼 거리에서는 줄무늬들이 훨씬 더 잘 보이게 되었는데, 그렇지만 줄무늬의 폭과 줄무늬 사이 간격, 이 둘의 비율은 그 줄무늬들이 처음 나타났을 때와 아주 거의 똑같이 유지되었다. 그래서 첫 번째 줄무늬의 중앙과 두 번째 줄무늬의 중앙 사이의 거리와, 두 번째 줄무늬의 중앙과 세 번째 줄무늬의 중앙 사이의 거리 사이의 비는, 3과 2 사이의 비 또는 10과 7 사이의 비와 같았다. 그리고 이 두 거리 중에서 마지막 것은 첫 번째 줄무늬의 선명한 빛 즉 밝은 부분의 폭과 같았다. 그리고 이 폭과 두 번째 줄무늬의 선명한 빛의 폭 사이의 비는 7과 4의 비와 같았고, 이 폭과 첫 번째 줄무늬와 두 번째 줄무늬 사이의 그늘진 간격 사이의 비는 3과 2 사이의 비와 같았으며, 이 폭과 두 번째 줄무늬와 세 번째 줄무늬 사이의 그늘진 간격 사이의 비는 2와 1 사이의 비와 같았다. 그래서 줄무늬의 폭은 숫자로 된 수열 1, $\sqrt{\frac{1}{3}}$, $\sqrt{\frac{1}{5}}$을 만드는 것처럼 보였으며, 그들 사이의 간격도 똑같은 수열을 만드는 것처럼 보였다. 다시 말하면, 줄무늬와 그 줄무늬의 간격들이 함께 다음 숫자 1, $\sqrt{\frac{1}{2}}$, $\sqrt{\frac{1}{3}}$, $\sqrt{\frac{1}{4}}$, $\sqrt{\frac{1}{5}}$ 또는 그와 비슷하게 계속되는 수열을 만드는 것처럼 보였다. 그리고 이 비율은 머리카락에서 거리가 얼마든 모두 거의 똑같게 유지되었는데, 줄무늬 사이의 그늘진 간격의 폭과 줄무늬의 폭 사이의 비율은 그 줄무늬들이 처음 나타났을 때나, 그 다음에 머리카락에서 거리가 아주 멀어졌을 때나, 비록 처음처럼 그렇게 짙거나 분명하지는 않았지만, 항상 같았다.

관찰 5. 태양의 빛이 폭이 1인치인 구멍을 통하여 캄캄한 내 방을 쬐고 있는데, 나는 그 구멍에서 거리가 2피트 내지는 3피트 되는 곳에 양면을 모두 검은색으로 칠한 두꺼운 판지 한 장을 펼쳐 놓고, 그 판지의 중앙에는 빛이 통과하도록 한 변의 길이가 약 $\frac{3}{4}$인치인 정사각형의 구멍을 뚫었다. 그리고 나는 판지에 뚫은 그 구멍의 뒤에 예리한 칼의 칼면[195] 부분을 송진을 이용해 붙여서, 그 구멍을 통과하는 빛의 일부를 가로막도록 만들어 놓았다. 두꺼운 판지의 면과 칼면은 서로 평행하게 놓여 있고 광선은 이들에게 수직으로 들어온다. 그리고 태양에서 온 빛이 판지의 다른 부분은 전혀 비추지 않고 그 빛 모두 칼면을 붙여 놓은 구멍을 통과해, 그 빛의 일부는 칼면에 가로막히고 나머지 일부는 칼날을 지나 통과하도록 판지와 칼면이 놓였을 때, 나는 칼날 옆을 지나 통과한 일부의 빛이 칼의 건너편 거리가 2피트에서 3피트 정도 떨어진 곳에 놓인 흰색 종이를 비추도록 했다. 나는 거기서, 마치 혜성의 꼬리처럼, 어두컴컴한 곳을 향해서 빛을 나르는 빛줄기에서 양쪽을 향해 돌출되어 나오는 희미

---

[195] 칼에서 칼날과 칼등 사이의 넓고 평평한 부분을 칼면이라고 한다.

한 빛으로 된 두 개의 흐름을 보았다. 그렇지만 종이를 비추는 태양에서 직접 온 빛이 너무 밝아서 그런 희미한 흐름을 알아차리기 어려웠고 그래서 그 흐름을 거의 볼 수 없었기 때문에, 나는 태양에서 직접 온 빛이 그냥 통과해서 종이 뒤에 펼쳐 놓은 검은색 천 위로 가도록 종이 한가운데 아주 작은 구멍을 뚫어 놓았다. 그랬더니 비로소 두 개의 흐름이 숨김없이 뚜렷이 보였다. 두 흐름은 서로 똑같아서, 길이와 폭도 거의 같았고, 빛의 양도 거의 같았다. 태양에서 직접 온 빛의 다음에 있는 그쪽 끝에서 두 흐름의 빛은 대략 $\frac{1}{4}$인치 또는 $\frac{1}{2}$인치 정도의 공간에서는 그런대로 상당히 세었고, 그 직접 온 빛에서 멀어지면서 완전히 보이지 않을 때까지 점차로 약해졌다. 이 두 흐름 중에서 어느 것이나 칼에서 거리가 3피트인 곳에 놓인 종이 위에서 측정한 전체 길이는 약 6인치에서 8인치 정도였으며, 그래서 칼날에서 그 흐름을 대하는 각도는 약 10도에서 12도, 또는 최대 14도가 되었다.[196] 그런데 때때로 나는 그 흐름이 3도에서 4도 정도 더 멀리 돌출되어 나가는 것처럼 보인다고 생각했지만, 그러나 빛이 너무 희미해서 그것을 거의 인식할 수가 없었으며, 그것이 두 개의 흐름에서 나오기보다는 (적어도 어떤 측정에서는) 어떤 다른 원인에서 기인했을지도 모른다고 의심했다. 왜냐하면 칼의 뒤에 놓여 있던 그 흐름의 끝 너머 그 빛에 내 눈을 고정하고서, 칼을 향해서 바라보자, 칼날에서 한 줄기의 빛을 볼 수가 있었으며, 그것이 그 흐름을 잇는 선 위에 내 눈이 있을 때만 그런 것이 아니라, 칼끝 부분을 향하는 선뿐 아니라 칼의 손잡이 부분을 향하는 선 위에 내 눈이 있지 않을 때도 그랬기 때문이다. 빛으로 된 이 선(線)은 칼날까지 이어져 나타났으며, 가장 안쪽의

---

[196] 여기서 '칼날에서 흐름을 대하는 각도'란 칼날에서 흐름의 양 끝을 바라보는 각도로 칼날에서 흐름까지 거리인 3피트=36인치에서 흐름의 길이 6인치를 바라보는 각도는 라디안 단위로는 $\frac{6}{36}$라디안이고 이것을 도로 환산하면 $\frac{6}{36} \times \frac{180}{\pi}$도=9.55도로 약 10도이다.

줄무늬를 나타내는 빛보다 더 좁았고, 내 눈이 직접 온 빛에서 가장 멀리 있을 때 가장 좁았으며, 그러므로 이 선은 가장 안쪽 줄무늬를 나타내는 빛과 칼날 사이를 지나가는데, 비록 그 선 전체가 다 구부러지지는 않는다 해도, 칼날에 가장 가까이 지나가는 것이 가장 많이 구부러지는 것처럼 보였다.

관찰 6. 나는 칼을 하나 더 추가하여 두 칼의 칼날이 서로 평행하게 마주보도록 하고, 빛을 나르는 빛줄기가 두 칼 모두를 비추어서, 그 빛줄기의 일부가 두 칼날 사이를 통과하도록 만들었다. 두 칼날 사이의 거리가 약 $\frac{1}{400}$ 인치일 때, 빛줄기의 흐름이 중간에서 두 부분으로 갈라져서, 그 두 부분 사이에 어두운 그림자를 남겼다. 이 그림자는 아주 검고 짙어서 두 칼 사이를 지나가는 빛이 모두 굽어서 한쪽 편이나 다른 편으로 비껴간 것처럼 보였다. 그리고 두 칼이 점점 더 가까이 접근하면 그 그림자는 점점 더 넓어졌으며, 두 개의 흐름은 그림자 바로 다음에 놓인 안쪽 끝에서 더 짧아져서, 나중에는 결국 두 칼과 접촉하면서 빛이 모두 사라졌고, 그 자리는 모두 그림자가 되었다.

그래서 나는 가장 조금 구부러지고, 두 흐름의 안쪽 끝으로 가는 빛이, 칼날에서 가장 멀리서 칼날 사이를 통과하는데, 두 흐름 사이에서 그 그림자가 나타나기 시작할 때, 칼날에서 가장 먼 이 거리가 약 $\frac{1}{800}$ 인치임을 알게 되었다.[197] 그리고 칼날 옆을 점점 더 가까운 거리에서 통과하는 빛은 점점 더 많이 굽게 되며, 흐름 중에서 직접 온 빛에서 점점 더 먼 부분으로 가게 된다. 그 이유는 두 칼이 서로 접촉할 때까지 다가올 때, 직접 온 빛에서 거리가 최대인 부분이 가장 마지막까지 사라지지 않고 남아 있기 때문이다.

---

[197] 두 칼날 사이의 거리가 $\frac{1}{400}$ 인치일 때 그림자가 나타나기 시작하므로 양쪽 칼날에서 가장 먼 거리는 이 거리의 절반인 $\frac{1}{800}$ 인치이다.

관찰 7. 관찰 5에서는 줄무늬가 나타나지 않았지만, 창문에 뚫린 구멍의 폭 때문에 줄무늬들이 서로 만날 정도로 아주 넓어져서, 연결됨으로써, 흐름들이 시작하는 곳에서 하나의 연속된 빛을 만들었다. 그러나 관찰 6에서는, 두 칼이 서로 접근하면서, 두 흐름 사이에서 그림자가 나타나기 직전에, 직접 온 빛의 양쪽 모두에서 두 흐름의 안쪽 끝 부분에[198] 줄무늬들이 보이기 시작했는데, 처음 칼의 칼날 옆 한쪽에 세 개가 만들어지고, 다른 칼의 칼날 옆 다른 쪽에 세 개가 만들어졌다. 그 줄무늬들은 두 칼이 창문에 뚫린 구멍에서 거리가 가장 먼 곳에 놓여 있을 때 가장 뚜렷하게 보였으며, 창문의 구멍을 더 작게 만들면 줄무늬는 더 뚜렷해져서 때로는 위에서 언급한 세 개에 추가하여 네 번째 줄무늬라고 생각되는 희미한 윤곽을 볼 수가 있었다. 그리고 두 칼이 서로를 향해 계속 더 접근하면, 줄무늬들은 더 뚜렷해지고 더 커지다가 결국에는 사라졌다. 가장 바깥쪽의 줄무늬가 가장 먼저 사라졌고, 가운데 줄무늬가 그 다음에, 그리고 가장 안쪽 줄무늬가 마지막으로 사라졌다. 그리고 줄무늬가 모두 사라진 다음에, 그 줄무늬들의 중간에 놓여 있던 빛으로 된 선(線)이 관찰 5에서 묘사된 빛의 흐름들의 양쪽 옆으로 확대되면서 매우 넓게 커진 다음에, 위에서 언급한 그림자가 이 선(線)의 가운데 부분에서 나타나기 시작했으며, 이 선(線)은 한가운데를 따라 나뉘어 빛으로 된 두 개의 선(線)이 되었고, 빛 전체가 사라질 때까지 확대되었다. 이렇게 줄무늬가 너무 크게 확대되었기 때문에 가장 안쪽의 줄무늬를 향해 가는 광선은 그 줄무늬가 사라지게 되었을 때, 두 칼 중 하나를 치웠을 때와 비교하여, 스무 배보다도 더 많이 굽은 것처럼 보였다.

그리고 이번 관찰과 앞의 관찰 6을 비교한 것에서, 나는 첫 번째 줄무

---

[198] 두 칼날 사이를 직접 지나가는 빛의 양쪽에 두 흐름이 지나가는데, 여기서 '두 흐름의 안쪽 끝 부분'이란 두 흐름 중에서 직접 지나가는 빛에 가까운 쪽 끝부분을 의미한다.

늬의 빛은 칼의 칼날에서 거리가 $\frac{1}{800}$인치보다 더 멀리 떨어진 곳으로 지나갔으며, 두 번째 줄무늬의 빛은 칼의 칼날에서 첫 번째 줄무늬의 빛이 지나간 것보다 더 멀리 떨어진 곳으로 지나갔으며, 세 번째 줄무늬의 빛은 칼의 칼날에서 두 번째 줄무늬의 빛이 지나간 것보다 더 멀리 떨어진 곳으로 지나갔고, 관찰 5와 관찰 6에서 설명한 흐름의 빛은 칼날에서 어떤 줄무늬의 빛이 지나간 것보다 더 가까이 떨어진 곳으로 지나갔음을 알게 되었다.

관찰 8. 나는 두 칼의 칼날이 똑바르게 직선이 되도록 갈고, 두 칼의 칼끝에 조그만 구멍을 뚫어서 판지에 고정을 하고 두 칼날이 서로 마주 향하면서 칼끝에서 두 직선이 어떤 각도를 이루도록 한 다음에, 이 각도가 바뀌지 않도록 두 칼의 손잡이를 송진을 이용하여 고정했다. 두 칼의 칼날이 서로 만나서 각을 이룬 점에서 칼날을 따라서 거리가 4인치인 두 점 사이의 거리는 $\frac{1}{8}$인치였으며, 그러므로 두 칼날 사이의 각도는 약 1도 54분이었다. 나는 폭이 $\frac{1}{42}$인치인 구멍을 통하여 캄캄한 방으로 들어온 태양의 빛을 나르는 빛줄기가 통과하는 경로 중에서, 구멍에서 거리가 10피트에서 15피트 되는 곳에 그렇게 함께 고정한 두 칼을 놓았고, 두 칼의 칼날 사이를 통과한 빛이 칼에서 거리가 $\frac{1}{2}$인치에서 1인치만큼 떨어진 곳에 놓인 반듯한 흰색 막대자 위에 상당히 많이 기울어져 도달하게 만들었다. 그리고 거기서 나는 두 칼의 칼날을 따라 지나가는, 두 칼날에 의해서 만들어지고 칼날에 평행하게 일직선을 이루는 그리고 눈에 띌 정도로 점점 더 커지지는 않는 줄무늬들을 보았다. 이 줄무늬들은 두 칼의 칼날이 이루는 각도와 동일한 각도로 만났으며, 거기서 서로 가로지르지 않고 끝났다. 그러나 만일 막대자를 두 칼에서 훨씬 더 먼 거리에 놓으면, 서로 만나는 위치에서 더 먼 거리에 있는 줄무늬는 약간 더 좁았으며, 줄무늬들이 서로 점점 더 가까이 접근할수록 줄무늬들의 폭이 점점 더 넓어졌고, 그리고 줄무늬들이 서로 만난 뒤에는 그들이 서로 교차했고, 그 다음에는 전보다 훨씬 더 넓어졌다.

그러므로 나는 두 칼이 서로를 향해 접근하더라도 줄무늬들이 두 칼을 지나가는 거리는 증가하거나 변하지 않지만, 두 칼이 서로를 향해 접근하면 거기서 광선이 구부러지는 각도는 상당히 많이 증가하며, 어떤 광선이든 그 광선에 더 가까이 있는 칼이 광선이 어떤 방향으로 구부러질지를 결정하고, 다른 칼은 구부러지는 정도를 증가시킨다는 것을 알게 되었다.

관찰 9. 광선이 두 칼에서 거리가 $\frac{1}{3}$인치인 곳에 놓인 막대자에 매우 기울어져 도달했을 때, 두 칼 중에서 한 칼의 그림자의 첫 번째와 두 번째 줄무늬 사이에 생긴 어두운 선과, 그리고 다른 칼의 그림자의 첫 번째와 두 번째 줄무늬 사이에 생긴 어두운 선이, 두 칼의 칼날이 서로 만나는 점에서 두 칼 사이를 통과하는 빛이 끝나는 점으로부터 거리가 $\frac{1}{5}$인치인 곳에서, 서로 만났다. 그러므로 이 두 어두운 선이 만나는 위치에서 두 칼의 칼날 사이의 거리는 $\frac{1}{160}$인치였다. 왜냐하면 4인치와 $\frac{1}{8}$인치 사이의 비는, 두 칼의 칼날이 서로 교차한 점에서 측정한 칼날의 길이와 그 길이의 끝에서 두 칼날 사이의 거리 사이의 비와 같은데, 그러므로 원래의 비가 $\frac{1}{5}$인치와 $\frac{1}{160}$인치 사이의 비와 같기 때문이다. 그러니까 위에서 언급한 어두운 두 선은 거리가 $\frac{1}{160}$인치만큼 떨어진 두 칼날 사이를 통과하는 빛의 중간에서 만나게 되며, 그 빛이 절반은 거리가 $\frac{1}{320}$인치보다 더 크지 않은 곳에서 두 칼 중에서 한 칼의 칼날 옆을 통과하고, 종이 위에 도달해서는 그 칼의 그림자에 줄무늬를 만든다. 그리고 그 빛의 나머지 절반은 거리가 $\frac{1}{320}$인치보다 더 크지 않은 곳에서 두 칼 중에서 다른 칼의 칼날 옆을 통과하고, 종이 위에 도달해서는 그 다른 칼의 그림자에 줄무늬를 만든다. 그러나 만일 칼에서 거리가 $\frac{1}{3}$인치보다 더 먼 곳에 종이를 가져다 놓는다면, 위에서 언급한 어두운 두 선은, 두 칼의 칼날이 서로 교차한 점을 지나 두 칼 사이의 중간을 지나가는 빛이 끝나는 점에서 $\frac{1}{5}$인치보다 더 먼 거리에서, 만나게 되며, 그러므로 그러한 어두운 두 선이 만나는 종이 위에 도달하는 빛은 거리가 $\frac{1}{160}$인치보다 더 멀리 떨어진 두 칼날 사이를 통과하는 두 칼의 중간을 통과한다.

그래서 다른 경우인, 위에서 설명한 작은 바늘로 창에 만든 작은 구멍에서 두 칼까지의 거리가 8피트 5인치일 때, 앞에서 말한 어두운 두 선이 교차하는 곳에 놓인 종이 위를 비추는 빛이, 두 칼날 사이의 거리가 아래 표에 기록된 곳에서, 두 칼에서 종이까지의 거리가 아래 표와 같을 때, 두 칼 사이를 통과한다.[199]

Distances of the Paper from the Knives in Inches.	Distances between the edges of the Knives in millesimal parts of an Inch.
$1\frac{1}{2}$.	0'012
$3\frac{1}{3}$.	0'020
$8\frac{3}{5}$.	0'034
32.	0'057
96.	0'081
131.	0'087

그러므로 나는, 종이 위에 줄무늬를 만드는 빛은 두 칼에서 종이까지 모든 거리에서 다 동일한 빛이 아니지만, 종이가 두 칼에서 가까운 곳에

---

[199] 아래 표의 오른쪽 행에 나온 숫자의 ' 표시는 소수점을 의미한다. 예를 들어 0'012인치는 0.012인치이다.

놓여 있을 때는 줄무늬들이 더 짧은 거리에서 두 칼의 칼날 옆을 통과하는 빛에 의해서 만들어지며, 그 빛은 종이가 두 칼에서 더 먼 거리에 놓여 있을 때보다 더 많이 굽는다는 것을 알게 되었다.

관찰 10. 두 칼의 그림자에 속한 줄무늬들이 두 칼에서 상당히 멀리 떨어진 곳에 놓인 종이 위에 수직으로 도달하면, 그 줄무늬들은 쌍곡선의 모양이며, 줄무늬들의 치수는 다음과 같았다. [그림 3에서] CA와 CB는 종이 위에 두 칼의 칼날에 평행하게 그린 선을 대표하며, 만일 빛이 두 칼의 칼날 사이에서 휘어지지 않고 통과한다면, 모든 빛은 그 두 선 사이에만 도달하게 된다고 하자. DE는 C를 통과하는 직선으로 두 각 ACD와 BCE는 서로 같으며, 두 칼의 칼날이 교차하는 점에서 종이 위까지 도달하는 모든 빛은 DE에서 끝난다. 그리고 *eis*, *fkt*, *glv*는 세 개의 쌍곡선으로 각각 두 칼 중에서 하나의 그림자의 경계를, 그 그림자에 속한 첫 번째와 두 번째 줄무늬 사이의 어두운 선을, 그리고 같은 그림자에 속한 두 번째와 세 번째 줄무늬 사이의 어두운 선을 대표한다. 그리고 *xip*, *ykq*, *zlr*은 또 다른 세 개의 쌍곡선으로 각각 두 칼 중에서 다른 하나의 그림자의 경계를, 그 그림자에 속한 첫 번째와 두 번째 줄무늬 사이의 어두운 선을, 그리고 같은 그림자에 속한 두 번째와 세 번째 줄무늬 사이의 어두운 선을 대표한다. 그리고 이 세 개의 쌍곡선은 서로 비슷한 모양이고 바로 앞에서 말한 세 개의 쌍곡선과 똑같으며 그 세 쌍곡선과 각각 세 점 *i*, *k*, *l*에서 교차한다. 두 칼의 그림자의 경계는 첫 번째 밝은 줄무늬와 사이에, 줄무늬들이 서로 만나고 교차할 때까지, 두 선 *eis*와 *xip*에 의해서 서로 구분되며, 그런 다음에 어두운 선의 형태로 줄무늬들을 가로지르는 선들이 안쪽 면의 첫 번째 밝은 줄무늬의 경계가 된다. 그 쌍곡선 세 개는 이렇게 줄무늬를 가로지르는 선들을 *i*에서 나타내기 시작하고 이 어두운 선들과 그리고 직선 DE가 포함하는 삼각형 공간 *ip*DE*s*

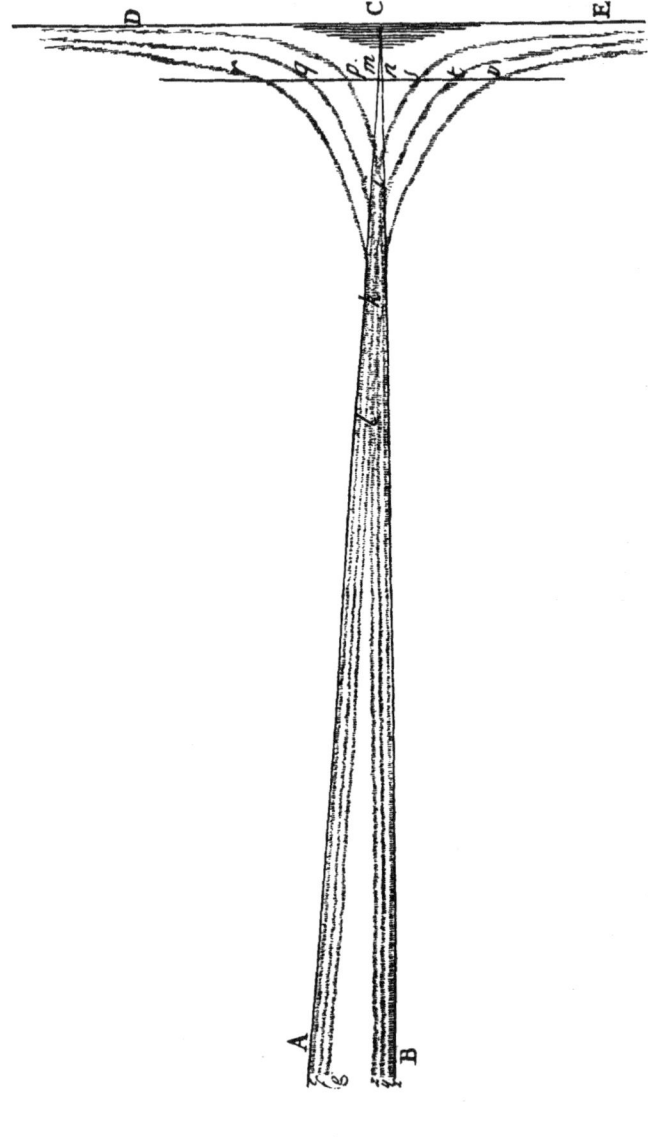

그림 3.

전체를 비추는 또 다른 빛에서 구분한다. 직선 DE는 이 쌍곡선들에 대한 점근선 중 하나이고 또 다른 점근선으로는 직선 CA에 평행한 선과 직선 CB에 평행한 선이 있다. 이제 rv가 종이 위의 임의의 장소에서 점근선 DE에 평행하게 그린 선을 대표한다고 하고, 이 선이 직선 AC와는 m에서 교차하고 직선 BC와는 n에서 교차한다고 하며, 그리고 여섯 개의 짙은 쌍곡선과는 각각 p, q, r과 s, t, v에서 교차한다고 하자. 그리고 세 거리 ps, qt, rv를 측정하고, 그래서 세로 좌표 np, nq, nr, 또는 ms, mt, mv의 길이를 수집하고, 똑같은 작업을 점근선 DE에서 떨어진 거리가 서로 다른 선분 rv에 대해 수행하면, 이러한 쌍곡선에 속한 점을 원하는 만큼 많이 구할 수가 있으며, 그렇게 해서 이 곡선들이 원뿔 쌍곡선과 별로 다르지 않은 쌍곡선들임을 알게 된다. 그리고 선분 Ci, Ck, Cl을 측정하여 이러한 곡선들에 속한 다른 점들도 구할 수 있다.

예를 들어, 창문에 뚫린 구멍과 두 칼 사이의 거리는 10피트이고, 두 칼과 종이 사이의 거리는 9피트이며, 두 칼의 칼날이 만드는 각으로 각 ACB와 같은 각이 대하는 현의 길이와 반지름 사이의 비가 1과 32 사이의 비와 같고, 점근선 DE에서 직선 rv까지의 거리가 $\frac{1}{2}$인치일 때, 세 선분 ps, rt, rv를 측정하면 각각 0.35인치, 0.65인치, 0.98인치임을 알게 된다. 그리고 그 길이의 절반에 선분 $\frac{1}{2}mn$을 (여기서는 그 길이가 $\frac{1}{128}$인치 즉 0.0078인치인데) 더하면 그 합인 np, nq, nr은 각각 0.1828인치, 0.3328인치, 0.4978인치가 된다. 또한 pq와 st 사이에, qr과 tv 사이에, 그리고 다음에 r과 v 너머에 이어져 있는 줄무늬들의 가장 밝은 부분들 사이의 거리를 측정하면 각각 0.5인치, 0.8인치, 1.17인치이다.

관찰 11. 위에서와 같이 가는 바늘을 이용하여 납으로 된 판에 뚫은 작고 둥근 구멍을 통해 캄캄한 방으로 햇빛이 들어오는데, 나는 그 구멍 자리에 빛을 굴절시키는 프리즘을 가져다 놓고, 제1권의 실험 3에서 설명한 것처럼, 건너편 벽에 여러 색깔로 나뉜 스펙트럼을 만들었다. 그런 다음에 나는 프리즘과 벽 사이의 색깔을 띤 빛이 지나가는 곳에 놓은 모든 물체의 그림자의 경계에는 물체들이 놓인 곳을 지나가는 빛의 색깔로 이루어진 줄무늬가 생긴 것을 발견했다. 짙은 빨간색의 빛에서 줄무늬는 전부 다 빨간색이고 파란색이나 보라색은 전혀 보이지 않았으며, 짙은 파란색 빛에서 줄무늬는 전부 다 파란색이고 빨간색이나 노란색은 전혀 보이지 않았고, 초록색 빛에서도 역시 줄무늬는 전부 다 초록색인데, 프리즘의 초록색 빛에 섞여 있던 노란색과 파란색이 조금 보였다. 그리고 몇 가지 색깔의 빛에서 만들어진 줄무늬들을 비교해서, 나는 빨간색 빛에서 만들어진 줄무늬가 가장 컸고, 보라색 빛에서 만들어진 줄무늬가 가장 작았으며, 초록색 빛에서 만들어진 줄무늬는 중간 크기임을 발견했다. 즉 사람 머리카락의 그림자 경계에 생긴 줄무늬를, 머리카락에서 거리가 6인치인 곳에서 그림자를 가로질러 측정했더니, 그림자가 시작하는 쪽 끝에서 첫 번째 즉 가장 안쪽 줄무늬의 가운데 가장 밝은 부분과, 그림자가 끝나는 쪽 끝에서 역시 첫 번째 즉 가장 바깥쪽 줄무늬의 가운데 가장 밝은 부분 사이의 거리는, 짙은 빨간색 빛에서 $\frac{1}{37\frac{1}{4}}$ 인치였으며, 짙은 보라색 빛에서는 $\frac{7}{46}$ 인치였다. 그리고 그림자 양쪽 끝에서 각각 두 번째인 줄무늬의 가운데 가장 밝은 부분을 골라 그 둘 사이의 거리를 재면 짙은 빨간색 빛에서 $\frac{1}{22}$ 인치였고 보라색 빛에서는 $\frac{1}{27}$ 인치였다. 그리고 줄무늬 사이의 이런 거리들은 머리카락과의 거리가 바뀌더라도 항상 어떤 눈에 띄는 차이도 보이지 않고 똑같은 비율을 유지했다.

그래서 빨간색 빛 아래서 이런 줄무늬들을 만든 광선은, 보라색 빛 아래서 똑같은 줄무늬들을 만든 광선보다, 더 먼 거리에서 머리카락을 지나갔다. 그러므로 이러한 줄무늬들을 만드는 원인이 된 머리카락은 더 먼 거리에서 가장 적게 굴절하는 광선인 빨간색 빛과, 그리고 더 가까운 거리에서 가장 많이 굴절하는 광선인 보라색 빛에 똑같이 영향을 미쳤다. 그리고 그런 영향을 통해서, 어떤 종류의 빛에서도 그 색깔은 바꾸지 않으면서, 빨간색 빛은 더 큰 줄무늬들을 형성했고, 보라색 빛은 더 작은 줄무늬들을 형성했으며, 중간 색깔의 빛은 크기가 중간인 줄무늬들을 형성했다.

 그러므로 앞의 관찰 1과 관찰 2에서 태양 빛을 나르는 흰색 빛줄기 아래 놓여 있던 머리카락이 만든 그림자의 경계가 색깔을 띤 세 개의 줄무늬로 테를 두르고 있었을 때, 그 줄무늬의 색깔들은, 머리카락이 빛의 광선에 조금이라도 어떤 새로운 변형을 각인시켰기 때문이 아니라 그저 광선이 휘어지면서 섞여 있던 몇 가지 다른 종류의 광선들이 서로 분리되어 생겨났다. 그 색깔들이 분리되기 전에는 모든 색깔이 섞여서 태양 빛을 나르는 흰색 빛줄기를 만들지만, 언제든 분리되기만 하면 원래 나타내기로 예정되어 있던 몇 가지 색깔을 구성한다. 머리카락을 지나가기 전에 색깔들이 이미 분리되어 있었던 이 관찰 11에서는, 따로 분리되면 빨간색이 되는 가장 적게 굴절하는 광선은 머리카락에서 더 먼 거리에서 휘어져서, 머리카락 그림자의 중앙에서 더 먼 거리에서 세 개의 빨간색 줄무늬를 만들었다. 그리고 따로 분리되면 보라색이 되는 가장 많이 굴절하는 광선은 머리카락에서 더 가까운 거리에서 휘어져서, 머리카락 그림자의 중앙에서 더 가까운 거리에서 세 개의 보라색 줄무늬를 만들었다. 그리고 중간 정도로 굴절하는 다른 광선들은 머리카락에서 중간 정도 되는 거리에서 휘어져서, 머리카락 그림자의 중앙에서 중간 정도 되는 거리에서 중간 색깔의 줄무늬를 만들었다. 그리고 머리카락을 통과하는 흰색 빛에 모든 색깔이 섞여 있는 관찰 2에서, 그 색깔들은 각각의 광선들이 휘어지는 정도에 따라서 분리되며, 그 광선들이 만드는 줄무늬는 모두 함께 나타나며, 그리고 가장 안쪽 줄무늬는 서로 인접하여 생겨서 그 모든 색깔이 정해진 순서에 따라 구성되어 하나의 넓은 줄무늬를 만드는데, 그중에서 보라색은 줄무늬의 안쪽 그림자 바로 다음에 나오고, 빨간색은 그림자에서 바깥쪽으로 가장 먼 곳에 나오며, 파란색과 초록색, 노란색은 그 중간에 나온다. 그리고 똑같은 방식으로, 모든 색깔이 순서대로 인접해서 나오는 한 가운데 놓인 줄무늬도 모든 색깔로 구성된 또 다른 하나의 넓은 줄무늬를 만든다. 그리고 모든 색깔이 순서대로 인접해서 나오는 가장 바깥에 놓인 줄무늬도 모든 색깔로 구성되는 세 번째 넓은 줄무늬를 만든다. 이것들이 관찰 2에서 모든 물체의 그림자의 경계에 테를 두르고 있는, 색깔을 띤 빛으로 된 세 개의 줄무늬이다.

나는 앞에서 설명한 관찰들을 수행할 때, 빛의 광선들이 물체 주위를 통과하면서, 어떻게 구부러져서 중간에 검은 선들로 구분되는 색깔을 띤 줄무늬들을 만드는지를 알아내기 위해, 관찰 대부분을 더 조심스럽게 그리고 더 정확하게 반복하도록 설계했다. 그러나 나는 그때 중도에 중단했고, 이제는 이런 일들을 더 깊게 고려하는 것을 생각할 수 없게 되었다. 그리고 내 설계 중에서 이 부분을 끝내지 못했기에, 다른 사람들이 좀 더 깊이 탐구할 수 있도록 몇 가지 질문만 제안하는 것으로 끝맺음을 하려고 한다.

질문 1. 물체는 좀 떨어져 있는 빛에 영향을 미치지 않을까? 물체가 좀 떨어져 있는 빛에 영향을 미쳐서 빛의 광선을 구부러지게 만들지 않을까? 그리고 그런 영향은 (다른 사정이 모두 동일하다면) 가장 짧은 거리에서 가장 세게 작용하지 않을까?

질문 2. 굴절하는 능력이 다른 광선은 굽는 성질도 역시 다르지 않을까?[200] 그리고 그렇게 굴절하는 능력이 다른 광선들은 각기 다른 정도로 휘어져서 서로 분리되고, 그렇게 분리된 다음에 위에서 묘사된 세 개의

---

[200] 여기서 굽는 성질은 회절의 성질을 의미한다.

줄무늬에서 여러 가지 색깔을 만드는 것은 아닐까? 그리고 어떤 방식에 의해서 그 광선들은 휘어져서 그런 줄무늬들을 만드는가?

질문 3. 빛을 나르는 광선이 물체의 모서리나 겉면을 통과하면서 마치 뱀장어가 움직이듯이 여러 번 뒤로 앞으로 구부러지지는 않을까? 위에서 언급한 색깔을 띤 빛으로 된 세 개의 줄무늬는 그렇게 구부러지는 운동 때문에 생기는 것은 아닐까?

질문 4. 물체에 도달하여 반사되거나 굴절하는 빛의 광선이 물체에 도착하기 전에 구부러지기 시작하는 것은 아닐까? 그리고 광선들은 여러 가지 주변 환경에 따라 각기 다르게 작용하는 한 가지 동일한 원리에 의해서 반사되고, 굴절하고, 휘어지는 것이 아닐까?[201]

질문 5. 물체와 빛은 서로 상대방에 대해 똑같이 영향을 주고받는 것은 아닐까? 그것은 말하자면, 물체는 빛을 방출하고, 반사시키고, 굴절시키고, 휘어지게 하면서 빛에 영향을 주고, 빛은 물체를 가열시키고, 물체의 일부가 열을 구성하는 진동하는 운동을 하게 하여 물체에 영향을 주는 것은 아닐까?

질문 6. 빛이 검은색 물체에 도달하면 외부를 향해서 반사되지 않고 오히려 물체 속으로 들어와서, 대개 그 빛이 억제되어 없어질 때까지 그 물체 내부에서 반사되고 굴절하기 때문에, 검은색 물체는 다른 색 물체보다 빛에서 열을 더 쉽게 받는 것은 아닐까?

질문 7. 유황을 함유한 물체가 그렇지 않은 물체보다 불이 더 잘 붙고 더 격렬하게 타는 이유 중 하나는, 빛과 유황을 함유한 물체 사이의 상호작용이 세고 격렬하기 때문이 아닐까?

질문 8. 모든 응고된 물체는 어떤 온도 이상으로 가열되면 빛을 방출하

---

[201] 여기서 휘어지는 것도 회절을 의미한다. 굴절은 빛이 서로 다른 매질의 경계에서 진행방향을 바꾸는 것을 말하고 회절은 동일한 매질에서 진행방향을 바꾸는 것을 말한다.

고 빛나지 않을까? 그리고 그렇게 빛이 방출되는 것은 물체를 구성하는 부분들이 진동하는 운동을 수행하기 때문이 아닐까? 그리고 지구에 속한 부분들, 특히 유황을 포함한 모든 물체는 물체를 구성하는 부분들이 충분히 격렬하게 요동을 칠 때마다, 그 요동의 원인이 열이든, 마찰이든, 충격이든, 부패이든, 어떤 생명 유지를 위한 운동이든, 또는 어떤 다른 운동이든, 빛을 방출하는 것 아닐까? 그런 예로는 다음과 같은 것들이 있다. 사나운 폭풍우가 몰아치는 바다의 바닷물, 빈 공간에서 휘저어 놓은 수은(水銀), 캄캄한 장소에서 슬쩍 때리거나 문지른 고양이의 등이나 말의 목, 부패한 나무, 살코기, 생선, 보통 도깨비불이라고 불리는 부패한 물에서 발생하는 증기, 발효에 의해서 점점 더 뜨거워지는 쌓아놓은 습한 건초나 곡식, 생명 유지를 위한 운동에 의해서 빛을 내는 곤충이나 일부 동물의 눈, 어떤 물체로든 문질러서 동요되거나 공기 중의 산성(酸性) 입자들 때문에 동요된 우리 주위에서 흔히 볼 수 있는 인(燐), 두드리거나 누르거나 문지른 호박(琥珀) 또는 일부 다이아몬드, 단단한 물체로 긁은 강철, 쇠를 아주 뜨거워질 때까지 망치로 마구 두드려서 그 위에 유황을 뿌리면 불이 붙는 경우, 경주용 마차에서 바퀴가 빨리 회전하면 축대에서 발생하는 불, 증류한 질산소다에서 추출한 녹반 기름을 무게가 두 배인 아니스 씨 기름과 섞은 것과 같이 서로 다른 액체를 서로 섞어서 그 액체들을 구성하는 입자들이 추진력을 가지고 결합하는 경우 등이 있다. 또한 지름이 약 8인치에서 10인치인 유리로 만든 구(球)를 틀에 고정하고 그 축을 중심으로 빠르게 회전시키면서 유리 구 표면에 손바닥을 접촉하고 유리 구 쪽으로 누르면 회전하는 유리 구와 손바닥 사이에서 번쩍이는 빛이 나온다. 그리고 만일 그렇게 손바닥을 접촉하고 있는 것과 동시에 흰색 종이나 흰색 천 또는 손가락 끝을 회전하는 유리 구 중에서 가장 빨리 움직이는 부분에서 거리가 약 $\frac{1}{4}$인치에서 $\frac{1}{2}$인치인 곳으로 가져가면, 유리 구 표면과 손바닥 사이의 마찰에 의해서 야기된 전기적 증기가[202] 흰색 종이나 흰색 천 또는 손가락과 세게 부딪혀 빛을 내고 흰색 종이나 흰색 천 또는 손가락이 마치 반딧불이 같은 벌레처럼 빛을 낼 정도로 진동을 유발하게 되고, 손가락을 유리 구에서 급격히 떼어내면 때로는 손가락을 미는 무엇인가를 느끼게 될 것이다. 그리고 길고 큰 원통이나 유리 또는 호박(琥珀)을 손에 쥔 종이로 문질러서 유리가 따뜻해질 때까지 마찰을 계속하는 경우에도 비슷한 일을 경험할 수 있다.

질문 9. 불이란 아주 뜨겁게 가열되어 빛을 한꺼번에 많이 방출하는 물체가 아닐까? 시뻘겋게 달구어진 쇠는 불이 아니면 무엇인가? 그리고 타고 있는 석탄은 벌겋게 뜨거운 나무가 아니고 무엇인가?

질문 10. 불꽃은 빨간색으로 뜨겁게 가열된, 다시 말하면 빛날 정도로 뜨거운, 증기이거나 연기이거나 숨을 내뿜은 것이 아닐까? 왜냐하면 물체는 굉장히 많은 연기를 내뿜지 않고서는 불꽃을 올리며 타오르지 않는데, 그러한 연기는 불꽃이 닿으면 타기 때문이다. 도깨비불은 뜨겁지 않은데도 빛을 내는 증기(蒸氣)인데, 이 증기와 불꽃의 차이는 뜨겁지 않지만 빛을 내는 부패한 나무와 불 속에서 타는 석탄의 차이와 같지 않을까? 독한 술을 증류하는데, 만일 증류기의 뚜껑이 벗겨진다면, 증류기 밖으로 올라온 증기는 촛불과 만나면 불이 붙어서 불꽃으로 변하며, 그리고 그 불꽃은 증기를 따라 초에서 증류기까지 옮겨붙게 될 것이다. 어떤 물체는 움직임이나 발효(醱酵)에 의해서 뜨거워지는데, 만일 뜨거운 정도가 심해지고, 연기가 많이 나온다면, 그리고 그 뜨거운 정도가 충분히 강하다면 연기는 빛을 내고 불꽃이 될 것이다. 용해된 금속은,

---

[202] 본문에서 'electrick vapour'라고 된 부분을 역자는 '전기적 증기'라고 번역했다. 뉴턴 시대에는 자석에 의하지 않고도 서로 잡아당기는 현상을 'electrick'이라는 용어로 표현했다.

증기를 많이 내고 그래서 불꽃을 내며 타는 아연을 제외하면, 증기가 충분하지 못하여 불꽃을 내며 타지 않는다. 기름이나 수지(獸脂), 왁스, 나무, 화석 석탄,[203] 피치,[204] 유황과 같이 불꽃을 내며 타는 모든 물체는, 불꽃을 내며 타는 방법에 의해서, 불타는 연기로 소모되고 사라지는데, 만일 불꽃이 꺼지면 그 연기는 매우 진하고 눈에 뚜렷이 보이며, 때로는 독한 냄새가 나지만, 그러나 불꽃은 연소에 의해서 냄새를 잃는다. 그리고 어떤 종류의 연기냐에 따라서, 불꽃은 여러 색깔을 나타내는데, 예를 들어, 유황의 색깔은 파란색이고, 승화된 구리의 색깔은 초록색이며, 수지(獸脂)의 색깔은 노란색이고 고벨화의[205] 색깔은 흰색이다. 불꽃 내부를 지나가는 연기는 벌겋고 뜨겁게 바뀌지 않을 수 없고, 벌겋게 뜨거운 연기는 불꽃과 구별되는 어떤 다른 형태로도 보일 수가 없다. 화약이 점화되면, 화약은 불꽃을 내는 연기로 바뀐다. 숯이나 유황은 불이 쉽게 붙고, 초석(硝石)에[206] 불을 붙인다. 그리고 질산(窒酸)은 그런 식으로 증기로 변한 다음에, 마치 기력계(汽力計)계에서[207] 수증기가 분출되는 것과 똑같은 방식으로, 폭발과 함께 분출된다. 유황도 역시 휘발성을 가지고 있어서 증기로 바뀌고 폭발을 증대시킨다. 그리고 유황의 산성(酸性) 증기는 (이것이 종(鐘) 모양의 용기를 통하여 황산(黃酸)으로 증류된다) 초석으로 된 응고된 물체로 격렬하게 들어가서, 질산을 흩뜨려놓은 다음에, 굉장한 동요를 유발해서, 거기서 열이 더 증가하고, 응고된 물체였던 초석도 역시 연기로 바뀌며, 그렇게 해서 더 격렬하고 더 신속

---

[203] 화석 석탄(fossil coal)은 화석에 의해 만들어진 석탄이라는 의미로 그냥 석탄을 말한다.
[204] 피치(pitch)는 원유, 콜타르 등을 증류한 뒤 남는 검은 찌꺼기를 말한다.
[205] 고벨화(camphire)는 부처꽃과에 속하는 관목의 이름이다.
[206] 초석(硝石, nitre)은 칠레 초석, 질산소다, 질산칼륨이라고도 불리는 화학물질로 화약의 원료로 사용된다.
[207] 기력계(汽力計, aeolipile)란 기원전 2세기경에 발명되었다고 알려진 최초의 증기 기관의 이름이다.

한 폭발이 이루어진다. 화약에 타타르 염이 혼합되면, 그리고 그 혼합물이 점화되는 온도로 가열되면, 그 혼합물은 단지 화약만 폭발하는 경우보다 더 격렬하고 더 신속하게 폭발하는데, 화약의 증기가 타타르 염에 작용하면 타타르 염이 기화하여 폭발이 신속하게 진행될 수가 있다. 그러므로 화약 폭발은 신속하게 최대한으로 가열되는 모든 혼합물이 팽창하면서 연기와 증기로 변환되는 격렬한 작용에서 발생한다. 그 작용이 너무 격렬해서 이때 나오는 증기는 빛날 정도로 아주 뜨거워져서 불꽃의 형태로 나타난다.

질문 11. 가장 큰 물체가, 그 물체를 구성하는 부분들이 서로서로 가열해서, 열을 가장 오래 간직하는 것 아닐까? 그리고 크고 밀도가 높고 응고된 물체는, 어떤 정해진 온도보다 더 높게 가열될 때, 방출된 빛의 재-작용에 의해서, 그리고 물체의 기공(氣孔) 내부에서 빛을 나르는 광선들의 반사와 굴절에 의해서, 빛을 아주 많이 방출해서 점점 더 뜨거워져서, 결국에는 태양의 열의 상태처럼 어떤 뜨거운 단계에 도달하게 될 수도 있지 않을까? 그리고 태양과 거대한 토양으로 이루어진 고정된 별들은, 그 본체(本體)가 대단히 광대하며, 본체들 사이의 상호 작용과 반작용이 일어나고, 본체들이 빛을 방출하며, 그리고 단순히 그 별들이 고정되어 있어서가 아니라 그 별들을 둘러싸고 있는 대기(大氣)의 무게와 밀도가 거대해서, 그 별들을 대단히 강력하게 압축하고 그렇게 해서 그 별에서 발생하는 증기와 발산물(發散物)을 응축함으로써, 그 별들이 지닌 열(熱)이 보존되어 최고조로 뜨겁지 않겠는가? 만일 물이 공기가 없는 투명한 용기에서 따뜻해진다면, 굉장히 많은 양의 열을 포함할 때까지 진공에서 그 물은, 마치 공기 중에서 용기에 담겨 불 위에 올려진 것처럼, 격렬하게 거품을 내며 부글부글 끓을 것이다. 왜냐하면 별을 둘러싸는 대기의 무게는 증기를 억제해서, 진공에서 물이 끓는 데 필요한 온도보다 훨씬 더 뜨거워질 때까지 그 물이 끓는 것을 방해하기 때문이다. 또한 벌겋게 달궈진 뜨거운 철(鐵) 위에 놓인 주석과 납의 혼합물이 진공에서는 연기와 불꽃을 내겠지만, 그러나 그 혼합물이 공기 중에 있다면, 대기(大氣)가 존재하기 때문에, 눈에 띌 만큼의 연기를 내지 않는다. 똑같은 방식으로, 태양의 본체를 둘러싸고 있는 대기(大氣)의 거대한 무게는 물체가 태양에서 위로 올라가서 증기나 연기의 형태로 태양을 벗어나는 것을 방해할지도 모른다. 그렇지 않다면 태양에는 우리 지구의 표면에 존재하는 열(熱)보다 훨씬 열이 더 많기 때문에 태양에서는 물체들이 아주 쉽게 증기나 연기로 바뀔 것이다. 그리고 그러한 증기와 발산물(發散物)이 언제든 태양에서 위로 올라가려고 시작하기만 하면 대기의 바로 그렇게 굉장히 큰 무게가 증기와 발산물을 응축하여 즉시 태양으로 다시 떨어지도록 만들고, 그런 작용에 의해서, 마치 지구에서 부엌에서 화로(火爐)에 공기를 불어넣어서 화로의 열(熱)을 증가시키는 것과 꼭 마찬가지로, 태양의 열을 증가시킬지도 모른다. 그리고 빛과 굉장히 소량의 증기와 발산물을 방출하는 것을 제외하면, 바로 그 태양의 대기의 무게가 태양의 본체가 줄어드는 것을 억제하는지도 모른다.

질문 12. 안저(眼底)에 도달하는 빛을 나르는 광선은 망막에서 진동을 일으키는 것이 아닐까? 그 진동이 광학적 신경의 단단한 섬유 조직을 통해서 뇌까지 전달되어, 본다는 느낌의 원인이 된다. 밀도가 큰 물체는 그 물체가 포함하고 있는 열(熱)을 오랫동안 간직하기 때문에, 그리고 밀도가 가장 큰 물체는 그 물체가 포함하고 있는 열을 가장 오랫동안 간직하기 때문에, 그 물체의 부분들의 진동은 오래 지속되는 성질이 있으며, 그러므로 그러한 진동은, 감각기관에서 만들어진 모든 느낌을 뇌까지 나르기 위해, 밀도가 균일한 물질로 이루어진 단단한 섬유 조직을 따라서 아주 먼 거리까지 전달될지도 모른다. 왜냐하면 어떤 물체의 동일한 부분을 따라서 계속되는 운동은, 그 물체가 균일한 물질로 구성되어 있다고 가정하면, 그 물체의 한 부분에서 다른 부분으로 먼 길을 따라 전달될 수가 있으며, 그래서 그 운동이 물체의 어떤 종류의 불균질에 의해서도 반사되거나 굴절하거나 중단되거나 또는 혼란스럽게 되지 않을 것이기 때문이다.

질문 13. 서로 다른 종류의 광선은 서로 다른 크기의 진동을 만들어서, 마치 공기의 진동이 그 진동의 크기가 서로 다른 데 따라 거기에 대응하는 소리의 지각(知覺)을 서로 다르게 일으키는 것과 상당히 흡사한 방식으로, 광선이 만든 진동의 크기가 얼마인지에 따라 거기에 대응하는 색깔 지각(知覺)도 서로 다르게 일으키는 것은 아닐까? 그리고 특히 가장 많이 굴절하는 광선은 짙은 보라색을 지각(知覺)하게 만드는 가장 짧은 진동을 일으키고, 가장 적게 굴절하는 광선은 짙은 빨간색을 지각(知覺)하게 만드는 가장 큰 진동을 일으키고, 중간 정도로 굴절하는 여러 종류의 광선들은 중간의 여러 색깔을 지각(知覺)시키는 중간 정도 크기의 여러 진동을 일으키는 것이 아닐까?

질문 14. 색깔들의 조화와 불일치는, 마치 소리의 조화와 불협화음이 공기 진동의 비율에서 발생하는 것이나 꼭 마찬가지로, 광학적 신경의 섬유 조직을 통해 뇌까지 전달되는 진동들의 비율에서 발생하는 것은 아닐까? 왜냐하면 마치 금색과 남색을 함께 보면 조화롭게 보이듯이 어떤 색깔들은 그 색깔들을 함께 보면 서로 호감을 주지만, 다른 색깔들은 함께 보면 어색하기 때문이다.

질문 15. 두 눈으로 본 물체의 종류는, 광학적 신경들이 뇌로 들어오기 전에, 그 광학적 신경들이 만나는 곳에서 하나로 결합되는 것이 아닐까? 두 신경의 오른쪽에 있는 섬유 조직이 그곳에서 결합하고, 결합된 다음에 거기서부터 머리의 오른쪽에 놓인 신경을 통하여 뇌로 들어가며, 두 신경의 왼쪽에 있는 섬유 조직은 동일한 곳에서 하나로 결합하고, 결합된 다음에 거기에서 머리의 왼쪽에 놓인 신경을 통하여 뇌로 들어가며, 그 두 신경은, 그 신경들의 섬유 조직이 대상 물체에 대한 오직 하나로 대표되는 종류 즉 전체 그림을 만드는 방식으로 뇌에서 만나는데, 지각(知覺)기관의 오른쪽에 존재하는 그 그림의 절반은 두 광학적 신경 모두의 오른쪽을 통하여 두 눈의 오른쪽에서 두 신경이 만나는 장소까지 전달되어 오고, 거기서부터 머리의 오른쪽에서 뇌로 들어오며, 지각(知覺)기관의 왼쪽에 존재하는 그 그림의 다른 절반은 두 눈의 왼쪽에서 비슷한 방법으로 뇌로 들어오는 것은 아닐까? 왜냐하면, 만일 내가 알고 있는 정보가 옳다면, (물고기나 카멜레온과 같이) 두 눈이 같은 방향을 향해 보지 않는 동물의 광학적 신경은 서로 만나지 않지만, 그러나 (사람이나 개, 양, 소 등과 같이) 두 눈을 가지고 같은 방향을 향해 보는 동물의 광학적 신경은 뇌로 들어오기 전에 서로 만나기 때문이다.

질문 16. 캄캄한 곳에서 우리 눈의 한쪽 귀퉁이를 손가락으로 누르다가 눈을 옆으로 돌려서 손가락에서 멀어지면, 마치 공작새의 꼬리 깃털에 그려진 것과 같은 여러 색깔을 띤 원들이 보이게 된다. 만일 눈과 손가락이 그대로 가만히 있으면 그러한 색깔은 잠시 뒤에 사라지지만, 그러나 만일 눈꺼풀 위에서 손가락을 위아래로 진동시키면, 그 색깔들은 다시 나타난다. 마치 다른 경우에 시각(視覺)의 원인이 되는 빛이 안저(眼底)에 일으키는 것과 똑같이, 손가락으로 누르고 손가락을 움직여서 안저(眼底)에 일으키는 움직임 때문에 그런 색깔이 나타나는 것은 아닐까? 그리고 그 움직임이 일단 생겨나면 중단되기 전에 잠시 유지되는 것이 아닐까? 그리고 눈에 한 방 맞으면 그렇게 맞은 사람은 빛이 번쩍이는 것이 보이는데, 그렇게 한 방 때리는 것은 망막에 비슷한 움직임을 발생시키는 것이 아닐까? 그리고 불타는 석탄이 원의 둘레를 따라 재빨리 움직이면, 원의 둘레 전체가 마치 불로 된 원처럼 보이게 만드는데, 이것은 빛을 나르는 광선에 의해서 안저(眼底)에 일어나는 그런 움직임이 잠시 유지되는 성질이 있어서, 불타는 석탄이 한 바퀴 돌아서 원래 위치로 다시 돌아올 때까지 그런 움직임이 계속되기 때문이 아닐까? 그리고 빛에 의해 안저(眼底)에 일어나는 움직임이 유지된다는 사실을 고려하면 그런 움직임은 진동하는 성질이 있는 것이 아닐까?

질문 17. 만일 고인 물에 돌멩이를 떨어뜨리면, 그렇게 해서 발생한 파동은 그 돌멩이가 물로 떨어진 위치에서 잠시 유지되며, 그리고 물의 표면에서 그 위치를 중심으로 동심원을 그리며 먼 거리까지 전파되어 나간다. 그리고 공기 중에서 충격에 의해서 발생한 진동이나 떨림은 충격이 일어난 위치에서 잠시 그 위치를 중심으로 동심원을 그리며 먼 거리까지 전파되어 나간다. 비슷한 방식으로, 빛을 나르는 광선이 투명한 물체의 표면에 도달하면, 그리고 그곳에서 굴절하거나 반사되면, 그 광선이 도달한 점에서 굴절시키거나 반사시키는 매질에 파동이나 진동 또는 떨림을 발생시키고 그 파동이나 진동 또는 떨림이 전파되어 나간다. 마찬가지로, 손가락으로 누르는 압력이나 손가락의 움직임에 의해, 또는 위에서 언급한 실험에 나오는 불타는 석탄에서 나오는 빛에 의해, 안저(眼底)에 진동이 발생하면, 그로부터 파동이나 진동 또는 떨림이 계속해서 생겨나고 전파되는 한, 계속해서 전파되는 것이 아닐까? 그래서 그러한 진동은 광선이 입사된 점에서 먼 거리까지 전파되는 것이 아닐까? 그리고 그러한 진동이 빛을 나르는 광선을 따라잡고, 연달아 그런 광선들을 따라잡아 그 광선들을 위에서 설명한 용이한 반사의 피트와 용이한 굴절의 피트에 집어넣는 것이 아닐까? 왜냐하면 광선들이 진동 중에서 가장 밀한 부분에서 멀어지려고 시도할 때는 그 광선들을 따라잡는 진동들에 의해서 교대로 가속되며 감속될 것이기 때문이다.

질문 18. 만일 유리로 만든 두 개의 크고 긴 원통형 용기(容器)를 거꾸로 엎어 놓고, 두 개의 작은 온도계를 용기에 닿지 않도록 매달아 놓고, 두 용기 중 하나의 공기를 제거하고, 이렇게 준비된 두 용기를 추운 장소에서 더운 장소로 옮긴다면, 공기를 제거한 용기의 온도계가 표시하는 온도는 공기를 제거하지 않은 용기의 온도계가 표시하는 온도가 오르는 것과 거의 동시에, 그리고 거의 같은 정도로 오르게 될 것이다. 그리고 두 용기를 다시 추운 장소로 옮기면, 공기를 제거한 용기의 온도계가 표시하는 온도는 공기를 제거하지 않은 용기의 온도계가 표시하는 온도와 거의 동시에 내려가게 될 것이다. 더운 방의 열(熱)은, 공기를 제거한 뒤에도 진공 속에 그대로 남아 있는, 공기보다 훨씬 더 포착하기 힘든 매질의 진동에 의하여 진공을 통하여 운반되는 것은 아닐까? 그리고 이 매질은 빛을 굴절시키고 반사시키는 매질과 동일한 매질이며, 그리고 그 매질의 진동에 의하여 빛이 물체들 사이에서 열을 옮겨주고, 빛을 용이한 반사의 피트와 용이한 투과의 피트에 들게 만드는 것은 아닐까? 그리고 뜨거운 물체에서 이 매질의 진동이 그 물체가 지닌 열(熱)이 격렬하게 오래 지속하도록 만드는 원인이 되는 것은 아닐까? 그리고 뜨거운 물체와 접촉된 찬 물체로 이동한 열은 이 매질의 진동에 의해서 뜨거운 물체에서 찬 물체로 전달되는 것은 아닐까? 그리고 이 매질은 공기보다 훨씬 더 희박하고 포착하기가 어려우며, 훨씬 더 탄성이 있고 활동적이지 않을까? 그리고 이 매질은 쉽사리 모든 물체에 스며드는 것이 아닐까? 그리고 이 매질은 (이 매질의 탄성력에 의하여) 모든 천상 세계로 퍼져나가 있는 것이 아닐까?

질문 19. 빛의 굴절은, 서로 다른 위치에서 에테르를 함유한 매질의 밀도가 다르기 때문에, 빛이 항상 밀도가 큰 매질에서 멀어지면서 진행하는 것은 아닐까? 그래서 공기도 없고 어떤 다른 큰 물체도 없는 비어 있는 열린 공간의 밀도가 물이나 유리, 크리스털, 보석, 그리고 다른 작은 물체들의 기공(氣孔) 내부의 밀도보다 더 큰 것이 아닐까? 왜냐하면, 빛이 유리나 크리스털을 통과해 지나갈 때, 표면의 더 먼 곳을 향하여 매우 기울어져서 입사하면 그 빛이 모두 반사하는데, 이 전반사(全反射)는 유리 기공의 낮은 밀도와 약함 때문에 일어난다기보다는 오히려 유리가 없는 곳에서 매질의 밀도가 크고 매질이 강력하므로 일어날 것이기 때문이다.

질문 20. 이 에테르를 포함한 매질은, 물과 유리 그리고 크리스털과 같은 밀집되고 밀도가 높은 물체로부터 빈 공간으로 가면서, 포함된 에테르의 밀도가 점진적으로 더 높아지는데,[208] 그렇기 때문에 매질은 빛을 나르는 광선을 한 점에서 굴절시키는 것이 아니라 광선을 곡선을 따라 서서히 구부러지게 만드는 것은 아닐까?[209] 그리고 물체에 포함된 이 매질이 물체 밖 어떤 거리까지도 연장되어, 빛이 그 물체의 가장자리를 물체에서 약간의 거리를 두고 떨어져 지나가더라도, 빛을 나르는 광선이 휘어지도록 만드는 원인이 되는 것은 아닐까?[210]

질문 21. 이 매질은, 태양과 별, 행성, 혜성과 같이 밀도가 높은 물체 내부에서, 그런 물체들 사이의 비어있는 우주 공간에 있는 그 매질보다, 훨씬 더 희박한 것이 아닐까? 그리고 그런 물체들에서 멀리 갈수록, 그 매질은 밀도가 점점 더 끊임없이 높아지고, 그로부터 그런 거대한 물체

---

[208] 이 부분은 밀도가 높은 물체에서 밀도가 낮은 물체로 가면서 포함된 에테르의 비율이 점점 더 증가한다는 의미이다.
[209] 뉴턴은 빛이 서로 다른 매질의 경계에서 굴절하는 것은 그 매질을 이루는 물체에 포함된 기공(氣孔) 내부의 에테르의 밀도가 다르기 때문이며, 그 밀도가 점진적으로 변해서 굴절이 경계면에서 갑자기 이루어지기보다는 광선이 곡선을 따라 서서히 굴절하는 것은 아닌지 의문을 표시한다.
[210] 뉴턴은 물체에 포함된 기공 내부의 에테르는 물체의 경계 바깥에도 어느 정도 분포되어 있어서 밀도가 다른 그 에테르 때문에 물체의 가장자리를 지나가는 광선이 회절되는 것은 아닌지 의문을 표시한다.

들이[211] 서로를 향해 잡아당기고, 물체를 구성하는 부분들을 그 물체를 향해 잡아당기는, 중력의 원인이 되는 것은 아닐까? 그래서 모든 물체는 이 매질의 밀도가 높은 부분에서 낮은 부분으로 가려고 애쓰는 것이 아닐까? 왜냐하면 만일 이 매질이 태양의 표면보다 태양의 본체 내부에서 더 희박하다면, 그리고 이 매질이 태양의 표면에서 거리가 $\frac{1}{100}$ 인치인 곳보다 태양의 표면에서 더 희박하다면, 그리고 이 매질이 태양의 표면에서 거리가 $\frac{1}{50}$ 인치인 곳보다 태양의 표면에서 거리가 $\frac{1}{100}$ 인치인 곳에서 더 희박하다면, 그리고 이 매질이 토성의 궤도보다 태양의 표면에서 거리가 $\frac{1}{50}$ 인치인 곳에서 더 희박하다면, 이 밀도가 증가하기를 어디에선가 멈추기보다는 오히려 태양에서부터 토성에 이르기까지, 그리고 토성을 지나서도 계속해서 거리가 아무리 멀어지더라도 이 매질의 밀도가 계속 증가하지 않는다는 어떤 이유도 나는 찾을 수가 없기 때문이다. 그리고 비록 이 매질의 밀도가 거리가 멀면 굉장히 느리게 증가한다 해도, 만일 이 매질이 지닌 탄성의 힘이 굉장히 크다면, 우리가 중력이라고 부르는 그 위력을 가지고, 이 매질의 밀도가 높은 부분에서 물체를 밀도가 낮은 부분으로 밀어내기에 충분할지도 모른다. 그리고 이 매질이 지닌 탄성의 힘이 굉장히 크다는 것은 이 매질의 진동이 민첩하다는 것에서도 알 수 있다. 소리는 1초에 약 1140 영국 피트의 거리를 움직이며, 그리고 소리가 약 100 영국 마일을 이동하는 데는 7분에서 8분이 걸린다. 빛이 태양에서 출발하여 우리에게 도달하는 데 약 7분에서 8분이 소요되며 태양을 바라본 수평 방향의 시차(視差)가 약 12"라고 가정하면, 태양에서 우리까지의 거리는 약 7000만 영국 마일이다. 그리고 용이한 투과의 피트와 용이한 반사의 피트를 교대로 일으키는 이 매질의 진동 또는 떨림은 빛보다 더 민첩해야 하며, 결과적으로 소리가 민첩한

---

[211] 그런 거대한 물체들이란 앞에서 언급한 태양 별, 행성, 혜성을 의미한다.

정도보다 70만 배 이상으로 더 민첩해야 한다. 그러므로 이 매질의 밀도에 비례하는 이 매질이 지닌 탄성의 힘은, 공기의 밀도에 비례하는 공기가 지닌 탄성의 힘보다 70만×70만 배 이상 (즉 4900억 배 이상) 더 커야 한다. 왜냐하면 탄성 매질의 진동 또는 떨림은 매질들을 함께 고려하여 매질의 탄성과 매질의 희박성의 비의 제곱근에 비례하기 때문이다.

크기가 큰 자석들 사이의 인력보다 크기가 작은 자석들 사이의 인력이 자석의 크기에 반비례하여 더 세어지는 것과 같이, 그리고 거대한 행성 표면에서의 중력보다 작은 행성 표면에서의 중력이 행성의 크기에 반비례하여 더 커지는 것과 같이, 그리고 큰 물체들보다 작은 물체들이 전기적 인력에 의해서 훨씬 더 잘 흔들리는 것과 같이, 빛을 나르는 광선의 크기가 작으면 그 광선을 굴절시키는 원인의 영향을 훨씬 더 많이 받게 될지도 모른다. 그래서 만일 (우리 공기와 마찬가지로) 에테르가 그들 사이에서 서로 멀어지려고 애쓰는 입자들을 포함할지도 모른다면 (나는 이 에테르가 무엇인지 알지 못하지만) 그리고 에테르 입자가 공기 입자에 비해 대단히 더 작거나 또는 심지어 빛의 입자에 비해서도 더 작을지도 모른다면, 이 매질을 구성하는 입자가 대단히 작다는 것은 이 입자들끼리 서로 더 멀어지게 만드는 힘이 매우 크게끔 하는 원인이 될지도 모르며, 그로부터 그 매질이 공기보다 훨씬 더 희박하고 훨씬 더 큰 탄성을 갖도록 만들며, 결과적으로 던진 물체의 운동에 저항하기가 훨씬 더 어려워지고, 그 입자들이 스스로 더 멀리 팽창하려는 노력에 의해서, 큰 물체에 압력을 가하는 것이 훨씬 더 수월해질지도 모른다.

질문 22. 행성과 혜성 그리고 모든 커다란 물체는 어떤 다른 유체(流體)로 이루어진 매질보다도 에테르로 이루어진 매질에서 더 자유롭게 그리고 저항을 덜 받으면서 운동을 이어나가지 않을까? 에테르는 조금의 기공(氣孔)도 남기지 않고 모든 공간을 적절하게 채우며 그 결과로 에테르로 이루어진 매질은 수은(水銀)이나 금(金)보다 더 빽빽하게 채워져 있다. 그리고 그 매질의 저항이 어떤 영향도 주지 못할 정도로 작은 것은 아닐까? 예를 들어, 만일 이 에테르의 (앞으로 계속 에테르라고 부를 예정인데) 탄성이 우리 공기의 탄성보다 70만 배 더 크고 이 에테르가 우리 공기보다 70만 배보다도 더 희박하다고 가정하면, 에테르의 저항은 물의 저항보다 6억 배보다 더 작을 것이다. 그리고 저항이 그렇게 작다면 1만 년이 지나더라도 행성의 운동에 어떤 감지할 만한 변화도 만들기 어려울 것이다. 만일 누군가가 매질이 그렇게도 희박할 수가 있느냐고 묻는다면, 그 사람에게 대기권 상층부에 존재하는 공기가 어떻게 금(金)보다 1억 배 이상 더 희박할 수 있는지 나에게 말해달라고 하겠다. 또한 그 사람에게 전기를 띤 물체가 어떻게 마찰에 의해서 그렇게도 희박하고 포착하기 어려운 발산물(發散物)을 방출하고, 거기에 더해서 그런 발산물을 방출하더라도 전기를 띤 그 물체의 무게가 조금이라도 감소한다고는 전혀 감지되지 않으며, 지름이 2피트를 초과하도록 멀리 공간을 통해 퍼져나가서, 전기를 띤 물체에서 1피트보다 더 멀리 떨어진 곳에 놓인 얇은 잎사귀 모양의 구리나 금박(金箔)을 흔들어 벌릴 정도의 능력이 있을 수 있는지를 나에게 말해달라고 하겠다. 그리고 어떻게 자석에서 발산되어 나오는 입자가 그렇게도 작고 포착되지를 않아서, 어떤 저항도 받지 않으며 자석의 힘이 조금도 감소하지 않으면서, 유리판 너머에 놓인 자침(磁針)을 돌릴 정도의 능력이 있을 수 있을 것인가?

질문 23. 시각(視覺)은 주로, 빛을 나르는 광선에 의해 안저(眼底)에서 발생한, 이 매질 즉 에테르의 진동에 의해서 이루어지고, 광학적 신경을 구성하는 단단하고 투명하며 균일한 가느다란 섬유 조직을 통하여 감각이 이루어지는 위치까지 전달되는 것이 아닐까? 그리고 청각(聽覺)은, 공기의 떨림에 의해 청각 신경에서 발생한, 이 매질 즉 에테르 또는 어떤 다른 매질의 진동에 의해서 이루어지고, 청각 신경을 구성하는 단단하고 투명하며 균일한 가느다란 섬유 조직을 통하여 감각이 이루어지는 위치까지 전달되는 것이 아닐까? 그리고 다른 감각들도 비슷하게 이야기할 수 있다.

질문 24. 동물(動物)의 움직임은, 의지(意志)의 능력에 의해서 뇌에서 발생한, 이 매질 즉 에테르의 진동에 의해서 이루어지는데, 거기에서 신경을 구성하는 단단하고 투명하며 균일한 가느다란 섬유 조직을 통하여 근육으로 전달되어 그 근육이 수축되고 팽창되어, 동물의 움직임이 이루어지는 것이 아닐까? 나는 신경을 구성하는 가느다란 섬유 조직은 하나하나 모두 단단하고 균일해서, 에테르로 이루어진 매질이 진동하는 운동은 그 가느다란 섬유 조직을 통하여, 한쪽 끝에서 다른 쪽 끝까지 균일하게, 그리고 어떤 방해도 받지 않고, 전달될지도 모른다고 가정한다. 왜냐하면 신경이 차단되면 마비를 일으키기 때문이다. 그리고 그 가느다란 섬유 조직들이 충분히 균일하므로, 비록 그 섬유 조직들의 원통형 표면에서 일어나는 반사에 의해서 (많은 가느다란 섬유 조직들로 구성된) 전체 신경이 불투명한 흰색으로 나타날지도 모르지만, 나는 그 조직들이 하나씩 보면 투명할 것이라고 가정한다. 왜냐하면 불투명함은 이 매질 즉 에테르의 움직임을 방해하거나 가로막는 식으로 반사하는 표면에서 발생하기 때문이다.

질문 25. 빛을 나르는 광선이 원래부터 가지고 있는 성질 중에서 지금까지 이미 설명한 것을 제외하고 추가로 다른 것이 또 있을까? 광선이 원래 가지고 있는 다른 성질의 한 가지 예가 에라스무스 바르톨린이[212]

---

[212] 에라스무스 바르톨린(Erasmus Bartholine, 1625~1698)은 덴마크의 과학자로 타타르 염으로 이루어진 투명한 광물질인 방해석에서 빛의 이중 굴절을 최초로 관찰한 것으로 알려져 있다. 이 이중 굴절이 어떻게 일어나는지는 이해되지 못하다가 바르톨린의 발견 후 한 세기가 지나서야 영국의 토머스 영에 의한 빛의 파동 이론

최초로 설명하고, 나중에 호이겐스가 그의 책 '빛에 관하여'에서[213] 좀 더 정확하게 설명한 방해석(方解石)의 굴절에서 발견되는 성질이다. 이 방해석은 투명하고 잘 쪼개지는 암석으로, 물 또는 수정(水晶)처럼 깨끗하고 무색이며, 적열(赤熱)[214]에서도 자신의 투명성을 잃지 않으며, 아주 강력한 열 아래서는 녹지 않고 구워져서 가루가 된다. 방해석은 물속에 하루나 이틀 동안 담가 놓으면 그 방해석이 원래 지닌 자연스러운 광택을 잃는다. 방해석은 천으로 문지르면 밀짚 한 조각이나 호박(琥珀)이나 유리 같은 다른 가벼운 것들을 잡아당기며, 방해석을 질산에 넣으면 끓어오른다. 방해석은 일종의 활석(滑石)[215]처럼 보이며, 여섯 개의 평행사변형 모양의 옆면들과 여덟 개의 입체각을 갖는 기울어진 평행육면체의 모습을 가지고 있다. 평행사변형의 두 개의 둔각은 모두 101도 52분이고 두 개의 예각도 모두 78도 8분이다. [그림 4에서] C와 E라고 표시된 서로 마주보는 두 개의 입체각은 각각 세 개의 둔각으로 에워싸여 있고, 다른 여섯 개의 입체각은 각각 한 개의 둔각과 두 개의 예각으로 에워싸여 있다.[216] 방해석은 이 평행육면체의 옆면 중 어떤 것에든 평행한 면을 따라서는 쉽게 쪼개지지만, 평행하지 않은 면을 따라서는 쪼개지지 않는다. 방해석이 쪼개지면 완전한 평면은 아니고 약간 울퉁불퉁한 번쩍거리며 반들반들한 표면이 나타난다. 그 표면은 쉽게 긁히고, 표면이 부드럽기 때문에 광택이 나도록 연마하는 것이 쉽지 않다. 방해석은 철제(鐵製)

으로 설명되었다.
[213] '빛에 관하여(De la Lumiere)'는 크리스티안 호이겐스가 1690년에 출판한 저서의 이름이다.
[214] 적열(red heat)은 물체를 가열하여 빨갛게 달구어진 상태로 온도가 섭씨 700도에서 900도 정도인 경우를 말한다.
[215] 활석(talc)은 운모와 같은 결정구조를 가지는 무르고 광택이 있는 암석이다.
[216] 예를 들어, 그림 4에서 고체각 C를 에워싸고 있는 세 각 ACB, ACF, BCF는 모두 둔각인데, 고체각 G를 에워싸는 각 AGF는 둔각이고 두 각 AGE와 EGF는 예각이다.

기구를 이용하기보다는 잘 연마된 거울을 이용하면 더 잘 연마되며, 어쩌면 피치나 가죽 또는 양피지를 이용하면 그보다 더 잘 연마된다. 그 뒤에는 긁힌 자국을 메꾸기 위해 표면을 약간의 기름이나 달걀 흰자위로 문질러야만 한다. 그러면 방해석은 매우 투명하고 반들반들해질 것이다. 그러나 몇 가지 실험을 하는 데는 방해석을 연마할 필요가 없다. 만일 방해석 한 조각을 펼친 책 위에 올려놓는다면, 그 책에 쓰인 모든 글자는 그 방해석을 통해서 보면 이중 굴절에 의해서 이중으로 즉 두 개로 나타나게 된다. 그리고 만일 빛을 나르는 빛줄기가 이 방해석의 어떤 표면에건 수직으로 입사하든 또는 어떤 기울어진 각으로 입사하든, 그 빛줄기는 위에서 말한 것과 똑같은 이중 굴절에 의해 두 개의 빛줄기로 나뉘게 된다. 두 개의 빛줄기 중에서 어느 것이나 모두 처음에 입사한 빛의 빛줄기와 동일한 색깔이고, 그 빛의 양에서도 서로 같거나 아주 거의 같은 것으로 여겨진다. 그러한 두 굴절 중에서 하나는, 빛이 공기에서 이 방해석으로 들어가는 입사의 사인과 굴절의 사인 사이의 비는 5와 3 사이의 비와 같다는, 광학에 나오는 평소의 규칙에 따라 일어난다. 그런데 다른 하나의 굴절은, 평소와는 다른 굴절이라고 불러도 좋은데, 다음 규칙에 따라 일어난다.

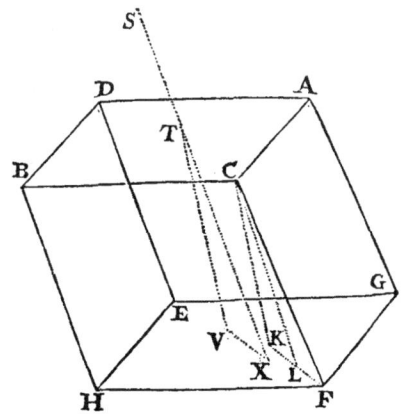

그림 4.

[그림 4에서] ADBC는 이 방해석(方解石)의 굴절시키는 표면을 대표하고, C는 그 표면에서 가장 큰 입체각을 대표하고, GEHF는 ADBC와 마주보는 표면을 대표하며, CK는 표면 GEHF에 세운 수선을 대표한다고 하자. 이 수선이 방해석의 모서리인 CF와 만드는 각은 19도 3분이다. K와 F를 연결하여 선분 KF를 만들고, KF 중에서 각 KCL이 6도 40분이 되도록 KL을 취하면, 각 LCF는 12도 23분이 된다. 그리고 만일 ST가 굴절시키는 표면 ADBC를 향해, 어떤 입사각으로든 T를 향해 입사하는 빛을 나르는 빛줄기를 대표한다면, TV가 평소의 광학 규칙인 입사의 사인과 굴절의 사인 사이의 비가 5와 3의 비와 같도록 결정된 굴절한 빛줄기라고 하자. 이제 KL과 평행하고 길이가 같은 VX를 그린다. VX는 V에서 출발하여 K에서 L이 놓인 것과 같은 방법으로 그린다. 그리고 T와 X를 연결하여 선분 TX를 만들면, 이 TX가 평소와는 다른 규칙에 따라 T에서 X로 이동하는 두 번째 다른 빛줄기가 된다.

그러므로 만일 입사하는 빛줄기 ST가 굴절시키는 표면에 수직으로 들어오면, 입사하는 빛줄기 ST가 둘로 갈라지는 빛줄기 TV와 빛줄기 TX는 각각 선분 CK와 선분 CL에 평행하게 된다. 두 빛줄기 중에서 빛줄기 TV는 광학의 평소 규칙에 따라 당연히 방해석에 수직으로 들어가고, 다른 빛줄기 TX는 평소와는 다른 굴절에 의해서 수직선에서 벗어나고 수직선과는 각 VTX를 이루는데, 이 각은 경험상 알고 있듯이 약 $6\frac{2}{3}$도이다. 그러므로 평면 VTX와, 그리고 평면 CFK에 평행한 그런 비슷한 평면들을 수직 굴절면이라고 부를 수 있다. 그리고 두 선분 KL과 VX가 향하는 경계(境界)를 평소와는 다른 굴절의 경계라고 부를 수 있다.

비슷한 방식으로 수정(水晶)에서도 이중 굴절이 일어난다. 수정의 이중 굴절에는 두 굴절 사이의 차이가 별로 크지 않지만, 수정에서 이중 굴절이 일어나는 원리도 방해석(方解石)에서와 똑같다.

방해석으로 입사한 빛줄기 ST가 두 빛줄기 TV와 TX로 갈라져서, 두 빛줄기가 유리의 뒤쪽 표면에 도달할 때,[217] 앞 표면에서 평소 규칙에 따라 굴절한 빛줄기 TV는 뒤 표면에서도 역시 전적으로 평소 규칙에 따라 굴절하게 된다. 그리고 앞 표면에서 평소와는 다른 규칙에 따라 굴절한 빛줄기 TX는 뒤 표면에서도 역시 전적으로 평소와는 다른 규칙에 따라 굴절하게 된다. 그래서 두 빛줄기는 모두 원래 입사했던 빛줄기 ST와 평행한 선을 따라서 뒤 표면에서 나오게 된다.

그리고 만일 방해석 두 개를, 두 번째 방해석의 모든 표면이 첫 번째 방해석의 대응하는 표면과 모두 평행하도록 포개 놓으면, 첫 번째 방해석의 첫 번째 표면에서 평소 규칙을 따라 굴절하는 광선은 뒤이은 모든 표면에서 다 평소 규칙을 따라 굴절하게 되고, 첫 번째 표면에서 평소와는 다른 규칙을 따라 굴절하는 광선은 뒤이은 모든 표면에서도 다 평소와는 다른 규칙을 따라 굴절하게 된다. 그리고 이런 원칙은, 두 방해석에서 수직 굴절면들이 서로 평행하기만 하면, 두 방해석의 표면들이 서로에 대해 어떻게 기울어져 놓여 있든, 항상 성립한다.

그러므로 빛을 나르는 광선은 타고난 차이가 있는데, 그 차이는 이 실험에서 어떤 광선은 항상 평소 방식으로 굴절하지만 다른 광선은 항상 평소와는 다른 방식으로 굴절한다는 점에서 구분된다. 만일 이 차이가 광선이 원래 가지고 있는 것이 아니고 그 광선이 최초로 굴절할 때 얻게 된 새로운 변형이라면, 뒤이은 세 번의 굴절에서도 새로운 변형에 의해서 변경되어야 할 것이다. 그런데 광선에는 그런 변경이 일어나지 않고 똑같은 성질을 유지하며, 모든 굴절에서 광선이 똑같은 효과를 갖는다. 그러므로 평소와는 다른 굴절은 광선이 원래부터 지니고 있는 성질에 의해서

---

[217] 그림 4에서 빛줄기 ST는 위쪽 표면 ACBD로 입사하고 두 빛줄기가 도달한 뒤쪽 표면은 EGFH를 의미한다.

일어난다. 그리고 광선에 지금까지 발견한 것들 외에 추가로 원래부터 지니고 있는 성질이 더 있을지에 대한 문제는 남아 있는 과제이다.[218]

질문 26. 빛을 나르는 광선은 원래부터 몇 가지 고유한 성질을 부여받아서, 옆면이 몇 개쯤 있는 것이 아닐까?[219] 왜냐하면 만일 두 번째 방해석(方解石)의 수직 굴절면들이 첫 번째 방해석의 수직 굴절면들과 서로 직교하면, 첫 번째 방해석을 통과하면서 평소 방식에 따라 굴절한 광선이, 두 번째 방해석을 통과하면서는 언제나 평소와는 다른 방식을 따라 굴절할 것이고, 그리고 첫 번째 방해석을 통과하면서 평소와는 다른 방식을 따라 굴절한 광선은, 두 번째 방해석을 통과하면서는 언제나 평소 방식에 따라 굴절할 것이기 때문이다. 그러므로 광선에는 두 가지 종류가 있어서 한 종류는 어떤 위치에서나 항상 평소 방식으로 굴절하고, 다른 종류는 어떤 위치에서나 항상 평소와는 다른 방식으로 굴절하듯이 서로 다른 성질을 갖는다는 것은 사실이 아니다. 앞의 질문 25에서 언급한 실험에서 두 가지 종류의 차이는 단지 수직 굴절면에 대한 광선의 옆면이 놓인 위치에 있었을 뿐이다. 왜냐하면 한 가지 동일한 광선이 여기서, 그 광선의 옆면이 방해석에 대해 놓인 위치에 따라, 때로는 평소 방식을 따라 굴절하고, 또 때로는 평소와는 다른 방식을 따라 굴절하기 때문이다. 만일 광선의 옆면이 두 방해석 모두에 동일한 방식으로 놓인다면, 그 광선은 두 방해석 모두에서 동일한 방식을 따라 굴절한다. 그러나 만일 첫 번째 방해석의 평소와는 다른 굴절의 경계를 바라보는 광선

---

[218] 뉴턴이 짐작한 것처럼 방해석에서 이중 굴절은 빛이 원래부터 가지고 있는 성질인 편광(偏光) 때문에 일어난다. 빛은 횡파로 빛에 포함된 서로 수직으로 진동하는 두 성분이 방해석의 분자 구조 때문에 서로 다르게 굴절해서 이중 굴절이 일어난다.

[219] 광선이 갖는 옆면(sides)이란 빛의 평소와는 다른 굴절을 설명하기 위해 뉴턴이 가정한 것으로 이 광선의 옆면이 방해석의 굴절시키는 표면에 대해 놓인 위치에 따라 굴절하는 방식이 결정된다. 뉴턴이 가정한 이 옆면은 오늘날 빛의 편광 방향에 해당한다.

의 옆면이, 두 번째 방해석의 평소와는 다른 굴절의 경계를 바라보는 동일한 광선의 옆면과 90도를 이룬다면, (두 번째 방해석의 위치를 첫 번째 방해석의 위치에 대해 변경하고, 그래서 결과적으로 빛을 나르는 광선의 위치에 대해 변경함으로써 그렇게 만들 수가 있는데,) 서로 다른 방해석마다 서로 다른 방식으로 굴절하게 만들 수 있을 것이다. 빛을 나르는 광선이 두 번째 방해석으로 입사할 때 평소 방식에 따라 굴절할지 평소와는 다른 방식에 따라 굴절할지 결정하려면, 이 방해석을 회전시켜서, 두 번째 방해석의 평소와는 다른 굴절의 경계가 그 광선의 이 옆면에 놓이게 할지 저 옆면에 놓이게 할지 정하는 것 외에 그 무엇도 필요하지 않다. 그러므로 광선은 모두 네 가지 옆면 즉 네 방위(方位)를 갖는다고 간주해도 좋은데, 그중에서 서로 마주보는 두 옆면은 그중 어떤 하나라도 평소와는 다른 굴절의 경계를 향하기만 하면 광선이 평소와는 다른 방식을 따라서 굴절하게 하고, 나머지 두 옆면은 그렇게 되지 않는다. 그래서 첫 번째 두 옆면은 평소와는 다른 굴절의 옆면이라고 불러도 좋다. 그리고 이러한 경향은 광선이 두 방해석에서 두 번째로 표면에 입사하기 전에도, 세 번째로 표면에 입사하기 전에도, 그리고 네 번째로 표면에 입사하기 전에도 광선에 이미 존재하고 있었으므로, 그리고 (지금까지 나타난 것만으로는) 광선이 위의 여러 표면을 통과하면서 광선의 굴절에 의해서 어떤 변경도 받지 않았으므로, 그리고 광선은 네 표면 모두에서 모두 똑같은 법칙에 의해 굴절했으므로, 그러한 경향은 광선에 원래부터 내재해 있었고, 첫 번째 굴절에서도 어떤 변경도 받지 않은 것으로 보이며, 그리고 그러한 경향에 의해서 광선은 첫 번째 방해석의 첫 번째 표면에 입사하면서 굴절했고, 단지 그 광선의 평소와는 다른 굴절의 옆면이 그때 그 방해석의 평소와는 다른 굴절의 경계를 향해 놓여 있었는지, 아니면 그로부터 옆쪽으로 놓여 있었는지에 따라, 평소 방식을 따르거나 평소와는 다른 방식을 따라 굴절했던 것으로 보인다.

그러므로 빛을 나르는 광선은 모두 원래부터 평소와는 다른 굴절에 영향을 미치는 성질에 의해 결정되는 두 개의 서로 마주보는 옆면이 있으며, 나머지 두 마주보는 옆면은 그러한 성질에 의해 결정되지 않는다. 그리고 광선의 성질 중에는 그 성질 때문에 광선의 옆면이 다르게 되고 광선의 옆면들이 서로 구분되는 그런 성질이 추가로 더 있을지 알아볼 과제가 남아 있다.

위에서 언급한 광선의 측면들의 차이를 설명하면서, 나는 광선이 첫 번째 방해석에 수직으로 입사한다고 가정했다. 그러나 만일 광선이 첫 번째 방해석에 비스듬히 기울어져 입사한다 해도 그 결과는 똑같다. 첫 번째 방해석에서 평소 방식에 따라 굴절한 광선은, 수직 굴절의 평면들이 위에서와 같이 서로 수직이라고 가정하면, 두 번째 방해석에서는 평소와는 다른 방식에 의해서 굴절하게 되며, 그 반대도 똑같이 성립한다.

만일 두 방해석의 수직 굴절의 평면들이 서로 평행하지도 않고 수직이지도 않으면서 그 평면들 사이의 각이 예각이라면, 첫 번째 방해석에서 나오는 빛의 두 빛줄기는 따로 각각 두 번째 방해석에 들어오면서 두 개의 빛줄기로 또 나뉘게 된다. 왜냐하면 이 경우에 두 빛줄기 각각에 속한 광선 중에 일부는 첫 번째 방해석의 평소와는 다른 굴절에 의해 결정되는 옆면을 가지고 있고, 다른 일부는 두 번째 방해석의 평소와는 다른 굴절의 경계를 향하는 다른 옆면을 가지고 있기 때문이다.

질문 27. 빛에 대한 현상을 설명하려고 지금까지 고안된, 광선이 새롭게 변화한다는 생각을 이용한 모든 가설(假設)은 틀린 것이 아닐까? 왜냐하면 그런 현상들이, 처음 가정한 새롭게 변화한 것에 좌우되기보다는 오히려 광선이 원래부터 가지고 있던 변화할 수 없는 성질에 좌우되기 때문이다.

질문 28. 빛이란 유체로 된 매질을 따라 전파되는 누르기 동작 또는 움직임으로 구성된다는 모든 가설(假設)은 다 틀린 것이 아닐까? 왜냐하면 이 모든 가설에서, 빛에 대한 현상은 지금까지 광선의 새로운 변화에 의해서 발생한다고 가정하고 설명되었는데, 그것은 틀린 가정이기 때문이다.

만일 빛이 실제 움직임은 수반하지 않고 단지 전파되는 누르기 동작만으로 구성된다면, 그 빛은 그 빛을 굴절시키거나 반사시키는 물체를 동요시킬 수도 없고 열을 가할 수도 없을 것이다. 만일 빛이 순간적으로 모든 거리까지 전파되는 움직임으로 구성된다면, 그 움직임을 만들어내기 위해 빛을 내는 모든 입자에서 매 순간 무한한 힘이 요구될 것이다. 그리고 만일 빛이, 순간적으로 전파되거나 시간을 두고 전파되는, 누르기 동작이나 움직임으로 구성된다면, 빛은 그림자 쪽으로 휘어질 것이다. 왜냐하면 누르기 동작이나 움직임은 유체 내부에서, 그 움직임의 일부를 정지시키는 장애물을 넘어서 직선을 따라 전파될 수가 없고 대신 휘어져서 장애물 너머에 놓여 있는 정지한 매질을 향해서 모든 방향으로 퍼져나갈 것이기 때문이다. 중력은 아래로 내려오려고 하지만, 중력에서 발생하는 물의 압력은 동일한 힘으로 모든 방향으로 가려고 하며, 용이하게 그리고 아래를 향해서나 옆을 향해서나 똑같은 힘으로, 그리고 갈고리처럼 굽은 경로도 마치 똑바른 경로처럼 전파된다. 고여 있는 물의 표면에 생기는 파동은, 그 파동의 일부를 정지시키는 커다란 장애물의 측면을 지나서, 나중에는 그 장애물 뒤쪽의 잔잔한 물을 향해서 휘어지고 넓혀진다. 소리를 구성하는 공기를 지나가는 파동이나 떨림 또는 진동은, 비록 물의 파동만큼 크지는 않다 해도, 항상 휘어서 진행한다. 그 증거로 종소리나 대포 소리는 소리를 내는 물체의 모습을 볼 수 없도록 가리는 언덕 너머에까지 들릴 수 있으며, 소리는 똑바른 관을 통해서 전파되는 것과 똑같이 용이하게 갈고리처럼 굽은 관을 통해서도 전파된다. 그러나 빛은 갈고리처럼 굽은 경로를 따라 진행하거나 그림자 속으로 휘어져 들어간다고는 지금까지 알려지지 않았다. 그 증거로 항성(恒星)은 어떤 행성(行星)이라도 중간에 들어오면 보이지 않게 된다. 그리고 태양의 일부도 역시 달이나 수성 또는 금성이 중간에 들어오면 보이지 않는다. 어떤 물체라도 그 물체의 모서리에 아주 가까이 지나가는 광선은, 앞에서 보였던 것처럼, 그 물체의 작용에 의해서 약간 휘어지지만, 그러나 이렇게 휘어지는 것은 그림자를 향해서 휘어지지 않고 그림자에서 밖으로 휘어지며, 단지 광선이 물체의 옆을 지나갈 때만, 그것도 물체에서 아주 작은 거리까지만 발생한다. 그래서 광선이 물체를 통과하면 광선은 다시 똑바로 진행한다.

방해석(方解石)의 평소와는 다른 굴절을 누르기 동작 또는 움직임이 전파되는 것으로 설명하려는 시도는 (내가 아는 한) 지금까지 없었고, 유일한 예외는 호이겐스가 그 현상을 설명할 목적으로 방해석 내부에 두 가지의 몇 가지로 진동하는 매질이 있다고 가정한 것이 있었다. 그러나 호이겐스가 두 개를 겹쳐 놓은 방해석의 굴절에 대해 조사하고 위에서 언급한 현상을 발견했을 때, 그는 무슨 말을 할지 모르겠다고 고백했다. 왜냐하면 빛을 내는 물체에서 균일한 매질을 통하여 전파되는 누르는 동작이나 움직임은 모든 방향으로 동일해야만 하는데, 그 실험에서는 빛을 나르는 광선이 향하는 방향이 다르면 다른 성질을 가지고 있는 것처럼 보이기 때문이다. 그는 에테르의 떨림이 첫 번째 방해석을 통과하면서 어떤 새로운 변화가 일어나, 에테르의 떨림이 두 번째 방해석 내부를 통과하는데 그 두 번째 방해석이 어떻게 놓여 있는지에 따라서 이 매질 또는 저 매질 중 어떤 매질을 통해서 전파될지를 그 변화가 결정할지도 모른다고 추정했다. 그러나 그는 그것이 어떤 종류의 변화일지 말할 수가 없었고, 또한 그 점에 관해서 어떤 만족할 만한 것도 생각해낼 수가 없었다. 그리고 만일 그가 평소와는 다른 굴절이 새로운 변화에 의존하지 않고 오히려 광선이 원래부터 지닌 바뀌지 않는 성질에 의존한다는 것을 알았더라면, 그는 첫 번째 방해석에 의해서 광선에 각인(刻印)되었을 것이라고 그가 가정했던 그런 성질이 어떻게 그 첫 번째 방해석에 입사하기도 전에 광선에 이미 존재하고 있었는지, 그리고 일반적으로, 빛을 내는 물체에서 방출된 모든 광선이 어떻게 애초부터 광선 내부에 그런 성질이 있을 수 있는지 설명하는 것도 전과 똑같이 어렵다는 것을 알게 되었을 것이다. 적어도 나에게는, 만일 빛이 에테르를 통하여 전파되는 누르는 동작 또는 움직임일 뿐 그 이상이 아니라면, 위의 현상들이 설명할 수 없는 것처럼 보인다.

그리고 아마도 모든 공간에는 두 가지로 에테르가 진동하는 매질이 존재하고, 그중 한 가지에 해당하는 진동은 빛을 만들고, 다른 한 가지는 더 민첩해서, 첫 번째 진동을 따라잡을 때마다 그 첫 번째 진동을 피트에 들게 한다고 가정하지 않는 이상, 그 가설들에 의해서는 광선이 어떻게 용이한 반사의 피트와 용이한 굴절의 피트에 교대로 들 수 있는지를 설명하는 것도 똑같이 어려울 것이다. 그러나 어떻게 두 가지 종류의 에테르가 전 공간에 퍼져있어서, 하나의 운동이 다른 하나의 운동에 서로 방해받지도, 파괴되지도, 흩어지게 만들지도, 혼동시키지도 않으면서도, 그중 하나가 다른 하나에 영향을 미치고, 그 결과로 다른 하나가 원래 하나에 다시 영향을 미칠 수 있는지 상상할 수가 없다. 그리고 행성들과 혜성들이 천상 세계에 갖가지 방법으로 정해져 있는 행로를 따라 규칙적이고도 영구히 움직이고 있다는 사실에서, 천상 세계가 유체인 매질로 채워져 있다는 것은 그것이 지극히 희박하다면 모를까 가능하지가 않다. 왜냐하면 천상 세계에서는 어떤 저항도 감지되지 않으며 그 결과 어떤 물질도 감지되지 않는 것이 명백하기 때문이다.

　유체 매질이 지닌 저항하는 능력은 일부는 매질의 부분들 사이의 마찰에 의해 발생하고 일부는 물질의 관성에 의해 발생한다. 구형(球形)인 물체에 작용하는 마찰 중에서 매질의 부분들 사이의 마찰에 의해 발생하는 마찰은 거의 구형 물체의 지름에 비례하거나, 또는 기껏해야 그 지름과 구형 물체의 속도에 함께 영향을 받는다. 그리고 구형 물체에 작용하는 마찰 중에서 물질의 관성에 의해 발생하는 마찰은 그 지름의 제곱에 비례한다. 그리고 이런 차이를 이용하면 어떤 매질에서든 그 두 가지 종류의 마찰을 서로 구분해낼 수가 있다. 그리고 그 차이가 이렇게 구분되므로, 공기와 물, 수은(水銀), 그리고 그와 비슷한 유체에서 상당히 빠른 속도로 움직이는 상당한 크기의 물체에 작용하는 저항 중에서 대부분은 유체를 구성하는 부분들의 관성에서 발생한다는 것을 알 수 있게 된다.

　이제 어떤 매질의 저항하는 능력 중에서 그 매질을 구성하는 부분들 사이의 끈기나 마찰 또는 마멸 때문에 발생하는 부분은 물체를 더 작은 조각들로 나누어서 그 조각들을 더 부드럽고 반들반들하게 만들면 감소시킬 수가 있다. 그러나 마찰 중에서 관성 때문에 발생하는 부분은 물질의 밀도에 비례하고, 그래서 매질의 밀도를 감소시키는 방법을 제외하고는 물질을 더 작은 조각으로 나눈다거나 또는 어떤 다른 방법으로도 감소시킬 수가 없다. 그리고 이런 이유들 때문에 유체 매질의 밀도는 그 매질의 저항에 상당히 가깝게 비례한다. 밀도가 크게 다르지 않은 물이나 포도주, 테레빈 기름, 식용 기름은 저항도 크게 다르지 않다. 물은 수은에 비해 13배 또는 14배 더 가벼운데, 그 결과로 13배 또는 14배 더 희박하며, 내가 진자(振子)를 이용해 수행한 실험으로 확인한 것에 의하면 물의 저항은 수은의 저항에 비해 대략 그 비율만큼 더 작다. 우리가 숨을 쉬는 바깥 공기는 물보다 800배에서 900배 더 가벼운데, 그 결과로 800배에서 900배 더 희박하며, 따라서 공기의 저항은 물의 저항에 비해 대략 그 비율만큼 더 작은데, 그것도 내가 진자를 이용한 실험으로 확인했다. 그리고 더 희박한 공기에서는 저항이 더 작으며, 그리고 공기를 점점 더 희박하게 하면 결국 저항을 감지할 수가 없게 된다. 바깥 공기 속에서 떨어지는 작은 깃털은 굉장히 큰 저항을 받지만, 그러나 공기를 거의 제거한 긴 유리병에서 깃털은, 내가 여러 번 시도해보았는데, 납이나 금덩이가 떨어지는 것과 똑같이 빨리 떨어진다. 그러므로 저항은 매질의 밀도에 비례해서 계속 감소하는 것처럼 보인다. 왜냐하면 나는 어떤 실험으로도 수은이나 물 또는 공기 중에서 움직이는 물체가, 만일 유체의 기공(氣孔)이나 또는 다른 모든 공간이 짙지만 매우 희박한 유체로 꽉 차 있다면 발생하는, 밀도와 그리고 그러한 감지(感知)되는 유체의 끈기에서 발생하는 저항을 제외하고는 어떤 다른 눈에 띄는 저항도 발견하지 못했기 때문이다. 이제 만일 공기를 제거한 용기에서 저항이 바깥 공기의 저항보다 단지 100배 더 작다면, 그 저항은 수은에서 저항보다 약 백만 배 더 작게 된다. 그러나 그렇게 공기를 뺀 용기에서는 저항이 그보다도 훨씬 더 작아 보이며, 지상에서 높이가 300마일에서 400마일 정도 또는 그보다 더 높은 하늘에서는 저항이 그보다도 훨씬 더 작을 것이다. 왜냐하면 보일이[220] 유리 용기에서 공기를 1만 배 이상 희박하게 만들 수 있음을 보였고, 하늘은 밑에서 우리가 만들 수 있는 어떤 진공보다도 훨씬 더 공기가 비어있기 때문이다. 공기는 항상 존재하는 대기(大氣)의 무게에 의해서 압축되어 있으므로, 그리고 공기의 밀도는 그 공기를 압축하는 힘에 비례하므로, 계산을 해보면, 지상에서 높

---

[220] 로버트 보일(Robert Boyle, 1627~1691)은 화학의 아버지라고 불리는 영국의 화학자, 물리학자이다. 귀리케의 진공 펌프 개선에 기여하고 공기의 부피는 압력에 반비례한다는 보일 법칙을 발표했다.

이가 약 7.5 영국 마일인 곳의 공기는 지표면(地表面)에서 공기보다 약 네 배정도 더 희박하다. 그리고 높이가 15마일인 곳의 공기는 지표면(地表面)에서 공기보다 약 16배 더 희박하다. 그리고 높이가 76마일, 152마일, 228마일인 곳의 공기는 지표면에서 공기보다 각각 약 100만 배, 1조 배, 100경 배 더 희박하며, 그런 식으로 계속된다.

열(熱)은 물체가 끈끈한 정도를 감소시켜서 유체(流體)의 유동성을 대단히 많이 증진시킨다. 열은 낮은 온도에서는 유체가 아닌 많은 물체를 유체로 만들고, 기름과 수지(樹脂) 그리고 꿀과 같은 끈끈한 유체의 유동성을 증가시키며 그것들의 저항을 감소시킨다. 그러나 열이 물의 저항을 대단히 크게 감소시키지는 않는데, 그렇지만 만일 물의 저항의 상당히 많은 부분이 그 물을 구성하는 부분들의 마찰이나 끈끈함 때문에 발생한다면 열에 의해 물의 저항은 당연히 감소해야 한다. 그러므로 물의 저항은 원칙적으로 그리고 거의 모두가 물을 만드는 물질의 관성에서 발생하며, 그래서 결과적으로, 만일 하늘의 밀도가 물의 밀도와 같다면, 하늘은 물보다 훨씬 더 작은 저항을 갖지는 않을 것이다. 그리고 만일 하늘의 밀도가 수은의 밀도와 같다면, 하늘은 수은보다 훨씬 더 작은 저항을 갖지는 않을 것이다. 그리고 만일 하늘이 절대적으로 밀(密)해서 어떤 진공도 없이 물질로 가득 차 있고, 그 물질은 더 이상 포착이 가능하고 더 유동적일 수가 없다면, 하늘은 수은보다도 더 큰 저항을 갖게 될 것이다. 그런 매질 내부에서 움직이는 단단한 천체(天體)는 그 천체의 지름의 세 배 정도가 되는 거리를 움직이면 그 운동의 절반 이상을 잃게 될 것이며, (행성과 같은) 단단하지 않은 천체는 더 빨리 그 운동을 잃게 될 것이다. 그러므로 행성이나 혜성이 규칙적이고도 영원히 지속하는 운동에 대한 길을 열려면 하늘에는, 어쩌면 지구나 행성이나 혜성의 대기권에서 발생하는, 그리고 위에서 설명한 지극히 희박한 에테르로 된 매질에서 발생하는, 매우 얇은 증기나 수증기 또는 전기소(電氣素)를 제외하면, 어떤 물질도 존재하지 않아야 한다. 밀도가 큰 유체는 자연현상을 설명하는 데 별 쓸모가 없고 행성과 혜성의 운동도 그런 것이 없으면 더 잘 설명할 수 있다. 밀도가 큰 유체는 그런 거대한 물체의 운동을 방해하고 지체시키는 데만 기여하며 자연의 틀을 뒤처지게 만들 뿐이다. 그리고 물체에 포함된 기공(氣孔)에서 밀도가 큰 유체는 그 물체가 지닌 열(熱)과 활동을 구성하는 부분들의 진동을 멈추게 만들 뿐이다. 그리고 밀도가 큰 유체는 별로 쓸모가 없고 자연의 작동을 방해하고 자연을 뒤처지게 만들 뿐이므로, 밀도가 큰 유체가 존재해야 한다는 증거가 없고, 그러므로 밀도가 큰 유체가 존재해야 한다는 주장은 인정될 수가 없다. 그리고 그러한 주장이 인정되지 않는다면, 빛이 그런 매질을 통하여 전파되는 누르기 동작 또는 움직임으로 구성된다는 가설도 역시 그러한 주장과 함께 인정되지 않아야만 한다.[221]

그리고 진공과 원자, 원자들 사이의 인력 그리고 철학의 최초 원리들을 만든, 그리스와 페니키아 출신의 가장 오래되고 가장 저명한 철학자들이 암묵적으로 중력의 원인이 밀도가 큰 물질이 아닌 어떤 다른 것이라고 돌린 것도 우리가 매질의 존재를 인정하지 않는 데 대한 근거가 될 수 있다. 그 이후 철학자들은 모든 사물을 기계적으로 설명할 가설을 상상해내고, 다른 원인은 모두 형이상학이라고 치부하면서 그러한 원인에 대한 고려를 자연철학의 영역 밖으로 추방해버렸다. 그렇지만 자연철학의 주요 관심사는 가설을 도입하지 않고서도 현상에 대해 논의하여, 기계적이지 않음이 명백한[222] 가장 기본이 되는 첫 번째 원인에 도달할

---

[221] 오늘날에는 빛이 전자기파의 일종이며, 전기장과 자기장이 세기를 변화하며 전달되는 현상으로, 빛이 이동하는 데 따로 매질이 필요하지 않다는 것을 알게 되었다.
[222] 여기서 기계적이지 않음이 명백하다는 것은 데카르트의 기계적 철학에 의한 것임이 아님이 명백하다는 의미이다. 데카르트의 기계적 철학은 자연이 눈에 보이지

때까지, 효과에서 원인을 추론하고, 이 세상의 동작 원리를 밝혀낼 뿐 아니라 주로 그러한 질문들을 해결하는 것이다. 그러면 물질이 거의 없는 위치에는 무엇이 존재하고, 태양과 행성들은 그들 사이에 어떤 밀도가 큰 물질도 없는데 서로를 잡아당기는 중력은 어디서 왔을까? 어째서 자연은 어떤 것도 헛되이 하지 않는 것이며, 그리고 우리가 세상에서 보는 이런 모든 질서와 아름다움은 어디에서 온 것일까? 무슨 목적으로 혜성은 존재하고, 어찌하여 행성들의 공전 궤도는 하나같이 모두 동심원을 이루고 행성들은 같은 방향으로 회전하지만, 그러나 혜성은 모두 매우 찌그러든 공전 궤도를 따라서 갖가지 서로 다른 방법으로 회전하는 것일까? 그리고 무엇이 항성(恒星)들이 서로를 향해 끌려가지 않도록 방해하는 것일까? 동물의 신체는 어떻게 그렇게도 예술적으로 고안되었으며, 동물의 신체의 몇몇 부분은 어떤 목적으로 존재하는가? 동물의 눈은 광학의 기량을 갖지 않고 어떻게 고안되었으며, 동물의 귀는 소리에 대한 지식이 없이 어떻게 고안되었을까? 어떻게 신체가 의도대로 움직여주며, 동물은 어떻게 본능을 갖게 된 것일까? 동물의 감각기관이란 느껴지는 물질을 보내고, 신경과 뇌를 통하여 사물의 느끼고 깨닫는 종류가 이동되는 장소로, 그곳에서 그 물질이 직접적으로 존재한다는 데 따라 그 사물들이 인식되는 것이 아닐까? 그리고 그런 사물들이 제대로 신속하게 보내진다면, 실체는 없으나 살아있으며 지적(知的)이고 동시에 어디든 있는 신(神)이 존재하는데, 그 신(神)은 무한한 공간에서 마치 그의 감각기관에 이미 있듯이 사물 자체를 상세하게 바라보며 철저하게 인식하고, 그리고 그 사물들이 자신에게 바로 인접하여 존재하기 때문에 전체적으로 파악한다는 것이, 자연현상에서 드러나지 않는가? 그 사물

않는 미세한 물질로 이루어져 있고 자연 현상은 그런 물질의 운동에 의해 일어난다고 전제하고 각종 자연 현상을 미세한 물질들의 직선 운동 사이의 충돌로 설명한다.

들은 직접 이동하는 것이 아니라 사물들의 단지 상(像)만 감각기관을 통하여 우리의 조그만 지각(知覺)기관까지 전달되어, 우리의 내부에서 인식하고 사고하는 그 무엇에 의해 보고 느껴진다. 그리고 비록 이러한 원리에서 이루어지는 개별적인 진정한 단계 하나하나가 모두 우리를 제1원인에[223] 대한 지식으로 즉시 인도하지는 않는다 해도, 여전히 우리를 제1원인에 좀더 가까이 데려다주며, 바로 그런 이유 때문에 그러한 단계 하나하나가 높게 평가되어야 한다.

질문 29. 빛을 나르는 광선은 빛이 나는 대상에서 방출되는 아주 작은 물체가 아닐까?[224] 왜냐하면 아주 작은 물체는 균일한 매질을 그림자 쪽으로 휘어지지 않으면서 직선을 따라 통과하는데, 그것이 바로 빛을 나르는 광선의 성질이기 때문이다. 아주 작은 물체는 또한 몇 가지 추가 성질을 가질 수도 있고, 여러 개의 매질을 통과하는 동안 그 성질들을 그대로 유지할 수 있는데, 그것도 또한 빛을 나르는 광선이 되기 위한 또 다른 조건이다. 투명한 물질은 빛을 나르는 광선과 접촉하지 않고서도 그 광선이 굴절하고, 반사하고, 휘어지도록 영향을 미치고, 그리고 광선도 역시 비슷하게 그런 물질을 접촉하지 않고서도 그 물질이 따뜻해지도록 그 물질을 구성하는 부분들을 요동시키는데, 이처럼 서로 접촉하지 않으면서 작용하고 반작용하는 것이 물체들 사이에 서로 잡아당기는 힘과 무척 유사하다.[225] 만일 굴절이 광선들 사이의 인력에 의해서 이루어진다면, 입사의 사인과 굴절의 사인 사이의 비는, 우리의 원리의 근본 방침에서 보였던 것처럼, 정해진 값과 같아야만 하는데, 그러한 규칙은

---

[223] 제1원인(the first Cause)은 신(神)을 우주의 최초 창시자로 보는 철학적 용어이다.
[224] 뉴턴이 빛이 입자라고 주장했다는 유명한 이야기가 뉴턴의 『광학』의 바로 이 문장에서 최초로 나온다.
[225] 이 책의 저자인 뉴턴은 물체가 원래부터 지니고 있는 질량이라는 성질에 의해서 두 물체가 서로 접촉하지 않더라도 만유인력이라는 이름의 힘으로 서로 잡아당긴다고 최초로 제안한 사람이다.

경험에 의해 성립함을 알게 된 규칙이다. 빛을 나르는 광선이 유리에서 나와 진공으로 들어가면, 광선은 유리 쪽을 향해 휘어지며, 그리고 만일 광선이 진공에 너무 기울어져서 입사하면, 그 광선은 거꾸로 유리를 향해 휘어져서, 모두 반사되는데, 이러한 반사가 완벽한 진공의 저항에 의해서 일어난 것이라고 설명할 수는 절대로 없다. 오히려 광선이 유리에서 나와 진공으로 들어가려고 할 때 광선을 잡아당기는 유리의 능력에 의해서 광선을 유리로 되돌리기 때문에 그러한 반사가 일어나는 것이 틀림없다. 왜냐하면 만일 유리의 먼 쪽 표면을 물이나 깨끗한 기름 또는 액체 그리고 깨끗한 꿀로 적셔 놓으면, 그렇게 하지 않을 경우에 반사될 광선이 그 물이나 기름 또는 꿀로 들어가고, 그러므로 광선이 유리의 먼 쪽 표면에 도달하기 전에 반사되지 않고, 유리 밖으로 나가기 시작하기 때문이다. 만일 광선이 유리 밖으로 나가서 물, 기름, 또는 꿀로 들어가면, 그 광선은 계속 진행하는데, 그것은 유리의 인력이 그 액체의 상반되는 인력과 거의 균형을 이루어서 아무런 효과도 내지 못하게 되기 때문이다. 그러나 만일 광선이 유리 밖으로 나가서 유리의 인력을 상쇄시킬 인력을 갖지 못한 진공으로 들어간다면, 유리의 인력은 광선을 휘어지게 해서 굴절시키거나, 또는 광선을 다시 불러들여 반사시킨다. 그리고 유리로 만든 두 프리즘을 함께 놓거나, 또는 매우 긴 망원경의 하나는 평평하고 다른 하나는 약간 볼록한 두 대물렌즈를 너무 가까이 닿지도 너무 멀리 떨어지지도 않도록 가까이 놓으면, 유리가 광선을 잡아당긴다는 것이 더욱 명백해진다. 두 유리 사이의 간격이 100만분의 1인치보다 더 크지 않은 경우에, 제2권 제1부의 관찰 1, 관찰 4, 관찰 8에서 설명한 것처럼, 첫 번째 유리의 먼 쪽 표면, 즉 두 번째 유리에서 먼, 첫 번째 유리의 첫 번째 표면에 입사한 광선은 그 표면을 통과하고, 그 다음에 두 유리 사이의 공기 또는 진공을 통과하고, 그 다음에 두 번째 유리로 입사하게 될 것이다. 그런데 만일 두 번째 유리를 치운다면, 첫 번째 유리의 두 번째 표면에서 나와 공기 또는 진공으로 들어가는 빛은 계속 앞으로 진행하는 것이 아니라, 첫 번째 유리로 들어가도록 방향을 뒤로 돌려서 반사된다. 그러므로 그 빛은 첫 번째 유리의 능력에 의해서 뒤로 잡아당겨진 것이고, 그것을 제외하고는 빛의 방향을 돌리는 데 어떤 다른 것도 존재하지 않는다. 여러 가지 다양한 색깔을 만들고, 굴절하는 정도가 여러 가지 다양한 단계가 되도록 만들려면, 빛을 나르는 광선이 서로 다른 크기의 물체이며, 가장 작은 크기의 물체가 색깔 중에서 가장 약하고 가장 짙은 보라색이 되고, 굴절시키는 표면에서 직선인 경로로부터 더 용이하게 방향을 바꾸며, 물체의 크기가 점점 더 커질수록 점점 더 강하고 점점 더 맑은 색깔들인 파란색, 초록색, 노란색, 빨간색이 되고, 굴절시키는 표면에서 직선인 경로로부터 점점 더 어렵게 방향을 바꾼다는 것 이외에 어떤 다른 조건도 더 필요하지 않다. 빛을 나르는 광선이 용이한 반사의 피트에 놓이게 하고 용이한 투과의 피트에 놓이게 만들려면, 광선은 광선들 사이에 서로 잡아당기는 능력 또는 어떤 다른 힘에 의해서, 광선이 작용하는 대상에 진동을 유발하고, 그 진동이 원래 광선보다 더 민첩하여 끊임없이 광선을 따라잡아서, 광선의 속도가 증가하거나 감소하도록 광선을 동요시키고, 그렇게 해서 광선을 용이한 반사의 피트나 용이한 투과의 피트에 놓이게 하는 것 이외에 어떤 다른 조건도 더 필요하지 않다. 그리고 마지막으로, 방해석(方解石)의 평소와는 다른 굴절은, 마치 광선과 방해석을 구성하는 입자 모두의 특정한 옆면에 새겨진 아직 모르는 어떤 종류의 서로 끌어당기는 능력에 의해 일어나는 것과, 꼭 같아 보인다. 왜냐하면 만일 평소와는 다른 굴절이 방해석을 구성하는 입자의 일부 옆면에 새겨져 있는 어떤 종류의 성질이나 능력 때문이 아니고, 나머지 모든 다른 옆면에 새겨져 있는 성질이나 능력 때문도 아니라면, 그리고 그런데도 평소와는 다른 굴절이 광선을 평소와는 다른 굴절의 경계를 향해 기울거나 휘어지게 한다면, 광선이 방해석에 수직으로 입사하는 경우나, 또는 광선이 방해석을 통과해 공기로 나오거나 또는 진공으로 나올 경우, 방해석이 광선에 영향을 미치지 않는다면 광선이 방해석의 두 번째 표면에서 어떤 다른 경계를 향해 굴절하는 대신 평소와는 다른 굴절의 경계를 향해 굴절하지는 않을 것이기 때문이다. 그리고 방해석이, 광선의 평소와는 다른 굴절의 성질을 갖는 옆면이 평소와는 다른 굴절의 경계를 향할 때가 아닌 한, 그런 끌어당기는 능력을 가지고 광선에 작용하지 않기 때문에, 위의 설명은 마치 두 자석의 극(極)이 서로 응답하는 것과 마찬가지로, 광선의 옆면에 방해석의 그런 능력이나 성질에 응답하고 공명하는 능력이나 성질이 새겨져 있음을 분명히 보여준다. 그리고 마치 자성(磁性)은 자석(磁石)과 철(鐵)에서만 밀거나 당기는 힘을 찾을 수 있는 것과 마찬가지로, 수직인 광선을 굴절시키는 이러한 능력은 방해석에서 더 크고, 수정(水晶)에서는 더 작으며, 다른 물체에서는 아직 관찰되지 않는다. 나는 이 능력이 자성적(磁性的)이라고는 말하지 않겠다. 그것은 또 다른 종류인 것처럼 보인다. 나는 단지 그것이 무엇이든 만일 빛을 나르는 광선이 물체가 아니라면[226] 어떻게 그 광선들이 통과하는 공간이나 매질의 위치와 전혀 연관되지 않으면서 변하지 않는 두 옆면의 능력을, 그것도 다른 옆면에서는 갖지 않은 능력을, 보유할 수가 있는지 상상하기가 어렵다고 말할 뿐이다.

   내가 이 질문에서 진공이라고 말한 것과, 그리고 빛을 나르는 광선이 유리 또는 방해석을 향해 끌려간다고 말한 것의 의미는 질문 18, 질문 19, 질문 20에서 말한 것과 같은 의미라고 받아들여도 좋다.

---

[226] 여기서 '광선이 물체가 아니라면'은 '광선이 입자가 아니고 파동이라면'의 의미이다. 즉 뉴턴은 빛의 본성이 입자여야만 한다는 이유를 언급하고 있다.

질문 30. 크기를 갖는 물체가 빛으로 바뀌거나 빛이 크기를 갖는 물체로 바뀔 수도 있고 그때 물체는 그 물체의 구성물로 들어오는 빛을 이루는 입자들에서 물체의 활성도(活性度) 대부분을 얻어오는 것이 아닐까? 왜냐하면 가열되는 모든 응고된 물체는 그 물체가 계속해서 충분히 뜨겁기만 하면 빛을 내보내고, 그리고 우리가 위에서 보였던 것처럼, 빛을 나르는 광선이 물체를 구성하는 부분들과 충돌할 때마다 빛과 물체가 함께 정지하기 때문이다. 내가 알기로 물보다 덜 빛을 내보내는 물체는 없지만, 보일이 이미 시도한 것처럼,[227] 물도 역시 거듭되는 증류 다음에는 응고된 토류(土類)로 바뀌며, 그런 다음에 이 토류도 충분한 열을 견딜 수 있도록 활성화된 다음에는 다른 물체나 마찬가지로 열에 의해서 빛을 낸다.

물체가 빛으로 바뀌고 빛이 물체로 바뀌는 것은 변환을 매우 좋아하는 것처럼 보이는 자연의 행로와 매우 일치한다. 전혀 맛이 없는 유체 상태의 염분(鹽分)인 물은 열에 의해서 일종의 공기인 수증기로 바뀌고, 그리고 냉기(冷氣)에 의해서 단단하고 투명하며 부서지기 쉽고 녹을 수 있는 돌인 얼음으로 바뀌고, 그리고 이 돌은 열(熱)에 의해서 다시 물로 돌아오고, 수증기는 냉기(冷氣)에 의해서 다시 물로 돌아온다. 토류는 열(熱)에 의해 불이 되고, 냉기(冷氣)에 의해 다시 토류로 돌아온다. 밀도가 높은 물체는 발효 작용에 의해서 몇 가지 종류의 공기로 희박하게 되고, 그리고 이 공기는 발효 작용에 의하거나 때로는 발효 작용을 거치지 않고서도 다시 밀도가 높은 물체로 돌아온다. 수은(水銀)은 때로는 유체(流體) 금속의 형태로 존재하지만, 때로는 단단하고 부서지기 쉬운 금속의 형태로 존재하기도 하고, 때로는 승화물이라고 불리는 부식성의

---

[227] 영국의 화학자 로버트 보일(Robert Boyle, 1627~1691)은 1684년에 발표한 그의 논문 "Observations and Experiments on the Saltiness of the Sea"에서 바닷물을 증류하면 몇 가지 염분이 남는다는 실험 결과를 발표했다.

투명한 염분으로 존재하기도 하고, 때로는 단 수은이라고도[228] 불리는 맛이 없고 투명하며 휘발성인 흰색 토류(土類)의 형태로 존재하기도 하고, 또는 진사(辰砂)라고도[229] 불리는 빨간색의 불투명한 휘발성 토류의 형태로도 존재하고, 또는 빨간색 또는 흰색의 침전물의 형태로도 존재하고, 또는 유체인 염분(鹽分)의 형태로도 존재하고, 그리고 증류되면 증기로 바뀌어 진공에서 휘저으면 불처럼 빛을 내기도 한다. 그리고 이모든 변화를 거친 뒤에 이것은 다시 처음의 원래 수은(水銀) 형태로 되돌아온다. 새의 알은 느끼지 못할 정도로 작은 크기에서 커지기 시작하여 날짐승으로 변하고, 올챙이는 개구리로 바뀌며, 그리고 구더기는 파리로 변한다. 새와 같은 모든 날짐승, 모든 네발짐승, 물고기, 곤충, 나무, 그리고 다른 식물은 모두 몇 가지 부분으로 이루어져 있는데, 물과 수분(水分)을 포함한 용액과 염분(鹽分)에서 성장하고, 부패 작용에 의해서 다시 수분(水分)을 포함한 물질로 돌아간다. 그리고 야외(野外)에 며칠 놓아둔 물은 색깔을 띤 용액으로 바뀌며, 야외에 더 오래 놓아두면 (마치 엿기름처럼) 침전물과 술로 바뀌는데, 그러나 이것이 부패하기 전에는 동물과 식물의 자양분(滋養分)으로 적당하게 된다. 그리고 그러한 여러 가지 이상한 변형이 있는데, 왜 자연이 물체를 빛으로 바꾸지 않고, 왜 빛을 물체로 바꾸지 않겠는가?[230]

질문 31. 물체를 구성하는 작은 입자들이 어떤 능력이나 성질 또는 힘이 있어서, 그것을 이용하여 단지 접촉하지 않은 빛을 나르는 광선에

---

[228] 원문에는 'Mercurius Dulcis'라고 되어 있는데, 이것은 라틴어로 영어로는 'Sweet Mercury'라는 의미인데 이것을 역자가 '단 수은'이라고 번역했다.
[229] 진사(辰砂, cinnabar)란 적색 황화수은을 의미한다.
[230] 물체가 빛으로 될 수 있고 빛이 물체로 될 수 있지 않겠느냐는 뉴턴의 제안은 오늘날 놀랍게도 사실임이 밝혀졌다. 빛은 순수한 에너지의 흐름인데 질량도 에너지의 한 형태로 조건만 맞으면 빛으로 바뀌고 빛도 조건만 맞으면 질량으로 바뀐다.

만 작용하여 광선이 반사하고, 굴절하고, 회절하도록[231] 만들 뿐 아니라, 그 입자들 사이에도 역시 서로 작용하여 자연에 나타나는 현상 중 많은 부분을 만들어내는 것 아닐까? 물체들은 중력과 자기력 그리고 전기력의 인력에 의해 서로에게 작용한다는 것은 잘 알려져 있으며, 이 경우들은 자연 현상이 벌어지는 방침과 자연 현상이 일어나는 행로를 보여주고, 이 경우들을 제외하고 서로 잡아당기는 다른 종류의 능력이 더 있을지도 모른다는 것은 전혀 불가능하지 않다. 왜냐하면 자연은 매우 조화로우며 그리고 자연 자신과 매우 일치되기 때문이다. 나는 여기서 그런 인력이 어떻게 실현될지에 대해서 고려하지는 않겠다. 내가 인력이라고 부르는 것이 일시적으로 일어나거나 내가 알지 못하는 어떤 다른 수단으로 일어나는지도 모른다. 나는 여기서 단지 일반적으로 두 물체가 그 원인은 무엇이든 서로를 향해 끌어당기는 힘을 표시하고자 인력이라는 단어를 사용한다. 우리는 자연이 보여주는 현상에서 어떤 물체들이 서로 잡아당기는지 알아내야만 하고, 그 인력이 수행되는 원인에 대해 물어보기 전에 그 인력에 대한 법칙이 무엇인지 그리고 그 인력이 지닌 성질이 무엇인지를 알아내야만 한다. 중력에 의한 인력이나 자기적 성질에 의한 인력, 그리고 전기적 성질에 의한 인력은 그 범위가 우리가 감지할 수 있는 매우 먼 거리까지도 미치며, 그래서 보통 사람들의 눈으로도 그 인력을 관찰할 수 있고, 미치는 거리가 너무 짧아서 아직은 관찰을 피할 수 있는 다른 인력도 존재할지 모른다. 그리고 어쩌면 전기적 성질에 의한 인력은 마찰에 의해서 그 전기적 성질이 발생하기 전부터 이미 그렇게 짧은 거리에 작용하고 있을지도 모른다.[232]

---

[231] 굴절은 두 매질의 경계에서 광선의 경로가 방향을 바꾸는 것을 말하고 회절은 동일한 매질에서 광선의 경로가 휘어지는 것을 말한다.
[232] 모든 힘은 기본힘이라고 불리는 중력, 전기력, 강력, 약력의 네 힘에 의해서 설명된다. 여기서 중력과 전기력은 두 물체가 아무리 멀리 떨어져 있어도 작용하는

타타르 염이 조해(潮解)될[233] 때, 그것은 타타르 염을 구성하는 입자와 공기 중에서 수증기의 형태로 떠다니는 물을 구성하는 입자 사이의 인력에 의해서 일어나는 것 아닐까? 그리고 보통 소금이나 초석(硝石) 또는 황산염은 왜 그런 인력이 부족하지 않으면서도 조해(潮解)되지 않는 것일까? 또는 왜 그런 인력이 부족하지 않으면서도 타타르 염은, 이미 수분(水分)으로 충분히 적신 다음에는, 그 양에 비례하여 공기에서 어떤 비율보다 더 많은 수분(水分)을 끌어들이지 않는 것일까? 그리고 이러한 끌어당기는 능력이 아니라면 어찌하여 물만 홀로 있을 때는 심하지 않은 미지근한 열에서도 증류가 되지만, 타타르 염과 물이 섞여 있을 때는 굉장히 많은 열이 없으면 증류가 되지 않는 것일까? 그리고 녹반 기름은, 공기에서 상당한 양의 수분(水分)을 흡수하고, 충분한 양이 흡수된 뒤에는 더 이상 흡수하지 않고, 증류하는 동안에는 좀처럼 수분을 방출시키지 않는 이유가, 녹반 기름을 구성하는 입자와 물을 구성하는 입자 사이의 바로 똑같은 서로 끌어당기는 능력 때문이 아닐까? 그리고 동일한 용기에 물과 녹반 기름을 차례로 부으면 서로 섞이면서 매우 뜨거워지는데, 이렇게 발생하는 열은 두 액체의 부분들이 격렬하게 운동한다는 것을 입증하는 것이 아닐까? 그리고 이 운동은 두 액체를 구성하는 부분들이 섞이면서 격렬하게 합체(合體)되고, 결과적으로 서로를 향해서 점점 더 빨리 돌진해간다는 증거가 아닐까? 그리고 질산 또는 황산을 쇳가루에 부으면 쇳가루는 많은 열을 내고 끓어오르면서 녹는데, 이 열과 끓어오름은 각 부분의 격렬한 운동에 의해 발생하는 것이 아닐까? 그리고

먼 거리 힘이고 강력과 약력은 두 물체 사이의 거리가 10^{-15}m 이내에서만 작용하는 짧은 거리 힘이다. 즉 강력과 약력은 원자핵 내부에서만 작용하고 그래서 20세기가 되기 전에는 알려지지 않았다.

[233] 조해(潮解)는 화학 용어로 고체가 대기 중의 습기를 흡수하여 액체가 되는 현상을 말한다.

그 운동은 액체를 구성하는 산성(酸性)의 부분들이 금속을 구성하는 부분들을 향해서 격렬하게 돌진하고, 그래서 금속의 가장 바깥쪽 입자들과 금속의 주요 부분을 이루는 질량이 접촉할 정도로 금속의 기공(氣孔) 속으로 세차게 들어와서, 그 가장 바깥쪽 입자들을 둘러싸서 금속의 주요 부분을 이루는 질량에서 떼어낸 다음에 물속으로 떠오르도록 자유롭게 만들어주는 증거가 아닐까? 그리고 그 산성(酸性)의 부분에 속한 입자들은, 그 입자들만 따로 있을 때는 낮은 열(熱)에서도 증류되어 떨어져 나오지만, 매우 격렬한 열(熱)이 없으면 금속을 구성하는 입자들에서 분리되지가 않는데, 이것이 산성의 부분에 속한 입자들과 금속을 구성하는 입자들 사이의 인력이 존재함을 확인해주는 것 아닐까?

보통 소금 또는 초석(礎石)에 부은 황산은 소금과 함께 끓어올라 거품을 만들고, 소금과 결합하며, 그리고 증류하면서 보통 소금 또는 초석의 진액(眞液)이 전보다 훨씬 더 쉽게 빠져나오고, 황산의 산성(酸性) 부분은 뒤에 남게 되는데, 이것이 소금 중에서 휘발(揮發)되지 않는 알칼리가 소금 자신의 진액보다도 산성(酸性)인 황산을 더 강하게 끌어당기고 자신의 진액은 떨어지도록 놓아버리는 증거가 아닐까? 그리고 황산과 칠레 초석을 분리해서, 두 성분 모두를 증류하여 합성 질산을 만들고, 이 질산 두 개 분량을, 클로브 기름이나 캐러웨이 씨 또는 어떤 다른 종류의 식물이나 동물에서 얻은 비중(比重)이 큰 기름 또는 황(黃)을 함유한 약간의 수액으로 진하게 만든 테레빈 기름 한 개 분량에 부으면, 이 액체들은 섞이면서 너무 뜨거워져서 즉시 타오르는 불꽃을 만들어내는데, 이렇게 굉장히 많은 열(熱)이 순식간에 방출되는 것은 두 액체가 격렬하게 섞이면서, 혼합되는 두 액체를 구성하는 부분들이 점점 더 빨리 가속되며 서로 상대 부분을 향해서 돌진하고, 가장 큰 힘으로 서로 격돌하는 증거가 아닐까? 그리고 포도주를 높은 도수로 정류(精溜)시킨

주정(酒精)을 똑같이 합성된 주정에 부으면 발화(發火)하는 것이나, 황(黃)과 칠레 초석 그리고 타타르 염을 섞어서 만든 폭발성 가루는 화약(火藥)보다 더 돌연히 그리고 더 격렬하게 폭발하는 것도 다 그와 똑같은 원인으로, 황과 칠레 초석의 산성(酸性) 주정(酒精)들이 서로 상대방을 향해서, 그리고 타타르 염을 향해서, 순식간에 전체를 증기와 불꽃으로 바꿔놓을 정도의 극심한 충격에 의한 것만큼 격렬하게 돌진하기 때문이 아닐까? 용해(溶解)가 천천히 진행되면 끓어오르는 것도 천천히 진행되고 그래서 적당한 열(熱)이 나오는데, 용해가 좀 더 빨리 진행되면 더 많은 열을 내면서 더 많이 끓어오르고, 그리고 용해가 즉시 일어나면 끓어오르는 것은 불이나 화염(火焰)에 대등한 열을 수반하면서 급격한 돌풍 또는 격렬한 폭발로 이어진다. 그래서 앞에서 언급한 칠레 초석의 합성 주정 1드램을[234] 진공에서 캐러웨이 씨 기름 $\frac{1}{2}$ 드램에 부었을 때, 그 혼합물은 즉시 화약처럼 섬광(閃光)을 냈고, 너비가 6인치이고 깊이가 8인치인 유리로 만든 빈 용기를 터뜨렸다. 그리고 심지어 큰 덩어리 황(黃)을 가루로 부순 다음에 같은 무게의 쇳가루와 약간의 물을 섞어서 반죽으로 만든 것을 철(鐵) 위에 얹으면, 다섯 시간에서 여섯 시간이 지나면 만지지 못할 정도로 뜨거워지고 불꽃을 낸다. 그리고 이 실험 결과를 지구에는 굉장히 많은 양의 황(黃)이 매장되어 있으며 지구의 중심부는 뜨겁고 온천과 화산(火山)이 있다는 것을 고려하면, 그리고 이 실험 결과를 또한 습지(濕地), 번쩍번쩍 빛나는 광물(鑛物), 지진, 뜨거운 숨 막히는 수증기, 허리케인, 그리고 분출되는 액체와 함께 고려하면, 황(黃)을 함유한 증기가 땅 밑 깊은 곳에 풍부하게 존재하고, 광물(鑛物)들과 들끓고 있으며, 때로는 갑작스러운 섬광과 폭발음을 내면서 발화(發

---

[234] 드램(drachm)은 영국에서 사용되었던 액체의 양을 측정하는 단위로 1드램은 1온스의 $\frac{1}{8}$에 해당한다.

火)된다는 것을 알 수 있다. 그리고 만일 황을 함유한 증기가 지하의 폐쇄된 동굴에 갇힌다면, 황을 함유한 증기는 마치 광산(鑛山)에서 솟아오르는 것처럼 대지(大地)를 뒤흔들면서 동굴들을 폭파한다. 그런 다음에 폭발과 함께 발생한 증기는 지구의 기공(氣孔)들을 통하여 전달되어 뜨겁게 느껴지고 숨이 막히게 만들며, 사나운 폭풍우와 허리케인의 원인이 되고, 때로는 땅이 꺼지거나 바다가 끓게 만들고, 그렇게 해서 작은 물방울 형태로 물을 올려보내고, 그것이 그 무게에 의해 물줄기가 되어 다시 떨어진다. 또한 황을 함유한 증기 중에서 일부는, 지구가 건조할 때는 항상, 공기 속으로 올라가서, 아질산과 함께 공기 중에서 발효를 일으키고, 때로는 발화되어 번개와 천둥 그리고 불타는 유성(流星)의 원인이 된다. 쇠와 쇠 속의 구리가 녹이 슨다거나, 공기를 불어서 불을 지핀다거나, 호흡에 의해서 심장이 고동치게 만드는 것에 의해 나타나듯이, 공기 중에 많이 포함된 산성(酸性) 증기는 발효를 촉진하는 데 적당하다. 이제 위에서 언급한 운동이 아주 크고 격렬하기 때문에 발효가 일어나면서, 물체를 구성하는 거의 정지해 있는 구성 입자들이 매우 유력한 원리에 의해서 새로운 운동을 하게 되는데, 그 원리는 구성 입자들이 서로 상대방을 향해 가까워질 때만 작용하며, 그 입자들이 매우 격렬하게 만나서 서로 충돌하는데, 그러면 입자는 그 운동에 의해서 점점 더 뜨거워지고, 서로를 아주 작은 조각들로 박살 내서, 공기로, 증기로, 그리고 불길로 사라진다.

공기에서 수분을 흡수한 타타르 염을 어떤 금속을 녹인 용액에든 부어 넣으면, 그 금속을 침전시켜서 진흙의 형태로 용액의 바닥에 가라앉게 만든다. 이것은 금속 입자보다 타타르 염 입자가 산성 입자를 더 세게 끌어당기고, 그래서 더 센 끌어당김에 의해서 금속에서 타타르 염으로 이동한다는 증거가 아닐까? 그러므로 아콰포티스에[235] 녹은 철의 용액에

라피스 칼라미나리스를²³⁶ 녹이고 철이 어디로 가는지 보면, 또는 구리 용액에 담근 철을 녹이고 구리가 어디로 가는지 보면, 또는 은(銀)의 용액에 구리를 녹이고 은이 어디로 가는지 보면, 또는 철, 구리, 주석, 또는 납에 부은 아콰포티스에 녹은 수은의 용액이 금속을 녹이고 수은이 어디로 가는지 보면, 이것이 바로 아콰포티스의 산성(酸性) 입자가 철에 끌리기보다 라피스 칼라미나리스에 더 강력하게 끌리고, 구리에 끌리기보다 철에 더 강력하게 끌리고, 은(銀)에 끌리기보다 구리에 더 강력하게 끌리고, 수은에 끌리기보다 철, 구리, 주석, 납에 더 강력하게 끌린다는 증거가 아닐까? 그리고 구리를 녹일 때보다 철을 녹일 때 더 많은 양의 아콰포티스가 필요하고, 다른 금속을 녹일 때보다 구리를 녹일 때 더 많은 양의 아콰포티스가 필요한 것도 그와 똑같은 이유 때문이 아닐까? 그리고 모든 금속 중에서 철이 가장 쉽게 녹고, 가장 녹이 잘 슬며, 철 다음에는 구리가 쉽게 녹고 녹이 잘 스는 것도 그와 똑같은 이유 때문이 아닐까?

녹반(綠礬) 기름에²³⁷ 약간의 물을 섞거나 공기에서 수분을 흡수하면, 증류 과정에서 물이 어렵게 올라가고, 물과 함께 녹반 기름 일부가 녹반 진액(津液)의²³⁸ 형태로 추출되고, 이 진액을 철(鐵)이나 구리 또는 타타르 염에 부으면, 진액은 그 주요 부분과 결합하고 물을 나가게 만드는데, 이것은 물이 산성(酸性) 진액을 끌어당기지만 물이 진액을 끌어당기는 것보다 고체(固體)가 진액을 더 세게 끌어당겨서, 그 결과 그 고체와 더

---

²³⁵ 아콰포티스(aqua fortis)는 모든 물질을 녹인다는 강수(强水)라고 불리는 것으로 질산 용액을 의미한다.
²³⁶ 라피스 칼라미나리스(Lapis Calaminaris)는 광물 형태의 탄산아연을 의미한다.
²³⁷ 녹반(綠礬) 기름(oil of vitriol)이란 녹반(황산철)을 증류해서 만든 진한 황산을 의미한다.
²³⁸ 녹반 진액(spirit of vitriol)은 녹반(황산철)에서 추출된 진한 액체로 황산에 해당한다.

가까워지기 위해서 물을 내보내는 증거가 되지 않을까? 그리고 이와 똑같은 이유로, 식초와 아콰포티스 그리고 소금의 진액과²³⁹ 함께 잘 혼합된 물과 산성 진액이 서로 응집되어 증류 과정에서 함께 올라가는 것이 아닐까? 그러나 만일 용매를 타타르 염 또는 납, 또는 철, 또는 용매가 녹일 수 있는 어떤 고체에 붓는다면, 더 강한 끌어당김에 의해서 산(酸)이 그 물체와 결합하고 물을 내보내는 것이 아닐까? 검댕과 바다 소금의 진액들이 결합하여 암모니아 염의²⁴⁰ 입자를 구성하는데, 이 입자들이 더 커지고 물에서 더 자유로워져서, 암모니아 염이 결합 전보다 덜 휘발성이 된 것도 역시 입자들 사이의 서로 끌어당김 때문이 아닐까? 승화(昇化)된 암모니아 염 입자가 스스로는 승화하지 못하는 안티모니²⁴¹ 입자와 함께 올라가는 것도 역시 입자들 사이의 서로 끌어당김 때문이 아닐까? 소금 진액의 산성 입자와 결합하고 있는 수은 입자가 수은 승화물을 구성하며 황 입자와 결합하고 있는 수은 입자는 진사(辰砂)를²⁴² 구성하는 것도 역시 입자들 사이의 서로 끌어당김 때문이 아닐까? 포도주 진액의 입자와 잘 정류(精溜)된 소변(小便)의 입자는 결합해 그들을 녹게 만든 물을 내보내고 하나의 조화된 개체를 구성하는 것도 역시 입자들 사이의 서로 끌어당김 때문이 아닐까? 타타르 염 또는 생석회에서 진사(辰砂)를 승화시키는 과정에서, 황(黃)이 염 또는 석회와의 더 강한 끌어당김에 의해서 수은을 내보내고 남은 고체와 함께 머무르는 것도 역시 입자들 사이의 서로 끌어당김 때문이 아닐까? 비록 순수한 소금 진액은 거의 물과 같은 정도로 휘발성이 좋고 순수한 안티모니는 납만큼

---

²³⁹ 소금 진액(spirit of salt)은 소금에서 추출된 진한 액체로 염산에 해당한다.
²⁴⁰ 암모니아 염(sal-armoniac 또는 sal-ammoniac)이란 염화암모늄을 의미한다.
²⁴¹ 뉴턴 시대에 안티모니(antimony)는 원자번호 51번의 금속 원소 안티몬을 함유한 주요 광물인 휘안석(輝安石)을 가리킨다.
²⁴² 진사(cinnaber 또는 cinnabar)는 적색 황화수은이다.

이나 휘발성이 없고 고체로 남아 있지만, 수은 승화물이 안티모니 또는 안티모니 레귤러스에서[243] 승화될 때, 소금 진액이 수은을 내보내고, 소금 진액을 더 강하게 끌어당기는 안티모니 금속과 결합하고, 열(熱)이 그들을 함께 올라가게 만들기에 충분히 많아질 때까지 기다렸다가, 안티모니 버터라고[244] 불리는 매우 잘 녹는 염(鹽)의 형태로 그 금속을 데리고 올라가는 것도 역시 입자들 사이의 서로 끌어당김 때문이 아닐까?

아콰포티스는 은(銀)은 녹이지만 금(金)은 녹이지 못하고 아콰레지아는[245] 금은 녹이지만 은은 녹이지 못하는데, 그것은 아콰포티스가 은(銀)은 물론 금(金)도 관통하기에 충분할 정도로 미세하지만, 금(金)의 내부로 들어갈 정도의 끌어당김은 부족하고, 아콰레지아는 은은 물론 금도 관통하기에 충분할 정도로 미세하지만 은(銀)의 내부로 들어갈 정도의 끌어당김은 부족하다고 말하는 것은 아닐까? 왜냐하면 아콰레지아는 아콰포티스에 약간의 소금 진액 또는 암모니아 염을 혼합한 것에 불과하기 때문이다. 그리고 소금이란 그냥 보통 물체에 지나지 않지만 아콰포티스에 그러한 보통 소금을 녹여 놓으면 그 용매가 금을 녹일 수 있도록 만들기 때문이다. 그러므로 소금 진액이 아콰포티스에서 은(銀)을 침전시키는 것을 보면, 소금 진액이 아콰포티스를 끌어당겨서 서로 섞이지만 은(銀)은 끌어당기지 않거나 어쩌면 은(銀)을 밀쳐내는 것은 아닐까? 그리고 물이 안티모니와 암모니아 염의 승화물에서 또는 안티모니 버터에서 안티모니를 침전시키는 것을 보면, 물이 암모니아 염 또는 소금 진액을 녹이고 섞어서 약화(弱化)시킴으로써, 안티모니를 끌어당기지 않거나

---

[243] 뉴턴 시대에는 순수한 금속 형태를 레귤러스(regulus)라고 불렀다. 안티모니 레귤러스(regulus of antimony)는 금속 안티모니를 말한다.
[244] 안티모니 버터(butter of antimony)는 가용성의 백색 결정체인 안티몬 3염화물($SbCl_3$)이다.
[245] 아콰레지아(aqua regia)는 왕수(王水)라 불리는 것으로 금(金)까지 녹일 수 있는 질산과 염산의 혼합액이다.

어쩌면 안티모니를 밀쳐내는 것은 아닐까? 그리고 물과 기름이 서로 섞이지 않고, 수은과 안티모니가 서로 섞이지 않고, 납과 철이 서로 섞이지 않는 것은 이 두 물질의 부분들 사이에 끌어당기는 성질이 부족하기 때문이 아닐까? 그리고 수은과 구리는 겨우 섞이는 것은 이 두 부분 사이에 끌어당김이 약하기 때문이 아닐까? 그리고 수은과 주석이 잘 섞이고, 안티모니와 철이 잘 섞이고, 물과 소금이 잘 섞이는 것은 이 두 부분 사이에 끌어당김이 강하기 때문이 아닐까? 그리고 일반적으로, 열(熱)은 동질(同質)의 물체들을 서로 모이게 하고, 이질(異質)의 물체들은 서로 흐트러뜨리는 것도 그와 똑같은 이유 때문이 아닐까?

비소(砒素)는[246] 비누와 함께하면 레귤러스를 만들고, 수은 승화물과 함께하면 안티모니 버터와 같은 휘발성이며 잘 녹는 염(鹽)을 만드는데, 이것은 전적으로 휘발성 물질인 비소가 고형인 부분과 휘발성인 부분이 혼합하여, 서로 끌어당김에 의해 강력하게 결합되어, 휘발성인 부분이 고형인 부분을 동반하지 않고는 위로 올라가지 않음을 보여주는 것 아닐까? 그리고 마찬가지로, 같은 무게의 포도주 진액과 녹반(綠礬) 기름이 서로 함께 삭아서, 증류하면 서로 결코 섞이지 않는 냄새 좋은 휘발성 진액이 두 가지 생성되고, 증류하고 남는 것은 고형체인 흑색토(黑色土)인데, 이것은 녹반 기름이 끌어당김에 의해 강력하게 결합된 휘발성 부분과 고형 부분으로 구성되어 있어서, 포도주 진액이 녹반 기름이 고형 부분에서 휘발성 부분을 분리할 때까지, 휘발성이고 산성이며 액상(液狀)인 염(鹽)의 형태로 함께 올라가는 것을 보여주는 것 아닐까? 그래서, 액상의 황(黃) 기름은[247] 녹반 기름과 성질이 같으므로, 황(黃)도 역시 휘발성 부분과 고형 부분이 승화할 때 함께 올라갈 정도로 끌어당김에

---

[246] 비소(arsenick 또는 arsenic)는 원자번호가 33인 양쪽성 금속 원소이다.
[247] 액상의 황(黃) 기름(oil of sulphur per campanm)과 맥반 기름(oil of vitriol)은 모두 황산을 가리킨다.

의해 아주 강력하게 결합되어 있다고 추측할 수 있지 않을까? 황(黃) 플라워즈를[248] 테레빈 기름에 녹인 다음에 그 용액을 증류하면, 황(黃)은 가연성(可燃性)의 진한 기름인 즉 지방이 많은 역청(瀝靑)과 산성염(酸性鹽), 매우 고형인 토류(土類), 그리고 약간의 금속으로 이루어져 있음을 알게 된다. 이 중에서 역청과 산성염과 토류가 포함된 양은 서로 크게 다르지 않지만, 금속이 포함된 양은 고려할 필요가 없을 정도로 얼마 되지 않았다. 물에 녹은 산성염(酸性鹽)은 액상의 황 기름과 같고, 지구 내부 특히 황철광(黃鐵鑛)에 풍부하게 존재하며, 역청이나 철, 구리, 그리고 토류와 같은 황철광의 다른 성분과 결합하여 함께 명반(明礬), 녹반(綠礬), 황(黃)을 합성한다. 물에 녹은 산성염은 토류 한 가지만 합쳐져 명반(明礬)을 합성한다. 물에 녹은 산성염은 금속 한 가지만 합쳐져, 또는 금속과 토류와 함께 녹반을 합성한다. 그리고 물에 녹은 산성염은 역청과 토류와 함께 황을 합성한다. 그래서 황철광(黃鐵鑛)에는 그 세 가지 광물이 풍부하게 존재하게 된 것이다. 그리고 이 성분들이 그러한 광물들을 합성하기 위해 서로 뭉쳐 있고, 그리고 역청은 모두 함께하지 않으면 승화하지 않는 황(黃)의 다른 성분들과 함께 위로 올라가는 것도, 그 성분들 사이의 상호 끌어당김 때문이 아닐까? 그리고 자연에 저절로 존재하는 모든 또는 거의 모든 큰 물체들에 관련해서도 똑같은 질문을 적용할 수 있지 않을까? 왜냐하면 동물이나 식물의 모든 부분은 분석 연구에서 알 수 있듯이 휘발성 물질과 고형 물질, 유체로 된 물질과 고체로 된 물질로 구성되어 있기 때문이다. 그리고 염(鹽)과 광물도 화학자들이 지금까지 그 구성요소에 대해 조사한 것에 따르면 동물이나 식물과 마찬가지이기 때문이다.

---

[248] 여기서 꽃을 의미하는 플라워즈(flowers)는 중세 연금술 용어에서 산화물인 고체로 보통 가루 형태인 승화 생성물을 가리킨다.

수은 승화물이 순수한 수은과 다시 승화되어 물에는 좀처럼 잘 녹지 않으며 아무 맛도 나지 않는 흰색의 토류(土類)인 감홍(甘汞)이[249] 되고, 감홍은 소금 진액과 다시 승화되어 수은 승화물도 돌아간다. 그리고 금속이 약간의 산(酸)과 함께 부식하여 물에 녹지 않고 아무 맛도 나지 않는 토류(土類)인 녹으로 바뀌고, 이 토류는 더 많은 산(酸)을 흡수해서 금속염(金屬鹽)이 된다. 그리고 상응하는 용매에 녹은 납 스파와[250] 같은 일부 석재(石材)는 염(鹽)으로 바뀐다. 이런 일들은 건조한 토류(土類)와 습한 산(酸)이 끌어당김에 의해 결합하여 염(鹽)이 되고, 토류가 물에 녹을 수 있을 정도로 충분히 많은 양의 산(酸)을 포함해야만 염(鹽)이 될 수 있음을 보여주는 것 아닐까? 산(酸)의 맛이 얼얼하고도 자극적인 것은 산(酸)의 입자와 혀의 입자가 강력하게 끌어당겨서 산의 입자가 혀의 입자에 돌진하여 혀의 입자들을 심하게 흔들기 때문이 아닐까? 그리고 금속이 산성(酸性) 용매에 녹으면, 산(酸)은 금속과 협력하여 다른 방식으로 행동해서 전보다 훨씬 더 순한 다른 맛으로 되고 때로는 달콤해지기도 하는데, 이것은 산(酸)의 입자가 금속 입자에 부착되어 그 결과로 활발한 움직임 중에서 상당 부분을 잃기 때문이 아닐까? 그리고 만일 화합물이 물에 녹지 못할 정도로 화합물에 포함된 산의 양이 너무 적으면, 산은 금속에 강력하게 부착하지 못해서 비활동적으로 되고 맛도 잃으며 그러면 그 화합물은 아무 맛도 없는 토류(土類)가 되는 것이 아닐까? 왜냐하면 혀의 수분(水分)에 녹지 못하는 것은 맛에 대해 활동하지 않기 때문이다.

마치 중력이 바닷물을 구형(球形) 지구의 더 밀(密)하고 더 무게가 나가는 부분을 돌아 흐르게 만들듯이, 끌어당김도 물기가 많은 산(酸)을

---

[249] 감홍(mercurius delcis)은 염화 제1수은을 말한다.
[250] 스파(spar)는 빛나는 반사면을 갖는 결정 형태가 특징인 비금속 광물을 부르는 이름이다.

염(鹽)의 입자를 구성하게끔 토류(土類)의 더 밀(密)하고 더 촘촘한 입자들을 돌아 흐르게 만드는 것 같다. 만일 그렇지 않다면 산(酸)은 물에 녹을 수 있는 염(鹽)을 만드는 과정에 해야 하는 토류(土類)와 보통 물 사이의 매체 역할을 할 수도 없고, 또한 타타르 염이 녹은 금속에서 산(酸)을 쉽게 분리할 수도, 금속이 수은에서 산을 쉽게 분리할 수도 없기 때문이다. 이제 마치 지구와 바다로 이루어진 거대한 구형(球形) 물체에서, 밀도가 가장 큰 물체는 그 물체들의 중력에 의해서 물속으로 가라앉고, 항상 그 구형 물체의 중심을 향해 다가가려고 애쓰는 것과 꼭 마찬가지로, 염(鹽)의 입자들 사이에서, 가장 밀(密)한 물질이 항상 입자들의 중심으로 들어가려고 애쓰는지도 모른다. 그래서 염(鹽)의 입자는 지각(地殼)에서 깊게 갈라진 틈과 비교될 수 있을지도 모른다. 그 틈을 따라 중심부로 가면 밀(密)하고 단단하며 수분(水分)이 없어서 말라 있다면, 가장자리로 나오면 소(疏)하고 부드러우며 수분이 많아서 축축하다. 그러므로 염(鹽)은, 수분(水分)이 많은 부분을 강제로 제거하지 않는 한, 또는 토류(土類)가 물에 녹아서 더 작은 입자들로 분리될 때까지 부패하면서 발생하는 은근한 열(熱)에 의해서 토류 중심부의 기공(氣孔)으로 스며들게 만들지 않는 한, 오래 지속하는 성질이 있는 것처럼 보인다. 이때 더 작은 입자들로 분리되면 바로 그렇게 작게 되었다는 사실 때문에 부식된 화합물이 검정 색깔로 나타난다. 그러므로 또한 동물과 식물의 각 부분이 고유한 형태를 유지하며 자양분(滋養分)을 흡수하는데, 부드럽고 수분을 포함한 자양분은, 은근한 열(熱)과 활동에 의해서 각 입자의 중심부에 위치한 밀(密)하고 단단하며 말라 있고 튼튼한 토류(土類)로 바뀌기까지, 어렵지 않게 그 조직을 변화시키는지도 모른다. 그러나 자양분이 흡수되기에 적당하지 않을 정도로 자라거나, 또는 토류의 중심부가 그 자양분을 흡수할 여력이 없을 정도로 커지면, 그 활동은 혼란과 부패 그리고 죽음에 의해서 끝난다.

만일 어떤 종류의 염(鹽)이나 녹반(綠礬)이 굉장히 많은 양의 물에 아주 조금 녹아 있다면, 염(鹽)의 입자나 녹반의 입자는, 비록 규정대로 비교한다면 물보다 무겁다 해도, 바닥까지 가라앉지 않고 물 전체에 균일하게 퍼져서 물의 꼭대기나 바닥의 염분이 똑같게 될 것이다. 이것은 염(鹽) 또는 녹반의 부분들이 서로 밀쳐내 스스로 퍼져나가서 그 부분들이 떠돌아다니는 물의 양이 허용하는 한 더 멀리 흩어지려고 노력한다는 것을 암시하는 것 아닐까? 그리고 이러한 노력은 그 부분들이 서로 상대방에게서 멀어지려는 척력을 받고 있거나, 또는 적어도 그 부분들끼리 끌어당기는 것보다 더 강력하게 각 부분이 물을 끌어당긴다는 것을 암시하는 것 아닐까? 왜냐하면 지구의 중력이 물보다 덜 아래로 끌어당기는 모든 것이 물에서 위로 올라가는 것과 꼭 마찬가지로, 물에 떠돌아다니는 염(鹽)의 입자들을 염의 어떤 다른 입자보다 물이 더 세게 끌어당기면, 그런 입자들은 그 입자에서는 멀어지고 그 자리를 더 세게 끌어당기는 물에 내주어야 하기 때문이다.

조금이라도 염분(鹽分)을 포함한 액체가 증발하고 남은 얇은 피막(皮膜)이 식으면, 염분은 규칙적인 형태로 굳는데, 이것은 굳기 전 염분의 입자들은 대부분이 모두 서로 같은 거리만큼 떨어져서 떠돌아다니며, 결과적으로 그 입자들 사이에는 떨어진 거리가 같으면 같은 정도로, 다르면 다른 정도로 어떤 능력을 미친다는 증거가 된다. 왜냐하면 그러한 능력에 의해서 입자들은 스스로를 균일하게 배열하지만, 그러한 능력이 없으면 입자들은 불규칙적으로 떠돌아다니고 불규칙적으로 한데 모이게 되기 때문이다. 그리고 방해석의 입자는 평소와는 다른 굴절의 원인이 되도록 빛을 나르는 광선에 모두 똑같은 방법으로 작용하기 때문에, 이 방해석이 형성되는 과정에서 규칙적인 형태로 굳어지도록 입자 대부분이 스스로를 배열할 뿐 아니라 일종의 축(軸)을 회전시키는 성질에 의해서 입자들의 동질(同質)인 옆면을 같은 방향으로 회전시킨다고 가정할 수 있지 않을까?

동질(同質)인 단단한 물체의 부분은 모두, 서로 충분히 접촉하면, 매우 강력하게 함께 붙어있다. 이런 일이 어떻게 가능한지 설명하기 위해서 어떤 사람들은 갈고리가 달린 원자를 고안해내기도 했지만,[251] 그것은 제대로 된 해법은 아니다. 그리고 다른 사람들은 물체들이 정지(靜止)에 의해서, 즉 불가사의한 특성 또는 오히려 무(無)에 의해서 꼭 붙었다고 말하고, 또 다른 사람들은 그 물체들이 서로 협력하는 운동에 의해서, 다시 말하면 그 물체들 사이의 상대적인 정지(靜止)에 의해서 하나로 붙어있다고 말한다. 나는 오히려, 그 물체들의 결합 안에서, 그 물체를 구성하는 입자들이 어떤 종류의 힘에 의해서 서로 끌어당기는데, 그 힘은 직접 접촉할 때는 대단히 강력하고, 가까운 거리에서는 위에서 언급한 화학적 작용을 수행하며, 입자들에서 그리 멀지 않은 거리에서부터 감지할 만한 효과에 도달하게 된다고 추측한다.

모든 물체는 단단한 입자들로 구성되어 있는 것처럼 보인다. 왜냐하면, 물이나 기름, 식초, 녹반 진액이나 녹반 기름이 얼면 응고되고, 수은은 납의 증기에 의해 응고되고, 초석(硝石) 진액과[252] 수은이 수은을 녹이고 그 점액을 증발시켜서 응고되고, 포도주 진액과 소변 진액이 건조되어 섞이면 응고되고, 그리고 소변 진액과 소금 진액이 암모니아 염을 만들도록 함께 승화되어 응고되는데, 만일 유체(流體)가 단단한 입자로 구성되어 있지 않다면, 유체가 응고되지는 않을 것이기 때문이다. 심지

---

[251] 갈고리가 달린 원자 이론(hooked atom theory)은 고대 그리스 시대 원자론자인 루크레티우스가 처음 제안했지만, 원자론이 부활하던 시기인 뉴턴 시대에는 프랑스의 데카르트도 그런 이론을 주장했다.
[252] 초석 진액(spirit of nitre)는 질산을 의미한다.

어 빛을 나르는 광선도 단단한 물체인 것처럼 보인다.253 왜냐하면 만일 그렇지 않다면 광선의 서로 다른 쪽에서 서로 다른 성질을 보이지는 않을 것이기 때문이다. 그러므로 단단함이란 모든 합성되지 않은 물질이 지닌 성질이라고 간주할 수 있다. 이 사실은 적어도 물질을 투과할 수 없다는 보편적인 성질만큼이나 명백해 보인다. 왜냐하면 모든 물체는, 경험이 알려주는 한, 단단하거나 단단해질 수 있거나 둘 중 하나에 속하기 때문이다. 그리고 우리는 물질을 투과할 수 없다는 보편적인 성질에 대해 수많은 실험을 통해서 단 한 번의 예외도 경험하지 못했다는 것을 제외하면 어떤 다른 증거도 없다. 이제 만일 합성 물체 중 일부에서 관찰되는 것처럼 그 물체들이 수많은 기공(氣孔)이 있으며 단지 함께 쌓아올린 부분들로 구성되어 있는데도 그렇게 단단하다면, 기공(氣孔)을 하나도 포함하지 않으며 결코 더 이상 나뉘지 않는 간단한 입자들은 훨씬 더 단단해야만 한다. 왜냐하면 그런 단단한 입자들을 함께 쌓아놓으면 입자들 사이에 접촉하는 점은 여러 개가 될 수 없는 반면, 일반적으로 여러 가지 입자로 이루어진 물체는, 결합을 약하게 만들 기공(氣孔)이나 틈이 전혀 없는 부분들 사이의 모든 공간이 모두 밀착되어 있는 단단한 입자를 깨뜨리는 데 필요한 힘보다 훨씬 더 작은 힘으로, 분리할 수 있기 때문이다. 그리고 큰 물체를 구성하는 단단한 입자들을 단순히 서로 포개놓기만 하고 그 입자들 사이에는 겨우 몇 개의 점에서만 접촉하는데도 어떻게 서로 떨어지지 않고 결합되어 있을 수 있는지, 그리고 그 입자들이 서로 끌림을 당하거나 서로를 향해 누르게 만드는 어떤 도움도 없이, 결과적으로 그렇게 견고하게 결합되어 있을 수 있는지를 상상하기가 매우 어렵기 때문이다.

---

253 뉴턴이 빛이 입자라고 주장했다는 유명한 이야기가 뉴턴의 『광학』의 바로 이 문장에서 질문 29에 이어 두 번째로 나온다.

수은(水銀) 기압계에서 공기를 빈틈없이 뽑아내고 수은들 사이에 그리고 유리와 수은 사이에 조금의 틈도 생기지 않게 하면 수은 기둥이 50인치, 60인치, 또는 70인치, 또는 그보다 더 높이 올라가는데, 나는 이때, 진공 중에서 잘 연마된 두 대리석을 결합할 때와 똑같은 일이 일어나리라 추측한다. 평온할 때 대기(大氣)는 그 무게로 유리 속에서 수은이 29인치 또는 30인치 높이까지 올라가게 수은을 누른다.[254] 어떤 다른 원인이 수은을 더 높이 올라가게 만들 때, 그 원인은 유리 속으로 수은을 누르는 방법이 아니라, 수은의 부분들이 유리와 그리고 그 부분들끼리 서로 밀착하는 방법을 이용한다. 그것은 수은 속에 거품이 생겨서 수은의 부분들 사이가 조금이라도 끊어진다거나, 유리관을 흔들면, 수은 전체의 높이가 다시 29인치에서 30인치로 떨어지는 것에서 알 수 있다.

그리고 다음에 소개하는 실험들도 위에서 설명한 것과 같은 종류이다. (잘 연마된 두 장의 거울과 같이) 두 개의 잘 연마된 유리판을 겹쳐 놓아서 두 옆면이 서로 평행하고 두 면 사이의 거리가 매우 작다면, 그리고 그렇게 맞닿은 유리판의 아래쪽 테두리를 물에 담그면, 두 면 사이로 물이 올라오게 된다. 그리고 두 유리판 면 사이의 거리가 가까울수록 물이 올라가는 높이는 더 높아진다. 예를 들어, 두 면 사이의 거리가 약 100분의 1인치이면, 물이 올라가는 높이는 약 1인치가 된다. 그리고 두 면 사이의 거리가 어떤 비례로든 더 커지거나 더 작아지면, 물이 올라가는 높이도 두 면 사이의 거리에 거의 반비례해서 더 낮아지거나 더 높아진다. 왜냐하면 두 유리면 사이의 거리가 크든 작든 유리의 끌어당기는 힘은 같고, 만일 물이 올라간 높이가 두 유리면 사이의 거리에 반비례하면 올라간 물의 무게도 변하지 않고 똑같을 것이기 때문이다. 그리고

---

[254] 토리첼리(Torricelli, 1608~1647)는 1643년 한쪽 끝이 막힌 유리관에 수은을 가득 채운 후 수은을 담은 접시에서 거꾸로 세우면 유리관의 수은 기둥은 접시의 수은 표면에서 30인치까지 올라간다는 것을 발견했다.

똑같은 방식으로, 반질반질하게 연마한 두 대리석을 겹쳐서 마주보는 면이 평행하고 두 면 사이의 거리가 아주 가까우면 두 면 사이에 물이 위로 올라간다. 그리고 같은 방식으로, 아주 가는 유리관의 한쪽 끝을 고인 물에 담그면, 그 유리관 안에서 물이 위로 올라가는데, 그 물이 올라간 높이는 유리관에 뚫린 구멍의 단면의 지름에 반비례하고, 만일 유리관 안쪽 단면의 반지름이 두 유리판 평면 사이의 거리와 같거나 비슷하면, 유리관에 올라간 물의 높이가 두 유리판 사이에서 올라간 물의 높이와 같게 된다. 그리고 이 실험들을 (왕립학회에서[255] 시연한 것처럼) 진공에서도 공기 중에서 한 것과 똑같은 결과를 얻는 데 성공했으므로 이 실험들은 대기(大氣)의 무게나 압력에 영향을 받지 않는다.

그리고 만일 타고 남은 나무의 재를 채로 쳐서 골라내 큰 유리관에 함께 잘 눌러 담은 다음에, 유리관의 한쪽 끝을 고인 물에 담그면, 물은 재를 따라 천천히 위로 올라가는데, 유리관 속의 재를 따라 올라가는 물의 높이가 고인 물에서부터 30인치 또는 40인치까지 도달하는 데 일주일에서 이주일이 걸린다. 그리고 물이 이 높이까지 올라가는 것은 오직 올라간 물의 표면 위에 위치한 재 입자들의 작용만으로 이루어진다. 물 내부에 포함된 입자가 재 입자를 위쪽으로 끌어당기거나 밀어내는 정도는 아래쪽으로 끌어당기거나 밀어내는 정도와 똑같다. 그러므로 입자들의 작용은 매우 강하다. 그러나 재 입자는 유리 입자처럼 단단하지도 않고 함께 가까이 있지도 않아서, 수은을 60인치에서 70인치의 높이까지 오르게 만들거나 물을 60피트를 넘어선 높이까지 오르게 유지할 정도의 힘으로 작용하는 유리 입자의 작용만큼, 재 입자의 작용이 강하지는 않다.

---

[255] 왕립학회(Royal Society)는 17세기 영국의 과학자들이 자연과 기술에 대한 유용한 지식을 발전시키기 위해 1660년에 조직했으며, 그곳에서 학자들이 연구한 내용을 발표했다.

똑같은 원리로, 스펀지는 물을 빨아들이며, 동물의 신체에 분포된 내분비선(內分泌線)은 그 내분비선의 여러 성질과 기질에 따라, 혈액에서 다양한 종류의 액체를 빨아들인다.

잘 연마한 평면으로 된, 폭이 3인치에서 4인치 정도이고 길이가 20인치에서 25인치 정도인 두 개의 유리판 중에서 한 유리판은 수평면과 평행하게 놓고, 다른 유리판은 첫 번째 유리판 위에서 한쪽 끝은 서로 맞닿고 다른 쪽 끝은 두 유리판 사이의 각이 약 10분에서 15분 정도가 되도록 벌려 놓으려고 한다. 먼저 두 유리판이 서로 마주 보는 안쪽 면을 오렌지 기름이나 테레빈 진액에 적신 깨끗한 천으로 닦아서 축축하게 적셔 놓고서 기름이나 진액 한두 방울을 아래 놓인 유리판의 다른 쪽 끝에 떨어뜨린다. 그리고 위쪽 유리판을 아래쪽 유리판에 내려 놓아서, 한쪽 끝은 아래쪽 유리판과 맞닿고 다른 쪽 끝은 그곳에 떨어뜨린 기름 방울과 닿아서 아래쪽 유리판과 약 10분에서 15분 정도로 벌려져 있게 한다. 그러면 그 기름 방울은 두 유리판의 중앙을 향해서 움직이기 시작하고, 점점 더 빨리 움직이는 가속운동을 계속하여 두 유리판의 중앙에 도달한다. 왜냐하면 두 유리판이 그 기름 방울을 끌어당겨서 그 끌어당김이 이끄는 방향을 향해서 그 기름 방울이 이동하도록 만들기 때문이다. 그리고 만일 두 유리판이 맞닿은 쪽을 향해 기름 방울이 움직이고 있는 동안에 그 맞닿은 쪽 끝을 위로 들어 올리면, 그 기름 방울은 두 유리판 사이에서 경사진 유리판을 따라 위로 올라갈 것이고, 이때 점점 좁아지는 두 유리판은 기름 방울을 위로 끌어당길 것이다. 그리고 두 유리판이 맞닿은 쪽을 점점 더 높이 들어 올리면, 위로 올라가는 속력이 점점 줄어들던 기름 방울은 결국에는 멈춘 다음에 위로 끌어당기는 힘과 크기가 같아진 기름 방울의 무게에 의해서 아래로 내려가게 된다. 그리고 이런 방법에 의해서 기름 방울이 유리판의 한가운데인 중앙에서 거리가 얼마인 곳에 놓이든 그 기름 방울을 끌어당기는 힘을 구할 수가 있다.

이제 (헉스비 군이[256] 실연(實演)한) 이런 종류의 몇 가지 실험을 통해 그런 끌어당기는 힘은 유리판의 중앙에서 방울 가운데까지 거리의 제곱에 거의 반비례하는 것이 발견되었는데, 즉 그 끌어당기는 힘은 방울이 퍼져나가면서 각 유리판의 더 넓은 표면과 접촉하기 때문에 거리에 반비례해서 증가하고,[257] 그리고 추가로 동일한 넓이의 표면에 의해 끌어당기는 힘이 거리에 반비례해서 증가하므로,[258] 결과적으로 거리의 제곱에 반비례해서 증가한다. 그러므로 동일한 넓이의 표면에 의해 기름 방울을 끌어당기는 힘은 두 유리판 사이의 거리에 반비례한다. 이것은 두 유리판 사이의 거리가 대단히 작은 경우에는 기름 방울을 끌어당기는 힘도 굉장히 커야만 함을 의미한다. 제2권 제2부에 실린, 두 유리판 사이에 들어있는 색깔을 띤 물의 색깔별 두께가 나와 있는 표에 의하면, 매우 짙은 검은색으로 나타나는 물의 두께는 100만분의 24인치이다. 그리고 두 유리판 사이에서 오렌지 기름이 이 두께와 같은 곳에서는 앞에서 말한 규칙에 따라 계산한 끌어당기는 힘이 아주 강력해서, 지름이 1인치인 원의 내부에서 단면의 지름이 1인치이고 길이가 2에서 3펄롱인[259] 원통 모양의 물의 무게와 같은 무게를 떠받치기에 충분할 정도이다. 그리고 두께가 이보다 더 작은 곳에서는 끌어당기는 힘이 비례해서 더 커지며, 두께가 기름의 입자 하나의 두께에 이를 때까지 계속해서 끌어당기는 힘이 증가

---

[256] 헉스비(Francis Hauksbee, 1660~1713)는 영국의 과학자로 뉴턴의 실험을 도와주기도 한 사람이며 전기와 전기적 척력에 대한 연구로 가장 잘 알려져 있다.
[257] 기름 방울이 유리판의 다른 쪽 끝에서 유리판의 중앙으로 이동하면 두 유리판 사이의 간격이 감소하여 기름 방울이 유리판 표면과 접촉하는 넓이가 증가한다.
[258] 유리판의 중앙에서 유리판의 다른 쪽 끝으로 갈수록 두 유리판 사이의 간격이 증가하므로 유리판의 중앙에서 기름 방울까지 거리가 작을수록 유리판 표면이 기름 방울을 끌어당기는 힘이 증가한다.
[259] 펄롱(furlong)은 영국식 길이의 단위로 220야드 즉 약 201미터에 해당하는 길이이다.

한다. 그러므로 자연에는 매우 강력한 끌어당기는 힘에 의해서 물체의 입자들을 함께 단단히 결합하는 것이 가능한 요인(要因)이 존재한다. 그 요인(要因)이 무엇인지를 찾아내는 것은 실험 과학이 할 임무이다.

이제 물질의 가장 작은 입자가 가장 강력한 끌어당김에 의해서 결합해서 조금은 더 약한 능력을[260] 갖는 더 큰 입자를 구성한다. 그리고 여러 개의 그런 입자가 결합하여 능력은 그보다 더 약한 더 큰 입자를 구성한다. 그리고 그런 식으로 계속해서 마지막에는 가장 큰 입자에까지 도달하는데, 화학에서의 반응이나 자연에 저절로 존재하는 물체의 색깔은 바로 그렇게 가장 큰 입자에 의해 결정되며, 그 가장 큰 입자들이 결합하여 우리가 느낄 수 있는 크기의 물체가 구성된다. 만일 물체가 조밀하여, 물체의 겉면을 물체 안쪽으로 누르면 물체를 구성하는 부분들이 분리되어 미끄러지지 않고 그냥 구부러지거나 안쪽으로 움푹 들어가면, 그 물체는 단단하고 그 물체의 부분들 사이에 서로 작용하는 끌어당김에 의해 생기는 힘을 이용하여 원래의 모양으로 돌아가는 탄성체이다. 만일 물체를 구성하는 부분들이 서로에 대해 미끄러지면, 그 물체는 펴거나 늘일 수 있고 부드럽다. 만일 물체의 부분들이 쉽게 빗나가고 열(熱)에 의해 심하게 움직이기에 적당한 크기이며, 열이 충분히 커서 그 부분들이 계속해서 마구 움직이도록 할 정도이면, 그 물체는 유체(流體)이다. 그리고 만일 그 물체가 물건들에 잘 달라붙으면, 그 물체는 습기가 많다. 그리고 마치 지구의 몸체와 바다가 중력에 의해 그 구성 부분들 사이의 끌어당김에 의해서 둥그런 모양을 만들듯이, 모든 유체로 된 유체 방울도 그 방울을 구성하는 부분들 사이의 끌어당김에 의해서 둥그런 모양을 만든다.

---

[260] 뉴턴은 물체를 구성하는 입자가 다른 입자나 빛을 끌어당기는 능력(virtue)을 가지고 있다고 생각했다.

산(酸)에 녹은 금속은 작은 양의 산만 끌어당기므로, 금속의 끌어당기는 힘은 그 금속에서 짧은 거리까지만 영향을 줄 수 있다. 그리고 0보다 큰 양은 감소해서 0이 된 다음에는 멈추고 0보다 작은 양이 시작되는 대수학(代數學)에서처럼, 역학(力學)에서도 끌어당김이 멈추면 뒤이어서 마땅히 밀어내는 능력이 시작되어야 한다. 그리고 빛을 나르는 광선의 반사와 굴절에서도 그런 능력의 결과가 나타나는 것처럼 보인다. 왜냐하면 광선은 그 두 가지 모두에서 반사시키거나 굴절시키는 물체에 직접 접촉하지 않고서도 그 물체에서 밀려나기 때문이다. 그런 능력은 빛을 방출하는 데서도 역시 그 결과가 나타나는 것처럼 보인다. 진동하는 운동에 의하여 빛을 내는 물체에서 물체를 구성하는 부분들이 떨어져 나와 끌어당김이 미치지 못하는 곳까지 도달하면, 도달하자마자 광선은 굉장히 큰 속도로 멀어져간다. 왜냐하면 반사에서 광선의 방향을 바꾸기에 충분한 힘은 그 광선을 이렇게 방출하기에도 충분할 것이기 때문이다. 그 능력은 공기와 증기의 생산에서도 역시 결과가 나타나는 것처럼 보인다. 열(熱) 또는 발효(醱酵)에 의해서 물체에서 떨어져 나온 입자는 물체의 끌어당김이 미치지 않는 곳에 도달하자마자 강력한 세기로 물체에서 멀어지고 각 입자 사이에서도 멀어져서 서로들 사이에 먼 거리를 유지하며, 그래서 때로는 그 입자들이 밀도가 높은 물체의 형태로 존재할 때보다 백만 배는 더 넓은 공간을 차지한다. 공기 입자들이 서로 밀쳐내는 능력이 있다고 생각하는 대신 탄성이 있고 여러 갈래로 갈라지거나 굴렁쇠처럼 굴러서 올라간다고 가정하거나, 또는 어떤 다른 방법으로도, 이렇게 굉장히 많이 수축하고 팽창하게 된다는 것은 이해하기 어렵다. 아주 강력하게 결합되어 있지는 않은 유체를 구성하는 입자는, 그리고 유체(流體)에서 액체 상태를 유지하는 무질서한 운동에 가장 잘 반응할 만큼 그렇게 작은 입자는, 아주 쉽게 분리되어 증기(蒸氣)가 되어 희박해지며, 그리고 화학자의 언어로 말하면, 약간의 열(熱)로도 희박해져서 휘발성이 되고, 약간의 냉기에도 응축한다. 그러나 좀 더 입자가 크고 무질서한 운동에 좀 덜 반응하는 입자, 또는 더 강력한 끌어당김에 의해 결합한 입자는, 더 강력한 열(熱)이 없으면 분리되지 않고, 어쩌면 발효(醱酵)가 없으면 분리되지 않는다. 그리고 이런 마지막 종류가 화학자들이 고형(固形)이라고 말하는 물체이며 발효에 의해서 희박해지고 진정한 의미로 영구적인 공기(空氣)가 된다. 그런 입자들은 가장 큰 힘이 있어야 서로 멀어지고, 접촉시키기가 매우 어렵지만, 일단 접촉을 시키면 아주 강력하게 결합한다. 그리고 영구적인 공기의 입자는 더 크기 때문에, 그리고 증기(蒸氣) 입자보다 더 높은 밀도의 물질에서 만들어졌기 때문에, 진정한 공기는 증기보다 더 육중(肉重)하고, 습기가 있는 대기(大氣)는 같은 양의 건조한 대기보다 더 가볍다. 파리가 다리를 적시지 않고도 물 위를 걷는 것도 똑같이 서로 밀쳐내는 힘을 이용한 것처럼 보인다. 그리고 긴 망원경의 대물렌즈를 접촉하지 않도록 서로 포개 놓는 것이나, 건조한 가루는 그 가루를 녹이거나 물을 뿜어 입자들을 가까이 가게 만들도록 입자들을 물에 적시지 않는 한, 입자들이 서로 결합하도록 접촉시키기가 어려운 것도, 모두 그렇게 서로 밀쳐내는 힘을 이용한 것처럼 보인다. 그리고 일단 완전히 접촉하기만 하면 서로 붙어버리는 두 개의 잘 연마된 대리석이 서로 붙을 정도로 가깝게 가져가기가 어려운 것도 역시 서로 밀쳐내는 힘 때문인 것처럼 보인다.

　이와 같이 자연은 스스로 매우 조화를 이루며 매우 단순해서, 하늘의 별들이 보이는 모든 거대한 운동은 그 별들을 조정하는 만유인력에 의한 끌어당김에 의해서 이루어지고, 물체를 구성하는 입자들의 모든 미소(微小)한 운동은 그 입자들을 조정하는 어떤 다른 끌어당기고 밀쳐내는 능력에 의해서 이루어진다. 관성(慣性)은 물체가 운동하거나 정지해 있기를 지속하게 하고, 물체에 부여된 힘에 비례하는 운동을 받아들이게 하며, 물체가 운동에 저항할 수 있는 만큼 저항하게 하는 수동적 원리이다. 이 원리 하나만으로는 세상에 어떤 운동도 존재할 수가 없다. 물체가 운동을 시작하게 만드는 어떤 다른 원리가 반드시 필요하다. 그리고 일단 물체가 운동하고 있으면 그 운동을 보존하는 데 어떤 다른 원리가 필요하다. 왜냐하면 두 운동이 어떻게 구성되는지에 따라, 세상에 나타나는 운동의 전체 양이 달라질 수도 있다는 것이 명백하기 때문이다. 예를 들어, 만일 가는 막대로 연결된 두 개의 구(球)가 두 구의 공동 무게 중심 주위로 균일한 운동을 하면서 회전하면서, 동시에 두 구가 원 운동하는 평면에 그린 직선을 따라 그 무게 중심이 균일하게 움직인다면, 두 구(球)가 두 구의 공동 무게 중심이 그리는 직선 위에 있을 때 두 구의 운동의 합이, 두 구가 그 직선과 직교하는 선 위에 있을 때 두 구의 운동의 합보다 더 크게 된다. 이 예에서, 운동이 생겨나거나 없어질 수도 있는 것처럼 보인다. 그러나 유체(流體)의 끈기와, 유체의 부분들 사이의 약화(弱化)됨, 그리고 고체에서 탄성(彈性)의 약함으로 미루어 보건데, 운동은 새로 생겨나기보다는 있던 운동이 없어지는 경향이 훨씬 더 많으며, 운동은 항상 감쇠하기 마련이다. 왜냐하면 완벽하게 단단하거나 또는 아주 부드러워서 탄성이 전혀 없는 물체는 모두 부딪힌 뒤에 서로에 대해 전혀 되튀지 않을 것이기 때문이다.[261] 두 물체가 만나서 서로를 통과해 지나가지 못하면 두 물체는 정지할 수밖에 없다. 만일 동일한 물체 두 개가 진공에서 직접 만나면, 운동법칙에 의해서 두 물체는 만난 바로 그곳에서 멈추고, 그들의 운동을 모두 잃게 되는데, 두 물체가 탄성을 가지고 있어서 그 탄성에서 새로운 운동을 받지 않는 한, 두 물체는 계속 정지해 있게 된다. 만일 두 물체가 그들이 서로를 향해 다가오면서

---

[261] 두 물체가 충돌 후 되튀지 않고 정지하는 것은 운동이 완전히 소멸된 예이다.

가지고 있던 힘의 4분의 1, 절반, 또는 4분의 3만큼으로 되튀기게 하기에 충분한 탄성을 가지고 있다면, 두 물체는 각각 원래 운동의 4분의 3, 절반, 또는 4분의 1만큼을 잃게 된다. 이것은 두 개의 동일한 진자(振子)를 동일한 높이에서 서로를 향해 떨어뜨려 봄으로써 확인할 수 있다. 만일 진자를 납으로 만들거나 부드러운 점토로 만든다면, 그런 진자는 운동을 모두 또는 거의 모두 잃게 된다. 만일 진자를 탄성이 있는 물체로 만든다면, 그런 진자는 그 물체의 탄성에서 복구한 만큼의 운동을 제외한 운동을 잃게 된다. 만일 물체들이 다른 물체에 운동을 건네주는 것을 제외하고는 운동을 잃지 않는다고 한다면, 결과적으로 진공에서는 어떤 운동도 잃을 수가 없게 되지만, 그러나 물체들이 만나면 그 물체들은 운동을 계속해야 하고 그래서 다른 물체가 차지하고 있는 공간을 관통해야만 한다. 똑같이 생긴 둥그런 용기 세 개가 있는데, 하나는 물로, 다른 하나는 기름으로, 그리고 마지막 하나는 녹은 피치로 채우고, 그 액체들을 똑같이 휘저어서 액체들이 소용돌이치는 운동을 하게 만든다고 하자. 피치는 끈기가 많아서 그 운동을 바로 잃고, 끈기가 조금 덜한 기름은 그 운동을 더 오래 유지하고, 기름보다 끈기가 덜한 물은 그 운동을 가장 오래 유지하지만, 그러나 물도 역시 그 운동을 오래지 않아 잃는다. 만일 수많은 서로 인접한 녹은 피치의 소용돌이 하나하나가 태양이나 항성(恒星)의 주위를 회전할 정도로 크면서도 그 피치와 피치를 구성하는 부분들이 끈기와 단단함 때문에 서로 자신들 사이에서 운동을 서로 전달해서 마침내 모두 정지한다고 생각하면, 녹은 피치의 소용돌이 운동이 정지하는 것을 이해하기가 어렵지 않다. 기름이나 물 또는 어떤 다른, 유동성(流動性)이 더 많은 물질의 소용돌이 운동은 좀 더 오래 계속될 수 있지만, 그러나 그 물질에 끈기가 전혀 없으며 그 물질의 부분들 사이의 마찰도 전혀 없고 운동의 전달도 전혀 없는 것이 아닌 한(이런 가정은 실제로는 결코 하지 않는데), 그 운동은 끊임없이 감쇠한다. 그러므로 우리가 세상에서 볼 수 있는 다양한 운동은 항상 감소하고 있기에, 행성과 혜성이 자신의 궤도를 따라 운동을 지속하고, 물체가 낙하하는 동안 큰 운동을 얻도록 만드는, 중력의 원인과 같은 능동적인 원리에 의해서 운동을 보존하고 새로 보충할 필요가 있다. 그리고 동물의 심장과 혈액이 중지하지 않고 운동을 지속하는 원인인 발효와 열(熱)과 같은, 그리고 지구의 내부가 항상 따뜻하게, 그리고 일부 장소에서는 매우 뜨겁게 만드는 원인과 같은, 물체가 타고 빛나는, 산(山)에서 불이 붙는, 지구의 동굴이 폭파되는, 그리고 태양이 계속해서 몹시 뜨겁고 빛나며, 그의 빛으로 만물을 따뜻하게 만드는 원인과 같은 능동적인 원리에 의해서 운동을 보존하고 새로 보충할 필요가 있다. 왜냐하면 이러한 능동적 원리에 의한 운동을 제외하고는 세상에서 어떤 다른 운동도 찾기가 힘들기 때문이다. 그리고 만일 이런 원리들 때문이 아니었다면, 지구와 행성과 혜성과 태양을 이루는 몸체와 그 내부의 모든 것은 점점 차가워지고 얼어서 결국에는 움직이지 않는 덩어리가 되어 버릴 것이다. 그리고 모든 부패(腐敗)와 생식(生殖), 성장, 생명이 중단되고, 행성과 혜성은 자신의 궤도에 머물지 않게 될 것이다.

 이 모든 것을 고려하면, 나는 태초에 신이 그가 창조하려고 의도한 것과 가장 잘 부합하도록 물질을 공간에 알맞은 비율로 크기와 형태를 맞추어, 여러 다른 성질과 함께, 고체(固體)이고 육중(肉重)하며 견고하고 관통할 수 없으며 움직일 수 있는 입자들로 만들었다고 생각한다. 그리고 그런 고체인 최초 입자들은 어떤 다른 기공(氣孔)을 포함한 물체와는 비교할 수 없을 정도로 더 단단해서, 결코 닳거나 조각으로 나뉘지 않을 정도로 매우 견고해서, 자연 법칙에서 허락된 어떤 능력도 신 자신이 최초로 창조한 입자를 쪼갤 수가 없다고 생각한다. 입자들의 완전함이 유지되는 동안에는, 그 입자들은 예나 지금이나 항상 한 가지의 동일한 본성과 외관(外觀)을 갖는 물체를 구성할지도 모른다. 그러나 만일 그 입자들이 닳거나 아니면 조각으로 쪼개진다면, 그 입자들에 의해 결정되는 사물의 본성은 바뀔 수도 있다. 오래된 닳아빠진 입자와 입자의 부스러기로 구성된 물과 지구는 오늘날 태초에 완전한 입자로 구성된 물과 지구와는 동일한 본성과 외관을 갖지 못할 것이다. 그러므로 본성은 계속된다 해도, 물질로 이루어진 사물의 변화는 단지 그러한 불변의 입자들이 운동하면서 다양하게 나뉘고 새로 결합함으로써만 이루어질 수 있다. 부서지기 쉬운 합성된 물체는, 고형(固形)인 입자들 중 하나가 아니고, 오히려 그런 입자들이 함께 쌓여 있는 것인데, 인접한 입자들의 표면이 모두 붙어있지 않고 입자들이 접촉하는 부분은 단지 몇 개의 점일 뿐이다.

 더 나아가 나는 그런 입자가, 힘에서 당연한 결과로 생기는 그러한 수동적 운동법칙에 수반되는 관성만을 갖는 것이 아니라, 몇 가지 능동적 원리에 의해서도 이동한다고 생각하는데, 그런 예로는 중력의 능동적 원리와 발효의 원인이 되는 능동적 원리, 그리고 물체를 결합하는 능동적 원리가 있다. 나는 이 원리들이 사물의 특정한 형태에서 추정한 신비로운 특성이라고 보기보다는 오히려 사물 자체가 형성되는 근거인 자연의 일반적인 법칙이라고 본다. 비록 그 원리들의 원인이 무엇인지는 아직 밝혀지지 않았지만, 그 법칙이 옳은지는 관찰되는 현상이 알려준다. 왜냐하면 현상이란 명백한 특성이지만 오직 그 현상의 원인만이 신비롭기 때문이다. 그리고 아리스토텔레스학파 사람들이 신비로운 특성이라고[262] 명명(命名)한 것은, 분명한 특성이 아니라, 단지 그 사람들이 물체

---

[262] 신비로운 특성(occult qualities)은 효과는 관찰되지만 그 효과를 발생시키는 원인은 특정할 수 없는 현상을 의미하는데, 고대 그리스 시대의 아리스토텔레스학파에서 자연현상을 설명하면서 도입된 개념이다.

내부에 숨어 있는 특성, 분명한 효과에 대한 아직 알려지지 않은 원인이라고 가정한 특성에 명명한 것이었다. 예를 들어, 중력의 원인이 되든가, 자기(磁氣)적이거나 전기적인 끌어당김의 원인, 그리고 발효의 원인이 될 특성으로, 그러한 힘이나 작용이 아직 알려지지 않았으며 앞으로 밝혀져서 분명해질 수도 없는 특성에 의해 생긴다고 가정해야만 하는 경우를 일컫는다. 그런 신비로운 특성을 명명하는 것은 자연철학의 발전을 가로막는데, 그런 이유 때문에 최근에 신비로운 특성이라는 개념이 더 이상 받아들여지지 않게 되었다. 사물의 모든 종류가 특유의 신비로운 특성을 부여받아서, 그런 특성에 의해서 행동하고 분명한 효과를 만들어낸다고 한다면, 하나마나한 말이나 마찬가지다. 그러나 현상에서 두 개 또는 세 개의 일반적인 운동의 원리를 끌어내고 그 뒤에 모든 현세 사물의 성질과 행동이 그런 분명한 원리에서 도출됨을 말하는 것은, 비록 그런 원리의 원인이 무엇인지는 아직 발견되지 않았다 해도, 철학에서 진정으로 거보(巨步)를 내딛는 것이다. 그러므로 나는 조금도 망설이지 않고 위에서 언급한 매우 일반적인 범위에서 성립하는 운동의 원리들을 제안하고 그 원리들의 원인은 앞으로 발견하도록 남겨놓으려 한다.

이제 그런 원리들의 도움으로, 모든 물질로 된 사물은, 지적(知的)인 행위자(行爲者)가 의도한 그대로, 최초의 창조 과정에서 다양하게 결합한, 위에서 언급한 단단하고 고형(固形)인 입자들로 구성된 것처럼 보인다. 왜냐하면 모든 사물을 창조한 바로 그분이 그 사물들이 질서 정연하게 행동하도록 만들어야 했기 때문이다. 그리고 만일 그분이 그렇게 했다면, 이 세상의 어떤 다른 기원(起源)을 찾으려 하거나, 또는 이 세상이 단순히 자연 법칙에 의해서 혼돈에서 저절로 생겨난 것이라고 얼버무리려 하는 것은 합당하지 못한데, 그것은 비록 일단 결정되면 오랜 기간 똑같은 법칙에 의해 계속된다 하더라도 마찬가지이다. 왜냐하면 비록 혜성들은 어떤 위치에서든 매우 찌그러진 타원 궤도를 따라 움직이고, 행성들도 혜성과 행성 사이의 상호 작용에 의해 지금은 몇 안 되지만 그 수가 점점 더 많아져서 결국에는 혜성과 행성들의 계가 다시 구성되도록 만들어야만 할 중요하지 않은 반칙들이[263] 존재한다는 사실만 제외하면, 미리 전혀 알지 못하는 어떤 운명에 의해서 모든 행성들이 공동의 초점을 갖는 타원을 그리며 각 행성들이 독자적인 궤도를 따라 움직이게 될 수는 결코 없기 때문이다. 신이 선택하는 효과가 허용되지 않는다면 행성계의 이런 경이로운 균일성(均一性)은 결코 가능할 수가 없다. 그리고 마찬가지로 동물의 신체가 가지고 있는 균일성, 일반적으로 좌우의 형태가 똑같고, 신체 양쪽에는 뒤에 다리가 둘 있고, 어깨 앞에는 팔 두 개 아니면 다리 두 개 아니면 날개 두 개가 있고, 어깨 사이에는 등뼈로 내려가는 목이 있으며, 목 위에는 머리가 있고, 머리에는 귀 두 개, 눈 두 개, 코 하나, 입 하나, 그리고 혀 하나가 모두 똑같이 놓여 있는 균일성이 가능하려면 역시 신이 선택하는 효과가 허용되어야만 한다. 또한 눈과 귀와 뇌와 근육과 심장과 폐와 횡경막(橫經膜)과 내분비선(內分泌線)과 후두(喉頭)와 손과 날개와 부레와 태어날 때부터 갖고 있는 안경 즉 눈, 그리고 감각과 운동을 위한 다른 기관(器官)들과 같이 동물이 지니고 있는 특별히 설계된 것처럼 보이는 부분들의 최초 고안(考案)과, 그리고 짐승과 곤충의 본능(本能)은 전지전능하고 항상 살아있는 행위자(行爲者)의 지혜와 솜씨가 아닌 어떤 다른 것의 효과일 수가 없다. 어디에서나 존재하는 그 행위자는 자신의 의지만으로 그의 무한하고 균일한 지각기관 내에 존재하는 물체들을 움직이는데, 우리가 우리 의지로 우리 자신의 신체에 속한 부분들을 움직이는 것보다 훨씬 더 잘 움직일

---

[263] 여기서 반칙(inconsiderable irregularities)이란 행성들의 세차(歲差) 운동을 가리킨다.

수 있으며, 그렇게 해서 우주를 구성하는 부분들을 구성하고 또다시 구성한다. 그렇지만 이 세상이 신(神)의 몸체라거나 신을 구성하는 부분 중 몇 부분이라고 생각하지는 않아야 한다. 신(神)은 기관(器官)이나 부속물이나 부분을 갖지 않는 균일한 존재로, 기관이나 부속물이나 부분은 신(神)에 종속되어 있는 그리고 신의 의지에 추종하는 신의 피조물(被造物)이다. 그리고 사람의 영혼이 다른 영혼, 즉 감각기관을 통하여 느낌을 지각(知覺)하는 위치까지 전달되는 다양한 종류의 존재의 영혼이 아닌 것이나 꼭 마찬가지로, 신은 신의 피조물의 영혼이 아닌데, 느낌을 지각(知覺)하는 위치에서는 어떤 다른 제삼자 개입 없이 단지 그 느낌이 그곳에 존재한다는 것만 인식된다. 감각기관은 영혼이 자신의 지각(知覺)기관에서 다양한 종류의 존재를 인식하게 만들기 위해 있는 것이 아니라, 오히려 다양한 종류의 존재를 지각기관까지 전달하기 위해서 있다. 그리고 신(神)은 그런 다양한 종류의 존재에 이르기까지 어디에나 존재하고 있으므로, 그러한 감각기관이 필요 없다. 그리고 공간은 끝도 없이 나뉠 수 있으므로, 그리고 물질은 반드시 모든 장소에 존재하는 것은 아니므로, 신(神)이 물질 입자를 다양한 크기와 형태로, 그리고 공간에 서로 다르게 비례하게, 그리고 아마도 서로 다른 밀도와 힘으로 창조하고, 그리하여 자연의 법칙을 변화시키고 우주의 다양한 부분을 다양한 종류의 세상으로 만들 수 있는 것도 역시 허용된 것인지도 모른다. 나는 적어도 이 모든 것에 어떤 모순도 찾아내지 못했다.

 수학에서와 마찬가지로, 자연철학에서도 역시, 난해(難解)한 사물을 분석적 방법에 따라 조사하려면 언제나 구성(構成)의 방법이 선행(先行)되어야 한다. 이런 분석은 실험과 관찰을 수행하고, 그 결과에서 귀납법을 이용하여 일반적인 결론을 도출한 다음에, 실험 또는 다른 틀림없는 진실에서 얻은 것을 제외하고는 도출된 결론에 반하는 어떤 이의(異意)

도 허용되지 않아야 하는 것으로 구성된다. 왜냐하면 실험 철학[264]에서는 가설(假說)은 고려되지 않아야 하기 때문이다. 그리고 비록 실험과 관찰로 얻은 결과를 귀납적 방법에 의해 논의하는 것이 일반적인 결론에 대한 증명이 되지는 않지만, 그럼에도 불구하고 그것이 사물의 본성이 무엇을 허용하는지 논의하는 가장 좋은 방법이며, 그 귀납적 방법이 논하는 사례가 얼마나 더 일반적이냐에 따라 훨씬 더 강력하다고 간주할 수 있다. 그리고 만일 관찰된 현상에서 어떤 예외도 나타나지 않는다면, 도출된 결론이 일반적으로 성립한다고 단언해도 좋다. 그러나 그 뒤 언제든 실험에서 어떤 예외라도 발생한다면, 그 결론은 그렇게 발생한 예외와 함께 언급하기 시작해야 한다. 이런 분석 방법에 의해서 우리는 합성물에서 그 합성물의 성분을 규명하고, 운동에서 그 운동을 만드는 힘을 규명하게 된다. 그리고 일반적으로, 효과에서 그 원인을 규명하고, 어떤 특정한 원인에서 좀 더 일반적인 원인을 규명하고, 그래서 마침내는 가장 일반적인 논의의 최종 단계까지 도달하게 된다. 이것이 분석 방법이다. 그리고 발견된 원인들이 사실일 것으로 추정하고, 원리를 도출한 다음에, 그 원리에 의해 현상을 설명하고, 그렇게 설명할 수 있음을 증명하는 것이 종합이다.[265]

나는 위에서 설명한 분석 방법을 이용하여, 이 책의 제1권과 제2권에서, 굴절과 반사 그리고 색깔의 관점에서 빛을 나르는 광선이 원래부터 고유하게 지닌 차이점과, 그리고 광선의 용이한 반사의 피트와 용이한 투과의 피트의 서로 엇갈리는 피트, 그리고 불투명한 물체와 투명한 물체 모두에서 반사와 색깔을 결정하는 물체의 성질을 발견하고 증명하는 과정을 진행했다. 그리고 이렇게 발견한 것들을 증명하는 과정에서, 그

---

[264] 뉴턴 시대에는 자연 철학(natural philosophy)을 실험 철학(experimental philosophy)이라고 말하기도 하였다.
[265] 종합은 synthesis를 번역한 것인데 이는 논리학에서 연역의 방법을 가리킨다.

발견한 것들이 원인이 되어 나타나는 현상을 설명하기 위해 구성(構成)의 방법을 적용하면서, 발견한 것들이 성립한다고 미리 가정해도 잘못된 것은 아니다. 이 책 제1권 마지막 부분에서는 실제로 그러한 방법을 적용했다. 이 책의 마지막인 제3권에서는 빛과 그 빛이 자연의 틀에 미치는 영향에 대하여 아직 발견되지 않고 남아 있는 부분에 대한 분석을 시작만 했을 뿐인데, 이 분석에서 빛에 대해 몇 가지 암시를 했고, 그 암시들은 추가 실험과 관찰로 더 탐구하고 조사하고 개선하도록 남겨두었다. 그리고 만일 이 방법을 계속 추구하여 자연철학이 마침내 모든 부분에서 완벽해진다면, 도덕철학이[266] 다루는 범위도 역시 넓어질 것이다. 왜냐하면 자연철학에 의해서 제일 원인이[267] 무엇이고, 신(神)이 우리에 대해 어떤 능력이 있으며, 우리는 신에게서 어떤 은총을 받는 것인지 알 수 있다면, 우리 서로의 의무뿐 아니라 신에 대한 우리의 의무가 무엇인지도 역시 저절로 알 수 있게 될 것이기 때문이다. 그리고 틀림없이, 만일 가짜 신(神)에 대한 숭배가 이교도(異教徒)들을 눈멀게 하지 않았다면, 그 이교도들의 도덕철학도 사추덕(四樞德)보다[268] 더 발전했을 것이다. 그리고 영혼의 윤회를 가르치고 태양과 달 그리고 죽은 영웅들을 섬기는 대신에, 그 이교도들은 그들의 선조가 스스로를 타락시키기 전에 노아와[269] 노아의 자식들의 지배를 받으면서 그렇게 했듯이, 우리에게 우리의 진정한 창조자이자 후원자를 공경하도록 가르쳤을 것이다.

---

[266] 도덕철학(moral philosophy)은 윤리학과 실천 철학의 한 부문으로 도덕의 보편적 원리 및 법칙에 기초를 부여하는 학문 분야이다.
[267] 제일 원인(first cause)은 신을 우주의 최초 창시자로 보는 철학적 용어이다.
[268] 사추덕(four cardinal virtues)은 절제, 용기, 정의, 지혜의 네 가지 덕목으로, 중세 교회의 윤리 신학자들이 그리스의 플라톤과 아리스토텔레스 철학에서 차용한 덕목이다.
[269] 노아(Noah)는 구약성서 창세기 6장에서 9장까지 기록되어 있는 홍수(洪水) 설화의 주인공이다.

미주

① 이 책의 저자가 저술한 **광학 강의**의 제1부, 제4장, 명제 29, 30에, 구형인 표면뿐 아니라 어떤 다른 형태로 구부러진 표면에 대해서도 유사하게 이런 초점을 구하는 명쾌한 방법이 실려 있다. 그리고 명제 32, 33에는 축에서 벗어나는 임의의 광선에 대해서도 성립하는 똑같은 방법을 구해 놓았다.
② 위에서 인용한 책, 명제 34.
③ 이 책의 저자가 저술한 **광학 강의**의 제1부, 제1장 §10. 제2장 §29 그리고 제3장 명제 25를 보라.
④ 이 책의 저자가 저술한 **광학 강의**의 제1부, 제1장 §5를 보라.
⑤ 이 내용은 이 책의 저자가 저술한 **광학 강의**의 제1부, 제2장에 매우 자세하게 취급되어 있다.
⑥ 이 책의 저자가 저술한 **광학 강의**의 제1부, 제2장 §29를 보라.
⑦ 이것은 이 책의 저자가 저술한 **광학 강의**의 제1부, 제4장, 명제 37에 증명되어 있다.
⑧ 이 결과가 어떻게 나왔는지에 대해서는 이 책의 저자가 저술한 **광학 강의**의 제1부, 제4장, 명제 31에 나와 있다.
⑨ 이 책의 57쪽을 보라.
⑩ 이 책의 저자가 저술한 **광학 강의**의 제2부 제2장 239쪽을 보라.
⑪ 새로운 방식과 연관된 내용은 이 책의 저자가 저술한 **광학 강의**의 제1부 제3장과 제4장 그리고 제2부 제2장에 나온다.
⑫ 이 책의 저자가 저술한 **광학 강의**의 제2부 제2절, 269쪽 이후를 보라.
⑬ 이 내용은 이 책의 저자가 저술한 **광학 강의**의 제1부, 제4장, 명제 35와 36에 증명되어 있다.

역자 해제

이 책의 원저자인 아이작 뉴턴 경은 인류 역사상 가장 위대한 과학자 중 한 사람으로, 1642년 영국의 링컨셔 지방 울스도프라는 마을의 자작농 집안에서 유복자로 출생했다. 뉴턴은 링컨셔 지방에서 학교 교육을 받고, 1661년에 케임브리지 대학에 입학한 뒤 1665년에 졸업했고, 1667년에는 케임브리지 대학의 연구원으로 선임되었으며, 1669년에는 대학 시절부터 뉴턴의 능력을 인정한 수학교수인 아이작 배로의 후임으로, 수학과 루카시안 교수라는 명칭의 석좌교수로 임명되었다. 그 뒤 뉴턴은 1696년까지 27년 동안 케임브리지 대학에서 교수로 재직했다. 뉴턴은 케임브리지 대학을 졸업한 뒤, 런던에 흑사병이 유행해 고향인 링컨셔로 내려가 보낸 1665년에서 1666년까지 2년 동안을, '그 두 해가 내 직관의 절정기였으며 나는 그 이후의 어느 때보다 더 수학과 철학에 전념했다'고 회고했다. 그 기간에 뉴턴은 그의 대표적 저서인 『자연철학의 수학적 원리들(프린키피아)』에 포함된 대부분의 내용을 실질적으로 완성했지만, 그 책이 출판된 것은 1687년이었다.

뉴턴은 1696년에 조폐국장으로 임명되어 케임브리지에서 런던으로 옮겼으며, 그로부터 3년 뒤에는 다시 조폐청장에 취임했고 1727년에 사망할 때까지 그 직을 유지했다. 또한 그는 1671년부터 영국 왕립학회 평의원으로 활동했는데, 1703년에는 그 학회의 회장으로 피선된 후 매년 죽을 때까지 계속 재선되었다. 그가 왕립학회 회장으로 선출된 다음 해인 1704년에는 『프린키피아』와 함께 그의 가장 중요한 두 저서 중 다른 하나인 『광학』을 출판했고, 그다음 해인 1705년에는 케임브리지에서 영국의 앤 여왕에게서 기사 작위를 받았는데, 이는 영국에서 과학자로서 사상 처음 받는 영광이었다.

뉴턴이 제안한 물리학은 영국뿐 아니라 유럽 전체에서 그의 생전에 이미 인정받기 시작했으며, 뉴턴은 유럽에서 가장 존경받는 자연철학자가 되었다. 어떤 역사가는 뉴턴이 학자에서 정부 관료로 직업을 바꿈으로써 과학계가 가장 중요한 인물 한 사람을 잃어버렸다고 주장했지만, 사실 뉴턴 자신은 대학 사회 대신에 런던의 사교계에서 유명인사 대접을 받는 것을 싫어하지 않았다. 그는 계속 면담을 신청하는 고관대작들과의 대화를 즐겼고, 틈틈이 그의 두 저서 『프린키피아』와 『광학』의 개정판을 출판하는 일을 감독했다. 그뿐 아니라, 뉴턴은 영국의 화폐제도 개혁에도 총력을 기울이는 등, 조폐국장과 청장의 임무도 충실히 수행했다. 또한 뉴턴은 말년을 전례가 없는 일반 대중의 칭송을 받으며 지냈고, 그것은 그가 85세로 생을 마칠 때까지 계속되었다. 뉴턴은 평생 결혼하지 않고 근검절약하며 살았는데, 1727년 그가 사망했을 때 그의 장례식은 그 누구의 장례식보다 더 화려하고 장엄하게 진행되었다. 그의 시신은 상원의장과 두 명의 공작 그리고 세 명의 백작이 운구해 웨스트민스터 사원에 안장했고 그곳에 그의 기념비가 세워졌다.

케임브리지 학생일 시절 뉴턴은 빛의 성질에 관심을 갖게 되었다. 그리고 이탈리아의 사제이며 물리학자인 그리말디가 쓴, 작은 구멍을 통과한 빛이 원뿔을 그리며 진행한다는 빛의 회절에 대한 논문을 읽고, 프리즘을 처음 구입하여 빛에 대한 정교한 실험을 시작했다. 당시 프랑스의 철학자인 데카르트는 빛이 파동이며 그리말디가 발견한 빛의 회절이 바로 빛이 파동인 증거라고 주장했는데, 뉴턴은 그것을 반박하고 싶었다. 뉴턴은 그리말디가 관찰한 회절은 단순히 굴절의 새로운 한 측면일 뿐이라고 생각했다.

당시 빛이 파동이라는 주장을 옹호한 학자들은, 흰색 빛이 프리즘을 통과하면 여러 색깔의 스펙트럼으로 바뀌는 것은 빛이 프리즘을 통과하면서 불순해지기 때문이라고 설명했다. 이것은 빛이 유리를 더 많이 통과할수록 빛은 더 많이 불순해짐을 의미했다. 그런 주장을 반박하고자, 뉴턴은 흰색 빛을 프리즘에 통과시켜 여러 색깔로 나뉜 스펙트럼을 연이어 하나 더 프리즘을 거꾸로 세워 통과시켰는데, 그 결과로 다시 흰색 빛이 나오는 것을 관찰했다. 이것은 프리즘을 통과한 빛이 여러 색깔로 나뉘는 것은 절대로 유리가 빛을 불순하게 만들기 때문이 아님을 보여주었다. 당시 모든 학자가 빛은 입자나 파동 중 하나에 속하는 것이 분명하다고 믿고 있었으므로, 뉴턴은 빛이 파동이라고 증명하는 데 실패한 실험을 이용하여 빛 입자임을 증명한 것이다.

뉴턴은, 일련의 정교한 실험을 거친 뒤에, 빛이 여러 색깔의 입자로 구성되어 있고, 이들이 모두 결합하면 빛이 흰색으로 보인다고 결론지었다. 뉴턴은 빛이 프리즘에서 색깔마다 다른 굴절각으로 굴절한다는 것을 보였다. 그는 또한 한 가지 색깔의 빛을 쪼이면 물체는 모두 똑같은 색깔로 보인다는 것도 알았고, 한 가지 색깔의 빛은 아무리 많이 반사되고 굴절하더라도 그 색을 그대로 유지한다는 것도 알았다. 그래서 그는 색이란 물체의 성질이 아니라 물체에서 반사되는 빛의 성질이라고 결론지었다. 뉴턴은 지극히 내성적인 성격으로 평소에는 자신의 연구결과를 발표하는 것을 꺼렸으나, 1671년 영국 왕립학회 평의원이 된 다음 해인 1672년에는 빛이 입자임을 주장하는 논문을 왕립학회에서 발표했다.

그러나 뉴턴의 빛이 입자라는 주장은 많은 반박에 직면했다. 역시 왕립학회 평의원인 후크는 그리말디의 회절 실험을 반복하고 그 실험은 빛이 입자가 아닌 파동이어야만 설명된다는 주장을 폈다. 후크에 동조하는 학자가 많았고, 뉴턴의 프리즘 실험을 반복하려 시도한 사람들이 뉴턴과 똑같은 결과를 얻을 수 없음을 보고하는 경우도 있었다. 그런 의구심은 뉴턴이 프리즘의 규격이나 재질 그리고 실험이 어떻게 진행되었는지 등 자신이 수행한 실험 세부사항을 공개하지 않아서 더 증폭되었다.

뉴턴은 후크의 반박이 있고 난 뒤, 거의 30년 동안이나, 빛의 본성에 대한 논쟁에 일절 참여하지 않았다. 그러나 1703년 그의 가장 강력한 반대자였던 후크가 사망하고 1년이 지난 뒤, 왕립학회 회장으로 선출된 해인 1704년에 빛에 대한 이론을 가다듬어 『광학(Opticks)』이라는 제목의 책으로 출판했다. 이 책 앞부분에 뉴턴은 그가 프리즘 실험을 어떻게 수행했는지 자세히 설명했다. 그래서 이 책이 출판된 다음에는 다른 많은 학자가 프리즘을 이용한 빛에 대한 실험에서 뉴턴과 똑같은 결과를 얻는 데 성공할 수 있었다. 또한 뉴턴은 호이겐스가 파동 이론으로 설명한 빛의 간섭과 회절을 입자 이론으로도 똑같이 잘 설명할 수 있음을 보였다. 『광학』이 출판된 후 빛에 대한 뉴턴의 이론은 좀 더 광범위하게 인정받게 되었지만 일부 학자는 여전히 확신을 못 한 채로 남아 있었다.

물리학은 자연현상의 기본법칙을 다루는 분야로, 그 기본법칙이 바로 $F=ma$로 알려진 유명한 뉴턴의 운동법칙이다. 뉴턴의 운동법칙은 1687년 『프린키피아』를 통하여 사뭇 극적으로 발표되었다. 당시 사람들은 17세기 초에 발표된 행성의 운동에 대한 케플러의 세 가지 법칙이 왜 성립하는지 몹시 궁금해했다. 그때는 사람들이 신(神)이 사는 천상 세계에 속한 별은 모두 완전한 형태인 원을 그리며 지구 주위를 회전한다고 믿었다. 그런데 행성이, 지구 주위가 아니라 태양 주위를, 그것도 원 궤도가 아니라 타원 궤도를, 그리며 회전한다는 케플러 법칙이 성립하는 이유를 도저히 알 수가 없었다.

『프린키피아』에서 뉴턴은, 운동법칙과 함께, 태양이 행성을 잡아당긴다는 만유인력 법칙을 제안하고, 그 법칙에 따라 계산한 힘을 $F=ma$의 힘 F 자리에 대입해 그 식을 풀었더니, 케플러의 행성 운동에 대한 세 가지 법칙 모두가 왜 성립하는지 완벽하게 설명할 수 있었다. 그리고 곧 뉴턴의 운동법칙은 행성의 움직임뿐 아니라 자연을 구성하는 모든 물체의 운동을 설명하는 자연의 기본법칙임이 알려졌다. 그리하여 사람들은 자연에 대한 올바르고 궁극적인 진리를 찾아냈다고 믿게 되었고, 뉴턴의 첫 번째 저서인 『프린키피아』는 인류 역사상 가장 중요한 책으로 인정받게 되었다.

그러나 뉴턴이 사망하기 직전까지 개정을 거듭하며 아낀 그의 두 번째 저서인 『광학』의 운명은 『프린키피아』와는 달랐다. 뉴턴은 1672년에 빛이 입자라고 주장하는 논문을 발표했는데, 그 후 곧 후크를 비롯한 빛이 파동이라고 주장하는 반대파와 격렬하게 논쟁하게 되었다. 뉴턴은 그런 논쟁에 휘말리는 것을 견디지 못하는 사람으로, 처음 논쟁이 있은 후 30년에 걸쳐 빛의 본성에 대한 논의에 전혀 개입하지 않았다. 그러나 1703년 후크가 사망한 바로 다음 해인 1704년에, 뉴턴은 『광학』을 출판했다. 『광학』에는 그가 수십 년 심혈을 기울여 수행한 실험에 대한 구체적인 내용과, 실험을 통해 얻은 반사, 굴절, 회절, 색깔과 같은 빛의 성질에 대한 자세한 설명이 실려 있었다. 이 책에서 뉴턴은 빛이 입자인 증거를 제시하고 빛이 입자라는 관점에서 빛의 여러 가지 성질을 설명했다.

비록 후크나 호이겐스와 같은 여러 학자가 빛이 파동이라는 주장을 계속 제기했지만, 18세기에는 과학자로서 뉴턴의 권위에 힘입어, 영국을 중심으로 빛이 입자라는 생각이 어느 정도 설득력을 발휘했다. 그러나 1803년에, 영국의 대학자 토머스 영이, 얇은 카드를 촘촘히 세운 틈 사이로 지나간 햇빛이 만든 간섭무늬를 보여주면서, 빛은 파동임이 명백하다고 증명한 뒤로, 빛이 입자라는 주장은 설 땅을 잃고 말았다. 그리고 그 뒤 한 세기가 넘는 동안, 뉴턴의 『광학』에 담긴 내용 대부분이 얼마나 뛰어났는지는 누구도 이의를 제기하지 않았지만, 사람들은 뉴턴이 안타깝게도 결코 옳다고 볼 수 없는 빛의 입자설을 주장한 것이라고 믿었다. 그래서 뉴턴의 『프린키피아』는 언제나 과학도라면 누구나 한 번쯤 반드시 읽어야 할 책이라고 생각했지만, 19세기 후반까지도 뉴턴의 『광학』은 과학사 학자들만 관심을 갖는 책으로 여겨졌다.

그러나 아이러니하게도 20세기에 들어서자마자, 『프린키피아』에 실린 뉴턴의 중력이론은 아인슈타인의 일반상대성 이론에 의해, 사실은 틀린 이론으로 판명이 났고, 그에 반해 『광학』에 실린 빛이 입자라는 주장은, 역시 광전효과가 어떻게 일어나는지 설명한 아인슈타인에 의해, 틀리지 않았음이 판명되었다. 아인슈타인은 당시 알려져 있던 플랑크의 광양자 가설을 이용해서, 빛의 에너지가 빛의 진동수에 비례한다고 가정하고 광전효과 문제를 해결했는데, 이것은 빛이 파동이 아니라 입자라고 말하는 것과 같았다. 그런데 놀랍게도 그보다 200년 전에 뉴턴이 빛은 입자라고 주장한 근거도 바로 프리즘에서 빛이 색깔에 따라 굴절하는 각도가 차이가 난다는 사실에 근거했는데, 빛의 색깔은 바로 빛의 진동수를 대표한다.

뉴턴의 『프린키피아』는 라틴어로 마치 수학을 증명하듯이 딱딱하게 설명되어 있지만, 뉴턴의 『광학』은 평이한 영어로 친숙하게 기술되어 있다. 뉴턴은 『광학』 초판을 1704년에 출판하고서도 끊임없이 다듬었는데, 그래서 1717년에 개정판이, 1721년에 제3판이, 그리고 뉴턴이 1727년에 사망하기 직전까지 고친 내용을 포함한 마지막 제4판이 1730년에 발행되었다. 그리고 200년 동안 잊혀 있다가, 1931년에 마지막 개정판인 제4판을 미국의 Bell and Sons 출판사가 다시 인쇄했는데, 이 인쇄본에는 아인슈타인의 서문이 포함되어 있다. 아인슈타인은 그의 서문에서, 뉴턴의 『광학』을 읽을 시간과 여유가 있는 사람은 위대한 뉴턴이 젊은 시절에 경험한 경이로운 사건들을 생생하게 맛볼 수 있을 것이며, 뉴턴에게 자연은 마치 펼쳐 놓은 책과 같아서, 그는 아무런 어려움도 없이 그 책을 그러니까 자연을, 읽을 수 있었다고 썼다. 또한 아인슈타인은 뉴턴이 이 책에서는 마치 실험가, 이론가, 기술자, 그리고 예술가가 모두 한몸에 들어있는 것과 같이 행동한다면서, 뉴턴의 『광학』을 반드시 읽어보라고 추천했다.

지은이 아이작 뉴턴 (Isaac Newton)

뉴턴은 인류 역사상 가장 위대한 과학자로 케임브리지 대학의 제2대 루카시안 교수로 27년 동안 재직하고, 1696년 조폐국장으로 임명되고, 1699년에 조폐청장에 취임해서 사망할 때까지 그 직을 유지했다. 또한 1671년부터 영국 왕립학회 평의원으로 활동했고 1703년에는 그 학회의 회장으로 피선된 다음 죽을 때까지 재선되었다. 뉴턴이 1687년에 출판한 첫 번째 저서 프린키피아에서 제안한 물리학은 영국은 물론 유럽 전체에서 그의 생전에 이미 인정받고 그는 유럽에서 가장 존경받는 자연철학자가 되었다. 그는 1704년에 두 번째이자 마지막 저서인 광학을 출판했고, 그 다음 해인 1705년에 과학자로는 최초로 앤 여왕에게서 기사 작위를 수여받았다. 그는 일생동안 결혼하지 않고 근검절약하며 살았으며, 그가 사망했을 때 그의 시신은 웨스트민스터 사원에 안장되었고 그곳에 그의 기념비가 세워졌다.

옮긴이 차동우

서울대학교 물리학과를 졸업하고 미국 미시간 주립대학교에서 이론 핵물리학 박사 학위를 받았으며, 인하대학교 물리학과 교수를 역임하고 현재 인하대학교 명예교수이다. 저서로는 『상대성이론』, 『핵물리학』, 『대학기초물리학』 등이 있고, 역서는 『새로운 물리를 찾아서』, 『물리이야기』, 『양자역학과 경험』, 『뉴턴의 물리학과 힘』 등이 있다.

한국연구재단 학술명저번역총서 서양편·776
아이작 뉴턴의 광학

1판 1쇄 발행 2018년 11월 10일

원   제 Opticks: or, A Treatise
          of the Reflexions, Refractions, Inflexions and Colours of Light
지 은 이 아이작 뉴턴(Isaac Newton)
옮 긴 이 차동우
교   정 이지은
펴 낸 이 김진수
펴 낸 곳 한국문화사
등   록 1991년 11월 9일 제2-1276호
주   소 서울특별시 성동구 광나루로 130 서울숲IT캐슬 1310호
전   화 02-464-7708
전   송 02-499-0846
이 메 일 hkm7708@hanmail.net
홈페이지 www.hankookmunhwasa.co.kr

책값은 뒤표지에 있습니다.
잘못된 책은 구매처에서 바꾸어 드립니다.
이 책의 내용은 저작권법에 따라 보호받고 있습니다.

ISBN 978-89-6817-688-3   93420

이 번역서는 2015년 정부(교육부)의 재원으로 한국연구재단의 지원을 받아 수행된 연구이다(NRF-2015S1A5A7016919).

이 도서의 국립중앙도서관 출판예정도서목록(CIP)은 서지정보유통지원시스템 홈페이지(http://seoji.nl.go.kr)와 국가자료공동목록시스템(http://www.nl.go.kr/kolisnet)에서 이용하실 수 있습니다.(CIP제어번호: CIP2018033270)

'한국연구재단 학술명저번역총서'는 우리 시대 기초학문의 부흥을 위해
한국연구재단과 한국문화사가 공동으로 펼치는 서양고전 번역간행사업입니다.